걸어온 길, 되찾은 맛 1989-2019

걸어온 길, 되찾은 맛 1989-2019

한국의 맛 연구회 삼십 년 이야기

●●●

'한국의 맛 연구회' 회원 여러분께서 한국음식을 연구해 오신 30년의 역사와 업적을 소상하게
알리고, 회원 여러분의 격조 있는 솜씨로 완성한 '한국의 맛 조리법 286선'을 음식 사진과 함께 담은
책『걸어온 길, 되찾은 맛 1989-2019』의 출간을 축하합니다. 이 책은 우리에게 한국음식 본연의 맛을
상기하게 하고, 우리가 이토록 좋은 음식문화 환경에서 성장하고 살았음을 일깨우게 합니다.
오늘날 첨예한 기계문명의 물결 속에서 새로운 것, 간편한 것에 기울기 쉬운 생활환경인데 마침
『걸어온 길, 되찾은 맛 1989-2019』을 보게 되었습니다. 이 책을 보면 모두가 이 책에서 알려 주는
음식을 만들게 되고, 명절 세시 때가 되면 그 철의 음식을 찾게 될 것입니다.
참으로 한국 음식문화 확대와 발전에 큰 공헌을 했습니다. 나아가 국제 간의 교류가 빈번하여 서로가
다른 나라 음식 맛에 관심이 많아지고 있는 환경에서 우리 음식 맛을 바르게 알리고 전달하는 데
『걸어온 길, 되찾은 맛 1989-2019』이 참으로 좋은 매체가 될 것입니다.
아시는 바대로 한 나라의 음식문화는 국격(國格)의 척도입니다. 모두가 실감하는 사실이지만, 여러
고장의 음식은 알면 알수록 놀라울 정도로 그 고장의 자연 조건이 저변을 이루고 있습니다. 한편
어디에서나 역대의 사회 변동이 음식에도 상관하였지만, 인류의 지혜로움으로 타당한 동화와
여과의 과정을 거쳐 넓게는 한 나라의 고유한 음식문화로, 좁게는 한 고장의 향토음식으로 이어져
옵니다. 한 고장, 한 나라의 고유한 음식문화는 다시 없이 소중하고 귀한 자산입니다. 그래서 내
고장, 내 나라의 것은 내가 먼저 알고 내가 가꾸어야 합니다.
'한국의 맛 연구회' 회원 여러분에게 음식법을 전수하신 강인희 선생께서는 우리 전래음식의 진수를
간직한 솜씨가 있다 하면 원근을 마다 않고 직접 탐사해서 확인하고, 그것을 여러분에게 알리고
실체를 정성껏 지도하신 것으로 압니다. 옛 문헌에 있는 귀한 맛 역시 기록대로 어김없이 실행하여,
기록이 정확함을 여러분에게 확인하게 하고, 그 제조 과정과 형성된 맛을 여러분에게 경험하게 하신
것으로 압니다.
참으로 한국음식 맛의 격조가 소실되지 않고 이어질 수 있도록 정(精)과 성(誠)을 다하셨습니다.
귀한 맛의 음식이 있으면 함께할 친구를 불러 맛보게 하면서 음식 이야기를 즐기던 선생이셨죠.
이토록 한국음식 맛을 위한 강인희 선생의 열과 정성 어린 뜻을 '한국의 맛 연구회' 회원 여러분이
이어서 연구하고 보급하고 활성화하면서 귀한 책으로 모아 널리 알게 함으로써 참으로 다시 없는

크나큰 결실을 이루게 되었습니다. 찬사를 드리고, 이 책이 널리 퍼지기를 기대합니다.

'한국의 맛 연구회' 회원 여러분은 각각 연구소, 출판, 명물 음식 보급 등 한국음식 확대와 발전을 위한 경영체를 운영하시는 줄 압니다. 이제 한숨 돌리시고, 모두 건강하시고, 앞으로 뜻하시는 여러 일을 성취하면서 행복하기를 기원합니다.

2020년 여름
중앙대학교 명예교수 윤서석

추천의 글 2

지구상에 존재하는 인류를 대별해서 동양과 서양으로 나누어 보면, 그들이 섭취하는 음식 맛의
근원은 분명한 차이가 있습니다. 동양은 콩과 어류 단백질을 발효시켜서 만든 장류와 젓갈류로 음식
맛을 내고, 서양은 동물의 젖을 발효시켜서 만든 치즈류로 음식 맛을 내서 섭취합니다.

우리나라는 조선조에 이르러서, 반가음식에서 음식 맛을 음미하느라고 노력하였습니다. 그래서
장을 보관하는 장독대를 중요시하였고, 장맛을 그 집안의 전통으로 여기면서, 안주인은 장맛을
보전하느라고 갖은 정성을 쏟았습니다.

지금 당장 우리가 섭취하는 음식 한 그릇에서 우러나오는 맛은 1년 내내 또는 수년에 걸쳐 보전해
내려온 장맛과 젓갈맛으로부터 나오는 맛입니다. 요즈음은 장도 젓갈도 모두 상품으로 나온 것을
이용하고 있어서, 우리나라 전통음식 맛을 거의 잃어 가고 있습니다.

'한국의 맛 연구회'는 이 분야에 관심이 있는 각 대학의 교수들과 여러 분야에서 한국음식을
연구하는 분들의 모임으로 반가음식의 맛을 찾고 또한 보전하려고 노력하고 있습니다. 그리고
산업화 과정에 따른 변화의 흐름에 맞춰 현대 젊은이들이 선호하는 음식 맛을 내려고 노력하고
있습니다. 장맛과 치즈 맛을 모두 즐기는 젊은이들 뿐만 아니라 모든 연령층의 사람들 입맛에 맞는
음식 개발에도 힘을 기울고 있습니다.

세계의 문화가 뒤섞이고 지역의 특색이 없어지면서 국적 없는 음식이 출현하고, 이에 맞추어서
입맛이 변화하는 현대인들이 출현하고, 이러한 흐름 속에서 전통의 흔적이 희미해지고 급기야
사라지는 문화 혼돈 시대에 우리는 살고 있습니다. 이러한 때에 우리 전통의 맛을 보전하고
유지하려는 노력과 지역적인 문화를 되살리고 그 고귀함을 일깨우는 일은 유지되어야 합니다. 서로
다르다는 것을 인정하고, 서로의 문화를 음미하면서 내 자리를 찾는 자세가 필요합니다.

'한국의 맛 연구회'는 반가음식을 보전하는 노력에 더해서, 앞으로 미래를 바라보면서 지역적인
우리 음식의 전통이 세계인이 즐겨 찾는 음식이 되도록, 나아가 우리의 식문화가 세계의 문화 흐름에
접목되도록 노력을 기울여야 합니다. '한국의 맛 연구회' 30년 이야기 『걸어온 길, 되찾은 맛 1989-
2019』에는 이러한 노력의 흔적이 여실하게 보입니다. 앞으로 더더욱 노력해 주시기를 당부합니다.

'한국의 맛연구회'는 30년의 긴 세월 동안 이 나라의 한 귀퉁이에서 우리의 식문화를 보전하고
발전시키는 데에 큰 몫을 하였습니다. 계속해서 발전하며 우리 식문화의 우수성을 세계인이

인지하고, 세계인이 선호하는 데까지 이어지도록 노력을 기울여 주시기를 당부합니다.

2020년 여름
전 교육부 장관 김숙희

발간의 말

『걸어온 길, 되찾은 맛 1989-2019』은 '한국의 맛 연구회' 모임이 시작된 지 30년을 맞이하면서 그동안 걸어온 길을 돌아보고 연구해 온 음식들을 재정리하고자 만든 책입니다.

우리 연구회는 88 서울 올림픽 문화행사 중 「음식문화 오천년」전을 계기로 음식을 연구하던 몇 사람이 모여 강인희 선생님께 배움의 청을 드렸고, 선생님께서 쾌히 승낙해 주시어 경기도 이천 자택에서 수업을 시작했습니다.

처음 갔을 때 정돈된 장독대와 한가맛밥을 지을 만한 큰 가마솥은 우리 음식을 배울 수 있는 좋은 환경이었습니다. 매주 금요일이면 아침 일찍 회원들이 모여 재료 손질, 파와 마늘 다지기, 떡가루 손질 등 그날의 음식 준비를 부지런히 해서, 음식이 만들어지면 두레상에 모여 앉아 배운 음식을 정리하고 먹고 즐기고, 넉넉히 준비한 음식을 나누어 각자 집에 가져가 가족들도 즐겁게 해 주었습니다.

이렇게 시작된 모임이 입소문을 타, 전통음식을 배워 보고자 하는 강의 신청이 급증했습니다. 회원은 대학교수, 대학원생, 가정주부, 요리 연구가, 요식업 종사자 등 다양했고, 서울과 경기 지역뿐만 아니라 인천, 춘천, 대구, 부산, 광주, 대전 등 전국 각지에서 먼 길을 마다하지 않고 이천을 오가며 열심히 배웠습니다.

선생님의 수업은 재료 선택, 손질부터 시작하는데, 제철에 나는 좋은 식품 재료를 사용해야만 참 맛을 낼 수 있다고 강조했으며, 요리경력이나 나이 상관없이 파와 마늘 다지기부터 시작해 기초를 다져야 했습니다.

수업을 듣기 시작하면 끝이 없었습니다. 첫 회 회원들은 10여 년을 다니면서도 배워야 할 것, 연구해야 할 것들이 아직 많았는데, 2001년 1월에 갑자기 선생님께서 돌아가셨습니다. 뜻밖의 부음을 접하고 충격에 빠진 회원들은 믿기질 않아 서로 재차 확인하며 이천 상가로 모여들었습니다. 장례를 치르고 충격에서 벗어나지 못했지만, 선생님을 이대로 보내드리고만 있을 수 없다며 뜻을 이어 가는 길을 찾아보자는 마음이 모아졌습니다. 그래서 새롭게 '한국의 맛 연구회'를 만들게 되었습니다. 이때 각자 형편대로 기부금을 내게 되었는데, 그때 큰 힘이 되어 준 '놀부 NBG' 회장인 김순진 회원이 생각납니다. 당시 놀부집 백반상은 저렴하고 인기 있는 서민 상차림이었는데, "선생님께 강의를 듣고 배운 대로 밥상을 차렸더니 손님들이 너무 좋아하고 매출도 올랐어요"라고

자랑하던 모습이 눈에 선합니다.

이렇게 준비하여 방배동에 위치한 남태령 한옥마을에 연구소를 차렸습니다.

강인희 선생님께서 하시던 강의를 이말순 선생께서 이어받아 계속했고, 그 후 수강생도 더 많아져서 수업을 듣기 위해 몇 달씩 대기하기도 했습니다. 한편, 기존 회원들은 연구반, 고급연구반 등으로 반을 꾸려 고조리서(古調理書)를 연구하고, 향토음식과 발효음식 그리고 회원 각자의 특기 음식들을 서로 나누고 연구했으며, 한국음식계의 선배들을 모셔 특별 강연도 듣곤 했습니다.

출판 사업은 선생님 생존 시부터 시작하여, 지금까지 우리 연구회 이름으로 출판된 책이 30여 권에 이릅니다. 대표작으로 『한국의 상차림』, 『한국의 전통음료』, 『한국의 나물』, 『건강 밑반찬』, 『발효음식』 등을 꼽을 수 있고, 동아일보사에서 출판한 『제사와 차례』는 15쇄나 출판되었습니다.

우리 연구회가 주관한 전시회도 10여 차례에 이릅니다. 김숙희 강남문화재단 이사장님의 배려로 전, 밥, 떡, 나물, 김치와 젓갈 등의 전시회를 열어 많은 관람객의 찬사를 받았습니다. 전시와 더불어 소책자도 출판했으며, 일부는 영문판으로도 출판했습니다.

국제 행사로는 '2013 천안국제웰빙식품엑스포' 주제전시관에서 「평생의례음식」전을 우리 연구회가 주관하여 외국인들에게 우리 문화를 널리 알리는 기회가 되었습니다. 이러한 연구와 노력은 지금도 꾸준히 하고 있으며, 앞으로도 전통에만 매이지 않고 변해 가는 음식 환경에 잘 적응하면서 우리 음식문화가 세계인이 즐길 수 있는 음식문화로 발전하도록 노력해 나갈 것입니다.

인간은 자연의 일부이며, 음식을 먹는 것은 유한한 인간이 무한한 자연이 가진 일부를 받아들이는 것입니다. 그래서 자연을 거스르지 않고 사람을 귀하게 여기며 정성되게 만드는 음식이야말로 먹는 이들에게 힘이 되고 맛도 저절로 나는 게 아니겠습니까.

'한국의 맛 연구회' 회원들은 이런 정서를 바탕으로 서로 존중하고 사랑하며 음식을 만들고 연구도 계속해 나가고 있습니다. 우리에게는 아픈 기억도 있습니다. 외래 음식문화가 들어오면서 우리 음식의 참맛과 멋이 뒷전으로 밀려나고 심지어 하찮게 여기기까지 하는 수모를 겪기도 했습니다만, 우리의 고유한 음식문화는 우리들이 스스로 가꾸고 소중히 여기며 발전시켜서 나라의 자존감을 지켜야 한다는 소신 있는 선배들의 노력으로 지켜져 왔고, 여기에 우리 연구회도 한몫했다고 자부하고 싶습니다.

아쉬운 일이지만, 그동안 우리 회원들이 각 가정에서, 나아가 사회나 국가에서 밑거름이 되고 있는 구체적인 업적들을 이 책에 다 담지 못했습니다.

"할머니 음식이 너무 맛있고 좋아요" 하면서 손자가 집에 자주 온다고 자랑을 하던 한 회원과 같이, 연구회 회원 모두는 나름대로 각 가정에서 우리 음식을 지켜 가고 있습니다. 아울러 그 솜씨를 명품으로 키워 사업을 하는 회원들, 박물관을 운영하며 국내외로 우리 음식을 빛내 주는 회원들, 조리기능사, 조리산업기사, 조리기능장 또는 조리명장으로 활동하는 회원들, 전국 각지에서 크고 작은 연구소를 차려 우리 음식을 전수하는 회원들, 대학과 여러 문화센터 등 강단에서 우리 음식 강의를 하는 회원들, 미국과 캐나다 등 외국에서 교민 2, 3세들에게 우리 전통음식을 전수하고 현지인들에게도 사랑받는 한국음식 강좌를 하는 회원들 등등 이들로 인해 우리 전통음식의 맥이 다양한 방식으로 뿌리 내리고 있으며, 나아가 한국음식을 세계인에게 알리는 밑거름이 되고 있다고 믿습니다.

그동안 크고 작은 어려움들을 잘 극복하고 『걸어온 길, 되찾은 맛 1989-2019』이라는 열매를 맺게 되었습니다. 부족한 점은 앞으로 열심히 채워 가도록 노력하겠습니다만, 독자 여러분께서도 도움 말씀 많이 주시기를 부탁드립니다.
책 출판을 위해 2년 동안 많은 고생을 하신 편집위원 여러분의 노고에 회원을 대표해서 진심으로 감사드리며, 책을 출간한 연장통 출판사와 도움을 준 조윤형 선생께도 고마움을 전합니다.

2020년 여름
초대회장 장선용, 조후종

차례

30년 이야기를 시작하며

들어가며

'한국의 맛 연구회'는 자연과 사람이 상생하며 빚어 낸 우리나라의 자연친화적 전통음식을 계승 보전하며 우리 음식의 정체성을 찾아 나아감을 목적으로 하는 비영리연구단체다. 우리 식문화의 우수성을 널리 알리고 한국음식의 세계화를 위한 다양한 연구 및 발전 방향을 모색하고 있을 뿐만 아니라 반가음식(班家飲食), 세시음식(歲時飲食), 의례음식(儀禮飲食), 향토음식(鄕土飲食), 발효음식(醱酵飲食), 떡(餅)과 과자(菓子), 건강음료(健康飲料) 등 다양한 전통음식의 조리법과 식문화를 연구하고, 한편으로는 고문헌(古文獻) 연구를 통해 소중한 문화유산인 옛 음식을 발굴 재현하며, 그 밖에 전통음식 교육, 국내외 식문화 교류, 출판, 전시 등 다양한 활동을 해 오고 있다. '한국의 맛 연구회'의 시작은 강인희(姜仁姬, 1919-2001) 선생과 회원들이 첫 인연을 맺은 1989년으로 거슬러 올라간다. 강인희 선생과 몇몇 회원들이 88 서울 올림픽 문화행사의 하나로 열린 「음식문화 오천년」 기획전을 준비하며 만났고, 이를 계기로 1989년에 회원들이 강인희 선생에게 가르침을 청하게 된 것이 이 단체의 시초라 할 수 있다. 실제 강의 및 전수는 1990년부터 시작되었다. 2001년 1월 강인희 선생 별세 후, 회원들은 강인희 선생의 유지(遺志)를 받들어 그해 3월에 '한국의 맛 연구회'라는 비영리연구단체를 새로이 창립해 오늘에 이르렀다. '한국의 맛 연구회'가 2001년에 창립했지만, 실질적으로 시작된 해는 1989년으로 보아야 하니, 2019년에 이르러 30년의 역사를 맞게 된 것이다.

'한국의 맛 연구회' 30년의 발자취를 기록함에 앞서, 개화기 이래의 우리나라 음식 연구, 특히 조리서(調理書)를 중심으로 전통음식 전승의 중요한 흐름을 간략하게 짚어 봄으로써 우리나라 음식 연구사상 '한국의 맛 연구회'의 위치를 가늠해 보고, 이어서 '한국의 맛 연구회'가 지난 30년간 걸어온 발자취를 상세히 소개하고자 한다.

조리서 중심의 한국 근대기 전통음식 전승 개관

조선왕조가 막을 내리고 신문물이 유입되던 19세기 말의 개화기, 그 이전까지의 한국 전통 식문화는 궁중을 비롯한 양반가와 중인 및 평민 계급의 일상생활, 통과의례, 세시풍속 등과 떼려야 뗄 수 없는 중요한 생활문화의 하나로 존재해 왔다. 모든 사람들이 유교문화의 예절과 법식에 따라 살아갔고,

음식의 전통은 지역마다 집집마다 약간의 특색을 달리했지만 유교문화의 큰 바탕 위에서 면면히 계승되어 왔다. 당시로서는 이러한 전승이 매우 당연하고 자연스러운 현상이었다.

그러나 조선 말 외세의 침투가 거듭되고 그에 따라 서구 문물이 분별없이 유입되면서 우리 고유의 식문화도 급속도로 변모되어 갔다. 그리하여 개화기 때는 전통과 서양이 공존하는 식생활의 이중구조를 띠게 되었는데, 밥 대신 빵을 먹는 이가 생겨나고, 숭늉 대신 커피나 우유, 차를 찾기도 했으며, 수저 대신 포크와 나이프를 사용하는 등의 서양식 식사법이 혼재되기 시작했다. 서양의 식문화가 재래의 그것과 무분별하게 대립, 공존했던 것이다.

근대적인 학문 체계가 이 땅에 뿌리 내리기 시작한 것도 이 무렵부터인데, 이 역시 서양 문물의 수용과 관계가 깊다. 개화파의 거두로 꼽히는 유길준(兪吉濬)은 '서구의 근대'를 목격하고 '우리의 근대'를 어떻게 건설해 나갈 것인가에 관해 쓴 『서유견문(西遊見聞)』을 1895년에 출판했는데, 이 책에서 그는 우리 생활에서 음식의 중요성을 강조하고, 조리의 방법과 소화의 관계, 식료품에 대한 과학적 연구의 필요성, 그 방법의 보급 등 식문화 전반에 대한 관심을 드러내었다. 하지만 근대화를 향한 유길준의 노력은 우리나라가 일제의 식민 치하에 들게 되면서 아쉽게도 더 이상 발전으로 이어지지 못했다.

1945년 일본으로부터 해방될 때까지 한국음식 연구, 특히 조리법에 관한 가장 오래된 문헌은 방신영(方信榮, 1890-1977) 선생의 『조선요리제법(朝鮮料理製法)』(1917, 신문관)이다. 이 책의 전신은 1911년 발행된, 현재는 그 원본과 서지가 확인되지 않는 『요리제법』으로 알려져 있다(『한국민족문화대백과사전』에서는 방신영의 『요리제법』이 1913년에 발행되었다고 하나, 『조선요리제법』 1957년판 저자 서문의 "이 책이 세상에 나온 지도 어느덧 46년간이 지났다"라는 말에 따르면 1911년이 맞다). 방신영 선생은 열예닐곱 살 때부터 어머니에게 음식 솜씨를 배우고 익혔으며, 이를 기록으로 남겨 우리나라 부녀자들에게 전하라는 말씀에 따라 음식 만드는 법을 한 가지씩 종이에 받아 적기 시작했다고 한다. 특히, 독립운동가이며 교육자였던 최광옥(崔光玉) 선생의 특별한 격려에 힘입어 1911년 스물두 살의 젊은 나이에 『요리제법』이란 책을 쓰게 되었으며, 이것이 토대가 되어 발행된 책이 『조선요리제법』이다. 그는 동경영양학교(東京榮養學校) 유학 후 귀국해 1929년 이화여자전문학교에 새로이 창설된 가사과 교수로 부임했고, 그 후 1952년 정년퇴임 시까지 근무했다. 이 책은 저자 생존 시는 물론이고 사후에까지 계속해서 판을 거듭하며 사랑받아 왔으나, 안타깝게도 그의 학맥이 후학으로 계승되지는 못했다.

『조선요리제법』 이후 손에 꼽을 만한 조리서는 이용기(李用基) 선생의 『조선무쌍신식요리제법

(朝鮮無雙新式料理製法)』(1924, 한홍서림)과 조자호(趙慈鎬) 선생의 『조선요리법』(1939, 광한서림), 손정규(孫貞圭) 선생의 『조선요리(朝鮮料理)』(1940, 일한서방)를 들 수 있다.

『조선무쌍신식요리제법』은 『임원십육지(林園十六志)』 '정조지(鼎俎志)'의 중요한 내용을 가려 뽑아 국역(國譯)하고, 이를 토대로 새로운 조리법과 가공법을 삽입하고, 서양·중국·일본 요리법을 덧붙인 것이다. 한편 『조선요리법』의 저자 조자호 선생은 양반집 후손으로 서울 반가(班家)의 전통요리를 전수받았으며, 특히 떡과 과자 만드는 솜씨가 뛰어나 한국전쟁 이후 신신백화점에서 우리나라 최초의 한과점인 '호원당(好圓堂)'을 개업한 것으로 유명하다. 그의 『조선요리법』은 각 가정에 전승되어 오던 맛과 비법을 공개해 대중적으로 공유하고, 전통적인 우리 맛을 후대에 전승시키고자 하는 의도로 저술된 조리서였다. 『조선요리』는 당시 일본어로 발행되어 일본인들에게 우리 음식문화의 우수성을 소개하는 역할을 했다. 주로 일반 가정에서 행하는 상차림을 상세히 기술한 책으로 기명(器皿), 상차림의 흑백사진, 조리법 그림이 있어 이해하는 데 도움이 되었다.

강인희 선생, 그리고 '한국의 맛 연구회'의 태동

해방을 맞고 한국전쟁을 치른 후에도 우리 식문화의 맥은 다행히 끊기지 않는데, 전통음식의 전수 과정에서 중요한 역할을 한 여러 분들 가운에 한 사람이 바로 강인희(姜仁姬, 1919-2001) 선생이다. 강인희 선생은 홍인군(興寅君) 이최응(李最應)의 종부인 김정규(金貞奎) 여사, 그리고 조선왕조 마지막 황후 순정효황후(純貞孝皇后)의 올케인 조면순(趙勉順) 여사에게서 반가음식을 지도받았다. 홍인군은 홍선대원군(興宣大院君)의 형이고, 순정효황후는 순종(純宗) 황제의 비(妃)이니, 궁가(宮家)와 반가(班家)에 전해내려 오는 전통음식의 맥을 모두 전수받은 셈이다.

강인희 선생은 충남 예산 출생으로, 배화여자고등보통학교 졸업 후 일본으로 유학해 사가미여자대학(相模女子大學)을 졸업하고, 공주사범대 교수, 조치원여고 교장, 동아대 교수, 명지대 교수를 역임하는 등 평생을 교육자로서 우리 음식 전수에 힘썼으며, 퇴임 1년 전인 1986년 경기도 이천에 '한국의 맛 연구소'를 설립해 연구에 매진하는 한편 전통음식을 배우러 오는 후진들을 교육, 양성했다.

강인희 선생과 함께 한식문화의 흐름을 전하는 데 빼놓을 수 없는 중요한 역할을 한 분들로, 궁중음식연구원을 창립한 황혜성(黃慧性, 1920-2006) 선생, 한국 음식문화사 연구에 정진한 윤서석(尹瑞石, 1923-) 선생 등은 교육자로서 대학 강단과 자신의 연구공간에서 강의, 연구, 저술 활동 등을 통해 한국 전통 식생활 문화를 전승해 나갔다. 이외에도 음식 연구가로서 사설 요리학원 운영, 식생활 개선 활동, 텔레비전과 라디오 요리 프로그램 출연, 요리강습회와 요리전시회 개최, 한국 음식을 세계에 알리는 문화사절 활동, 저술 활동 등을 통해 한식문화에 이바지한 분들로, 하선정(河宣貞, 1922-2009) 선생, 왕준연(王晙連, 1918-1999) 선생, 마찬숙(馬贊淑, 1932-) 선생, 김제옥(金濟玉) 선생, 한정혜(韓晶惠, 1931-) 선생, 하숙정(河淑貞, 1925-2018) 선생 등은 우리 음식의 전수와 대중적 보급을 위해 노력했다.

1980년대까지만 해도 음식 연구가들 중에 한국 전통음식을 연구하는 이들은 소수였다. 식품영양학, 조리학 등을 전공한 이들 대부분이 서양에서 공부하고 와서 서구의 영양학이나 식사법을 소개했고, 대학에서도 서양음식 또는 일본음식이나 중국음식을 주로 가르쳤다. 또한 핵가족화와 산업화에 따른 전통문화의 단절로 인해 일반인들 역시 간편하게 빨리 먹을 수 있는 음식을 선호하게 되었고, 서서히 서양 식문화에 젖어들어 갔다. 이러한 흐름에는 서양문화에 대한 무분별한 동경도 큰 몫을 했다. 햄버거나 샌드위치로 한 끼를 때우는 직장인들이 늘어 갔고, 오랜만에 모인 가족이 피자, 파스타, 스테이크 같은 메뉴로 식사하는 것을 즐겼으며, 일상 식생활에서 커피나 유제품이 점점 큰 비중을 차지하게 되었다.

우리 것, 특히 전통문화에 대한 관심이 일기 시작한 것은 1980년대부터라 할 수 있겠는데, 의식주 즉 전통복식, 전통음식, 전통건축을 비롯해 국악, 한국무용, 민화, 민속 등 다양한 분야에서 우리 문화의 우수성이 재조명되면서 그 원형을 찾아나가는 작업이 시작되었다. 이는 86 서울 아시안게임과, 88 서울 올림픽을 기점으로 '가장 한국적인 것이 가장 세계적인 것' 이라는 인식이 뿌리 내리기 시작하면서 더욱 활성화되었다. 음식문화에서도 '우리 고유의 맛' 을 찾는 붐이 일었고, '한국의 맛 연구회' 는 이러한 시기에 태동했다.

1987년 9월 25일에 강인희 선생은 『한국의 맛』(대한교과서)을 출간했다. 머리말에서 밝히고 있듯이 "생애를 걸쳐 배우고 익혀 온 한국 전통음식의 맛을 글로써 재현하여 세상에 내놓는" 것으로, 이 책의 제목은 이후 '한국의 맛 연구회' 라는 이름을 짓는 데까지 이어졌다. '한국의 맛 연구회' 는 강인희 선생이 전수받아 연구 발전시킨 '한국의 맛' 조리법을 계승해 연구하는 단체라는 뜻을 지니고 있다. 그러므로 이 책은 '한국의 맛 연구회' 에 매우 소중한 문헌이라 할 수 있다. 이 책은 현재까지 한국 전통음식을 연구하는 학자들뿐 아니라 음식 관련 전공자들의 필독서로 사랑받고 있다. 강인희 선생의 우리 음식에 관한 생각, 평생을 우리 음식문화 연구에 바치게 된 배경, 이 책 집필에 쏟은 열정 등이 이 책 머리말에 고스란히 담겨 있다.

필자는 어려서부터 음식 만드는 일을 남달리 좋아했었다. 열 살 전후에는 달밤에 동네 친구들과, 시내에서 잡은 송사리를 배도 따는 둥 마는 둥 해서는 호박과 고추장을 넣어 끓여 먹곤 하였다. 가끔, 주무시는 어머니를 깨워 한 그릇 드릴라치면, 괴로운 표정 하나 짓지 않으시며 씁쓸한 송사리 요리를 드시고는, 한마디 꾸중도 없으셨다. 그런 인자한 어머니가 오늘의 나로 하여금 이 책을 쓰게 하였다고 생각된다. 우리 민족이 불우했던 시절의 이야기다.

여학교 2학년이 되었을 때에는 그 엄하시던 아버지의 요리 시험에도 합격하였었다. 손수 사 오신 싱싱한 민어를 가리키며, "네 나이에 민어회 요리는 할 줄 알아야지" 하시던 아버지의 말씀에 나는 눈물부터 뿌렸었다. 우물가에 앉아 민어의 비늘을 따던 소녀 앞에 민어는 눈물로 씻겨 내리고, 눈앞에서 그 고기가 자꾸 커져 가기만 하던 추억도 오늘의 이 책을 만들게 한 채찍이 되었다.

필자의 개인적 이야기가 길어졌지만, 대학 교수로 퇴임하기 직전부터 필자는 만 삼 년간 이 일에 경주하여 거의 하루도 편히 지낸 날이 없었다. 나에게는 정년이 없다는 의지를 보이고 싶었기 때문에, 이곳에 나온 요리는 하나하나 내 손으로 직접 만들어 확인하지 않은 것이 없다. 이 책이 가지는 단점이 혹 없지 않을 것이나, 한 노학자의 성의가 이곳에 쏟아졌다는 사실만은 숨기고 싶지 않다.

─『한국의 맛』「머리말」중에서

1988년 9월과 10월에는 88 서울 올림픽 문화행사의 하나로 「음식문화 오천년」 기획전(준비위원장 이훈석)이 열렸다. 우리나라의 뿌리 깊은 전통과 자연관이 깃든 식생활 문화의 정수를 올림픽 기간 동안 한국을 방문하는 외국인들에게 알리고 널리 보여 주기 위한 행사였다. 이 전시의 자문단으로 당시 명지대학교 교수인 강인희 선생이 참여하게 되었다. 강인희 선생은 한국음식 제작 과정 중 반가음식, 향토음식, 명절음식, 계절음식, 일상음식, 기호음식 등의 자문을 맡았는데, 실제로는 자문뿐 아니라 총괄 지도 및 제작까지 담당했다. 이 전시의 음식 제작에는 강인희 선생 외에 황혜성, 윤서석, 성기희, 이성우 선생 등의 학자와 명문가의 후손인 김정현, 정정완, 정혜상, 이상희 선생 등 여러 음식 연구가들이 함께했다. 이 전시를 계기로 몇몇 뜻있는 후학들이 강인희 선생께 한국 전통음식에 대한 배움을 청하게 되었고, 강인희 선생이 이를 흔쾌히 받아들이면서 '한국의 맛 연구회' 탄생의 인연이 되었다.

결국, '한국의 맛 연구회'는 88 서울 올림픽의 문화행사 「음식문화 오천년」 기획전이 인연이 되어,

그리고 강인희 선생의 저서 『한국의 맛』을 활동의 목적으로 삼아 만들어진 단체라 할 수 있다. 물론 이 모든 것은 평생 우리 음식문화를 연구, 교육하며 일구어 온 강인희라는 큰 스승이 있었기에 가능한 것이었다.

이천 시대 1989-2000

어디서도 경험할 수 없었던 '한국의 맛' 수업을 시작하다

88 서울 올림픽 문화행사 「음식문화 오천년」 기획전을 계기로, 강인희 선생의 가르침을 얻고자 하는 의지가 모아졌다. 1989년에 조후종 명지대학교 교수를 비롯한 식품영양학과 및 전통조리과 전공 교수와 음식 연구가들이 강인희 선생께 배움을 청하자, 선생은 이를 흔쾌히 수락했다. '한국의 맛 연구회'의 첫 역사는 이렇게 시작되었다.

실제로 강인희 선생의 연구반 수업은 1990년부터 '한국의 맛 연구소'에서 시작했다. 주 1회 오전 10시부터 시작하는 금요반으로 시작된 첫 수업의 수강자는 김귀영, 김명순, 김진원, 박혜원, 신현희, 윤숙자, 이지호, 이춘자, 조후종, 허채옥 등 열 명이었다. 장소는 강인희 선생의 자택인 경기도 이천 양정여자중고등학교 사택이었고, 수업 내용은 강인희 선생의 저서 『한국의 맛』을 중심으로 반가음식, 전통 떡과 과자류, 발효식품, 고조리서 해석 및 재현 음식 등을 계절(절기)에 맞게 구성하여 실습을 위주로 하면서 간단한 이론을 더했다. '한국의 맛 연구회'의 초창기라 할 이천 시대는 강인희 선생에게 직접 전수받는 수업 모임으로만 진행했기 때문에, 이때의 기록은 남아 있는 것이 매우 적다. 그나마 남아 있는 아래 기록을 통해 그 당시 누가 어떤 수업을 들었는지, 어떤 규모였는지 엿볼 수 있다.

1990년 금요반 ― 김귀영, 김명순, 김진원, 박혜원, 신현희, 윤숙자, 이지호, 이춘자, 조후종, 허채옥.
1991년 수요반 ― 김경미, 나영숙, 명춘옥, 박난숙, 배영희, 배윤자, 윤재영, 전정원, 최은정.
1992년이후 ― 강명수, 구숙자, 김경옥, 김매순, 김명희, 김성자, 김수진, 김순진, 김연순, 김영경, 김영애, 김영희, 김옥란, 김윤자, 김은희, 김인숙, 김인자, 김종순, 김종애, 김지연, 김진숙, 김향희, 김현정, 김혜영, 노영희, 노진화, 문혜영, 민혜경, 박선민, 박윤정, 박종숙, 박혜경, 박혜진, 박희숙, 박희순, 박희자, 박희지, 배숙희, 서애리, 선명숙, 손영진, 신영애, 신용은, 심은경, 양덕순, 양영숙, 오경옥, 오경화, 윤옥희, 윤은숙, 윤황애, 이경희, 이계순, 이근형, 이금순, 이난순, 이동순, 이미자, 이선애, 이선주, 이영미, 이영순, 이용숙, 이정희, 이형숙, 이희옥, 임경려, 임순애, 임영희, 임종연, 장미라, 장선용, 정민주, 정순자, 정영주, 정옥수, 정외숙, 정은진, 정재홍, 조미자, 조부연, 조애경, 조은정, 조준형, 채인숙, 채혜정, 최경혜, 최기정, 최민경, 최신애, 최은형, 한명주, 한복선, 한옥임,

현영희, 홍문자, 홍순조.

강인희 선생의 수업은 곧바로 입소문을 타, 한국 전통음식을 제대로 배워 보고자 하는 이들의 문의와 신청이 급증했다. 이로 인해 제2, 제3의 연구반을 개설하고 주 2회, 3회로 점점 확장해 갔고, 그에 따라 별도 연구소를 사용해야 했다. 이 별도 연구소의 주소는 경기도 이천시 중리동 3-5, 양정빌라 302호였다. 여름방학과 겨울방학에는 대학의 교수와 대학원생들을 위한 특별연구반까지 개설했다. 회원들은 서울, 경기 지역뿐 아니라 인천, 춘천, 대구, 부산 등 전국 각지에서 먼 길을 마다 않고 찾아와 수업을 받았다.

당시 강인희 선생의 수업을 듣는 회원들은 대학의 교수와 강사, 대학원생, 식품연구소 임원, 전통음식 연구가 등 이미 여러 분야에서 활발히 활동하는 사람들이 주를 이루었다. 회원 수가 많았던 때는 이 수업을 듣기 위해 장기간 대기해야 하는 상황도 연출되었다. 이러한 상황이 몇 년간 지속되었다.

황인경 서울대 명예교수는 강인희 선생과의 인연과 더불어 당시 수업받던 상황을 다음과 같이 회고했다.

제가 강인희 교수님을 처음 뵈온 것은 미국 유학에서 귀국하여 몇 년 되지 않은, 한국조리과학회(현 한국식품조리과학회) 여름 워크숍에서였습니다. 당시 교수님은 여러 모임의 전통음식 강의 스케줄로 시간이 없으셨지만 워크숍의 성공을 위하여 기꺼이 시간을 내 주시고 열성적으로 강의와 실습을 해 주셨습니다. 교수님께서는 강의 시작 전에 이미 모든 재료들을 다 준비해 놓는 치밀함을 보이셨습니다. 귀한 제철 재료들을 아낌없이 제공해 주시면서 하나라도 더 가르쳐 주시려고 열과 성을 다해주셔서 저는 큰 감명을 받았습니다.

저는 그 워크숍에서 처음으로 전통음식의 체계적인 레시피 개발의 중요성을 체험했으며, 우리나라에 강인희 교수님을 중심으로 전통음식을 계승해 나가려고 노력하는 분들이 많이 계시다는 것을 알았습니다. 매 강의 시간 한참 전에 도착하여 귀찮은 사전 준비도 즐거운 마음으로 하는 대단한 열성을 가지고 있었습니다. 그분들의 열성은 강인희 교수님의 전통음식 재현 및 전수에 대한 끊임없는 열정에서 비롯된 것임을 곧 알게 되었습니다.

교수님의 학문적 열정과 제자 지도 방식은 교수 초년병이었던 저에게 학생들을 대할 때의 마음가짐에 대하여 많은 영향을 주셨습니다. 처음 만나 뵈온 지 거의 30년 가까이 되는 이때, 고매한 인품을 가지신 한국 전통음식 연구의 대모 강인희 교수님을 추모하며 새삼 그분의 향기가 그리워집니다.

이렇듯 강인희 선생의 수업을 듣는 이들은 어느 누구도 예외 없이 먼저 파, 마늘을 곱게 다지는 일부터 해야 했다. 이것이 준비되어야만 수업이 시작되었다. 그렇게 곱게 다진 파, 마늘이 그대로 양념에 스며든 너비아니를 선물로 받은 한 지인이, 겉으로 드러나 보이는 양념이라곤 깨밖에 없으니 '아, 깨를 많이 넣으면 이렇게 맛있어지는구나' 하고 감탄했다는 우스운 일화도 있었다. 이처럼 수업은 기본기를 충실히 다지는 것부터 시작했으며, 대부분의 회원들이 이 분야에서 오래 배우고 연구하고 가르치는 사람들이었음에도 불구하고, 평소엔 하지도 않던 파, 마늘 다지기를 손수 하면서 기본기의 중요함을 다시금 체험했다.

강인희 선생은 모든 실기수업의 재료를 값에 구애받지 않고 최상급의 것으로 마련해 진행했다. 민어가 제철일 때는 신선한 최상품의 제철 생선을 오랫동안 단골로 거래해 온 동대문 광장시장의 '영관상회'에서 구입했다. 마른전복, 문어, 황율, 잣, 호두 등은 신의를 바탕으로 거래해 온 옛 '동원상회'에서 구입했다. 각 연구반마다 회원들은 이러한 재료들을 가지고 직접 손질하고 포를 떠서 민어탕, 민어전 등을 옛 방법으로 만드는 소중한 경험을 할 수 있었다. 지금도 영관상회를 이용하는 회원들이 있다.

모든 음식 조리 과정은 옛 방식 그대로 실습했다. 동아정과 실습 시간에는, 남도에서 제철 동아를 구하고, 동아정과 특유의 아삭한 맛을 내기 위해 직접 조개껍질을 구워 재(灰)를 만들었다. 썰어 놓은 동아를 하나하나 재에 굴려서 항아리에 담고 일주일 정도 두었다가 꺼내어 재를 털어냈는데, 이것을 다시 꿀에다 재어서 재 기운을 완전히 제거했다. 재를 제거하기 위해 사용된 꿀은 모두 폐기했다. 이러한 실습은 그동안 어디서도 경험해 보지 못한 것이었다.

그 밖에 준치만두를 만들기 위해 신선한 제철 준치를 구해 찐 다음 그 많은 가시를 일일이 다 발라내어 굴린만두를 완성한 일, 고문헌에서만 접했던 석탄병을 재현하기 위해서는 생감을 얇게 썰어 잘 말린 후 빻아서 가루로 만들어야 하는데, 당 함량이 높은 감말랭이가 잘 찧어지지 않고 자꾸 절굿공이에 묻는 바람에 많은 고생을 하며 겨우 감가루를 얻은 일(지금은 냉동건조된 감 분말을 쉽게 구할 수 있다), 구선왕도고(九仙王道糕)의 재현을 위해 아홉 가지 재료 중 하나인 시상(柿霜)을 얻으려고 곶감의 하얀 가루를 일일이 털어내던 일 등은 당시 수업을 받은 회원들에게 잊을 수 없는 인상 깊은 경험이었다.

특히, 18세기 고문헌에는 기록되어 있으나 당시에는 전혀 볼 수 없었던, 어육장(魚肉醬) 재현을 위해 강인희 선생은 손수 여러 날 실습 준비를 철저히 해서 회원들에게 전수했다. 어육장을 만들기

위해서는 땅을 깊게 판 다음 미리 짚을 태워 소독해 둔 장독을 묻고, 이틀 전에 농도에 맞추고
불순물을 제거해 둔 소금물과 함께 메주, 쇠고기, 닭, 꿩, 전복, 새우, 광어, 도미, 숭어, 조기, 민어, 파,
생강 등 많은 재료를 독에 넣고 뚜껑을 덮은 후 그 위에 흙을 덮어 잘 봉해 두었다가 이듬해에 장을
거르는 과정을 거쳐야 했다. 어육장 재현 실습은 추운 겨울 바깥에서 진행되기 때문에 주의해야 할
것이 한둘이 아닌 힘들고 어려운 수업이었는데, 모두가 한마음으로 서로 도우면서, 한편으로는
신기해 하며 즐겁게 진행했으며, 1년을 숙성시킨 후 개봉할 때의 설렘과 기대감, 그리고 비할 데
없이 감칠맛 도는 장맛에 대한 감탄 등은 하나같이 소중한 경험이었다. 강인희 선생은 이 어육장을
여러 회원들이 나누어 가질 수 있도록 넉넉히 준비했는데, 그때의 어육장을 지금까지 소중히
간직하고 있는 회원도 있다. 이처럼 수업 때마다 재료를 넉넉히 준비해서 완성한 음식을
조금씩이라도 나누어 가져가 각자의 가족에게까지 맛보도록 한 것은 강인희 선생의 특별한
배려였다.

무엇보다도 강인희 선생은 재료와 조리기구 준비, 조리 과정, 그리고 음식 완성 후 싸서 나누어
보내는 봉송(封送)까지, 음식의 전 과정을 어느 하나 생략하거나 허투루 함 없이 옛 방식 그대로
성성껏 시범을 보이며 전수했는데, 당시에는 이렇게 제대로 된 음식 조리 교육을 받을 수 있는 곳이
매우 드물었다. 그나마 강인희 선생에게서 직접 배운 많은 회원들이 있어, 현재 곳곳에서 다음
세대들에게 전수되고 있으니 다행스런 일이라 하겠다.

강인희 선생은 전통음식 각 분야에서 대를 이어 온 분들을 초빙해서 배움의 기회를 마련하기도 했다.
한번은 안동김씨 집안의 김정현 여사를 모셔 와서 연구회 회원들에게 약과, 모약과, 만두과 등
반가음식을 직접 배울 수 있는 기회를 마련해 주었다. 김정현 여사의 시증조부는 고종 때 형조판서를
지낸 김석진(金奭鎭) 선생이고, 시조부는 광무 연간에 용인군수를 지내고 조선 후기 학예를
주도했던 김영한(金甯漢) 선생이며, 그의 조카가 전통음식 연구가 김숙년 여사다.

이경희 회원의 친정어머니 김춘절(金春節) 여사를 모셔 와서, 집안 대대로 가업으로 이어 가고 있는
명태순대, 명태식해 등을 회원들에게 전수시키고자 가르침을 받은 적도 있었다. 이날 강인희 선생은
귀한 손님께 대접할 음식으로 녹두빈대떡과 두텁떡도 함께 만들었다. 어머니의 가르침을 귀하게
여기는 마음이 고스란히 담긴 일로 회원들에게 큰 가르침이 되었다. 구름떡 조리법을 제대로
가르치기 위해 강원도에서 전문가를 모셔 오기도 했다.

강인희 선생의 수업은 항상 회원들을 놀라게 하고 감탄하게 했다. 신선로라고 하는
열구자탕(悅口子湯)은 '입을 즐겁게 해 준다'는 뜻을 지닌 음식으로, 고기, 생선, 견과류, 버섯, 불린

해삼 등 30여 가지나 되는 재료가 들어간다. 그 중 흔히 볼 수 없는 재료 하나가 소 등골이었다. 당시에는 이를 처음 본 회원들이 많았다. 길고 하얀 등골을 잘라 넓적하게 펼쳐 쭉 펴 가며 종이 타월로 핏기를 깨끗이 제거하고 전을 부치는데, 소등골전은 고소하고 매끄럽고 은근한 맛이 있어 육전, 생선전, 미나리초대, 석이 지단, 표고버섯, 홍고추, 견과류, 달걀 황백 지단, 등과 잘 어우러졌다.

우설 편육도 놀라운 음식이었다. 생각보다 두껍고 큰 우설을 솔로 박박 문질러 깨끗이 씻고, 끓는 물에 데쳐 표피와 돌기를 긁어낸 다음, 끓는 물에 삶아내고, 다시 양념한 물에 은근하고 부드럽게 삶았다. 강인희 선생은 우설 특유의 냄새를 없애기 위해 생강, 후추 등과 함께 월계수잎 등 서양 허브를 이용하기도 했다.

강인희 선생은, 우리나라 최초의 한과 전문점인 '호원당(好圓堂)'을 열고 한식 조리법을 강의한 교육자 조자호(趙慈鎬) 선생이 1939년에 출간한 『조선요리법(朝鮮料理法)』을 처음으로 가르쳤다. 또 『규합총서(閨閤叢書)』의 어육장, 청육장을 재현하여 교육함으로 잊혀졌던 장을 전래하는 쾌거를 이루기도 했다.

다음은 당시 강인희 선생의 실습 수업을 받았던 여러 회원들의 회고이다.

회원들은 강 교수님의 『한국의 맛』에 사진으로 수록된 음식들을, 직접 몇 번이고 만들어 완성시킴으로써 하나하나가 정확한 조리법임을 알게 되었죠. 조리법의 재료와 양, 만드는 법의 표현은 너무나 상세하고 구수하여 한국음식을 공부하는 회원들은 지금도 가장 소중한 책으로 생각하고 있습니다. 강 교수님은 구하기 힘든 싱싱한 제철 식재료를 전국에서 구해 와서 몸소 조리해 보이셨어요. 처음 보는 재료도 많아서 회원들은 소중한 경험을 하게 되었죠. 수업은 경기도 이천에 있는 교수님의 연구실에서 주로 이루어졌지만 간혹 이천의 교수님 자택에서 수업을 받을 때도 있었습니다. 오전 10시까지 서울, 강릉, 부산, 대구 등 전국의 회원들이 수업을 받기 위해 모였지요. 교수님의 자택에는 맛나게 익고 있는 많은 장항아리들이 있었고, 커다란 가마솥도 두 개나 있었습니다. 두부, 약식, 조청, 볶은 팥가루, 어육장, 돼지머리 편육 등 여러 만드는 법을 가르쳐 주셨는데, 그 중에서도 약식을 배우던 때가 가장 기억에 남습니다. 온갖 정성을 들여 만든 약식의 참맛을 알게 되었죠. 준비할 재료도 많고 만드는 시간도 오래 걸리는 약식은, 맛은 물론이고 색과 냄새에 그냥 취할 정도였어요. 찹쌀을 찌는 데만 여덟 시간이 걸리는데, 전국에서 일찍 출발하여 모여든 회원들은 그 시간 동안 고소하고 달콤한 냄새에 눈들이 초롱초롱해졌죠.

강인희 교수님 간장

1990년대 초 강인희 선생으로부터 선물받은 진장(眞醬)을 김명순 회원은 아직까지 소중히 간직하고 있다. 이 진장(위)은 당시에 이미 30년이 넘은 것이었다. '한국의 맛' 수업이 진행되던 경기도 이천 강인희 선생 자택의 부엌(아래)에는 커다란 가마솥이 두 개나 있었다. 이곳에서 강인희 선생만의 비법인 특별한 약식 등 여러 전통음식을 전수받았다.

최상품의 찹쌀을 한 말 정도 준비해서 다섯 판 정도 찌는데, 방앗간에서 참깨로 짜낸 참기름, 제주도에서 공수해 온 꿀, 대추로 만든 대추고, 가평의 잣, 통통한 밤과 대추 등을 섞어 버무리고, 찜통에서 오랜 시간 쪄서 완성된 약식을 먹을 때는 아무 생각 없이 마냥 행복하기만 했습니다. 특히 대추를 푹 끓여 체에 걸러 만든 대추고는 약식의 품위를 한껏 높여 주었죠. 낙지전골 수업 때는, 껍질을 벗겨야 깔끔하고 먹을 때 더욱 부드럽다고 가르쳐 주셔서 그 미끌거리는 낙지 껍질을 하나하나 벗겨 내느라 낙지 다리를 잡고 씨름을 해야 했고, 송이버섯전골을 하기 위해 동자송이를 손질할 때는, 송이는 향이 좋아 개미가 잘 달라붙으니 습습한 소금물에 살짝 담갔다가 꺼내면 개미가 붙지 않는다고 가르쳐 주시기도 했어요. 어디서도 배울 수 없는 지혜로운 가르침이었죠. 이른 봄에 잠시 느껴볼 수 있는 물쑥나물 수업 때는, 회원들이 옹기종기 모여앉아 물쑥의 잔뿌리를 하나하나 다듬고 손질하면서 작은 소리로 힘들다고 투덜댔는데, 완성된 물쑥나물의 향기롭고 독특한 맛을 보고는 하나같이 놀라기도 했습니다. 무릇(백합과의 여러해살이 풀), 송기(소나무 속껍질), 참쑥, 둥굴레뿌리를 엿기름물과 생강즙에 넣어 은근하게 고아 만든 무릇곰과 같이 생전 들어보지도 못했던 음식도 강 교수님은 가르쳐주셨어요. 귀하디 귀한 재료에 잔 손길이 많이 가는 잡누르미, 석탄병 등과 같이 그 당시 교수님 아니면 배울 수 없었던 전통음식이 많아서 수업은 언제나 열의로 가득했습니다.

강인희 선생과 회원들의 출판 활동

'한국의 맛 연구소' 시절인 1990년대에는 강인희 선생과 회원들의 출판활동이 활발히 이루어졌다. 1990년 1월에 강인희 선생은, 1978년 6월에 초판을 출간한 자신의 저서 『한국식생활사』(삼영사)의 개정판을 출간했다. 개정판에서는 '일제시대'와 '현대' 편을 새로 썼고, 전편에 걸쳐 새로운 학문적 성과를 수렴하면서 특히 '통일신라'와 '고려시대' 편 등을 대폭 보충했다. 강인희 선생은 개정판 머리말에 "초판에서 유능한 후배가 나오기를 바라는 희망을 말한 바 있으나 아직 이렇다 할 대답이 없어 이 책의 개정판을 다시 내놓는다. 교수직을 정년하고 나니 시간도 전보다 많이 얻을 수 있고 학문에 대한 갈증도 한층 불타오름을 느낀다"라고 쓰고 있는데, 이러한 후학에 대한, 학문에 대한 갈증이 '한국의 맛 연구회'의 왕성한 활동으로 이어진 것으로 보인다.

1990년대에 강인희 선생의 신간으로 손꼽을 만한 것은 『한국인의 보양식』, 『한국의 떡과 과줄』을 들 수 있다.

1992년 9월에 출간한 『한국인의 보양식』(대한교과서)은 머리말에도 밝히고 있듯이 "우리 주변에서 흔히 볼 수 있는 식품들을 '보기식품(補氣食品)', '보혈식품(補血食品)', '보양식품(補陽食品)', '보음식품(補陰食品)' 등으로 나누고, 그 조리 방법을 곁들여, 체질에 따라 적합한 보양식을 선택할 수 있도록" 구성했다.

1997년 7월에 출간한 『한국의 떡과 과줄』(대한교과서)은 강인희 선생이 "오랫동안 가장 관심을 기울여 온 떡에 관한 저서"로, 실생활에 도움이 될 수 있도록 만드는 법에 중점을 두었으며, 아울러 떡의 어원과 역사, 떡 문화의 특징, 떡과 관련된 풍속 등 이론적인 면도 폭넓게 다루었다. 머리말에는 다음과 같은 저자의 경험담도 담겨 있다.

필자가 떡에 관심을 갖게 된 것도 따지고 보면 일상생활 속에서 이룩된 것이다. 남달리 미식가이며 여자의 음식 솜씨를 강조했던 친정아버지이셨기에 우리 올케언니의 음식 솜씨는 매우 뛰어났다. 올케언니는 여러 음식 중에서도 떡과 과줄을 잘 만들었고, 특히 두텁떡과 약과는 다른 사람이 따를 수 없을 정도였다. 이런 올케언니와 지내며 집안의 대소사 때는 물론 절식(節食)으로 떡을 만들다 보니, 필자 또한 이 방면에 자신감을 키울 수 있었던 것이다.

이 밖에 1995년 1월에는 강인희 선생이 글을 쓰고 징대영 작가가 그림을 그린, 어린이를 위한 전통문화 그림책 『떡잔치』(보림)를 출간했다. 명절이나 계절에 따라 우리 민족이 즐겨 먹는 전통음식인 떡의 종류를 보여 주는 이 책은, 색색으로 물들인 한지를 접거나 오려 붙여서 먹음직스럽게 표현한 다양한 떡을 통해 한국의 민속과 풍습을 정감 넘치게 드러냈다.

강인희 선생과 연구회 회원들의 공동의 노력이 출판으로 이어진 첫 번째 결실은 논문에서였다. 이춘자, 김귀영, 박혜원, 조후종, 강인희 공저의 「잣가루가 석탄병(惜吞餠)의 기호도와 Texture에 미치는 영향 및 석탄병 제조법의 표준화에 관한 연구」라는 논문으로, '한국의 맛 연구회'에서 그동안 연구해 온 성과를 토대로 1995년 7월 30일에 발행된 『한국식생활문화학회지』(Vol.10, No.3)에 발표한 것이었다.

이듬해인 1996년 6월에는 강인희 선생과 연구회 회원들의 첫 번째 공동 저서 『전통건강음료』(대원사)를 출간했다. 전통음료에 관심 있는 사람들을 위해, 우리 선조들이 즐겨 마셔 왔던 음료를 종류별로 나누고 재료, 만드는 법 등을 자세히 설명했다. 특히, 『임원십육지(林園十六志)』 등에 기록된 제조법을 그대로 따르면서도 현대인의 입맛에 맞도록 재료의 분량을 조절해, 이 음료들을 오늘날에도 조리해 먹을 수 있도록 했다는 데 큰 의미가 있다.

『경향신문』은 이 책의 소개 기사를 두 차례나 보도했는데, 그 일부를 옮겨 본다.

전통음료는 계절음식이자 건강음료. 계절마다 다른 꽃, 잎, 열매, 과일을 이용해 만들기 때문에
마시면 몸에 좋은 '약'이 된다. 뜨겁게 마시는 차와 탕(湯), 차게 마시는 청량음료로 나뉘는
전통음료 중에서 여름에는 아무래도 화채로 대표되는 청량음료가 뱃속을 시원하게 해 준다.
최근 '한국의 맛 연구회'가 펴낸 『전통건강음료』(대원사)는 이 같은 전통음료를 집대성, 계절과
종류별로 분류하고 직접 만들어 먹는 방법을 상세히 소개하고 있다. 특히 옛책에서 이름만
전해지던 전통음료인 '장(漿)', '숙수(熟水)', '갈수(渴水)'를 현대인의 미각에 맞도록 되살려
주목을 끈다. 장은 곡물 등을 젖산발효시키거나 꿀, 설탕을 넣어 숙성시킨 음료이며, 숙수는
향약초를 달여 만든 음료, 갈수는 한약재를 가루내어 농축과일즙이나 꿀과 함께 달여 마시는
음료이다.
한국의 맛 연구회장 강인희 씨(77세, 명지대 명예교수)는 "『임원십육지(林園十六志)』등에 기록된
제조법을 그대로 따르면서도 현대인의 입맛에 맞도록 재료의 분량을 조절했다"며 "장, 숙수, 갈수
만드는 법이 자세히 소개되기는 이번이 처음"이라고 말했다. 시음회에 참가했던 프랑스
음식연구가들도 '섬세한 맛'이라고 찬탄했다고 하는데 책에 소개된 각종 재료는 경동시장
등지에서 쉽게 구할 수 있다.
－김중식 기자, 「한여름 더위 씻는 '묘약' … 선인 지혜 담긴 제철 음료」, 『경향신문』, 1996. 7. 22.

이 책 출간을 계기로, '한국의 맛 연구회' 회원들은 당시 차인태 아나운서가 진행하던 MBC 라디오
프로그램에도 출연해 우리 전통음료의 우수성을 널리 알리기도 했다.
이외에 1990년대의 공동 출판물 중 주목할 만한 것은 『통과의례음식』, 『한국의 상차림』을 들 수
있다.
『통과의례음식』(대원사)은 1997년 11월에 출간했다. 이 책은 통과의례의 역사적 배경과 그 의미를
먼저 살펴본 뒤 우리나라에서 일반적으로 행해졌던 통과의례를 중심으로 그때마다 쓰인 각
음식들의 특성과 만드는 법을 소개한 것이다.
『한국의 상차림』(효일문화사)은 1999년 8월에 출간했다. 우리나라 상차림의 형식이 번거롭다는
이유와 생활양식의 변화로 전래문화가 잊혀져 가는 안타까움에, 한국음식의 맛과 멋, 상차림 등을
엮어 보자는 회원들의 의견이 모아져, 통과의례 음식의 상차림과 조리법, 세시음식의 상차림과

조리법 등을 연구해 한 권의 책으로 엮은 것이다.

이처럼 '한국의 맛 연구회'의 출판 활동은 자발적으로, 적극적으로 기획해 나갔다는 데 큰 의미를 부여할 수 있다. 강인희 선생으로부터의 배움은 각자의 현장에서 다시 전파되었고, 다양한 시각으로 조리법들이 재구성되면서 특별한 주제들이 생겨났다. 이들을 자연스럽게 한 권 한 권의 책으로 기획 출판했던 것이다.

한편, 1997년 3월부터 2002년 1월까지 한국문화재보호재단 창립 15주년 기념으로 기획하고 엮은 『한국음식대관』(한림출판사) 전5권이 출간되었는데, 이 책은 전문가를 집필진으로 선정해 우리 전통음식에 관한 학문적 성과를 집대성한 백과사전으로, '한국의 맛 연구회'의 많은 회원들이 이 책의 기획과 자문에 참여했고, 특히 제2권의 「찬물」, 제3권의 「떡」을 집필했다.

방송, 강좌 등의 대외활동

1998년에는 고려대학교 민족문화연구소 프로젝트의 일환으로 교육방송(EBS)에서 방송된 「전통과자」 제작에 참여했다. 이 방송을 위해 여러 가지 한과를 준비하는 과정에서 강인희 선생은 평소 친분이 두터웠던 흥인군의 종부 김정규(金貞圭) 여사를 모셔 와서 연구회 회원들에게 반가음식에 관한 여러 배움의 장을 마련해 주었고, 특히 세찬으로 웃어른께 드리는 봉송(封送)을 정성스레 마련하는 가르침을 받을 수 있도록 배려했다. 이 프로그램은 이후 약 10년에 걸쳐 여러 차례 재방송되면서 많은 사람들에게 전통 한과를 알리는 데 큰 역할을 했다.

특히 이 프로젝트는 초기 회원들의 역할이 컸다. 옛 전통음식을 그대로 재현하기 위해 며칠을 밤늦도록 준비하며 서로 의논하고, 강인희 선생의 가르침을 받으면서 산자, 흑임자다식 등 여러 전통과자와 명절음식 봉송 등을 영상으로 담아냈다. 흑임자다식의 경우, 옛 방식 그대로 깨끗이 씻은 검정깨를 살짝 쪄서 절구에 빻은 다음 양손으로 기름을 어느 정도 짜내고 조청이나 된 꿀을 넣어 반죽해 다식판에 박아내었다. 이 밖의 다양한 한과를 만드는 데에도 옛 방식 그대로 정성을 다해 임했다.

남태령 시대 2001-2007

강인희 선생의 별세

2001년 1월 20일 오후 6시, 강인희 선생이 별세했다. 향년 82세였다. 갑작스런 부음을 접한 회원들은 충격에 휩싸였다. 이때의 심정에 대해 조후종 명지대 교수는 훗날 "돌이켜 보면 1년 전, 새천년 첫 해가 저물어 가던 섣달그믐에 병상에서 회복이 되어 가신다고 믿고 돌아왔는데, 갑자기 소천하셨다는 비보를 받고 당황해 했던 그날을 기억합니다. 저희들은 도무지 믿어지지 않아서 서로서로 몇 번이고 확인하곤 했었답니다"라고 회고했다.

1월 23일 오전 10시에 '고 강인희 장로 영결예배'가 양정교회 황동수 목사의 사회로 경기도 이천 양정여자중고등학교 정암관에서 진행되었다. 박영준 목사의 기도, 이영우 목사의 성경말씀, 양정교회 성가대의 조가(弔歌) 합창, 김우영 목사의 설교, 김정의 양정여중 교장의 약력 낭독, 김태준 동국대 교수의 조사(弔詞) 낭독, 배영희 오산대 교수와 '한국의 맛 연구회' 수요반 회원들의 『한국의 죽』헌정, 배정길 목사의 축도 등이 진행되었고, 가족 및 조객들의 헌화(獻花)와 출관(出棺)으로 이어졌다. 장지(葬地)는 경기도 이천시 마장면 작촌리 선영이었다. 이날 김태준 교수는 「자은당(慈恩堂) 강인희 선생님 영전에」라는 조사에서 이렇게 말했다.

선생님은 조선조의 명가인 설봉(雪峰) 강백년(姜栢年) 선생과 표암(豹庵) 강세황(姜世晃) 선생으로 이어지는 3대 기연의 진주 강씨 가문에서, 표암의 6대 직손녀로 태어나 조상들의 학문과 예술을 평생 아끼고 이어받았으며, 강이천(姜彛天) 등으로 이어지는 천주교 순교자의 피와 모태신앙으로 감리교의 장로로 신앙을 이으셨습니다. 선생님은 한국 최초의 은행장이 되었다는 아버지 강번(姜鰲) 박사와 청주한씨(淸州韓氏) 사이의 유복한 가정에서, 1919년 음력 2월 그믐날, 기미년 3.1운동의 소용돌이 속에서 태어나셨습니다. 큰아버지가 교장으로 계셨던 배화고녀에서 민족 교육을 받으신 선생님은, 일본 유학 뒤에는 교육계에 몸바쳐서, 60여 년을 후진 교육에 헌신하신 교육자의 생애를 보내셨습니다. 여성의 실학 분야인 음식과 식생활사의 연구에 정열을 쏟으셨던 선생님은 전통 식생활의 개발과 계승, 불모지인 『한국식생활사』와 『한국식생활풍속사』의 연구로 이 방면에 가히 독보적인 업적을 이룩하셨습니다. 『한국식생활사』는 최근에 일본어로도 번역되어 그 명성이 외국에 퍼졌으며, 선생님의 다른 명저인

'고 강인희 장로 영결예배'가 경기도 이천 양정여자중고등학교 정암관에서 진행되었고, 가족 및 조객들의 헌화(獻花, 위)와 출관(出棺, 아래)으로 이어졌다. 장지(葬地)는 경기도 이천시 마장면 작촌리 선영이었다. 2001. 1. 23.

『한국의 맛』과『한국의 떡과 과줄』은 모두 전통 식생활문화의 중요성을 강조해 오신 선생님의
학문과 문화의식과 함께, 가히 한국 최고로 손꼽히는 선생님의 손맛으로 된 한국 전통 맛의
교과서라 평가되고 있습니다. (…)

선생님은 참으로 부지런히 사는 모범을 보이셨습니다. 학교 정년 뒤에도 돌아가실 때까지 쉬지
않고 연구소를 이끄시고, 원고를 쓰시고, 어렵고 병든 이들을 찾아 위로하셨습니다. 그런 마지막의
업적의 하나로 한국의 맛 연구소의 수요팀들과 공저로 써 오신『한국의 죽』이 선생님 가시면서
출간되어, 오늘 선생님 영전에 헌정되는 것을 보면서, 선생님의 생전의 숨결을 대하는 듯 감명을
느낍니다. (…)

선생님이 돌아가시는 날까지 심혈을 기울여 오신 한국의 맛 연구소는 후배 제자들의 손으로
이어지고 이 나라 기층문화의 전통을 지키는 학풍으로 남을 것이고, 선생님이 필생의 소원으로
이루고자 하셨던 식생활 박물관은 선생이 부군을 도와 평생 이사로 봉사해 오신 양정학원의
실학정신의 한 상징이 될 것입니다. (…)

음식잡지『FOOD』는 영결식 당일의 스케치와 함께 강인희 선생이 이천 '한국의 맛 연구소'에서
가르치며 실습했던 것을 회원들의 인터뷰를 통해 보도했다.

강인희 선생의 1월 23일 영결식엔 양정학원 강당을 가득 메우고도 넘칠 만큼의 조문객들이
찾아들었다. 선생의 영결식에 참석한 가족, 친지 명지대학교 교직원들을 비롯해 '강인희 한국의 맛
연구소' 회원들은 그동안 한국 전통음식계의 커다란 버팀목이 되었던 선생의 죽음을 진심으로
애도했으며 경기도 이천군 오천면 작촌에 위치한 선산에 선생을 안치하는 마지막 순간까지 긴
행렬을 함께했다.
(…)
지난 1990년 7월, 선생의 터전인 경기도 이천에 세워진 '강인희 한국의 맛 연구소' 회원들은
1기생들이 아직도 실습과 연구를 함께하는데, 실습에 참여한 회원들이라면 누구나 선생의 독특한
수업방식에 입을 모은다. "꼭 가마솥을 걸고 수업을 했는데 메주를 쑤게 되면 콩을 한 가마니씩
삶았고, 강정을 만들 때도 보통 쌀 한 말은 없애야 실습을 마치셨습니다. 우리나라 전통음식의
맛을 제대로 내기 위해선 조리법 역시 예전 방식 그대로 따라야 한다는 선생의 믿음과 몇 번이고
반복하더라도 반드시 선생께서 원하시는 맛을 내기 위해 재료를 아끼지 않으셨던 거죠."

'강인희 한국의 맛 연구소'의 1기 회원이면서 늘 선생의 수족이 되어 주었던 이말순 씨는 당시의 기억을 이같이 추억하며 한국 전통의 맛을 지키고자 하는 선생의 장인정신을 그대로 이어받고 싶다고 말했다.

그도 그럴 것이 선생의 제자인 김명순 씨는 "백 번을 해 보니 제대로 된 두텁떡을 만들 수 있게 됐다"며 "선생의 가르침대로 어떤 음식이건 백 번 이상 해 보면 안 될 게 없다"고 말했다고 한다.

－최현주 편집실장, 『FOOD』, 2001. 3.

강인희 선생의 유지(遺志)를 이어 가고자

강인희 선생이 세상을 떠난 후 얼마 되지 않아, 강인희 선생의 유지를 어어 가고자 하는 회원들이 하나둘 모이기 시작했다. 2001년 2월 3일 오후 2시, 그동안 강인희 선생의 '한국의 맛 연구소'에서 가르침을 받아 온 회원들 중 조후종, 구숙자, 박혜경, 이동순, 윤옥희, 전정원 등 여섯 명이 그동안의 수업 모임을 발전적으로 계승하기 위해 서울프라자호텔 커피숍에 모여 새로이 '한국의 맛 연구회'를 설립하기로 하고, 1차 발기인회를 가졌다. 구체적인 계획은, 모금 활동을 통해 재원을 확보해 이천 연구소를 서울로 이전하는 것이었고, 이를 위해 안내문을 작성해 발송하기로 했다.

'한국의 맛 연구회' 2차 발기인회는 2001년 2월 23일 오후 3시 서울클럽에서 열렸고, 이 자리에서는 앞서의 계획을 좀 더 구체화시켜 나갔다. 참석자도 조후종, 장선용, 구숙자, 박혜경, 윤옥희, 전정원, 이춘자, 이동순, 김진원 등 아홉 명으로 늘어났다. 이 자리에서의 결정사항은, 이천 연구소를 서울로 이전하되 그동안 강인희 선생의 수업을 곁에서 준비하고 보조해 왔던 이말순 회원을 중심으로 새로운 수업 모임을 운영해 나갈 것, 오는 3월 23일에 강인희 선생 생신제사를 모실 것, 기부금은 형편 닿는 대로 모금하며 3월 10일까지 약정할 것, 회원 가입을 원하는 사람들에게 기금 모금에 참여하도록 독려할 것 등이었다.

발기인회는 이후 두 차례나 더 진행되었다. 3차 발기인회는 2001년 3월 6일 오후 6시에 놀부 유황오리집에서 열렸고, 조후종, 장선용, 이동순, 윤옥희, 박혜경, 구숙자 등 여섯 명이 참석했다. 2001년 3월 24일 오전 11시 30분에 '강인희 선생 생신 추도예배 및 한국의 맛 연구회 창립총회'를 개최하기로 하고, 식순 준비와 연락 그리고 모금 현황표 작성은 구숙자 회원이, 음식 준비 총괄은 장선용 회원이, 기부금 약정서 작성은 윤옥희 회원이 맡는 등 역할을 분담했다. 또한 정관 초안을 각자 검토해 이후 모임에서 정리하기로 했다. 4차 발기인회는 2001년 3월 22일 오후 3시에 서울클럽에서 열렸고, 조후종, 장선용, 박혜경, 구숙자, 이동순, 윤옥희 등 여섯 명이 참석했다.

'강인희 선생 생신 추도예배 및 한국의 맛 연구회 창립총회' 때 필요한 음식 준비 사항을 점검하고, 회원카드, 약정서, 방명록, 회칙 준비는 윤옥희 회원이, 모금 현황 파악은 구숙자 회원이 맡는 등 업무를 분담했다. 예정대로 정관을 정리했다.

2001년 3월 24일, 드디어 '한국의 맛 연구회'를 새로이 설립하는 창립총회를 이천 '한국의 맛 연구소'에서 개최했다. 첫 논의가 시작된 지 두 달도 안 되어 결실을 보게 된 것으로, 50여 명 회원의 자발적인 성금을 모아서 이루어진 것이다. 이날의 행사는 1부 강인희 선생 생신 추도예배, 2부 점심식사, 3부 한국의 맛 연구회 창립총회로 진행되었다. 창립총회에서 정관을 통과시키고, 초대 임원을 선출했다.

새로운 연구회는 이말순 회원의 지도 아래 그동안의 강인희 선생 수업 전반을 그대로 이어 나갔다. 이말순 회원은 1986년부터 반가음식 전수기관인 '강인희 전통음식연구소'의 조교로 있으면서 강인희 선생이 『한국의 맛』, 『한국의 떡과 과줄』, 『한국인의 보양식』 등을 집필할 때 교정 작업과 음식 제작 과정에 참여했고, 경기도 이천 '한국의 맛 연구소'에서 수업이 진행될 때도 늘 강인희 선생을 보좌해 왔다. 이후 2001년 5월 연구회가 이천에서 남태령으로 이전한 후에는 주요 수업을 맡아 가르치면서 회원들과 함께 여러 권의 공저를 발간했고, 전통음식 전시회 개최 등 주요 업무를 담당하며 '한국의 맛 연구회'를 이끌어 갔다. '한국의 맛 연구회'를 위한 이말순 회원의 헌신, 끊임없는 노력, 열정 덕분에 서울에서 새롭게 둥지를 튼 연구회는 더욱 발전할 수 있었다.

'한국의 맛 연구회' 창립 이후 한 달에 한 차례씩 임원회의를 개최하면서, 새로운 연구회 운영과 관련한 제반 준비를 하나둘 진행해 나갔다. 입회비 결정에서부터 회원권 발급, 연구반의 커리큘럼 및 수업 시간표 확정, 야간 강좌 개설, 그리고 사무기기(컴퓨터, 복사기, 팩시밀리 등) 구입, 조교 채용 및 급여 결정에 이르기까지, 게다가 '한국의 맛 연구회' 이전(移轉) 기념 축하연 행사까지도 하나하나 차분하고도 면밀하게 준비해 나갔다.

연구소의 서울 이전이라는 큰 목표를 실현시키기 위한 노력도 끊임없이 진행되어서, 결국 2001년 5월 22일에 그 결실을 보게 되었다. 그동안 모인 기부금으로 서울 남태령에 아담하고 마당이 넓은 단독주택을 마련해 이전한 것이다. 주소는 서울시 서초구 방배2동 2762-16번지 182호였다. 이로써 이천 시대의 막을 내리고 '한국의 맛 연구회' 남태령 시대를 열게 되었다.

한편 5월 26일에는 『한국의 맛 연구회 소식 1호』라는 소식지를 회원들에게 배포했는데, A4 용지 한 장짜리의 간략한 소식지 형태였지만, 이후 사안이 있을 때마다 부정기적으로 꾸준히 발행 배포함으로써 회원들 간의 소통을 위한 매체로 자리 잡게 되었다.

새로 이전한 남태령 연구소에서 '한국의 맛 연구회' 이전 기념 축하연을 가졌다(위). 초창기 금요반 회원들도 함께
했다(아래). 2001. 6. 16.

'한국의 맛 연구회' 이전 기념 축하연 행사도 치밀하게 준비해 나갔다. 장선용, 조후종 공동회장이 쓴 '초대의 글'도 여러 관계자들에게 발송되었다.

> 작은 힘들을 모아 이룬 연구소입니다. 강인희 선생님의 정신을 이어받아 한국의 식문화 발전을 위해 연구하고 토론하는 장소로 발전하기를 바랍니다. 함께 모여 축하하고 다짐을 하는 시간을 만들고자 합니다. 시작을 여러분과 함께하고 싶습니다. 몇 분 어르신을 모시고 축하잔치를 하려고 하오니 부디 참석하시어 자리를 빛내 주시고 많은 격려 바랍니다.

2001년 6월 16일 오후 2시, 새로 이전한 남태령 연구소에서 '한국의 맛 연구회' 이전 기념 축하연을 가졌다. 윤서석 전 중앙대 가정대학장, 이기열 전 연세대 가정대학장, 이인희 전 동덕여대 가정대학장, 김태준 동국대 교수 등 내빈 70여 명이 참석한 가운데 1부 식사, 2부 축하기념식으로 진행되었다. 이로써 새로운 '한국의 맛 연구회'의 존재를 다시금 널리 알리는 계기가 되었다.
7월, 음식잡지 『Cookand』는 새로이 창립해 서울에 자리 잡은 '한국의 맛 연구회' 소식을 다음과 같이 보도했다.

> 『한국의 맛』, 『한국인의 보양식』, 『한국식생활사』, 『한국식생활풍속사』, 『한국의 떡과 과줄』 등의 저서로 우리나라 음식문화에 큰 발자취를 남긴 강인희 교수. 지난 1월 말 병환으로 아쉽게 세상을 등진 강 교수의 뜻을 기리고 우리 음식문화를 연구하는 모임인 '한국의 맛 연구회'가 이천 시대를 마감하고 서울에 새롭게 문을 열었다. 그동안 '한국의 맛 연구회'는 강 교수의 자택 근처인 경기도 이천에 있었다.
> 강 교수 사후, 제자들은 우리 음식문화계의 큰 별을 잃고 우왕좌왕하는 모습을 잠시 보였다. 지난 6월 16일 한국의 맛 연구회 서울 이전을 기념하는 자리에서 연구회 부회장인 김포대학 이동순 교수가 다음과 같이 말했다.
> "정신적 지주셨던 교수님이 돌아가시자 회원 모두 마음을 잡지 못했죠. 돌아가시기 직전까지도 직접 하나하나 자상하게 가르쳐 주시던 교수님의 모습을 잊을 수가 없어서요. 그러나 회원들 모두 이래서는 안 되겠다, 교수님의 뜻을 이어 나가 우리나라 음식문화 발전에 '한국의 맛 연구회'가 주축이 되어야 한다는 뜻을 모아 서울로 장소를 옮기고 새로운 마음으로 공부하기로 했습니다."
> 특히 이날 행사에는 김동옥(강인희 교수의 부군) 님을 비롯하여 윤서석(전 중앙대 가정대학장),

이인희(전 동덕여대 가정대학장), 이기열(전 연세대 가정대학장) 등 생전에 강인희 교수와 학문적 교류를 가졌던 친구들과 제자들이 참석했다.

한국의 맛 연구회는 앞으로 회원을 모집하여 우리 음식문화에 대한 연구 활동을 계속해 나갈 예정이다.

－「새롭게 문을 연 '한국의 맛 연구회'」, 『Cookand』, 2001. 7.

궁가(宮家)의 전통 제례상 재현

'한국의 맛 연구회'는 2002년을 스승 강인희 선생 1주기 행사로 시작했다. 1월 19일 오전 11시에 '강인희 장로 추모위원회' 주최로 경기도 이천 양정교회에서 「교육학박사 강인희 장로 1주기 추도예배」가 열렸다. 이 자리에서, 강인희 선생 사후 새로이 창립한 '한국의 맛 연구회'를 이끌고 있던 조후종 회장은 아래와 같은 1주기 추모사를 낭독했다.

자은당(慈恩堂) 강인희 선생님 1주기 추도식에

불초 소생은 감히 선생님의 제자를 대표하여 추도의 말씀을 드리고자 이 자리에 섰습니다.
돌이켜 보면 1년 전, 새천년 첫 해가 저물어 가던 섣달그믐에 병상에서 회복이 되어 가신다고 믿고 돌아왔는데, 갑자기 소천하셨다는 비보를 받고 당황해 했던 그날을 기억합니다. 저희들은 도무지 믿어지지 않아서 서로서로 몇 번이고 확인하곤 했었답니다. 이렇게 선생님을 하늘나라로 빼앗기고는 저희들은 목자 잃은 양들이 되어 헤매는데, 지혜로운 몇 사람들이 다시 모여 선생님의 뜻을 받들고 '한국의 맛 연구회'를 계승하는 것만이 선생님을 다시 우리 곁에 모시는 일이 될 것이라고 하여 뜻을 모으기로 합의하였습니다.
그러고는 형편이 허락하는 대로 정성을 다해서 2001년 6월 16일 서울 남태령에 연구소를 열게 되었습니다. 그동안 이모저모 어려움은 많았으나, 선생님께서 하시던 주 3회 모임은 계속하고 있으며 연구 모임을 신설하여 월 2회 모임을 갖고 연구를 계속하고 있습니다. 금년에는 선생님께서 생전에 하시고 싶어 하시던 '한국의 채소 음식'에 대한 연구를 계획하고 지난주에는 이에 대한 특강을 하였습니다. 선생님, 여러모로 미숙한 저희들을 잘 살펴 주십시오.
선생님은 참교육자로서 뚜렷한 생각과 실천을 보여 주신 스승이셨으며, 특히 늘 베풀며 살아야 한다는 것을 강조해 가르치셨습니다. 또한 스스로도 베푸는 생활을 실천하셨습니다. 저희들과 음식을 만드실 때에도 언제나 넉넉히 만들게 하시어 꼭 각자가 싸 가지고 갈 수 있게 하셨습니다. 이 음식은 집에 계시는 부모님께 효도할 수 있는 기회가 되기도 하고 자녀와 가족들을 즐겁게 해 주어 가정의 화목을 이루는 힘이 되기도 하였습니다. 그래서 음식을 나누어 먹고 꾸러미로 싸서 서로 나누며 살아온 우리의 풍속을 이으시는 뜻이 있다고 생각되며, 이 나누는 풍속 그대로 우리 상부상조의 두레의 풍속과도 합치된다고 생각합니다.

이는 요즈음 나밖에 모르는 자기중심적 사상이 만연해 가는 우리 사회에 신선한 바람이기도 합니다. 저희들은 이러한 선생님의 사상을 계승하여 사회를 정화하는 밑거름이 될 것입니다. 그리고 선생님은 전통과 신토불이의 정신을 강조하셨고, 이것은 아마도 생태주의의 사상으로 이어지는 선견지명이 있으셨다고 생각됩니다.

선생님께서는 참으로 부지런히 사는 모범을 보여 주셨습니다. 명지대학교에서 정년을 하신 뒤에도 연구소를 계속 이끄시면서 많은 제자들을 길러내셨고, 한국음식에 대한 주옥 같은 책을 계속해서 출간하셨습니다. 저희들은 이렇게 열심히 사신 선생님을 닮고자 끊임없이 노력할 것입니다.

선생님, 잘 지켜봐 주시고, 잘못하면 꾸짖어 주시고, 잘하면 칭찬도 해 주십시오.

저희들은 항상 선생님을 가까이 모시고 살아갈 것입니다.

2002년 1월 19일

선생님의 제1주기 추도식에서 조후종 올림

한편, 같은 날 남태령 연구소에서는 내빈과 회원 60여 명이 참석한 가운데 추모 모임과 제사가 진행되었다. 특히 이날의 제사는 '궁가(宮家)의 전통 제례상 재현식'으로 진행되었다. 이를 위해 '한국의 맛 연구회' 회원들은 오랜 기간 기제사(忌祭祀)의 의미에 대해 깊이 있는 연구 조사를 해 왔던 터였다. 궁가란 왕실에서 분가해 독립한 대군, 왕자, 공주, 옹주가 살던 집을 말하는데, 강인희 선생의 저서 『한국의 맛』에 소개된 궁가의 제례상을 스승의 1주기를 맞아 그대로 재현해 보자는 취지였다. 물론, 이는 실제로 제사를 지내기 위해 차리는 상차림은 아니었지만, 평생을 전통음식 연구와 교육에 몰두해 온 강인희 선생의 뜻을 기리며 회원들이 제례상 차림을 공부하는 자리로 삼은 것이었다.

강인희 선생이 생전에 음식 한 가지를 만들더라도 철저한 고증에 따라 옛 방식 그대로 했던 것과 마찬가지로, '한국의 맛 연구회' 회원들 역시 스승의 가르침대로 오랜 연구와 조사 끝에 전통

남태령 연구소에서 '궁가(宮家)의 전통 제례상'으로 차려진 강인희 선생 1주기 제상(위), 그리고 고증을 통해 이날의
제례상을 정성스럽게 차려낸 '한국의 맛 연구회' 회원들(아래). 2002. 1. 19.

제례상을 정성껏 차렸다. 이 자리에서는 다음과 같은 축문(祝文)이 낭독되었다.

아뢰나이다.

2002년 1월 19일 문하생(門下生) 일동은 선생님 신위(神位) 앞에 감히 고하나이다.

오늘 선생님 돌아가신 날을 맞이하여 선생님을 생각하며 선생님의 가르침에 따라 정성을 다하여 제례상을 마련하였사오니, 저희 정성을 흐뭇한 마음으로 굽어보시고 흠향하여 주시옵소서.

선생님! 선생님이 떠나신 후 저희들은 모두 함께 마음을 모아 2001년 6월 16일에 서울로 자리를 옮겨 연구를 계속하고 있습니다. 수요일, 금요일, 토요일 반은 그대로 계속하고 있으며 오래된 회원들은 화요일과 토요일에 연구반으로 모여 공부를 계속하고 있습니다. 새해부터는 선생님께서 생전에 원하시던 음식을 중심으로 연구를 계속해 가기를 원합니다.

저희들은 앞으로도 선생님의 뜻에 따라 진실하게 살며 서로 사랑하고 이웃을 도우며 또한 우리 한국음식을 빛내는 데 더욱 열심히 노력하고자 하오니, 천상의 선생님께서 저희에게 음덕(蔭德)을 베풀어 주시옵소서.

외부 인사들을 초청해 진행한 이날의 행사에 대해 『한국일보』는 다음과 같이 보도했다.

서울에서 과천으로 넘어가는 큰 고개 남태령 자락. 19일 오후 그곳에 자리한 한국의 맛 연구회에는 검은색 성장을 한 회원들로 가득했다. 1년 전 세상을 떠난 요리 연구가 강인희 선생을 추모하는 기제사(忌祭祀)를 준비하기 위해서다.

기제사는 고인이 죽은 날에 지내는 제사. 1년에 한 번 있는 집안의 큰 행사다. "실제로 제사를 지내기 위해 이번 행사를 마련한 것은 아닙니다. 강 선생의 1987년 저서 『한국의 맛』에 소개된 궁가의 제상을 그대로 재현함으로써 한국 전통음식 연구에 이바지한 고인의 뜻을 기리고 더불어 후학들은 제사상 차림을 공부하는 자리입니다." 한국의 맛 연구회 회장 조후종 전 명지대 식품영양학과 교수의 설명이다.

그의 말대로 이날 행사의 초점은 음식 상차림 재현이었다. 이날 상차림은 궁가(宮家)의 전래 예법에 맞췄다. 궁가는 왕실에서 분가해 독립한 왕자, 공주, 옹주 등 왕실가족을 뜻하는 말. 홍동백서(紅東白西), 어동육서(魚東肉西)의 기본적인 원칙에 맞춘 5열 상차림이 생각보다 화려하지는 않았다. 그러나 소박하지만 기품이 넘치는 음식들은 깔끔한 인상을 남긴다.

1열에 놓인 음식은 곶감, 밤, 사과, 배, 대추 등의 과실류. 조율이시(棗栗梨柿)의 순서로 놓는 게 중요하다. 과일은 세 가지 아니면 다섯 가지 등으로 홀수가 되어야 한다. 특히 궁에서는 배 껍질을 다 벗겨서 쓰지만 궁가와 반가에서는 맨 위의 것만 벗겨서 쓴다. 그래서 맨 위에 놓은 배를 꼭지 부분만 깎지 않고 다 깎은 것이 특이하다.

2열의 음식 중에는 삼적이 눈에 띈다. 삼적은 육적, 어적, 소적 등 꼬치로 꿰어 놓은 음식. 궁가의 제상에서는 두부 1모를 통으로 기름에 지져서 적틀에 얹은 소적이 조금은 특이해 보인다. 부회장 이말순 씨는 "두부 대신 다시마를 쓸 때도 있다. 육적, 어적, 소적의 순으로 겹쳐 놓으면 된다"고 말했다.

3열에 놓이는 김치는 백김치다. 제상에 올리는 음식에는 고춧가루를 넣지 않기 때문이다. 면을 잊지 않고 챙기는 것도 일반 제사상과는 차이가 있다. 고비, 도라지, 시금치의 색깔이 조화를 이루는 삼색 나물도 눈에 띄는 음식. 일반 가정에서 쓰는 무나물이나 숙주나물과는 차이가 있다. 제상에 올리는 밥, '메'도 평소에 먹던 밥과는 다르다. 흰 밥을 주발에 단단히 눌러 담고 뚜껑에도 밥을 담아 주발 뚜껑을 덮어야 한다. 그래야 제사 지낼 때 뚜껑을 열고 수저를 꽂아도 쓰러지지 않는다. 고기와 두부, 다시마 조각, 무 등을 함께 넣고 끓인 메탕도 제수에서는 빠질 수 없는 음식. 제주로는 주로 맑은 술을 쓰는 것이 한국의 전통이라고 한다.

조후종 회장은 "궁가의 제상이라고 아주 특별한 것은 아니다. 주(酒), 과, 포, 혜, 전, 적 등의 기본 음식을 갖추면 된다. 다만 일반 가정에서도 제사음식을 준비하는 일이 귀찮다는 생각을 버리고 고인을 생각하며 가족들이 맛있는 음식을 먹는 자리로 생각하면 좋겠다"고 말했다. 제사음식 중 국, 전, 적만 제사 당일 준비하면 되고 나머지는 평소에 차근차근 마련하면 된다는 것이다.

제사 절차는 성균관 제례에 따랐다. 우선 제사에 사용될 그릇 등을 깨끗이 씻고 미리 마련된 제수를 상에 차리는 척기(滌器), 구찬(具饌)의 의식부터 행사는 시작됐다. 제주(祭主)로 나선 장선용 회장이 향을 집어 향로에 태우는 분향 의식을 치르자 주위는 숙연해진다. 신위를 향해 읍하는 강신(降神), 모두 절을 하는 참신(參神)을 거쳐 모든 참가자가 마지막 인사를 올리는 사신(辭神) 절차를 끝으로 행사는 끝난다. 장선용 회장은 "제사 절차는 집안의 예법에 따라 달라질 수 있다. 이번 행사에서는 전통적인 제사 상차림을 재현하는 데 초점을 맞췄다"고 덧붙였다.

행사가 끝나고 돌아가는 길. 약과와 곶감, 소전, 밤, 매작과 등을 한 보따리 안겨 준다. "반기라고 해서 제상에 올렸던 음식을 돌아갈 때 한 보따리씩 싸서 주는 것이 한국의 미풍양속이다. 제사라고 해서 슬픔만이 있는 것은 아니다. 제례 행사를 통해 고인을 추모하며 남은 가족들의 화목을 도모하는 것은 일반 가정과 궁가가 크게 다르지 않았다"고 장 회장은 말했다.

—정상원 기자, 「궁가(宮家)의 제상—"소박하게 … 그러나 기품있게"」, 『한국일보』, 2002. 1. 23.

가정생활문화잡지 『행복이 가득한 집』도 이날의 행사에 대해 기사를 내었다.

지난 1월 19일, 평생 우리 음식을 연구하다가 떠난 고(故) 강인희 명지대 교수의 추모 1주기 행사는 생전의 그를 알지 못하던 사람들에게도 많은 생각할 거리를 남겨 준 '제사'였다. 가족이 지내는 제사와는 별도로, 100여 명에 가까운 제자들이 모여 생전에 그의 가르침대로 제사상을 차리고 추모하는 시간을 가졌다. '제자들이 스승의 기일에 제사상을 차리는 것이 뭐 그리 대단할까' 하고 생각하는 사람들도 있겠지만, 떠난 사람을 평가하는 데 있어 꽤 인색한 우리네 풍토에서 제자들이 자발적으로 모여 이미 떠나간 스승의 작업을 정리하고 많은 사람들에게 알리는 기회를 마련한다는 것은 쉽게 접할 수 있는 일은 아니다. 게다가 그 많은 사람들이 모여 제사를 준비하면서 시종 웃는 얼굴로 고 강인희 선생에 대한 추억담을 이야기하다가 누가 먼저랄 것도 없이 눈가가 젖어드는 모습은 처음에는 생경함으로 그다음에는 쉽게 볼 수 없는 사제지간에 대한 부러움으로 다가왔다. 제자들이 작고한 스승을 위해 마련한 공식 행사라기보다는 딸들이 엄마를 위해 준비한 따뜻한 잔칫상을 보는 느낌이랄까.

(…)

"음식의 맛을 내는 비법도 많이 배웠지만 선생님이 가장 많이 강조하셨던 건 사람과 음식을 대하는 마음가짐이었어요. 사람을 귀하게 여기면 그 사람이 먹을 음식은 저절로 맛이 우러난다고 가르치셨으니까요. 집이나 연구소로 찾아오는 사람들을 한 번도 그냥 돌려보내는 적이 없으셨고, 크고 작은 행사가 있을 때면 정성을 다해 음식을 나눠주셨죠. 선생님 밑에서 함께 공부한 사람들이 친자매처럼 지내게 된 건 그런 선생님의 가르침 때문일 겁니다."

고 강인희 교수는 생전에도 연락 없이 연구회를 찾아오는 사람에게도 있는 음식을 모두 내오게 하고, 미리 약속이 잡힐 때는 따로 음식을 장만했다가 상을 차려 끼니를 챙기는 것은 물론 남은 음식을 싸서 보내야 비로소 마음을 놓았다고 한다. 그의 손님맞이는 늘 음식 준비로 시작되어 음식을 싸서 보내는 것으로 마무리되곤 했는데, 싸서 보낼 음식까지 늘 넉넉하게 계산을 해서 준비했는데도 혹여 음식이 모자랄라치면 보는 사람이 미안할 정도로 송구스러워하던 모습을 제자들은 공통적으로 가장 많이 기억하고 있었다. 그는 사람들의 기억 속에서 돌아가는 손님이

"맛있게 잘 먹고 간다"는 말을 할 때 가장 즐거워하는 후덕하고 단정한 안주인의 모습을 하고 있었다.

(…) 제사가 끝나고 찾아온 손님들과 취재진들에게 일일이 제수 음식을 곱게 싸서 들려 보내는 제자들의 모습을 보면서 제사가 아니라 마음 넉넉한 잔칫집에 온 듯한 느낌이 들었다. 음식 속에 담긴 역사와 예의를 맛 못지않게 강조했다는 스승의 가르침이 단순한 지식으로 그치지 않고 생활의 일부가 되어 지금도 전수되고 있는 셈이다. 올해는 추모 1주기를 맞아 제자들을 중심으로 추모식 형태로 치러졌지만, 앞으로는 우리 음식에 관심을 가지고 있는 일반인들도 함께 참여시켜 단순한 추모식이 아니라 기제사 음식과 갖추어야 할 격식들을 상세히 배울 수 있는 세미나 형태로 정착시켜 나갈 계획이다.

— 김민정(프리랜서), 「사람을 귀하게 여기면 음식을 아낄 수가 없지요—한국 반가(班家) 음식의 대가, 고 강인희 교수」, 『행복이 가득한 집』, 2002. 3.

이외에 『중앙일보』(2002. 1. 18), 『대한뉴스』(2002. 3), 『주부생활』(2002. 3), 『에쎈』(2002. 3) 등에도 '궁가의 전통 제례상 재현식'이 보도되었다. 특히 그 구체적인 상차림이 소개되면서 이 행사는 당시 큰 화제가 되었다.

'한국의 맛 연구회' 수업의 새로운 도약

'한국의 맛 연구회'의 본령이라 할 '한국의 맛' 수업도 새로 자리 잡은 남태령 연구소에서 재개되었다. 특히 남태령 시대의 '한국의 맛' 수업은, 이천 시대를 이어 나가면서도 이말순 회원의 헌신적인 강의와 지도, 회원들의 적극적인 참여로 큰 호응 속에서 다양한 방식과 발전된 형태로 진행되었다. 남태령으로 이전하던 2001년 5월경 일반인반을 개강했고, 7월에는 연구회에서 3년 이상 수업받은 회원을 대상으로 고급연구반 수업을 시작했다.

남태령 이전 후 회원의 수도 더욱 증가했다. 그리하여 '한국의 맛 연구회'는 각계 각층의 음식 관련 전문가뿐 아니라 학생, 일반인까지 연수하는 교육의 장으로 확대되어 갔다. 이 시절 일반인반은 반가음식 및 전통음식을 주 3회씩 실습했고, 고급연구반은 반가음식 및 전통음식 실습을 전문가 초빙 특강으로 월 2회 실시하고, 나머지 월 2회는 식생활문화사와 고문헌 연구 및 잊혀진 음식 재현, 최신 음식 관련 연구 및 외식 트렌드 분석 등의 이론 수업을 격주로 진행했다.

2001년 8월에는 장선용 회장의 '일상음식반(딸·며느리반)'을 추가 개강했다. 매주 월요일과

목요일에 진행된 이 수업은, 우리 음식을 기초부터 알고 싶어 하는 딸·며느리들, 그리고 매일 해 먹는 일상식에 관심이 있는 이들을 대상으로 했다. 이 강의는 2002년까지 모두 8회에 걸쳐 진행되었다. 장선용 회장은 조후종 회장과 함께 1-3대 공동회장을 역임하면서 '한국의 맛 연구회' 초기에 큰 힘을 실어 주다가, 미국으로 옮겨 가 그곳에서 우리 음식을 널리 알리는 활동을 하고 있다. 이춘자 회원의 강의로 진행된 연구반의 고문헌 연구 수업은 그야말로 '한국의 맛'을 되찾고자 하는 열의로 가득했는데, 우리 전통음식이나 식재료 등에 관한 내용이 담겨 있는 『증보산림경제(增補山林經濟)』, 『산가요록(山家要錄)』, 『식료찬요(食療纂要)』 등을 선택해 하나의 문헌을 약 2년 정도 집중적으로 공부하는 식으로 강의를 진행했다. 그리고 이 시간에는 고문헌뿐 아니라 「식생활 문화의 의의와 특성」(2006. 12. 12)과 같은 연구 강의도 진행했다.

『증보산림경제』 수업은 2003년 3월 3일부터 시작했다. 『증보산림경제』를 연구반 회원들과 함께 읽으며 공부하면서 한편으로는 옛 음식을 재현해 보기도 하고 현존하는 음식과 비교, 연구하는 방식으로 진행했다. 『산가요록』은 2005년 6월부터 2007년 2월까지, 『식료찬요』는 2007년 10월부터 2009년 12월까지 진행했다.

이외에 연구반에서는 한 가지 특별한 요리 또는 음식문화 관련 특강을 진행했는데, 기록으로 남아 있는 특강을 연도별로 살펴보면 다음과 같다.

2002 3. 16. 바람직한 음식문화와 한국의 맛 – 김태준(동국대 교수)

      5. 15. 콩과 두부 – 김경숙

2004 10. 13. 북경오리구이 – 이미자

      10. 27. 빙떡, 톳무침, 몸자반 – 김매순

      12. 8. 테이블 코디네이트(Table Coordinate) 개론 – 전정원

      12. 22. 복어 요리 – 윤옥희

2005 1. 12. 도치회, 도치두루치기, 명태순대 – 이경희

      5. 25. 아롱사태수삼냉채 – 노진화

      7. 26. 채소쌈만두, 별미납작군만두, 식용꽃공예 – 정외숙

      10. 25. 콘차우더, 채소피클 – 심은경

      11. 8. 닭봉날개튀김, 가지김치 – 김명순

2006 1. 10. 우리나라 음식문화의 역사적 발달과정 – 한복려(궁중음식연구원 원장)

3. 22. 우리 음식의 어제와 오늘 – 윤서석(중앙대 교수)

4. 11. 팔보찹쌀찜, 닭강정 – 선명숙

7. 13. 백편 외 – 홍순조

8. 8. 연잎밥 – 김인자

8. 22. 허브(딜)모닝빵, 유자머핀, 흑미머핀 – 조준형(Food & Bio 대표)

8. 23. 화이타비프롤, 크레올치킨브리토 – 오경옥

9. 1. 약과, 송편 – 양영숙

9. 12. 철분(칼슘) 강화병 – 정외숙

10. 24. 삼선누룽지탕, 꽃게양념무침, 단호박찜 – 노진화

11. 14. 우뭇가사리해초묵, 해초샐러드 – 김윤자

11. 28. 파래저냐, 빙떡, 톳저냐, 영양밥 – 김매순

12. 12. 꽃게장, 해물편 – 임영희

2007 1. 9. 미생물의 특징 – 윤재영

1. 23. 버섯크림수프, 미소 소스의 연어스테이크 – 이미자

2. 13. 인삼숯불닭구이, 고구마조림, 생선조림 – 윤옥희

4. 27. 양송이밤수프, 인삼샐러드, 파프리카산적 – 전정원

6. 8. 술 – 박록담

11. 22. 비빔밥 – 김윤자

한편, 2003년 2월 26일, 『내일신문』에서 발행하는 시사여성주간지 『미즈엔』에 '한국의 맛 연구회' 의
활동이 소개되었다.

서울과 경기도를 가르는 남태령고개 바로 아랫마을인 전원마을. 서울에도 이렇게 평온한 마을이
있었나 싶을 정도로 고즈넉한 풍경이다. 그런데 이곳에 여성들의 에너지가 넘치는 공간이
있었으니 마을 한가운데 자리 잡은 '한국의 맛 연구회'(이하 연구회)가 그곳이다.
11일 오후, 문을 들어서니 커다란 상을 빙 둘러싼 20여 명의 여성들이 '연구 작업' 에 부산하다.
오늘의 연구 주제는 '떡꽃'. 벌써 동그란 바구니엔 쌀가루 반죽으로 만든 노랑, 빨강, 보라 등
색색의 꽃과 나비가 제법 쌓였고, 손톱만 한 연초록 나뭇잎에 빨간 코가 달린 버선이며 등 푸른

거북이가 연신 앙증맞은 모습으로 탄생한다.

"꽃이 있으니까 나비도 있어야겠죠? 버섯코는 안을 향하게 달아 주세요. 밖을 보면 바람 피운대요."

"다음엔 손녀딸이랑 만들어야겠어요. 정말 좋아하겠다."

이들의 손끝을 정신 없이 지켜보다 '저렇게 예쁜 걸 어떻게 먹지?' 속으로 내심 딴 걱정이 한창인데 알고 보니 무지의 소치였다. '꽃떡'은 먹는 것이 아니라 전통적으로 회갑연이나 혼례식 때 상을 장식하던 꽃나무에 달린, 화전과는 또 다른 '떡으로 만든 꽃'이었던 것이다. 연구회 회원들은 오늘도 감탄사를 터트린다. 떡으로 만든 꽃이며, 고추며, 거북이에 사랑과 무병장수, 다산 등의 뜻을 담을 줄 알았던 조상들의 '은근하면서도 화려한 멋'에 반한 것이다.

"한국음식은 맛이 전부가 아니에요. 자연에 가장 가까우면서도 미적 감각이 뛰어나죠. 또 과학적이면서도 철학이 숨어 있어요. 추석에 먹는 송편만 해도 그래요. 솔잎을 함께 넣은 이유가 은은한 솔향도 좋거니와 방부성이 있어 쉬 상하지 않거든요. 거기다 늘 푸른 소나무가 뜻하는 절개 정신까지 담긴 음식이에요. 이런 음식이 세계 어디에 있어요?"

연구회 회장 조후종 씨의 '한국의 맛' 예찬론이다. 동치미에 대나무 잎사귀를 띄워 놓던 정성도 그렇다. 방부 효과로 흰 거품이 부글거리지 않을 뿐 아니라 먹는 이에게 청정하고 곧은 기운을 전한다는 것이다. 그래서 음식을 먹는 것은 유한한 인간이 무한한 자연이 가진 기의 일부를 받아들이는 것이라 했던가!

차근차근 설명을 해 나가는 조 씨의 모습이 예사롭지 않다. 알고 보니 조 씨는 2001년 명지대 식품영양학과 교수를 끝으로 44년간의 교직 생활을 마감한 요리 연구가다. 그만이 아니다. 편한 복장으로 이것저것 묻고, 노트에 옮겨 적는 회원들의 모습이 막 요리에 입문한 초보들처럼 보이지만 천만의 말씀이다. 회원 대부분의 평균 요리 경력이 20년이고, 각 방송사 요리 코너를 맡거나 전문학원을 운영하고 대학에 강의를 나갈 정도의 고수들이다.

그렇다면 무엇이 이처럼 내공이 만만찮은 고수들을 매달 두 번 이상 이곳으로 불러들이는 것일까? 그 해답의 중심에 고 강인희 선생이 있다. 강 선생은 흥선대원군의 형인 흥인군의 종부 며느리 김정규 할머니가 전수받은 한국요리의 맥을 이어 음식과 함께 식생활사, 풍속 등을 학문적으로 집대성한 한국요리의 대가, 요리 전문가들 사이에서는 조선 궁중요리의 기능보유자로 잘 알려진 황혜성 선생과 쌍벽을 이루는 인물로 통한다.

부회장 이말순 씨는 "2년 전 강 선생님이 세상을 떠난 후, 잊혀져 가는 한국요리를 찾아내 전통 조리법을 연구하고, 이를 세상에 전해 온 선생님의 뜻을 우리가 이어 가야 한다는 책임을 느껴 연구회를 만들게 됐다"면서 "시간이 갈수록 한국의 음식에는 맛만이 아니라 세상을 사는 지혜까지 담겨 있다고 강조하신 선생님의 말씀을 되새기게 된다"고 전했다.

한국의 맛은 정말 대단했다. 회원들은 너나없이 한국요리는 알면 알수록 반하게 하는 마력이 숨어 있다고 털어놓았다. 최신애 씨는 '동아만두'를 만났을 때를 생각하면 지금도 살짝 흥분한다. "동아라는 박의 껍질을 창호지 두께만큼 얇게 떠 만두피를 만들어요. 아주 고난도의 기술이라 연습할 때 혼이 났죠. 오이와 계란 흰자, 노른자 등으로 만두속을 만들구요."

완성된 만두가 나왔을 때 최 씨는 자기도 모르게 탄성을 질렀다. 반투명 박 껍질에 비친 오색 만두속은 창호지에 비친 색동옷의 모습이랄까, 아무튼 그 아련한 색과 담백한 맛에 반하고 말았다. 최 씨는 "예전에 칼이 잘 들어야 남편이 말을 잘 듣는다는 얘기를 들었는데 그런 음식 앞에 무너지지 않을 사람이 어디 있겠냐"며 웃었다.

가짓수만 많다는 핀잔을 들었던 한국음식이 정작 눈으로 즐기고, 코로 향기를 맡으며, 맨 나중 입으로 그 맛을 느끼게 하는 수준 높은 음식이었던 것이다. 총무 이미자 씨에겐 잡채가 그런 음식이다. 당면과 시금치 나물로 상정되는 오늘날의 잡채는 잠시 잊어 두는 게 좋다.

"원래 우리 잡채는 당면이 넘실대는 요리가 아니었어요. 도라지와 숙주나물, 채 친 느타리버섯과 배, 오이 같은 채소가 주를 이뤄요. 당면은 조금이구요. 각각 양념을 해 함께 버무린 잡채의 단아한 맛은 새로운 발견이었어요. 당면투성이로 변형되면서 본래의 멋과 맛을 잃어버린 거죠."

이렇게 연구회가 복원해 낸 전통의 맛이 늙은 호박과 소고기 완자가 만난 노각찌개, 육류와 해산물로 담근 간장인 어육장 등이다.

하지만 연구회는 세상 돌아가는 모습이 영 안타깝다. 일제시대를 거치며 달고 강한 맛으로 변형된 우리 음식이 '빨리빨리' 세상에서 또다시 잊혀지고 버림받고 있기 때문이다.

"의식동원(醫食同源)이라는 말이 있어요. 보약과 좋은 음식은 근원이 같다는 거죠. 우리 선조들에게 좋은 음식은 보약이었던 거예요. 제대로 된 음식, 따뜻한 밥을 먹으며 자란 아이가 덜 비뚤어지는 이유, 패스트푸드가 범람하는 것에 비례해 무너지는 가정이 많아지는 것과 같은 맥락 아니겠어요? 제가 쓴 책제목이기도 하지만 '음식 끝에 정 난다'는 말처럼 진리도 없는 것 같아요."

『며느리에게 주는 요리책』으로 유명한 장선용 회장의 지적이다. 그만큼 회원들의 역할은 커졌다.

잊혀진 음식을 발굴하는 한편으로 바쁜 현대인들이 보다 쉽게 우리의 맛을 접할 수 있도록 상품화하는 일도 관심을 기울여야 할 부분. 이들의 첫 성과물이 조만간 눈앞에 나타날 예정이다. 우리의 채소 나물을 모은 책이 그것이다. 패스트푸드가 아니면 보양식으로 극단화된 무절제한 음식문화 속에서 우리의 '좋은 음식'을 찾는 이들의 노력이 더없이 소중해 보인다.

—손정미 기자, 「자연에 가장 가깝고 미적 감각 뛰어난 음식 세계에 또 있나요?」, 『미즈엔』, 2003. 2. 26.

남태령 시대의 출판 활동

강인희 선생 사후 '한국의 맛 연구회'가 새로이 시작되면서 출판 활동도 다시금 활기를 띠어 갔다. 이 시기에 우선 언급할 것은 강인희 선생 생전에 출판을 진행하다가 강인희 선생 사후인 2001년 2월에 출간한 『한국의 죽』(한림출판사)이다. 이 책의 출간을 보지 못하고 타계한 강인희 선생은 서문에 "근 4년 만의 결실인 이 책자가 아무쪼록 한국 식문화 발전에 미세하게나마 보탬이 되었으면 하는 바람이다. 아울러 이 작업이 시발점이 되어 한국의 맛 연구원들이 앞으로도 계속 전통음식 연구에 정진해 줄 것을 충심으로 바라는 바이다"라고 적고 있는데, 이는 이후 '한국의 맛 연구회'가 계속해서 이어지도록 후학들에게 남긴 유언이 되고 말았다.

2003년 11월에는 '한국의 맛 연구회' 회원들의 공저 『장(醬)』(대원사)을 출간했다. 연구회가 새로이 창립되고 나서 첫 출간한 책이다. 출간 3년 후 『오마이뉴스』는 이 책에 관해 다음과 같은 서평을 내었다.

도서출판 대원사의 '빛깔있는 책들' 시리즈 중 하나로 기획된 『장』은 장의 어원과 기원, 유래, 재료, 영양, 종류, 장 담그기, 장을 이용한 전통 음식 등이 자세하게 소개되어 있다. (…) 무엇보다 이 책에서는 우리가 실생활에서 만들 수 있는 장 담그기 방법과 장을 이용한 다양한 음식들을 소개해 놓고 있어 무궁무진한 장의 세계로 우리를 안내하고 있다. 우선 간장, 된장, 청국장, 고추장만이 장의 전부인 줄 알고 있던 사람에게 이토록 푸짐하고 개성만점인 장의 세계는 그 자체로 환상적이다. 그 재료와 배합방식 면에서 고급스럽고 다양하다고 생각하는 양식 레시피는 저리 가라다. (…) 이 책의 특징 중의 하나는 장 담그기에 대해 비교적 쉽고 자세하게 나와 있다는 것이다. 특히 전통적으로 담그는 방식뿐 아니라 현대 생활에 맞게 간편하게 만드는 방법이 함께 소개되어 있어 현대 주부들에게 많은 도움을 줄 것으로 보인다. 또한 장 담그기뿐 아니라 장 담그는 풍습까지 소개해 놓아 장을 모르고 자라난 세대들에게 우리 문화를 배울 수 있는 좋은 기회가 되기도 한다.

ㅡ「쌈장은 알겠는데 합자장은 뭘까?ㅡ독창적이고 우수한 '장'의 세계 『장(醬)』」, 『오마이뉴스』, 2006. 7. 15.

2004년 3월에는 '한국의 맛 연구회' 소속 한국음식 연구가 58명이 참여한 공저 『한국의 나물ㅡ세계 최고의 건강식』(북폴리오)을 출간했다. 책머리에 밝히고 있듯이 이 책은 "강인희 선생께서 계획했으나 뜻을 이루지 못한 것을 수년간 한국음식을 함께 공부해 오던 '한국의 맛 연구회' 회원들이 생전에 우리 전통 채소음식의 우수성을 절감하고, 모든 사람들의 건강의 길잡이로 펴낸 정성"이었다. 1부 '나물이론' 편과 2부 '나물요리' 편으로 나누어 다양한 한국 나물 요리의 우수성과 맛을 선보였다. 특히 2부 '나물요리' 편에서는 싱싱하고 적합한 재료 고르는 법부터 요리 만드는 방법, 각각의 나물 요리의 특성과 건강 효과 등을 소개해 요리의 전반적인 이해도를 높였다.

같은 해 5월에는 연구회의 또 다른 책 『건강 밑반찬 126가지ㅡ화학조미료 없이 만드는 엄마 손맛』(동아일보사)을 출간했다. 순 우리식 밑반찬 126가지의 조리법을 담은 책으로, 기본 반찬, 장아찌나 부각 같은 저장식 밑반찬, 아이들을 위한 영양반찬, 손님상에 어울리는 별미반찬 등을 수록했다. 또한 천연 양념 만드는 법, 유기농 식품 구별법과 구입처, 식품 속에 든 농약과 유해물질 없애는 법, 요리에 사용된 주재료의 영양성분 등 유용한 정보도 덧붙였다.

2006년 8월에는 '한국의 맛 연구회'가 엮은 『가장 배우고 싶은 김치 담그기 40』(북폴리오)을 출간했다. 대한민국 네티즌 100명에게 '가장 배우고 싶고, 만들어 보고 싶은 김치'가 무엇인지 물어, 1위부터 40위까지 정하고 이를 누구나 쉽게 만들 수 있도록, 일목요연한 조리법을 사진과 함께 수록했다. 200여 종이나 되는 김치 중에서 전통의 맥이 이어져야 할 것, 선호도가 높은 것, 조리법이 어렵지 않아 젊은 사람들도 담가 볼 수 있는 것 등을 선별해 누구나 쉽게 담글 수 있는 조리법과 함께 실제로 담글 때 당황하게 되는 미세한 부분까지 설명했다.

2007년 7월에는 '한국의 맛 연구회' 회원들의 공저 『제사와 차례』(동아일보사)를 출간했다. 우리나라의 전통 제사를 비롯해 각 종교에서의 제사 또는 추도식의 양식과 절차 그리고 그에 따른 다양한 상차림 방법 등을 오늘날에 맞게 소개하고, 이해하기 쉽도록 현대적인 화보를 더했다. '제사의 의미'에서는 제사의 유래 그리고 기제사와 명절 차례의 의미를, '제사 준비'에서는 종교별 제사의 형식과 순서, 준비 방법, 상차림을, '제사 음식'에서는 전통의 양식을 따르되 바쁜 현대인들을 위해 보다 쉽고 맛있게 만들 수 있는 방법을 상세하게 수록했다.

같은 해 10월에는 연구회 회원들의 공저 『떡과 전통과자』(교문사)를 출간했다. 내용을 크게 '떡',

'전통과자', '전통음료'의 세 파트로 구성하고, 우리의 전통음식을 더욱 잘 이해하고 쉽게 만들어 볼 수 있도록 했다. 특히 모양과 색 그리고 맛의 조화를 염두에 두고 재료의 계량화, 조리법의 표준화를 시도했다.

열정이 싹튼 전시 활동

새롭게 남태령 시대를 맞은 '한국의 맛 연구회'는 한국의 맛을 되찾는 데 더욱 열정을 쏟았다. 이러한 열정은 출판과 함께 전시로도 이어졌다.

2004년 5월 30일에는 무역센터 현대백화점 11층 하늘정원에서 「사계절의 맛과 자연의 향기 — 한국의 나물 전시회」를 개최했다. 강인희 선생의 뜻을 계승해 후학을 양성하고, 전통음식의 발전 방향을 모색하며, 회원 간의 유대감을 형성하기 위해 '한국의 맛 연구회'가 기획한 첫 전시로, 현대백화점의 후원만 받았을 뿐 외부 지원 없이 진행했다. 이 전시는 그해 3월에 발간된『한국의 나물』(북폴리오)을 토대로 한 것으로 이 책의 출판기념회도 겸했다. 현대인들이 샐러드 위주의 채소 요리를 선호하면서 손이 많이 간다는 이유로 전통 나물문화를 멀리하는 풍토를 안타깝게 여겨, 우리의 나물문화를 널리 알리고자 한 이 전시는, 사계절로 구분한 전시공간을 연출해 전통 나물을 선보였으며, 조리법, 건강기능성 등의 해설, 시식 코너 운영 등으로 좋은 반응을 얻었다. 장선용, 조후종 공동회장의 지도 아래 이말순 부회장의 밤샘 작업도 마다 않는 열정적인 헌신, 노영희 회원의 훌륭한 공간 연출, 김명순 회원의 소품(전통 항아리 등) 지원 등 회원들의 정성이 보태어진 뜻깊은 전시였다.

2006년에는 8월 30일부터 9월 27일까지 재단법인 아름지기에서 개최한 「생활 속의 아름다움 — 우리 그릇과 상차림」전에서 첫돌 상차림을 재현했다.

국내외 견학, 연수, 교류 활동

새로이 창립된 '한국의 맛 연구회'는 국내외 다양한 견학, 연수, 교류 활동도 벌여 나갔다.

2002년 8월에는 '한일요리교류회'가 있었다. 일본 교토 국제교류볼런티어회 '세계의 요리교실' 회원들이 방한해 29일부터 31일까지 한국요리 연수를 진행했다. 이들의 연수는 국제교류볼런티어회 무라세 유코 회장이 연구회 윤옥희 회원이 운영하는 요리학원의 일본어 웹사이트를 보고 주선을 요청해, 연구회와 연결이 되어 이루어졌다. 이들은 윤옥희요리학원에서 삼계탕, 김밥, 호박죽, 과편 등 평소 자신들이 먹어 보고 싶었던 한국음식을 만들어 보고 시식했으며, 연구회 장선용 회장의

무역센터 현대백화점 11층 하늘정원에서 「사계절의 맛과 자연의 향기－한국의 나물 전시회」를 개최했다(위). 장선용,
조후종 공동회장의 지도 아래 이말순 부회장의 밤샘 작업도 마다 않는 열정적인 헌신, 노영희 회원의 훌륭한 공간 연출,
김명순 회원의 전통 항아리 등 소품 지원 등 회원들의 정성이 보태어진 뜻깊은 전시였다(아래). 2004. 5. 30.

경기도 용인 자택에서 배추김치, 오이소박이, 안심너비아니, 냉면, 파전, 잡채 등의 요리법을 배우기도 했다. 『한겨레』(김경애 기자, 「"이열치열 삼계탕 이젠 이해…김치 가져가다 시면 어쩌죠"」, 2002. 9. 5)에 관련 기사가 보도되었다.

2003년 5월에는 '한국의 맛 연구회' 회원 20여 명이 한과 명인 배숙희 회원이 운영하는 '합천전통한과'를 찾아가, 전통한과의 생산 과정과 그 특별한 맛을 견학 체험했다.

해외 맛 탐방, 견학, 연수 등의 행사도 다양하게 진행했다.

2004년 4월에 '중국 칭따오 맛기행 및 식문화 교류 탐방'을 시작으로, 2005년 4월에는 '일본 교토·오사카 음식문화 연수 기행'을 진행해, 도구야스지 상점가, 오사카 성, 기요미즈데라, 긴카쿠지 등을 견학하고, 사스지 조리사 전문학교에서 연수증을 받기도 했다. 2006년 4월에는 '싱가포르 바탐 음식문화 연수 및 「2006 FOOD ASIA 박람회」참관'을 진행했고, 그해 6월에는 '일본 도쿄, 이즈, 마치다 연수 기행'을 진행해, 오다와라(小田原) 어묵공장 및 어묵박물관, 료젠지(靈山寺), 쓰키지 시장(築地市場) 등을 견학했다.

이처럼 '한국의 맛 연구회'는 한국 전통음식의 연구와 전수뿐만 아니라 여러 기회를 통해 외국의 다양한 음식문화를 경험하면서 우리 음식문화를 세계화하는 문제에도 깊은 관심을 기울였다.

연구회 운영

2003년 3월에 제3회 정기총회를 개최하고 '한국의 맛 연구회' 2대 임원을 선출했다. 장선용, 조후종 공동회장 체제가 지속되었는데, 이는 연구회가 큰 흔들림 없이 잘 자리 잡아 가기를 바라는 회원들의 마음에서 비롯된 것이었다.

초창기 '한국의 맛 연구회'는 매달 한 차례 열리는 임원회의를 중심으로 모든 활동을 전개해 나갔다. 임원회의에서는 주로 강의, 출판, 외부 행사 진행 등을 점검하고, 재정 상태를 공유하는 등 다양한 실무를 논의했다. 서기이사는 이러한 회의 내용을 빠짐없이 기록했으며, 2003년 8월부터는 이메일을 통해 회의록을 공유해 나갔다. 모든 의사 결정을 최대한 민주적으로 진행했고, 결정 사항을 부정기로 발행하는 소식지를 통해 회원들과 지속적으로 소통해 나갔다. 한편 1년에 2회 야유회를 갖는 것을 원칙으로 삼는 등 회원 간의 친목도 꾸준히 도모했다. 연말에는 반드시 송년회를 가졌고, 연초에는 한 해도 거르지 않고 강인희 선생 추도식을 치렀다.

2005년 3월에는 제5회 정기총회를 개최하고 '한국의 맛 연구회' 3대 임원을 선출했다.

2006년 5월에는 공식 홈페이지(www.ktti.or.kr)를 개설해 '한국의 맛 연구회' 활동을 대중에 널리

일본 국제교류볼런티어회 '세계의 요리교실' 회원들이 방한해 윤옥희요리학원에서 삼계탕, 김밥, 호박죽, 과편 등 평소
자신들이 먹어 보고 싶었던 한국음식을 만들어 시식했고(위), 연구회 장선용 회장의 경기도 용인 자택에서 배추김치,
오이소박이, 안심너비아니, 냉면, 파전, 잡채 등의 요리법을 배우기도 했다(아래). 2002. 8. 29-31.

'한국의 맛 연구회' 회원 20여 명은 한과 명인 배숙희 회원이 운영하는 '합천전통한과'를 찾아가, 전통한과의 생산 과정과
그 특별한 맛을 견학 체험했다(위). 2003. 5. '중국 칭따오 맛기행 및 식문화 교류 탐방' 중 연구회 회원들이
사천요리전문대학을 방문했다(아래). 2004. 4.

홍보하고, '한국의 맛' 수업의 발전을 도모했다.

한편, 6월 13일 열린 임원회의에서는 '한국의 맛 연구회'의 법인화 문제가 대두되었다. 지금까지 회원들의 자발적인 참여와 희생으로 이어져 온 이 단체의 미래를 준비하면서 변화를 꾀하고자 하는 시도였다. 임의단체를 법인화하고 기존 교육 프로그램은 그대로 진행하되, 사무총장을 두어 정통성 있는 교육기관(조리교육학회)으로 만들자는 논의였다. 이 논의는 연구회의 중요한 사항이라 두 차례의 임시총회를 거쳐 결정하게 되었다.

2006년 6월 27일 열린 임시총회에서는 김인주 박사의 「재단법인 설립취지 및 목적」이라는 글을 공유하고 자유토론을 진행했다. 그리고 재단법인 추진에 관한 찬반투표를 진행한 결과 찬성 10표, 반대 1표로 재단법인을 추진하는 것으로 결정했다. 그러나 회원들 간에 갈등이 생기면서 이 문제는 결정된 대로 진행되지 못한 채 계속해서 논쟁거리로 남았다.

결국 8월 8일 임원회의에서 조후종 회장은 '한국의 맛 연구회'와 회원들 모두가 발전하기를 바라는 마음으로 재단법인화를 추진했지만, 회원들 간에 갈등이 생긴다면 지금은 법인화를 추진할 적절한 시기가 아니라며, 마음을 모으고 다시 단결해서 발전해 나가자고 말했다. 이는 사실상 연구회의 재단법인화 추진 취소 의지를 밝힌 것이었고, 참석자들이 모두 이에 따르면서 연구회의 법인화 문제는 일단락되었다.

2007년 3월에는 제7회 정기총회를 개최하고 '한국의 맛 연구회' 4대 임원을 선출했다.

남태령-방배동 시대 2008-2013

더욱 활발해진 출판 활동

남태령-방배동 시대는 그동안의 '한국의 맛' 수업을 이전과 같이 지속하면서 출판, 전시 등의 활동을 다양하게 진행해서 대외적으로 '한국의 맛 연구회'를 더욱 드러낸 시기라 할 수 있다. 특히 2009년에는 한 해 동안 '한국의 맛 연구회' 공동 저서로 4종의 책을 출간하기도 했다. 물론 이는 하루아침에 이루어진 성과가 아니었다. '한국의 맛 연구회'는 2001년 새로이 남태령 시대를 시작하면서 강인희 선생의 유지를 이어 가고자 '한국의 맛' 수업을 연구회의 본령으로 삼고, 동시에 출판, 전시, 국내외 식문화 교류 등 다양한 활동을 할 것이라 선언한 바 있었고, 이를 실천하기 위해 출판, 전시 기획을 지속적으로 해 왔다. 그러므로 지난 5, 6년간의 노력이 이 시기에 결실 맺은 것이라 할 수 있다.

2008년 3월에는 연구회 회원들의 공저 『우리 음식의 맛—기초한국음식과 응용요리』(교문사)를 출간했다. 한식조리기능사 자격증을 취득하고자 하는 이들을 위해 전통의 맛을 내는 기초 요리 51가지와 응용요리 29가지를 제시한 책으로, 조리과정 등을 사진으로 구성해서 좀 더 쉽게 접근할 수 있도록 했으며, 우리 음식에 첫 걸음을 내딛는 후학들이 자칫 실수할 수 있는 부분들까지 세세하게 설명했다.

같은 해 5월에는 『혼례음식』(대원사)을 출간했다. 혼례에 대한 기본적인 이해와 더불어 전통적으로 지켜 온 예와 음식에 담긴 상징적 의미를 일깨우고자, 혼례의 역사적 배경에서부터 어원, 혼례에 쏟는 정성, 혼례의 정신, 혼례의 절차, 혼례 음식의 중요성 등 현대인이 꼭 알아야 할 혼례에 대한 모든 것을 수록했다. 특히 혼례 음식 조리법을 수록해 집에서 손수 혼례 음식을 만들어 보고 음식에 담긴 정성과 의미를 느껴 보는 계기를 제공했다.

2009년 3월에는 『발효식품—이론과 실제』(교문사)를 출간했다. 발효식품에 대한 폭넓은 이해를 돕고자 1편에서는 사회적·문화적·역사적 의미, 전망, 역할 등 이론적인 배경을 설명하고, 2편에서는 콩, 채소, 생선류, 조개류, 곡물, 유(乳), 과일, 식초 등 대표적인 발효식품에 대한 설명과 제조 과정 등을 자세히 다루었다. 특히 전통적인 우리의 발효식품에 대한 지식뿐만 아니라 다른 나라의 발효식품에 대한 지식도 다루었다.

같은 해 5월에는 『행복한 식탁—쉽고 간편한 싱글들의 즐거운 만찬』(대원사)을 출간했다. 누구라도 쉽고 간편하게 만들어 먹을 수 있는 음식 조리법을 모은 싱글들을 위한 요리책으로, 바쁜 일상에 간편하게 차릴 수 있는 식단에서부터, 손쉽게 쌀 수 있는 도시락, 혼자서 우아하게 즐길 수 있는 요리, 없어서는 안 될 밑반찬, 손님 접대 요리까지 총망라했다. 특히 젊은층의 입맛에 맞는 음식을 선별하고, 싱글들의 생활 패턴을 고려해서 구하기 쉬운 재료로 만드는 다양한 요리법을 공개했다.

2009년 8월에는 『쉽고 간편한 죽』(대원사)을 출간했다. 한국 전통죽의 역사와 종류에서부터 만드는 법까지 죽에 대한 모든 것을 담고자 한 책이다. 죽의 다양한 세계를 쉽고, 간편하게 설명하는 동시에 직장인을 위한 죽, 보양죽, 어린이들을 위한 영양죽, 다이어트죽, 산모를 위한 죽, 숙취해장죽, 별미죽 등 주제에 맞게 죽을 분류하고 집에서도 손쉽게 해 먹을 있는 조리법을 수록했다.

10월에는 『밑반찬』(대원사)을 출간했다. 우리 상차림에 없어서는 안 되는 다양한 밑반찬을 '부모님을 위한 밑반찬', '사위와 며느리를 위한 밑반찬', '손자와 손녀를 위한 밑반찬', '손님 상차림', '도시락 반찬' 등의 주제로 나누어 소개했다. 특히 밑반찬의 기원에서부터 저장 방법, 종류 등 이론적 배경과 더불어 집에서 직접 활용할 수 있는 조리법까지 수록했다.

2010년 3월에는 『전통향토음식』(교문사)을 출간했다. 갈수록 환경과 삶의 질을 중시하게 되면서 자연을 담은 건강한 음식으로 전 세계의 주목을 받고 있는 우리 전통향토음식을 올바르게 이해하고 이어 가고자 하는 연구회의 노력을 고스란히 담은 책이다. 1부에서는 선통향토음식에 대한 이해를 돕고자 여러 특징과 종류, 지역별·계절별 음식 문화, 양념과 고명 등을 설명하고, 2부에서는 주식류, 찬류, 전통떡·과자류, 음청류로 나누어 실제 전해내려 오는 전통향토음식의 종류, 재료, 만드는 법 등을 표준화해 사진과 함께 수록했다. 이 책은 2010년 문화체육관광부의 '우수학술도서'로 선정되었다.

2011년 10월에는 『떡, 흰 쌀로 소망을 빚다』(다홍치마)를 출간했다. 한 해의 첫 음식인 가래떡부터 달이 가장 크고 밝게 떠오를 때 먹는 약식, 꽃 피는 봄날의 풍류가 담긴 진달래화전, 간단하고 푸짐한 간식 쑥버무리, 액을 막고 복을 주는 수수팥경단, 조화로움의 상징인 오색송편, 비가 오면 생각나는 찹쌀부꾸미, 맑은 차향에 어울리는 잣설기, 따로 또 같이 먹는 오색경단까지 우리 삶과 밀접한 다양한 떡을 세시 떡, 통과의례 떡, 향토 떡, 별미 떡으로 나누어 각각 유래와 의미 등을 설명하고, 보는 즐거움과 직접 만드는 즐거움을 함께 느낄 수 있도록 아름다운 우리 떡 사진과 만드는 법도 수록했다.

2012년 3월에는 『한식 조리기능사』(교문사)를 출간했다. 자연의 건강한 재료를 지혜롭게 이용하는 우리 음식이 전 세계의 주목을 받으면서 한식 조리기능사 자격시험에 도전하는 사람이 늘어난

즈음에 출간한 이 책은 한국기술자격검정원이 제시하는 최신 출제기준을 반영했다. 실제적인 조리에 앞서 우리 음식에 대한 이해를 돕고자 제1부에서는 고서에 설명된 우리네 전통 상차림, 식사예절, 향토음식, 우리 음식의 주재료별 특징 등을 설명하고, 제2부에서는 한식 조리기능사 실기시험에서 요구하는 기초요리에 대한 자세한 분석 및 조리법을 소개했다. 특히 자칫 실수하기 쉬운 부분들을 팁(TIP)으로 제시해 좀 더 정확하게 과제를 해낼 수 있도록 했다.

전시로 음식의 꽃을 피우다

이 시기의 활동 중 출판 못지않게 두드러진 것이 바로 전시다. '한국의 맛 연구회'의 수업이 전통 조리법을 전수하는 활동이고, 출판이 이를 다양한 방식으로 기록하는 활동이라면, 전시는 이 모든 노력의 결과물들을 현실 공간에서 일반 대중에게 보여주는 활동이다. '한국의 맛 연구회'가 참여한 전시들은 모두 성공적이었다. 이 역시 하루아침에 이루어진 것이 아니었다. 이천 시대부터 배운 우리 음식 조리법, 특히 한 가지 음식을 하더라도 철저하게 고증하고 제대로 된 재료와 절차를 거쳐야 한다는 강인희 선생의 가르침이 이 시기의 전시에서 꽃을 피웠다고 할 수 있겠다.

첫 번째 전시는 2008년 10월에 서울시 주최로 열린 '김치사랑 페스티벌'이었다. '한국의 맛 연구회'는 남산 '한국의 집'에서 「김치」전을 주관 진행했다.

2010년에는 11월 9일부터 10일까지 강남문화재단 주최로 현대백화점 압구정점 6층 하늘정원에서 「한국의 다양한 전(煎), 새롭게 전(傳)하다」전을 개최했다. '한국의 맛 연구회'가 '프로젝트 한차림'과 함께 주관 진행하고, 신동주 회원이 식공간을 연출했다. 이 전시는 G20 정상회의 개최에 맞춰 서울 강남을 찾는 내외국인에게 한식의 우수성을 알리고, 우리 전통음식을 통해 한국인의 생활문화와 철학을 세계에 알리고자 기획된 것으로, 한국음식 중에서도 기름에 살짝 지진 '전'을 주제로 삼았다. 전통전(육류전, 생선전, 패류전, 해초전, 꽃전, 적, 전병 등)과 현대적인 감각을 가미한 웰빙전(채소전, 피망전 등) 등 100여 가지의 전을 꽃 화분과 함께 전시했다. 일부 음식은 관람자에게 시식으로 제공했고, 전시 참여자에게 100가지 전의 조리법이 소개된 책자를 무료로 배포했다. 이틀 동안 열린 이 전시를 1400여 명이 관람했는데, 국내 인사뿐 아니라 주한독일대사 부인, 주한슬로바키아대사 부인, 주한레바논대사 부인, 주한라오스대사 부부, 주한미국대사관 총지배인 및 요리담당 직원, 평택 미 공군사령부 장교 부인 20여 명, G20 정상회의 관련 캐나다, 이탈리아, 프랑스, 독일 기자단 등이 참관했다.

『아시아경제』, 『시민일보』, 『헤럴드경제』, 『뉴스비트』, 『뉴스펌』, 『뉴시스』, 『연합뉴스』, 『서울경제』,

『뉴시스』,『DIP통신』,『브레이크뉴스』,『이투데이』,『코카뉴스』,『포커스신문』 등 많은 언론에서 이 전시 소식을 전했다. 전시에 맞추어 '한국의 맛 연구회' 회원들의 공저『한국의 다양한 전(煎), 새롭게 전(傳)하다』(강남문화재단) 한국어판과 영어판을 동시에 출간했다.

강남문화재단이 주최하고 '한국의 맛 연구회'가 주관하는 전시는 이후 네 차례나 더 현대백화점에서 열렸다. 일종의 시리즈처럼 '전', '나물', '밥', '떡', '김치와 젓갈' 전시를 진행했다.

2010년에는 12월 15일부터 19일까지, 연구회는 국가기관의 전시에 참여했다. 문화체육관광부, 농림수산식품부, 국토해양부가 주최하고, 한국공예·디자인문화진흥원이 주관해 서울 코엑스에서 열린 '한국스타일박람회(Korea, The Style 2010)'에서 기획전 중 하나로「떡」전시를 진행한 것이다. 박람회 자료집으로『KOREA, THE STYLE 2010 한국스타일박람회』(한국공예·디자인문화진흥원)가 발간되었는데, 이 책자에 '한국의 맛 연구회' 이춘자 회원의「떡, 그 이상의 떡」이 수록되었다.

2011년에는 강남문화재단(이사장 김숙희)이 주최하고 '한국의 맛 연구회'가 주관한 전시를 봄, 가을로 두 차례나 개최했다.

봄 전시는 4월 19일부터 20일까지, 현대백화점 압구정본점 6층 하늘정원에서 열린「입안 가득 향기로운 나물 이야기」전으로, 한국의 대표 채식문화인 나물음식을 소개하고 건강과 장수식으로 부족함이 없는 우리 식문화의 우수성을 알리고자 기획했다. 전시는 '사계절 나물요리'(계절별 나물을 이용한 다양한 한식의 아름다움), '산채로 차리는 소박한 나물밥상'(우리 나물로 풀어 보는 산속 수행 스님들의 건강비결), '약이 되는 나물'(고문헌에서 찾은 몸에 약이 되는 나물 이야기), '스페셜 스토리 테이블'(와인과 함께 즐기는, 화려한 나물의 비빔밥 파티)로 구성, 진행했고 식공간은 '한차림'이 연출했다. 전시에 맞추어 연구회 회원들의 공저『입안 가득 향기로운—나물 이야기 展』(강남문화재단) 한국어판과 영어판을 동시에 출간했다.

가을 전시는 11월 1일부터 2일까지, 현대백화점 압구정본점 6층 하늘정원에서 열린「한 알의 볍씨가 싹을 틔운 정성—飯·밥·Bap」전으로, '한국의 맛 연구회'와 '한양여대 산학협력단'이 함께 전시를 진행했다. 이 전시는 강남을 찾는 내외국인에게 한국인의 주식인 '밥'을 선보여 한식의 우수성을 알리고, 한국인의 생활문화와 미학을 세계에 알림으로써 한국음식의 세계화에 기여하고자 기획했다. 전시는 '밥의 과거', '밥의 오늘', '밥의 미래'로 각각 나누어 구성하고, 잡곡밥, 두류밥, 견과류밥, 서류밥, 혼합밥, 육류밥, 어패류밥, 골동반, 별미밥, 탕반, 색으로 보는 밥, 기능성 밥 등 100여 종의 밥을 선보였으며, 세계의 밥들도 전시하는 등 밥에 대한 모든 것을 한자리에서 보고 느낄 수 있도록 했다. 전시에 맞추어 연구회 회원들의 공저『한 알의 볍씨가 싹을 틔운 정성─飯・밥・Bap 展』(강남문화재단) 한국어판과 영어판을 동시에 출간했다.

2012년 봄에도 강남문화재단이 주최하는 전시를 진행했다. 3월 24일부터 25일까지, 현대백화점 압구정본점 6층 하늘정원에서 열린「소망을 담아 정성으로 빚고 마음으로 베풀다─한국의 떡(餅)」전으로, '한국의 맛 연구회' 주관하고 한양여자대학교가 공간 연출을 맡았다. 이 전시는 그 모양으로나 맛으로나 높이 평가되고 있는 '한국의 떡'을 강남을 찾는 내외국인에게 선보여 한국음식의 우수성과 독창성을 널리 알리고자 기획했다. 전시를 통해 약식동의(藥食同意)의 떡, 세시 떡, 통과의례 떡, 찌는 떡, 치는 떡, 지지는 떡, 경단류 등 70여 종의 우리 떡을 선보였다.

2013년 8월에는 '2013 천안국제웰빙식품엑스포'에 참여했다. 세계보건기구(WHO)로부터 국제건강도시로 인증받은 천안시가 글로벌 다민족 식문화에 대한 이해와 국가경쟁력을 제고하기 위해 개최한 국제행사 '2013 천안국제웰빙식품엑스포'는 8월 30일부터 9월 15일까지 전시, 학술, 교역, 체험, 이벤트 등 다양한 프로그램이 진행되었다. 이 행사의 주제전시관에서 '한국의 맛 연구회'는 '자연의 맛, 건강한 미래'를 주제로「평생의례음식」전을 주관 진행했다. 이 전시는 웰빙식품이란 무엇인가를 함께 생각하면서 인류의 소망인 건강한 미래를 이루고자 하는 희망을 담아 건강 기능성 식품산업이 나아갈 방향을 제시하기 위해 기획한 것이었다. '한국의 맛 연구회'는 전시를 통해 삼신상, 대례상, 백일상, 큰상, 돌상(남, 여), 큰상떡, 책례, 꽃떡(돌상, 큰상), 성년례, 혼인봉채떡, 폐백 등을 선보여 주목받았다. 이는 연구회 회원들이 적극적으로 참여해서 이뤄낸 큰 성과였다.

같은 해 가을에는 다시 강남문화재단이 주최하는 전시를 개최했다.

2013년 10월 25일부터 26일까지 현대백화점 압구정본점 6층 하늘정원에서 열린「자연과 손맛의 조화─한국인의 김치와 젓갈」전으로, '한국의 맛 연구회'는 한양여자대학교와 함께 전시를 주관 진행했다. 한국음식의 뿌리인 김치를 통해 한국의 맛과 멋을 새롭게 조명하고 우리 음식의 다양함과 아름다움을 전하고자 기획한 이 전시에서는 배추김치, 무김치, 특이김치, 향채김치, 고조리서 김치, 기타 김치 등 55종의 김치와 액젓, 육젓, 식혜, 생선과 채소발효, 고조리서 젓갈 등 30종의 젓갈을 선보였다. 강남심포니오케스트라 현악앙상블의 전시 오프닝 축하공연과 전시 연계 프로그램으로 김치와 떡 시식 행사도 진행했다.

더욱 체계화된 '한국의 맛' 수업

이 시기의 '한국의 맛' 수업은 기존의 체제를 지속하면서 계속해서 변화와 발전을 꾀했다.

「한국의 다양한 전(煎), 새롭게 전(傳)하다」전(위, 아래)은 1400여 명이 관람했는데, 국내외 인사뿐 아니라 G20 정상회의 관련 캐나다, 이탈리아, 프랑스, 독일 기자단 등도 참관했다. 2010. 11. 9-10.

「입안 가득 향기로운―나물 이야기」전은 한국의 대표 채식문화인 나물음식을 소개하고 건강과 장수식으로 부족함이 없는 우리 식문화의 우수성을 알렸다. 윤서석 중앙대 교수(위 사진 왼쪽에서 두 번째)와 김숙희 강남문화재단 이사장(아래 사진 오른쪽에서 세 번째)이 관람했다. 2011. 4. 19-20.

「한 알의 볍씨가 싹을 틔운 정성—飯·밥·Bap」전은 밥에 대한 모든 정보와 볼거리를 한자리에서 느낄 수 있도록 했다. 윤서석 중앙대 교수(위)가 관람했다. 연구회 회원들의 열정이 빛난 전시였다(아래). 2011. 11. 1-2.

'2013 천안국제웰빙식품엑스포' 주제전시관에서 열린 「평생의례음식」전을 '한국의 맛 연구회'가 주관 진행했다(위, 아래).

2013. 8. 30-9. 15.

'2013 천안국제웰빙식품엑스포' 주제전시관의 「평생의례음식」전은 전시 기간 내내 국내외 많은 관람객이 방문해 성황을 이뤘다. 2013. 8. 30-9. 15.

김숙희 민간 조직위원장과 성무용 천안시장(위 사진 왼쪽에서 첫 번째와 두 번째), 그리고 전시장을 방문한 엄앵란 천안국제웰빙식품엑스포 홍보대사(아래 사진 왼쪽에서 두 번째)가 '2013 천안국제웰빙식품엑스포' 주제전시관의 「평생의례음식」전을 관람했다. 2013. 8. 30-9. 15.

'2013 천안국제웰빙식품엑스포'에서 한국의 맛을 선보여 주목받은 「평생의례음식」전은 '한국의 맛 연구회' 회원들이
적극적으로 참여해서 이뤄낸 큰 성과였다(위, 아래). 2013. 9.

2010년에 새롭게 선보인 일반인반 수업으로는 3월에 개강한 김매순 회원의 「폐백반」(12회), 4월에 개강한 홍순조 회원의 「떡·한과반」(12회) 등이 있다. 같은 해 3월에 연구반 수업 중 이춘자 회원의 『증보산림경제』 고문헌 수업도 개강했다. 고문헌 수업은 장기간 진행했는데, 이 시기의 고문헌 수업으로는 『식료찬요』(2007. 10-2009. 12), 「식료찬요 해제 및 식품 관련 최신 정보」(2013년 1-10월 매월 둘째 주 수요일) 등도 있다. 장기간 진행한 다른 수업으로는 연구반 수업 중 김매순 회원의 「전통음식」(2013년 1-10월 매월 셋째 주 수요일), 그리고 외부 특강 중 김종덕 사당한의원 원장의 「약선 사상체질」(2008. 7. 15-2009. 12) 등도 꼽을 수 있다. 이 밖에 연구반 수업으로 이춘자 회원의 「음식의 궁합」(2012. 11. 26), 「육선치법」(2012. 11. 28), 「건강채소 토마토」(2013. 1. 23) 등도 진행했다.

한편, 2013년 5월부터 7월까지 매월 넷째 주 수요일에는 연구회 회원들의 각 전문 분야 강의를 진행했는데, 전정원 회원의 「김치」(5. 22), 이근형 회원의 「노티」(6. 26, 김숙년 선생이 게스트로 참석함), 정외숙 회원의 「웰빙 죽 외」(7. 24)가 그것이다.

연구 프로젝트 및 국내외 연수, 견학, 탐방

2009년에는 2월부터 한국식품연구원 주관으로 진행된 '고추 활용의 극대화 연구' 프로젝트에 서울대학교 황인경 교수와 '한국의 맛 연구회'가 공동으로 참여해, 고추를 이용한 음식의 세계화, 고추 소스 개발, 고추 매운맛의 차등 구분, 고추의 포장 단위 등에 관한 연구를 수행했다. 연구회에서는 안명화, 이미자, 전정원, 한지영 회원 등이 참여했으며, 같은 해 8월에는 고추 연구 수행자들과 연구회 임원 및 회원들이 고추의 주요 산지인 영양을 방문해 고추 품종 및 고추 이용 현황 등에 대한 설명을 듣고 견학했다.

2013년에는 10월부터 이듬해인 2014년 3월까지, 청주시문화재단이 주관하고 '한국의 맛 연구회', 충북대학교 산학협력단, 청원군농업기술센터 등이 공동으로 참여하는 '세종대왕 100리길' 대표 음식 개발 프로젝트가 진행되었다. 이 프로젝트는 1444년 세종대왕이 초정리에 행궁을 짓고 요양을 하며 즐겨 먹었던 음식을 각종 문헌에서 찾아내고, 지역의 특산품을 활용해 현대화하고, 상품화하고자 하는 것으로, 충북대 식품영양학과 김운주 교수와 '한국의 맛 연구회' 이춘자 회원이 이 연구 용역의 공동 책임연구원이었으며, 그 밖에 연구회의 안명화, 이진희, 이은경, 신동주 회원이 참여했다.

'한국의 맛 연구회'의 국내외 연수, 탐방, 견학 등의 행사는 전 시기보다 줄어서 모두 네 건 정도로,

'한국의 맛 연구회' 제8회 정기총회를 개최했다(위). 한편 이 자리에서 김숙희 박사의 「한국의 음식」 특강을
진행했다(아래). 2008. 3. 22.

베트남 연수 기행(2010. 1. 11-15), 강원도 평창 용평리조트 연수(2012. 8), 경북 영주 부석사 방문 및 순흥 기주떡 탐방(2012. 11), 옻칠공예와 옻 음식의 고장 원주 탐방(2013. 5. 3) 등을 진행했다.

연구회 운영

2008년 3월 22일 오후 3시에 제8회 정기총회를 개최하고 '한국의 맛 연구회' 5대 임원을 선출했다. 한편 이 자리에서 김숙희 박사의 「한국의 음식」 특강을 진행했다.

2010년 3월에는 제10회 정기총회를 개최하고 '한국의 맛 연구회' 6대 임원을 선출했다. 이 해에는 재정 적자 탈출을 위해 좀 더 다양한 강좌를 추가 개설하고자 부단히 노력했다. 또한 다시금 '한국의 맛 연구회'를 사단법인화하는 것에 대한 논의가 불거지면서, 이에 대한 준비 작업으로서 사무장직을 신설하고 이근형 회원을 선임하기도 했다.

이 시기의 기록을 보면 기존 수강료를 조정해, 연구반은 실습 없이 수강료 30만원, 일반인반은 실습 포함 수강료 20만원, 폐백·이바지반은 수강료 25만원이었으며, 떡·한과반은 연구회 회원일 경우 수강료를 5퍼센트 할인해 주었다.

2012년 3월 3일에는 한국의 맛 연구소에서 제12회 정기총회를 개최하고 '한국의 맛 연구회' 7대 임원을 선출했다. 이 해의 사업계획안은 이춘자 회원의 『증보산림경제』 수업(매월 첫째·셋째 주 수요일)과 김매순 회원의 수업(매달 마지막 주 수요일) 연장, 이론 강의 개설(매월 2회씩 6개월 과정), 『증보산림경제』 책 출판, 강남문화재단이 의뢰한 '떡 전시회' 추진, 8월 중순경 남해 워크숍 추진 등이었다. 3-6월 동안 회장 공석을 대신할 임시회장도 선출했다.

'2014 라이프치히 국제도서전' 한국관에서는 '한식(韓食)'을 주제로 한국음식 관계 고서들을 특별 전시하고(위), '한국의 맛 연구회' 회원들이 직접 참여해서 '일상의 한국음식 상차림 전시 및 전통다과 시식회'를 진행했다(아래). 2014. 3. 13-16.

새로운 미래를 응시하며 2014-2019

세계로 나아가는 전시 및 행사

2014년 3월 13일부터 16일까지 독일 라이프치히에서 열린 '2014 라이프치히 국제도서전' 한국관 프로그램에 참여했다. 책을 통해 한국문화를 세계에 알리고자 2013년부터 사단법인 국제문화도시교류협회가 매년 주최하는 한국관의 2014년도 주제가 '한식(韓食)'이었는데, '한국의 맛 연구회'에서 한국음식 관계 특별 전시용 도서(고서 포함)를 선정하고 수집하는 데 기여했을 뿐만 아니라 이춘자 회원이 집필한 「한식의 특징, 그리고 일상식(日常食)과 시절식(時節食)」이 『2014 라이프치히 도서전 한국관 저널』에 수록되었다. 특히 독일 현지 한국관 행사에 연구회가 직접 참여해서 '일상의 한국음식 상차림 전시 및 전통다과 시식회'를 진행했다. 『중앙선데이』는 '2014 라이프치히 도서전 한국관 프로그램'을 특집으로 다뤘는데, 그 중 '일상의 한국음식 상차림 전시 및 전통다과 시식회'에 관한 내용은 다음과 같다.

국제관인 4관의 한가운데는 올해의 주빈국인 스위스관 자리다. 베이지색 사다리꼴 모양의 갓이 달린 전형적인 스탠드 100여 개 아래 각종 책을 배치해 집에서 책 읽는 느낌을 물씬 풍기게 했다. 한국관은 스위스관 바로 맞은편 목 좋은 길목에 있었다.

올해 한국관의 주제는 한식(韓食). '자연의 지혜로 빚은 점잖은 음식'이라는 부제를 붙였다. 이를 위해 다양한 한식 관련 책을 준비했다. 1460년 필사된 『식료찬요(食療纂要)』 원본을 비롯해 『음식디미방』, 『규합총서』 등 음식 관련 옛 문헌 영인본과 『조선요리제법』(1937년) 등 근대 요리 관련 문헌, 서울YWCA 등 외국인들이 만든 한국음식 조리서 같은 희귀 자료도 곳곳에 배치했다. 한국박물관협회에 소속된 박물관과 미술관, 한국문학번역원, 각종 출판사에서 기증한 관련 도서 900여 권 중에서도 고르고 추렸다.

또 전통 상차림인 백자 7첩 반상, 유기 5첩 반상, 옻칠한 목기 3첩 반상을 차려 놓고 조각보 장식과 모형 음식물까지 담아 외국인들의 이해를 도왔다. 독어·영어·한국어판으로 만든 한국관 저널에는 '한식의 특징, 그리고 일상식과 시절식'이라는 자세한 글을 사진과 함께 실었다. 한국의 맛 연구회 이춘자 고문과 이미자 부회장, 이근형 재무이사가 한복을 곱게 차려입고 미리 준비해 간 약식과 다과, 호두를 넣은 곶감, 오미자차를 관람객에게 권했다. 이 고문은 "김치에 관한 질문이 구체적이었다"며 "하얀 게 자꾸 뜨는데 이유가 무엇이냐는 등 담가 먹는 방법을 궁금해 하더라. 요리책을 사고 싶다는 사람도 많았다"고 관심과 열기를 전했다.

쌍둥이 자매 로레다 라자루와 다이아나 라자루(30)는 행사 기간 내내 한국관을 찾아 더듬더듬 한글을 읽던 열성팬. "한글은 다른 아시아 언어에 비해 쉬워 공부를 시작했다"는 이들은 "한국음식은 아직 먹어 본 적이 없는데 요리책을 샀으니 집에 가서 이대로 해 먹어 보고 싶다"고 활짝 웃었다.

    ─정형모 기자, 「한국관 올해 주제는 한식 … 방문객들 김치에 관심」, 『중앙선데이』 제367호, 2014. 3. 23-24.

2016년에는 6월 7일부터 12일까지 서울 시내 5성급 호텔과 주요 백화점, 청담동, 이태원 일대 50여 개 레스토랑에서 '2016 서울 고메(Seoul Gourmet 2016)'가 열렸는데, 이 중 콘래드호텔에서 열리는 '그랑갈라'와 '오픈고메'에 '한국의 맛 연구회'가 참여해 한국음식을 선보였다. 국내 최초로 미슐랭 스타 셰프들을 초청하는 행사로 열린 서울 고메는 2009년부터 매해 세계 정상급 셰프들을 초청해 각국 요리의 진수를 선보이는 글로벌 미식축제로 유명하다.

같은 해 9월 11일에는 국회 영빈관 사랑재에서 심재철 국회부의장이 서울 시내 복지시설 청소년을 초청해 '한가위 큰 잔치' 행사를 열었는데, 이 행사에 '한국의 맛 연구회'가 참여해 초청된 80여 명의 청소년들과 함께 추석 오려송편 빚기, 오미자배화채 만들기 체험을 진행했다.

2017년 11월에는, 한국-터키 수교 60주년을 맞아 열린 '이스탄불 국제도서전' 한국관에서 사단법인 국제문화도시교류협회가 '한국전통문화 도서 특별전'을 주관해서 진행했는데, 이 전시를 위해 제작된 『한국의 전통문화 도서 28』에 '한국의 맛 연구회'의 저서 『떡, 흰쌀로 소망을 빚다』가 선정, 수록되었으며, 실물 책도 전시되었다.

연구회 운영

2014년 2월 13일에 '한국의 맛 연구회' 사무실을 서울시 서초구 방배동 전원마을 2877-18번지로 이전했다. 이 해부터는 매월 둘째 주 화요일 오후 6시에 연구회 월례회의를 가졌다.

3월 29일 오후 3시에는 제14회 정기총회를 개최하고 '한국의 맛 연구회' 8대 임원을 선출했다.

2015년에는 2월 7일 오후 3시에 제15회 정기총회를 개최했다. 이 자리에서 조후종 명예회장이 작성한 「한국의 맛 연구회, 제2의 시작을 위하여」라는 글을 회원들과 함께 공유했다. 이는 '한국의 맛 연구회'를 앞으로 어떻게 지속시킬 것인가에 대한 진솔하고도 깊이 있는 고민과 성찰을 도모하기 위한 것이었다. 조후종 명예회장은 2001년 강인희 선생 사후 15년이 되어 가는 '한국의 맛 연구회'가 지금까지 지속될 수 있었던 것은 "어떤 이해관계도 없이 진심으로 연구회를 기꺼이 지원해 준 모든 회원들의 순수한 마음과 그 마음을 지켜 가고자 운영을 위해 기꺼이 수고를 아끼지 않았던 임원들의 정직하고 아름다운 마음 덕분"이었다고 하면서, 여러 가지 새로운 국면을 맞이하고 있는 '한국의 맛 연구회'가 새로운 도약을 하기 위해, '한국의 맛 연구회' 역사 기록물 제작, 최소한의 비용으로 유기적인 관계를 만들어 가는 운영방안 모색, 온라인을 적극 활용해 연구회의 목소리가 새로운 세대에게 전달될 수 있도록 할 것 등을 제안했다. 이날 총회에서 논의된 사항은 '한국의 맛 연구회'의 역사 책 발간, 앞으로의 실기 수업 진행, 팔로우숍 내에 '한국의 맛' 방 구축, RGM컨설팅 회사 내 요리교실 사용, 임원 선출 등이었다.

한편, 그동안 주요 업무를 담당하며 연구회를 이끌어 온 이말순 회원이 '한국의 맛 연구회'를 떠나 후학 양성에 매진하며, 우리 음식의 올바른 계승과 보급을 위해 '한국전래음식연구회'를 설립했다. 2016년 1월에는 방배동 연구소를 비우고 새로운 연구소를 알아보기 시작했다.

같은 해 2월 27일에는 로즈키친에서 제16회 정기총회를 개최하고 '한국의 맛 연구회' 9대 임원을 선출했다. 또한 이삿짐 정리 등 경과 보고와 재정 보고, 회원의 증가 및 연구회 재정립 필요성에 대한 논의 등을 진행했다. 2016년 사업계획안은 '신한국의 맛' 출간, 미래식품에 대한 연구 개발, 연구회 기록물 재정비 등이었다. 이 해부터는 서울시 강남구 세곡동 597번지 다인빌딩 1층에 위치한 로즈키친을 '한국의 맛 연구회' 모임 장소로 사용하기 시작했다.

2018년 3월에는 제18회 정기총회를 개최하고 '한국의 맛 연구회' 10대 임원을 선출했다.

더욱 전문화된 '한국의 맛' 수업

연구반의 고문헌 연구 수업과 연구 강의는 최근까지 이어져 오면서 「우리나라 식생활 문화와 역사」, 「밥의 문화」, 「국물음식 문화」, 「나물과 쌈의 문화」, 「발효음식(장, 김치, 술, 젓갈) 문화」, 「떡과 과자」, 「음료의 문화」, 「음식의 궁합」, 「식생활 풍속(세시, 통과의례)으로 살펴본 향토음식 문화」, 「식품산업에서의 플라스마(plasma) 응용 기술의 활용화 방안」, 「식품산업의 최신 트렌드」, 「외식산업의 현황 및 2019년 외식 트렌드」, 「배달음식 사업의 현황」 등 한국음식의 역사와 변천과정 및 발전방향을 주제로 한 강의와 토론을 진행했다.

2014년부터는 매월 둘째 주 화요일 오후 6시에 이춘자 회원의 「식생활 문화 및 고조리서 연구」 강의를, 매월 셋째 주 수요일 오후 6시에는 이말순 회원의 「전통 반가음식」 강의를, 매월 넷째 주

화요일 오후 6시에는 각 분야 전문가인 고급연구반 회원의 실기 강의를 진행했다.
2014년에 열린 연구반 강의는 다음과 같다.

3. 24. 빙떡 톳전 — 김매순
4. 9. 장 담그기와 고추장 담그기 — 김인자
4. 14. 차완무시, 꽃초밥 — 김경미
4. 22. 밤수프, 가지수프, 풋마늘수프 — 이미자
5. 27. 복 요리 — 유영희
6. 10. 떡볶이 — 김은주
9. 23. 곤드레밥, 도토리묵 무침 — 김인자
10. 14. 일본호박조림, 우엉전, 돼지고기샐러드, 토마토샐러드 — 김영애
11. 25. 양파 수프 스탠더드 레시피(Onin soup Standard Recipe) — 전정원

2016년 교육 프로그램은 매월 둘째·넷째 주 화요일 오후 6시에, 회원들이 각각의 주제별로 이론과
실기를 병행하며 진행했다. 4월 이후 로즈키친의 로즈 한 대표와 상의하에 '한국음식 상차림의
이론과 실기'를 진행하고, 실기 교육은 연구회원 3인이 한 팀이 되어 강의했다.

새로운 미래를 위한 출판 활동

2014년 2월 28일에 '한국의 맛 연구회' 회원들의 공저『한 푸드스타일링』(교문사)을 출간했다. 우리
몸에 좋은 한식이 푸드스타일링을 통해 더욱 돋보이고 맛있어 보인다는 데 착안해서, 전통음식과
평생의례음식 그리고 세시음식과 향토음식까지 한식 상차림의 이론적인 특징을 설명하고, 서양
식문화의 구성요소를 보여 주며, 동서양 문화가 어우러진 현대적인 한식 스타일링을 제시했다.
2017년에는 2월 17일에「우리나라 전통음식을 계승 보존하는 '한국의 맛 연구회'」(글 이동순, 감수
조후종)가, 2월 25일에「'한국의 맛 연구회'를 이끈 반가음식의 대가 강인희(姜仁姬) 교수」(글
이동순, 감수 조후종)가『아시아경제』에 게재된 이래로, '한국의 맛 연구회가 연재하는 한국의
반가음식'이라는 제목으로 글을 게재하기 시작했다. 연구회 이동순, 이미자 회원을 중심으로 그
밖의 회원들이 돌아가며 격주로 연재를 이어 갔다.
'한국의 맛 연구회' 회원들은 반가음식, 세시음식, 평생의례식, 향토음식, 떡과 과자, 김치, 장 등의

한국 전통음식을 칼럼을 통해 연재하고, 제철 재료를 활용한 한국의 맛을 정기적인 요리교실을 통해 소개하고자 했다.

같은 해 3월 2일에는 『발효식품－이론과 실제』(교문사) 2판을 출간했다. 2009년 3월에 출간했던 1판에 발효식품의 전망에 대한 내용을 추가했다.

국내외 활동

이 시기에는 '한국의 맛 연구회'의 국내외 활동 외에도 회원들 개개인의 다양한 활동이 두드러졌다. 2014년 6월 14일에는 강릉에서 열린 '선교장 포럼'에 참석하고 선교장 고택을 답사했으며, 6월 30일에는 경북 봉화 농암종택 체험 행사를 진행했다.

오스트리아에 거주하는 심은경 회원은 2016년 1월에 유엔산업개발기구(UNIDO) 50주년 기념 푸드 페스티벌에서 한국 전통음식 전시 및 시식 행사를 진행했다. 또한 같은 해 2월에는 케이-푸드 바이어스 데이(K-Food Byers Day) 행사에서 한식에 대한 강의 및 시연, 시식 행사를 실시했고, 10월에는 '2016 UN 푸드 페스티벌'에 참가했다.

김경미 회원(반가음식연구소 소장)은 2016년 5월에 한·이란 정상회담 기간 중 '중동지역 김치 현지화 촉진' 행사에서 김치 시식과 체험 행사를 진행했고, 김치 홍보 부스 운영에 관여해 김치와 김장, 한국 식문화에 대한 정보를 제공했다.

조후종 명예회장은 2018년 8월에 국립민속박물관의 '민속, 석학에게 듣다' 프로그램에서 '통과의례와 우리 음식'이라는 주제로 강의했다. 또한 같은 해 10월에 종로구 이화동길 소재 '책책(冊冊)'에서 한국음식 관계 도서전시 「음식사랑 조후종의 전(展)－우리 음식을 그리다」를 열고, 전시 오프닝 행사에서 '통과의례와 우리 음식'이라는 주제로 특강을 했다. 이 전시와 함께 조후종 명예회장의 딸인 이윤주 회원(달드베르 갤러리 관장)의 「채소를 그리다, 김치를 담다」전도 열렸다.

이경희 회원(부산문화요리학원 원장)은 2018년 10월에 부산광역시에서 주최한 '조선통신사 특별관의 전별연 해신제 음식 원형복원'을 주관해 통신사절단의 무사안녕과 위로를 위한 연회식을 재현했다.

2019년 3월에는 '한국의 맛 연구회' 회원들이 김수진 회원이 원장으로 있는 한류한국음식문화원(Food & Culture Academy)을 방문해 전시를 관람하고, 외국인을 위한 전통음식 강좌 시행에 관한 의견을 교환하고 월례회를 가졌다. 또한 윤숙자 회원이 대표로 있는 한국전통음식연구소를 방문해 떡박물관, 통과의례 특별관, 갤러리 등을 관람했다.

조후종 명예회장이 국립민속박물관의 '민속, 석학에게 듣다' 프로그램에서 '통과의례와 우리 음식' 이라는 주제로 강의해
회원들이 참석했다(위). 2018. 8. 또한 종로구 이화동길 소재 '책책(冊冊)' 에서 한국음식 관계 도서전시 「음식사랑
조후종의 전(展)−우리 음식을 그리다」를 열었다(아래). 2018. 10. 18.

이경희 회원이 주관해 통신사절단의 무사안녕과 위로를 위한 연회식을 재현한 '조선통신사 특별관의 전별연 해신제 음식
원형복원' 행사에 회원들이 참석했다(위, 아래). 2018. 10.

'한국의 맛 연구회' 회원들이 김수진 회원이 원장으로 있는 한류한국음식문화원(Food & Culture Academy)을 방문해 전시를 관람했다(위). 또한 윤숙자 회원이 대표로 있는 (사)한국전통음식연구소를 방문해 떡박물관, 통과의례 특별관, 갤러리 등을 관람했다(아래). 2019. 3.

'한국의 맛 연구회' 1-3대 공동회장을 역임했고 미국에 거주하는 장선용 명예회장이 서울을 방문해, 연구회 회원들과 함께
서울클럽에서 월례회를 가졌다(위). 2019. 6. 김경미 회원이 소장으로 있는 반가음식연구소에서 월례회를 가졌으며,
낭만농부 김영일 선생과 함께 올바른 먹을거리 이해와 현황에 대한 강좌와 토론도 진행했다(아래). 2019. 8.

2019년 4월에는 '한국의 맛 연구회' 회원들이 김명순 회원이 30여 년간 수집해 온 떡 관련 유물
1600여 점의 전시 및 연구, 교류를 위해 추진하고 있는 '떡도구박물관'(가칭, 경기도 양평군 소재)
현장을 방문해 응원하고 친목을 도모했다.

윤숙자 회원(한국전통음식연구소 소장)은 2019년 4월에 프레스센터에서 100여 명의 외신 기자들이
참석한 가운데 유기농 농산물을 이용한 추석 차례 상차림과 송편 빚기 등 한국의 명절음식 문화를
널리 알리는 행사를 주관, 진행했다. 또한 같은 해 10월에 프랑스 파리 1구청이 주관한 '르 코르동
블루 파리(Le Cordon Bleu Paris)'의 김치응용 요리 대회 및 파리 시민과 함께한 김치 축제에서
한식의 우수성을 소개했다. 윤숙자 회원은 한국전통음식연구소 부설 개성식문화연구원(경기도
연천군 장단면 소재)을 설립해 개성음식 연구에 정진하고 있기도 하다.

2019년 6월에는 '한국의 맛 연구회' 1-3대 공동회장을 역임했고 미국에 거주하는 장선용 명예회장이
서울을 방문해, 연구회 회원들과 함께 서울클럽에서 월례회를 가졌다. 이 자리에서 장선용
명예회장이 『미주 중앙일보』에 7년 8개월간 연재했던 요리 316가지의 조리법을 모아 2016년 11월에
출간한 『장선용의 평생요리책』과 근래 출간한 『A Korean Mother's Cooking Note』를 회원들과 함께
나누고 연구회 30년을 회고했다. 특히 강인희 선생과의 추억담을 나누는 뜻깊은 자리였다.

2019년 8월에는 김경미 회원이 소장으로 있는 반가음식연구소에서 월례회를 가졌으며, 낭만농부
김영일 선생과 함께 올바른 먹을거리 이해와 현황에 대한 강좌와 토론도 진행했다.

'한국의 맛 연구회'가 진행해 왔던 전통음식 정기 강좌가 중단되고, 그동안 연구회 주관으로
실시했던 한국음식 전수, 전시 및 홍보, 저술활동 등이 뜸해졌지만, 회원 개개인의 활동은 각처에서
다양하게 이루어지고 있으며, 연구회의 운영 역시 계속 이어지고 있다. 김경미, 김명순, 김매순,
김수진, 김영애, 김인자, 민혜경, 박은경, 박종숙, 박혜경, 배숙희, 선명숙, 윤숙자, 윤옥희, 윤재영,
이경희, 이근형, 이동순, 이미자, 이춘자, 전정원, 정외숙, 정은진, 조후종, 최영희, 허채옥, 홍순조,
홍인희 등의 회원들이 매월 정기적으로 모여 친목을 도모하고, 식문화 전반에 관한 강의, 토론, 연수,
교류 활동을 하고 있으며, 품격 있는 전통음식, 반가음식의 활성화를 위한 방안을 모색하고 있다.
김진원 회원(캐나다), 심은경 회원(오스트리아), 장선용 명예회장(미국) 등 해외에 거주하는
회원들도 한국음식 관련 저술, 강좌 등 한국 전통음식 관련 활동을 꾸준히 이어 가고 있다.

새로운 30년을 기약하며

'한국의 맛 연구회'는 강인희 선생과 함께, 그리고 강인희 선생의 유지를 받들어 지난 30년 동안 한국음식을 연구, 보급, 활성화하는 일의 최전선에서 많은 일들을 수행해 왔다. 수업과 연구 활동을 중심에 두고 출판, 전시, 한국음식의 해외 홍보, 국내외 식문화 교류 등 다양한 활동을 하면서 '한국의 맛 연구회'의 명맥을 이어 왔다.

지금 '한국의 맛 연구회' 회원들은 각자의 자리에서 대학 교수, 외식업 운영, 국내외 한국 전통음식 컨설팅 및 자문, 국내외 한외식 쿠킹 스튜디오 운영, 저서 발간, 기획 전시 등 여러 방면으로 지대한 활약을 하고 있다. 이들의 활발한 활동은 국내뿐만 아니라 세계로 확산되고 있으며, 이러한 역량이 '한국의 맛'을 이어 가고 발전시키는 데 한마음 한뜻으로 작동하고 있다.

'한국의 맛 연구회' 30년 역사가 있었기에 한국의 음식문화가 많은 연구와 발전의 성과를 거둘 수 있었다고 자부하면서, 지금의 '한국의 맛 연구회'는 또 다른 30년을 위하여, 더 큰 걸음을 내딛기 위하여 잠시 숨고르기를 하고 있다. 새로운 시대와 새로운 세대, 새로운 음식문화와 새로운 한국의 맛을 향해, '한국의 맛 연구회'는 오늘도 새로운 꿈과 희망을 이야기하고 있다.

한국 전통음식의 특징

자연지리적 환경

한국의 전통음식 문화는 변화가 많은 기후 조건, 삼면이 바다로 둘러싸인 지리적 여건 속에서, 농업과 수산업 활동에서 얻어지는 다양한 산물을 주축으로, 불교(佛敎)와 유교(儒敎)의 종교적, 사상적, 문화적 환경 아래 발달해 왔다. 한국은 아시아 대륙의 동북부에 위치한 반도국으로, 대륙과 해양의 문화를 받아들이고 전파할 수 있는 위치에 있으며, 삼면의 바다는 천혜의 어장(漁場)으로 농경사회 이전에는 주된 식량 공급원이었다.

우리나라는 냉·온대 기후에 속하나 여름에는 열대성, 겨울에는 한대성이며, 사계절의 구분이 뚜렷하고, 지세(地勢)와 해양을 타고 오는 계절풍으로 인한 강우량, 습도, 일조율 등 다면적인 자연환경을 이루고 있어 농림축산의 입지가 다양하다. 일조 시간이 길고 고온다우한 여름철 기후는 벼 생육에 알맞은 조건이어서 주식(主食)인 쌀 재배에 적합하며, 비교적 건조한 다른 계절은 밭작물이 잘 자랄 수 있는 환경이다. 한편, 국토의 약 70퍼센트가 산지(山地)인데, 그 중에서 많은 부분을 차지하는 구릉성 산지에서도 농작물을 재배해 토지 활용도가 매우 높으며, 이는 나물 음식 발달의 배경이 되기도 한다.

이러한 풍토의 다양성은 식량 자원을 풍부하게 했고, 변화가 많은 기후 조건은 작물의 재배 양식에 많은 영향을 끼쳤다. 역사적으로 한국인은 자연환경에 잘 적응했을 뿐 아니라 환경적 제약 요소를 지혜와 노력으로 극복했고, 새로운 문물의 변화에 동참하면서도 고유의 우수한 전통음식 문화를 형성해 왔다. 따라서 한국의 전통음식은 풍토에 근간을 둔 자연식(自然食, 풍토식)이라 할 수 있으며, 신토불이(身土不二)라는 말로 상징된다. 이는 사람을 소우주(小宇宙)로 보는 동양사상에서 비롯된 것으로, 사람의 몸에는 우주의 모든 것이 압축되어 있어서 자연과 조화를 이룰 때 비로소 건강한 삶을 영위할 수 있다는 것이다. 그 지역의 풍토, 기후, 지형에 따라 생산되는 다양한 제철 음식을 섭취하는 자연식은 일상식(日常食), 의례식(儀禮食), 시절식(時節食) 등에 잘 반영되어 전통음식의 맥을 이루고 있다.

한국 음식문화는 '나눔의 문화'를 바탕에 두고 있다. 음식문화의 근간인 농경사회는 공동체의식을 중시했고, 자연스레 식생활 전반에 걸쳐 나눔의 문화가 싹텄다. 크고 작은 잔치나 제사 때 또는 귀한 음식이 생겼을 때 이웃 간에 음식을 나누는 '봉송(封送)'은 오랜 전통의 미풍양속이며, 나아가 자연과 공생하는 나눔 의식도 깊게 뿌리내려 있다. 농부가 씨앗을 뿌릴 때 한 알은 하늘의 새를 위한 것으로, 또 한 알은 땅의 벌레를 위한 것으로, 나머지 한 알은 사람을 위한 것으로 밭의 구덩이마다 세 알의 씨앗을 심는다는 말이 그것이다. 이러한 나눔의 문화 속에서, 한국 전통음식은 계절과 지역에 따른 식재료의 특성을 잘 살려 조화로운 맛을 추구했고, 식품 배합의 구성이 뛰어나게 발달했으며, 다음과 같은 특징적인 음식문화를 갖고 있다.

첫째, 밥상의 규범이 잘 발달되었다. 둘째, 상차림에 따른 음식의 종류가 다양하며 끓이거나, 삶거나 찌는 조리법이 각 음식의 특징에 맞게 적용되었다. 셋째, 주식(主食)과 부식(副食)이 뚜렷이 구별되며 영양학상 과학적이고 합리적인 식품 조합을 구성했다. 넷째, 김치류, 장류, 젓갈류 등 발효 저장음식이 발달했으며, 다양한 조미료와 향신료의 이용으로 식품 본래의 맛을 증진시키고, 섬세한 고명의 사용으로 음식의 멋을 더했다. 다섯째, 각 지역 특산물을 이용한 향토음식이 형성되었다. 여섯째, 공동식(共同食)의 풍속을 어디서든지 볼 수 있으며, 의례(儀禮)를 중히 여기고, 주체성과 풍류성이 뛰어났다. 특히 의례에 따른 상차림이나 절식(節食)과 시식(時食)이 다양하게 정착, 발달했다.

일상음식―반상규범과 수저 문화

밥을 주식으로 하고 이를 보완하는 국과 찬으로 구성하는 것이 한국 일상식(日常食)의 기본 상차림이다. 밥 없이 반찬만으로는 끼니가 될 수 없다. 한국음식에서 밥이 차지하는 비중은 거의 절대적이다. 밥은 생명 자체이기도 하고 재운이나 복의 상징이기도 하며, 때로는 명약(名藥)이기도 해서 '밥이 보약이다'라는 속담까지 있다. 또한 일상에서는 밥이 '식사(食事)' 전체를 지칭하기도 하고, 평안함을 묻는 인사말로 밥을 먹었는지 묻기도 한다.

밥을 주식으로 국과 반찬을 함께 차리는 상차림을 반상(飯床, 밥상)이라 한다. 반상은 찬(饌)의 가짓수에 따라 3첩, 5첩, 7첩, 9첩, 12첩 등이 있는데, 이 중 일상식 상차림은 3첩과 5첩이며, 7첩과 9첩은 손님 접대 및 생신상 등에 주로 적용되었다. 12첩은 왕과 왕비의 아침과 저녁 수라상에 적용되었는데, 선택식의 독창성이 돋보이는 상차림으로 밥, 탕, 찜, 전골, 김치, 장류 등 기본 음식 외에 12가지 찬을 차리는 것이지만, 상황에 맞게 그 수를 조절해 구성할 수 있었다. 『원행을묘정리의궤(園幸乙卯整理儀軌)』(1795)를 비롯한 왕실의 연회식 기록을 보면 음식의 수를 첩이 아닌 기(器)로 표기하고 있는 차이도 발견된다.

찬의 가짓수를 이르는 첩수도 규범화되었지만 강제성이 있는 것은 아니어서 각자의 형편에 맞게 그 수를 조절해 구성할 수 있었다. 이러한 반상규범은 주재료와 조리법이 겹치지 않고, 동물성 식품과 식물성 식품의 조화로운 배합을 이끌어 내는 구성으로, 찬의 가짓수가 가장 적은 3첩 정도의 간소한 상차림만으로도 현대 영양학에서 제시하는 바람직한 영양 균형을 충족시켜 주었다.

색채감과 질감, 다채로운 맛의 조화, 기호성까지 염두에 두고 합리적인 상차림을 제시한 반상규범은 우리나라에도 일찍부터 존재했던 푸드스타일링의 한 유형으로 그 가치가 인정되고 있다.

반상규범이 성립된 시기는 확실하지 않으나, 『시의전서(是議全書)』(1800년대 말)에 기록된 5, 7, 9첩의 반상식도를 비롯해 『조선요리(朝鮮料理)』(1940), 『우리음식』(1948)에 3, 5, 7, 9, 12첩의 반상규범이 명시되어 있다. 또한 밥그릇, 국그릇, 쟁첩의 수가 기본이 되는 유기(놋그릇) 반상기와 사기 반상기 일습에서도 반상규범을 찾을 수 있다.

한국인의 식사 도구는 숟가락과 젓가락이다. 식사 내내 숟가락과 젓가락을 번갈아 사용하는데, 밥이나 국물 음식을 먹을 때는 숟가락을, 반찬을 먹을 때는 젓가락을 사용한다. 한국인이 수저문화를 유지해 온 것은 국물 음식을 선호하고 따뜻한 밥과 뜨거운 탕을 즐기는 식습관에서 비롯되었다.

궁중음식 – 전통음식의 정수

조선왕조 궁중음식은 한국 음식문화의 정수(精髓)이다. 조선뿐만 아니라 그 전부터 왕권 중심의 국가였으므로, 정치는 물론 문화적 경제적 권력도 궁(宮)에 집중되어 있어서 음식문화가 가장 발달한 곳도 궁중이었다. 왕권사회에서 왕족은 특권계층이었으므로, 음식에 관해서도 양식 및 제도가 엄격하고 품격 있는 문화로 발달했다.

궁중에서는 음식을 한 곳에서 만들지 않았다. 왕족이 거처하는 각 전각(殿閣)마다 주방상궁(廚房尙宮)과 나인들이 있어서 그들에 의해 음식이 만들어졌다. 각 전각의 음식을 만드는 부서로는 평상시 수라상을 관장하는 소주방(燒廚房), 죽상과 다과상을 책임지는 생과방(生果房)이 있었다. 소주방은 주식에 따르는 각종 찬품(饌品)을 맡는 내소주방(內燒廚房), 궁궐의 다례나 대소 잔치는 물론 생신 잔칫상 등을 관장하는 외소주방(外燒廚房)으로 구분되었으며, 큰 잔치를 위한 임시 주방격인 숙설소(熟設所)도 따로 두었다.

궁중음식은 각 지역에서 진상(進上)되는 최고 품질의 재료들로 조리되었고, 각종 진귀한 특수재료도 사용되었으며, 무엇보다 오랜 세월 동안 전승된 조리법으로 솜씨가 빼어난 전문 조리인들이 만들었기 때문에 '한국음식의 꽃'으로 일컬어진다. 이는 왕족(王族) 고유의 문화로만 존재하지 않고 민가(民家)에도 전래되었다. 왕족과 반가(班家)의 혼인을 통해 음식문화의 교류가 이루어졌고, 또 궁중에서 연회가 끝나면 잔치 음식을 종친이나 신하들에게 골고루 나누어주는 '음식내림'의 풍속이 있었기 때문이다.

지금 궁중은 남아 있지 않지만, 궁중음식은 한국음식의 가장 품위 있고 격조 높은 음식으로 자리매김되어 있다.

사찰음식 — 엄격한 수행 속에 피어난 독특한 자연식

수행하는 공간인 절에서는 먹는 것 또한 수행의 일부라 여겨, 먹어도 되는 음식과 그렇지 않은 음식을 엄격하게 구분한다. 일반적으로 고기류와 생선류를 금하지만, 엄밀하게는 우유를 제외한 일체의 동물성 식품과 술, 그리고 오신채(五辛菜)라 부르는 파, 마늘, 부추, 달래, 흥거를 금한다. 살생을 금하고, 몸과 마음을 자극해 욕심이나 화, 어리석음을 불러일으키는 음식은 피하라는 가르침을 따른 것이다. 이러한 사찰음식은 소박한 재료로 자연의 풍미를 살려 독특한 맛을 내고, 음식은 끼니때마다 준비하며, 반찬의 가짓수는 적게 만드는 것이 특징이다.

사찰음식은 두부, 버섯, 산채 등으로 만드는 나물, 전, 장아찌, 부각, 김치가 대표적이다. 사찰의 나물은 몸에 이롭기도 하거니와, 향이 강한 오신채를 쓰지 않기 때문에 나물 고유의 향과 맛이 살아 있다. 재료도 밭에서 나는 것, 산과 들에서 자생하는 것, 해초에 이르기까지 다양하며, 날로 무치거나, 데쳐서 무치거나, 불려서 볶거나, 불려서 무치거나, 기름에 튀기는 등 조리법도 다양하게 발달했다. 나물의 양념으로는 주로 간장, 된장, 고추장, 참기름, 들기름, 고춧가루, 깨소금, 생강, 식초 등을 쓰는데, 산나물에는 고추장과 된장을 많이 쓰고, 생채에는 간장, 고춧가루, 식초를 많이 쓴다. 그리고 다시마, 버섯, 들깨, 날콩가루 등의 천연 조미료와 장류(醬類)를 이용해 짜거나 맵지 않게 맛을 낸다.

절에서의 식사를 '발우공양(鉢盂供養)'이라 한다. 발우는 나무로 된 네 개의 그릇으로, 가장 큰 것이 밥그릇이고, 다음으로 국그릇, 물그릇, 찬그릇 순이다. 밥과 국은 남거나 모자라지 않도록 먹을 만큼만 담고, 공양(식사)이 끝나면 발우를 깨끗이 닦아 원래대로 정리해 놓는다. 이러한 독특한

식사법은 사찰음식의 큰 특징으로, 많은 스님들이 모여 사는 절에서 상 차리고 설거지하는 시간과 노력을 절약하고, 음식을 남기거나 낭비하지 않게 한다.

통과의례음식-순조로운 삶을 기원하는 음식

통과의례(通過儀禮)는 사람이 태어나서 삶을 마감할 때까지 치르는 출생의례(出生儀禮), 백일, 돌, 책례(册禮, 책거리), 성년례(成年禮, 성인식), 혼인례(婚姻禮), 회갑 등의 수연례(壽宴禮), 상장례(喪葬禮), 제례(祭禮) 등을 말하며, 이 의례들은 일정한 격식을 갖추어 가족을 중심으로 행하는 예절이므로 가정의례 또는 평생의례, 일생의례라고도 한다. 이러한 여러 의례에는 개인이 겪을 인생의 고비를 순조롭게 넘길 수 있기를 기원하는 의식이 치러지고, 각 의례의 의미를 상징하는 음식이 차려진다. 음식들의 색(色)과 가짓수에도 복을 바라는 소망이 담긴다.

세시음식-제철에 먹는 건강식

세시음식(歲時飮食)은 한 해의 절기나 달, 계절에 따른 특정한 때마다 만들어 먹는 음식으로, 명절음식과 시절음식을 통틀어 일컫는다. 명절음식은 절일(節日, 혹은 명일)에 그 의미에 맞게끔 해 먹는 음식을 말하며, 시절음식은 각 계절에 나는 제철 식재료로 만드는 음식을 말한다. 우리는 기후, 계절과 밀접한 관계가 있는 농경민족으로, 예로부터 자연에 순응하며 생활해 왔기 때문에 우리의 식생활에는 자연관이 깃들어 있으며, 사계절이 뚜렷한 자연환경 속에서 각 계절마다 나는 제철 식재료로 갖가지 음식을 장만해 즐기는 풍속이 일찍부터 정착되었다. 이러한 풍속이 다양한 세시음식으로 발전했다.

향토음식-산지의 맛과 문화를 담은 향수 어린 음식

향토음식(鄕土飮食)은 지역에서 생산되는 재료를 이용해서 만든 그 지역 고유의 토착음식을 말한다. 그 고장의 기후, 지세 등 자연환경에 순응하면서 그 고장이 겪어 온 정치, 경제, 문화 특성이 반영된 조리법으로 만들어진 음식, 각지 어디에나 있는 흔한 재료일지라도 타 지방과 다른 가공 기술을 이용해 독특하게 개발된 음식, 그 지방 행사와 관련해 개발된 음식으로, 지역성, 독창성, 의례성이 있는 맛과 멋을 지닌 전통음식이다.

재료에 따른 전통음식

식생활 습관과 주로 섭취하는 식품의 종류는 우리의 영양 상태를 좌우하는 가장 중요한 요소이다. 대다수 한국인들에게 원칙적으로 금지되는 음식은 없었기 때문에 도처에서 나는 신선하고 다양한 재료를 식생활에 지혜롭게 활용할 수 있었다. 한국 전통음식의 식재료로는 식물성 식품 중에서 콩류, 채소류 등이 비교적 많으며, 그 중 콩류는 양질의 단백질과 지방이 많이 함유되어 있는 좋은 영양 공급원이다. 그 외의 식재료로는 곡류, 육류, 생선류, 조개류, 달걀, 채소류, 버섯류, 해조류, 과일류 등이 있다.

곡물을 이용한 음식

쌀과 콩 등 곡물을 이용한 음식으로는 밥, 죽, 떡국, 장, 떡, 전통 과자, 전통 술, 식혜, 엿 등이 있다. 밥은 쌀을 씻어 불려 물을 넣고 익히는 한국인의 주식이다. 밥 중에서 비빔밥은 세계 항공사의 기내식으로 제공될 만큼 널리 알려졌다. 비빔밥은 "밥을 정히 짓고, 고기는 재어 볶고, 간납은 부쳐 썬다. 각색 남새를 볶아 넣고, 좋은 다시마로 튀각을 튀겨서 부수어 넣는다. 밥에 모든 재료를 다 섞고 깨소금, 기름을 많이 넣어 비벼서 그릇에 담는다. 위에는 잡탕거리처럼 달걀을 부쳐서 골패 쪽만큼씩 썰어 얹는다. 완자는 고기를 곱게 다져 잘 재어 구슬만큼씩 빚은 다음 밀가루를 약간 묻혀 달걀을 씌워 부쳐 얹는다. 비빔밥상에 장국은 잡탕국으로 해서 쓴다"고 『시의전서』에 기록되어 있다. 이러한 비빔밥은 전주, 진주, 통영, 해주, 안동 등에서 특색있는 향토 명물 음식이 되었다. 전주비빔밥은 콩나물, 황포묵, 애호박이 꼭 들어가고 콩나물국을 곁들이며, 진주비빔밥은 갖가지 색스런 나물을 돌려 담고 가운데 육회를 놓아 화반(花飯, 꽃반)이라고도 불리며 고기가 들어간 보탕을 곁들인다. 통영비빔밥은 나물과 해물로 만들고, 해주비빔밥은 해주에서 나는 고사리와 닭고기가 빠지지 않는다. 안동비빔밥은 쌀이 귀했던 먼 옛날에 허투로 지낸 제사음식에서 비롯되었다고 전해지는 헛제사밥이며, 간장으로 비벼먹는다.

죽은 곡물을 주재료로 물의 양을 많게 해서 오래 끓인 음식이다. 죽은 별미 음식일 뿐만 아니라 병인식, 보양식 등으로도 많이 이용되고 있다.

장(醬)은 콩류를 가공한 음식으로 상고시대부터 오늘에 이르기까지 우리 전통 식생활의 기본적인 조미식품이자 기호식품으로 상용되고 있다. 장류(醬類)는 우리 음식의 맛을 좌우하는 중요한 식품으로 찬물로도 사용한다. 그 중 대표적인 간장과 된장은 한국의 맛을 상징하는 음식일 뿐 아니라, 주식인 쌀에서 얻기 어려운 단백질을 보완하는 콩 가공식품으로 우리 식생활에 기여하는 바가 크다.

떡은 명절 음식이자 일상 음식이기도 하며 통과의례 상차림에도 빼놓을 수 없는 주요 음식이다. 주재료는 멥쌀과 찹쌀이며 기타 잡곡도 쓰인다. 떡고물로는 콩, 깨, 팥, 녹두 등이 다양하게 쓰이며, 계절이나 용도에 따라 달리 이용된다. 재료를 배합할 때 약리적인 효과를 고려하고, 향미 성분이나 맛 성분을 첨가할 때 다른 재료와의 조화를 꾀하는 등 다양한 조리 방법이 발달했는데, 이는 매우 과학적이고 합리적인 특징이다. 떡은 조리 방법에 따라 크게 네 가지로 분류할 수 있다. 곡물 가루를 시루에 안쳐서 쪄 내는 '찌는 떡', 곡물을 알갱이 그대로 또는 가루 내어 찐 다음에 안반에 놓고 쳐서 만드는 '치는 떡', 가루를 반죽하고 모양을 빚어 삶은 뒤에 고물을 묻히는 '삶는 떡', 곡물 가루를 반죽한 다음 모양을 만들어 기름에 지져 내는 '지지는 떡'이다.

우리 고유의 전통 과자인 한과도 찹쌀, 멥쌀, 콩 등 곡물을 이용해 만든다. 유과(산자), 강정, 엿강정 등이 있으며, 명절식이나 시절식뿐 아니라 혼례, 제례를 비롯한 각종 행사에도 빠짐없이 이용된다. 막걸리, 청주, 약용주 등 여러 전통 술도 쌀이 주된 재료이며, 누룩 제조에도 곡물이 이용된다.

예로부터 우리 조상들은 단순히 기호음료로서 즐기기 위한 것 외에도, 약으로 복용하기 위해, 더러는 약재를 저장할 목적으로 술을 만들어 왔다. 약성을 보완하고, 술로 인한 폐해를 최소화하려는 노력은 오랜 세월을 통해 술에 약재를 넣음으로써 그 약용 성분을 우려내는 등 독특한 양조 기술을 발달시켜 왔다. 식물의 꽃이나 잎, 줄기, 뿌리를 넣어 술을 빚음으로써 독특한 향이나 빛깔을 내고 약으로도 복용할 수 있도록 한 가향약주(加香藥酒) 또는 향약주(香藥酒)가 그것이다.

육류를 이용한 음식

육류를 이용한 음식으로는 불고기, 너비아니 등 구이류와 설렁탕, 곰탕 등 탕류 그리고 갈비찜 등 찜류를 비롯해 족편, 편육, 장조림, 회, 수육, 육포 등이 있다.

육류의 경우 한국인들의 소고기 선호는 조금 유별난 편이다. 이러한 기호는 양념 배합이 뛰어난 조리기술의 집합체인 '불고기'라는 고유의 음식을 태동시켰다. 불고기는 얇게 썬 소고기를 양념해서 불에 구워 먹는 음식으로 한국을 대표하는 전통음식 중 하나다. 일찍이 고구려 일부를 제외한 대부분 지역은 농경문화권으로, 농경에 가축의 힘이 필요했기 때문에 당연히 고기는 얻기 힘들었다. 가축의 어느 한 부분도 버리지 않고 거의 모든 부위를 식용하는 특유의 육식문화가 발달한 것은 고기가 귀했기 때문인데, 귀한 고기를 여럿이 나누어 먹을 수 있는 지혜로운 방법이 바로 '양념

배합'이었다. 상고시대에 중국에까지 알려졌던 양념 직화구이인 맥적(貊炙)이 오늘날의 너비아니,
불고기로 이어져 내려온 것이다. 너비아니는 얇게 썬 불고기와는 달리 안심, 등심, 채끝살 등의
부위를 도톰하게 저미고 살짝 잔칼질을 한 다음, 갖은양념을 해서 굽는데 직화구이를 하면 풍미가
뛰어나다. 상추, 깻잎 등 채소에 쌈장을 곁들여 쌈을 싸서 먹기보다, 너비아니만 먹어야 본연의
제맛을 느낄 수 있다.

설렁탕은 국물을 이용하는 음식으로 양지머리, 사태 등 소고기를 내장, 소머리 등과 함께 고은 다음,
식혀서 기름을 걷어 낸 국물에 삶은 고기와 내장을 얇게 썰어 넣고 다시 끓여 낸 것이다.

족편은 쇠머리, 쇠족 등에 물을 붓고 오랫동안 고아서 뼈를 발라내고 차게 식힌 다음 얇게 저민
것으로, 힘줄이나 껍질 부분에 많은 콜라겐이 젤라틴화해 묵처럼 되는 성질을 이용한 음식이다.

편육은 고기를 푹 삶아 내어 보자기에 싸서 무거운 돌로 눌러서 굳힌 다음 얇게 저민 것으로,
소머리편육, 우설편육, 사태편육, 양지머리편육, 돼지머리편육 등이 있다.

해산물을 이용한 음식

삼면이 바다라서 철마다 다양하고 풍부한 해산물은 한국인의 중요한 식재료로 이용되고, 또한
양질의 단백질, 지방질, 무기질 공급원이 되었다. 날회(생회), 익힌 회(숙회), 찜, 조림, 구이, 찌개, 국,
전, 그리고 발효음식인 젓갈, 식해까지 해산물을 이용한 여러 조리법이 전승되고 있다.

젓갈은 생선이나 조개류를 소금에 절여 발효시킨 저장식품으로, 발효작용으로 생기는 유리
아미노산과 핵산 분해산물이 상승작용해서 특유의 감칠맛을 낸다. 주로 밥과 함께 반찬으로 먹거나
음식의 간을 할 때, 김치를 담글 때 많이 쓰인다.

식해는 소금에 절인 생선살에 밥(조밥, 쌀밥), 무채, 고춧가루, 마늘 등의 양념을 함께 섞어 숙성시킨
발효식품이다.

채소를 이용한 음식

산과 들이 수려한 한국의 비옥한 풍토에서 자생하거나 재배되는 각종 채소들은 맛과 향이 좋아서
일찍부터 음식에 이용되었다. 채소를 이용한 음식은 다양하게 발달했는데 제철의 산나물, 들나물,
재배 채소의 잎, 뿌리, 열매 등을 활용하므로 각기 다른 약성(藥性)을 지니고 있으며, 독특한 맛과
풍미 외에 비타민, 무기질, 식이섬유소의 공급원으로 신체 기능조절에 뛰어난 효능이 있다. 대표적인
채소 음식으로는 김치류, 장아찌류, 나물류, 밑반찬류, 쌈, 구절판 등이 있다.

김치류는 채소 발효식품으로, 채소 특유의 아삭한 맛과 유기산류가 어우러져 조화를 이룬 음식이다. 상쾌한 맛과 특유의 발효미가 있으며, 건더기와 국물을 모두 사용할 수 있도록 가공한 것이다. 김치의 유래는 학자에 따라 다르지만, 일반적으로 '채소를 소금물에 담근다'는 의미의 '침채'가 '팀채' 혹은 '딤채'로 발음되었는데, 이것이 '짐치'가 되었다가 오늘날의 '김치'가 된 것으로 추정한다. 오늘날과 같은 배추김치는 고춧가루와 함께 젓갈, 양념이 사용되고 통배추가 보급되기 시작한 조선시대 중기 이후에 일반화된 것으로 추정된다.

나물은 채소류, 버섯류, 산나물, 들나물 등을 데쳐 양념에 무치거나 기름에 볶은 음식으로, 생채, 숙채, 잡채, 냉채 등이 이에 속한다.

구절판은 아홉 칸으로 나누어진 목기나 칠기, 사기 그릇에 여덟 가지 소를 돌려 담고, 가운데에 밀전병을 놓은 것으로, 밀전병에 소를 싸서 먹는 음식이다. 주로 연회상에 쓰이는 볼품 있고 맛있는 음식으로, 재료는 상황에 따라 바꾸어 써도 된다. 요즘은 접시에 정갈하게 담기도 한다.

밀가루를 이용한 음식

예로부터 한국인은 밥을 주식으로 했기 때문에, 주곡(主穀)이 아닌 밀의 생산은 제한적이었다. 비교적 귀한 식재료인 밀가루를 이용한 음식으로는 국수 등 면류, 만두류, 수제비류 등과 만두과, 약과, 타래과 등 전통과자가 있다.

면은 밀가루나 메밀가루, 녹말 등을 반죽해서 가늘고 길게 만들어 끓는 물에 삶아서 먹는 것으로, 재료에 따라 밀국수, 메밀국수, 녹말국수 등이 있고, 조리법에 따라 온면(국수장국), 냉면, 비빔면, 제물칼국수, 면신선로 등이 있으며, 가공법에 따라 압착면, 절면, 타면 또는 납면 등이 있다. 주로 잔치나 의례식, 별미식으로 이용되었다. 면류 중 국수는 평생의례 음식으로 많이 쓰였다. 돌상, 생일상, 혼인상, 회갑상 등 잔칫상에는 반드시 국수가 올려졌는데, 국수의 긴 면발이 장수를 의미하기도 하지만, 옛날에는 밀가루 자체가 귀한 식품이었기 때문에 잔치나 특별한 행사에 평소 먹기 힘든 귀한 음식을 차리는 풍습에서 비롯된 것이다.

만두는 밀가루나 메밀가루를 반죽해서 만두 껍질을 빚고, 육류나 채소로 만든 소를 넣고 싸서 찌거나 삶아서 익힌 음식으로 장국만두, 찐만두, 편수, 규아상 등이 있다.

수제비는 재료에 따라 밀수제비, 메밀수제비 등이 있다.

양념과 고명

한국 전통음식에서는 양념과 고명을 적절히 쓴다. 맛을 내는 조미료와 음식의 향을 돋우는 향신료를 구별하지 않고 맛을 내는 데 쓰는 것을 통틀어 '양념'이라 하며, 음식의 양념이 되기도 하면서 모양을 위해 음식 위에 뿌리거나 얹어 내는 것을 '고명'이라고 한다.

담백하고 단순한 맛의 쌀밥을 위주로 하는 식생활 때문에 다양한 맛의 부식이 필요해 고춧가루, 마늘, 생강, 겨자, 파 등 향신료를 양념으로 쓰는데, 이들은 식욕을 돋워 주고 음식의 저장성과 보존성을 높여 준다. 음식의 맛을 결정짓는 중요한 기본 재료인 양념은 재료의 맛과 향을 돋우거나 나쁜 맛을 없애는 데 사용되는데, 종류, 분량, 넣는 때에 따라서 음식의 맛이 좌우되므로 과학적인 지식에 의한 올바른 사용이 중요하다. 한국 전통음식은 양념의 이용이 섬세하지만, 음식마다 비슷하게 사용되는 결점도 있다. 양념은 몸에 약처럼 이롭기를 바라는 마음에서 한자로는 '약념(藥念)'으로 표기하는데, '약이 되도록 염두에 두다'라는 뜻이다.

양념은 주재료인 식품 자체의 특성을 살리면서 더 좋은 맛과 향을 내기 위해 첨가하는 것으로, 때로는 약리적인 효능도 지닌다. 우리 음식에서 기본 조미료는 간장, 소금, 액젓, 고추장, 고춧가루, 조청(물엿), 꿀, 설탕, 참기름, 깨소금, 들기름, 식용유, 식초류 등이며, 좀 더 특유한 향을 갖는 향신료는 파, 마늘, 생강, 겨자, 후추, 계피, 고추, 산초 등이다. 이러한 조미료와 향신료는 짠맛, 단맛, 신맛, 쓴맛, 떫은맛, 매운맛, 고소한 맛 등 다양한 맛으로 나타난다. 각각의 맛은 서로 혼합되면서 더욱 다양한 맛을 낸다. 음식의 맛을 좋게 할 뿐 아니라 미각을 자극해서 식욕을 촉진시키고, 발효식품의 숙성된 맛을 조절하고, 식품의 조직감과 질감을 형성하고, 식품의 보존성을 향상하고, 나쁜 맛을 억제하면서 조화된 맛을 창조해낸다.

고명은 겉모양과 색을 좋게 하기 위해 음식 위에 뿌리거나 덧붙이는 것으로 '웃기' 또는 '꾸미'라고도 하며, 맛과 영양을 보충하면서도 시각적으로 식욕을 돋우기 위해 사용한다. 음양오행설에 기초를 두어 적색, 녹색, 황색, 흰색, 검정 등 오색의 사용을 기본으로 하는 한국 전통음식의 고명으로는 달걀 황백 지단, 알쌈, 미나리초대, 소고기 완자, 잣, 버섯, 호두, 은행, 실고추, 홍고추, 대추, 밤, 통깨 등이 있다.

밥

밥은 쌀, 보리, 좁쌀 등의 곡식을 솥에 넣고 끓이다가 뜸을 들여 지은 음식으로, 한국인의 주식이다. '밥을 먹는다'는 말이 바로 음식을 먹는다는 뜻인 것처럼, 밥은 한국음식을 대표한다. 한국의 전통 밥은 쇠로 만든 솥을 사용하면서부터 오늘날과 같은 밥 짓기가 시작되었다. 가마솥에 밥을 짓는 '취반(炊飯)'은, 쌀을 씻어 솥에 넣고 알맞게 물을 부어 끓이는 '자(煮)', 수분이 잦아들고 무거운 솥뚜껑에 의해 솥 안에 수증기가 가득해서 이것으로 밥알에 물이 고루 스며들어 무르도록 뜸을 들이는 '증(蒸)', 솥 밑바닥의 밥알이 약간 눈게 되는 '소(燒)', 이 세 가지가 잘 어우러져야 윤기가 나고 구수한 맛이 도는 제맛의 밥이 된다. 한국의 전통 밥 짓기는 가마솥이나 곱돌솥에 지어야만 진정한 밥맛을 즐길 수 있으며, 반드시 뜸을 들여 약간의 누룽지가 생겨야 제맛이 난다. 밥은 재료나 짓는 방식에 따라 여러 종류가 있다. 재료에 따라서는 흰밥, 찰밥, 오곡밥 등이 있고, 비빔밥처럼 밥을 지어서 다시 조리해 내는 특별한 밥도 있다. 생일, 잔치, 제사에는 흰 쌀만으로 밥을 짓는다.

흰밥-백반(白飯)
○ 쌀 2컵, 밥물 2⅓컵. ○ 쌀은 깨끗이 씻어 20분 정도 물에 불렸다가 솥에 넣고 밥물을 붓는다. 처음에는 센 불로 끓이다가 보글보글 끓어오르면 중간 불로 줄여서 밥물이 잦아들게 하고, 약한 불에서 밥알이 고슬고슬해지도록 뜸을 충분히 들인다. ○ 요즘에는 압력솥, 전기솥 등에 다양한 밥 짓기 기능이 있어 편리함을 더하지만, 『조선무쌍신식요리제법(朝鮮無雙新式料理製法)』(1924)에서는 "밥 짓는 그릇은 곱돌솥이 으뜸이요, 무쇠솥은 그다음"이라고 밥 짓는 기구에 따라 밥맛에 차등을 두기도 했다. 요즘 쌀은 품종이 다양하고 물을 적게 흡수하는 경향이 있어 밥물의 양이 다를 수 있다.

보리밥
○ 보리쌀 1컵, 쌀 1컵, 밥물 2⅓컵. ○ 보리쌀은 깨끗이 씻어 불리고 삶아서 건진다. 쌀은 깨끗이 씻어 잠깐 물에 불린다. 솥에 먼저 보리쌀을 넣고, 그 위에 불린 쌀을 넣는다. 여기에 밥물을 붓고, 처음에는 센 불로 끓이다가 밥물이 잦아들면 불을 약하게 해서 더 끓이고, 뜸을 충분히 들인다.

보리밥

○ 보리는 비타민 B군 함량이 높고, 소화성이 양호하다. 보리쌀로만 짓는 꽁보리밥을 할 때는 늘보리를 주로 사용한다. 여름이 제철인 보리밥은 열무김치, 고추장, 참기름 등을 넣고 함께 비벼서 된장찌개를 곁들여 먹으면 일품이다.

상반

○ 쌀 1컵, 팥 1컵, 밥물 2컵. ○ 쌀은 깨끗이 씻어 20분 정도 물에 불리고 체에 밭친다. 팥은 물을 붓고 삶는데, 한 번 우르르 끓으면 물을 따라 내고, 다시 물을 부어 팥알이 터지지 않을 정도로 삶아서 건진다. 솥에 불린 쌀과 삶은 팥을 섞어 넣고 밥물을 부어 밥을 짓는다. ○ 두 가지 곡식을 서로 반씩 섞어 지은 밥을 상반이라고 한다.

세아리밥

○ 좁쌀 2컵, 검정콩 $\frac{1}{4}$컵, 팥 $\frac{1}{4}$컵, 밥물 2$\frac{1}{2}$컵. ○ 좁쌀은 깨끗이 씻어 불린다. 검정콩은 깨끗이 씻고 2-3시간 물에 불린다. 팥은 깨끗이 씻고 삶아 건진다. 솥에 세 가지 재료를 섞어 넣고 밥물을 부어 밥을 짓는다. ○ 세 가지 곡식으로 지은 밥을 세아리밥이라고 한다.

오곡밥

○ 찹쌀 4컵, 팥 $\frac{1}{2}$컵, 검은콩 $\frac{1}{2}$컵, 찰수수 $\frac{1}{2}$컵, 차조 $\frac{1}{2}$컵, 소금물(소금 $\frac{1}{2}$큰술, 물 5큰술). ○ 찹쌀은 깨끗이 씻고 잠시 불려서 건진다. 팥은 깨끗이 씻고, 팥이 충분히 잠길 정도로 물을 붓고 삶는데, 한 번 우르르 끓어오르면 물을 따라 내고, 다시 물을 부어 팥알이 터지지 않을 정도로 삶아서 건진다. 검은콩, 수수, 차조는 깨끗이 씻고 2시간 정도 물에 불려서 건진다. 분량대로 섞어 소금물을 만든다. 찜기에 준비한 찹쌀, 팥, 검은콩, 찰수수, 차조를 고루 섞어 넣고 김이 오른 찜솥에 올려 40-50분 정도 푹 찐다. 찌는 중간에 소금물을 솔솔 뿌려 주고 충분히 뜸을 들인다. ○ 전기압력밥솥에 찹쌀, 팥, 검은콩, 수수, 차조를 불리거나 삶아서 고루 섞어 넣고, 밥물을 부어 밥을 지을 수도 있다. 오곡밥은 한 해의 첫 보름인 정월대보름의 세시음식이다. 이 날에는 풍년이 들기를 바라는 마음에서 다섯 가지 중요한 곡식인 찹쌀, 검은콩, 붉은팥, 찰수수, 차조로 오곡밥을 지어 먹었다. 또한 여러 집의 밥을 먹어야 운이 좋다고 해서 이웃끼리 서로 나누어 먹었다. 부지런하라는 뜻으로 밥을 아홉 그릇 먹고, 나무를 아홉 짐하며, 나물을 아홉 바구니 캐기도 했다.

곤드레밥

○ 마른 곤드레 40그램, 마른 곤드레 양념(들기름 1큰술, 소금 약간), 쌀 2컵, 밥물 2컵, 양념장(간장 3큰술, 다진 양파 1큰술, 다진 홍고추 1작은술, 생수 1큰술, 후춧가루 약간, 깨소금 1큰술, 참기름 1큰술). ○ 마른 곤드레는 3시간 이상 물에 충분히 불려서 무르도록 푹 삶고, 식을 때까지 그대로 두었다가 여러 번 헹군 뒤 물기를 꼭 짜고 분량대로 양념한다. 쌀은 깨끗이 씻어서 20분 정도 물에 불리고 체에 밭친다. 솥에 불린 쌀을 넣고 그 위에 양념한 곤드레를 얹은 뒤 밥물을 붓고 밥을 짓는다. 분량대로 양념장을 만들어 곁들여 낸다. ○ 밥물은 흰밥을 지을 때보다 조금 적게 넣는다.

비빔밥 ─ 골동반(骨董飯)

○ 쌀 2컵, 소고기 150그램, 소고기 양념(간장 1큰술, 설탕 2작은술, 다진 파 2작은술, 다진 마늘 1작은술, 참기름 1작은술, 깨소금 ½작은술, 후춧가루 약간), 달걀 2개, 마른 표고버섯 30그램, 마른 표고버섯 양념(간장 2작은술, 참기름 1큰술, 깨소금 1작은술, 다진 파 2작은술, 다진 마늘 1작은술), 삶은 고사리 200그램, 삶은 고사리 양념(간장 2작은술, 참기름 1큰술, 깨소금 1작은술, 다진 파 2작은술, 다진 마늘 1작은술, 육수 2큰술), 도라지 200그램, 도라지 양념(소금 ½작은술, 다진 파 2작은술, 다진 마늘 1작은술, 참기름 2작은술, 깨소금 1작은술, 육수 2큰술), 무 200그램, 무 양념(국간장 ½큰술, 생강즙 1작은술), 청포묵 100그램, 청포묵 양념(소금 ¼작은술, 참기름 1작은술), 애호박 150그램, 다시마 10그램, 식용유 적당량, 약고추장 1-2큰술. ○ 쌀은 깨끗이 씻어 고슬고슬하게 밥을 짓는다. 소고기는 곱게 채 썰어 분량대로 양념한다. 양념한 소고기 중 30그램은 곱게 다지고, 콩알만큼씩 떼어 타원형으로 빚은 뒤 팬에 식용유를 두르고 지져서 알쌈에 넣을 소를 만든다. 나머지 양념한 소고기는 볶는다. 달걀은 흰자와 노른자를 분리해서 푼다. 팬에 황백 달걀물을 각각 한 숟가락씩 떠 넣고 지름 2센티미터 정도의 타원형으로 펴서 달걀 피를 만들면서 그 위에 준비한 소를 놓고 반으로 접어 알쌈을 만든다. 표고버섯은 따뜻한 물에 불려서 꼭 짠 뒤 채 썰고 분량대로 양념해서 볶는다. 고사리는 손질해서 5센티미터 정도 길이로 썬 뒤 분량대로 양념하고 육수를 부어 부드럽게 볶는다. 도라지는 껍질을 벗기고 가늘게 찢은 뒤 소금으로 바락바락 주물러 씻어 쓴맛을 우려내고 물기를 꼭 짜서 5센티미터 정도 길이로 썬 다음, 분량대로 양념하고 육수를 부어 부드럽게 볶는다. 무는 곱게 채 썰고 국간장으로 간해서 볶다가 생강즙을 넣어 볶는다. 청포묵은 굵게 채 썰고 끓는 물에 데쳐 낸 뒤 분량대로 양념해서 무친다. 애호박은 5센티미터로 정도 길이로 자르고 돌려 깎아 채 썬 뒤 소금(½큰술)에 살짝 절였다가 물기를 짜고 볶는다. 다시마는

마른행주로 잘 닦고 5센티미터 정도 길이로 토막 내어 굵게 채 썬 뒤 4-5개의 가닥을 모아서 다른 가닥으로 매듭을 짓고 식용유에 튀겨 매듭자반을 만든다. 그릇에 밥을 담고, 그 위에 준비한 재료를 색스럽게 돌려 담는다. 고명으로 알쌈과 매듭자반을 얹고 맑은 장국과 약고추장을 곁들여 낸다.
○ 강인희 교수는 비빔밥에 알쌈과 매듭자반을 올려 품위를 더했다. 각 지역마다 특산물을 이용해 만든 다양한 비빔밥이 있다. 전주비빔밥은 완산팔미(完山八味)로 꼽히는 애호박, 황포묵, 콩나물과 육회가 들어가며 '전주콩나물육회비빔밥' 이라고도 한다. 전주 콩나물은 임실에서 나는 서목태(쥐눈이콩, 약콩)를 교동 녹두포샘물과 상정골 노내기샘물로 기른 것이 일반에 널리 알려졌다. 진주비빔밥은 소고기를 볶지 않고 신선한 육회로 사용하며 숙주나물이 반드시 들어가고, 보탕이 곁들여진다. 이때 숙주 등 채소는 짧게 써는 것이 특징이다. 대접에 갖은 나물을 돌려 담고 가운데에 육회를 놓은 진주비빔밥은 화반(꽃반)이라고도 한다. 통영비빔밥은 홍합탕을 곁들이며, 해물 삶은 양념물로 각종 나물을 볶거나 무치는 것이 특징이다. 이외에 해주비빔밥과 안동헛제사밥도 있다. 비빔밥은 들일을 하며 밥을 먹을 때 식기를 제대로 갖출 수 없어서 밥에다 갖가지 반찬을 넣고 비벼 먹던 풍습에서, 또는 조상에게 제사를 지내고 신인공식(神人共食)을 할 때 밥에다 갖가지 제찬을 넣고 고루 비벼 먹던 음복(飮福)의 관습에서 비롯되었다는 유래가 있다.

약고추장 만들기 ○ 다진 소고기 300그램, 다진 소고기 양념(간장 1큰술, 설탕 1큰술, 배즙 2큰술, 다진 파 2큰술, 다진 마늘 2작은술, 참기름 1큰술, 깨소금 2작은술, 생강즙, 후춧가루 약간), 고추장 4컵, 배즙 2컵, 설탕 ⅔컵, 참기름 ⅓컵, 꿀 ½컵. ○ 다진 소고기는 분량대로 양념해서 두꺼운 냄비에 덩어리지지 않게 잘 풀어 주면서 볶는다. 여기에 고추장, 배즙, 설탕을 넣고 잘 섞은 뒤 약한 불에서 나무주걱으로 저어 가며 눋지 않도록 볶는다. 약간 되직해지면 참기름을 조금씩 넣어 가면서 한 방향으로 볶는다. 기름이 겉돌지 않고 잘 어우러져서 윤기가 나고 원래의 고추장처럼 되직해지면 꿀을 넣어 색을 더하고, 잠깐 더 볶아 항아리에 담는다. 필요할 때 덜어 쓴다. ○ 약고추장은 '볶은 고추장' 이라고도 하며, 단기 저장식품으로 비빔밥, 비빔국수, 떡볶이, 밑반찬 등 여러 음식에 귀하게 쓰인다. 약고추장, 약밥, 약과 등과 같이 몸에 이롭다는 뜻의 '약(藥)' 자가 붙은 음식에는 꿀, 참기름 등의 재료가 들어간다.

콩나물밥
○ 콩나물 80그램, 돼지고기(목살) 80그램, 돼지고기 양념(생강즙 ½큰술, 다진 마늘 1작은술, 간장

비빔밥—골동반(骨董飯)

콩나물밥

½큰술, 후춧가루 약간), 쌀 2컵, 밥물 2컵, 양념장(간장 4큰술, 다진 파 2큰술, 다진 마늘 1큰술, 깨소금 1큰술, 참기름 1큰술, 고춧가루 1큰술). ○ 콩나물은 꼬리를 떼어 내고 깨끗이 씻는다. 돼지고기는 곱게 채 썰고 분량대로 양념한다. 쌀은 씻어서 충분히 물에 불리고, 체에 밭쳐 물기를 뺀다. 솥에 불린 쌀, 양념한 돼지고기, 콩나물 순으로 고루 펴 담고 밥물을 부어 밥을 짓는다. 한 번 끓어오르면 불을 줄여 뜸을 들이고, 주걱으로 골고루 섞어 그릇에 담아낸다. 분량대로 양념장을 만들어 곁들인다. ○ 밥 짓는 중간에 뚜껑을 열면 콩나물 비린내가 나니 열지 말아야 한다. 두부를 잘게 썰어 넣고 콩나물밥을 지으면 구수하고 부드러우면서도 단백가가 높아 영양성도 좋다.

톳밥

○ 불린 톳 200그램, 불린 톳 양념(소금 약간, 참기름 약간), 보리쌀 1컵, 쌀 1컵, 밥물 3컵, 양념장(진간장 4큰술, 맛장 2큰술, 물 2큰술, 다진 청고추 2큰술, 다진 청양고추 2큰술, 고춧가루 2작은술, 다진 쪽파 4큰술, 다진 마늘 1큰술, 깨소금 2큰술, 참기름 1큰술). ○ 불린 톳은 깨끗이 씻어 먹기 좋게 썰고, 분량대로 양념한다. 보리쌀과 쌀은 각각 씻어서 불리고, 체에 밭쳐 물기를 뺀다. 뚝배기에 불린 보리쌀과 쌀을 섞어 넣고 밥물을 부어 밥을 짓는다. 밥물이 잦아들면 양념한 톳을 넣고 충분히 뜸을 들인다. 분량대로 양념장을 만들어 곁들인다. ○ 톳밥을 지을 때 곱게 채 썰어 양념한 돼지고기를 더하면 더욱 맛이 좋다. 전기압력밥솥으로 톳밥을 지을 경우, 처음부터 쌀 위에 톳을 얹어서 짓는다

약밥－약식, 약반(藥飯)

○ 불린 찹쌀 6컵, 깐 밤 200그램, 설탕물(황설탕 2큰술, 물 1컵), 대추 40그램, 잣 4큰술, 대추고 ½컵, 설탕 3큰술, 황설탕 ½컵, 꿀 3큰술, 간장 4큰술, 참기름 4큰술, 계핏가루 1작은술. ○ 불린 찹쌀은 체에 밭쳐 물기를 뺀다. 깐 밤은 3-4조각으로 썰고 설탕물에 조린다. 대추는 씨를 발라내고 2-3등분으로 썬다. 잣은 고깔을 떼어 내고 마른행주로 닦는다. 찜솥에 불린 찹쌀을 올리고 50분 정도 쪄서 고두밥을 짓는다. 찌는 중간중간에 슴슴한 소금물을 두어 번 살짝 뿌린다. 잘 지은 고두밥은 양푼에 쏟아 뜨거울 때 대추고를 넣고 고루 섞는다. 여기에 설탕, 황설탕, 꿀, 간장, 참기름, 계핏가루와 함께 준비한 밤을 넣고 고루 섞은 뒤 면포를 덮고 간이 배도록 잠시 두었다가 다시 찜솥에 올려 40-50분 정도 쪄서 약밥을 만든다. 약밥은 그릇에 쏟아 나무주걱으로 뒤집어가며 한 김 내보내고, 손질한 대추와 잣을 넣어 고루 섞은 뒤 다시 찜솥에 올려 40-50분 정도 찌고 뜸을 들인다.

윤기가 더해진 약밥은 따뜻한 기운이 있을 때 그릇에 담아낸다. ◯ 장시간 여러 차례 찌면 밥이 질어질 수 있는데, 찔 때마다 한 김 내보내기를 하면 도움이 된다. 약밥을 할 때 대추고를 넣는 것은 전통적인 방법이다. 자연 단맛을 내는 대추고를 넣으면 설탕 사용을 줄이는 한편 약밥의 색을 좋게 할 뿐 아니라 노화를 더디게 하는 효능도 있다. 약밥 위에 잣꽃을 올려 장식하기도 한다.

대추고 만들기 ◯ 대추 3컵, 물 8컵. ◯ 대추는 깨끗이 씻어서 솥에 넣고 물을 부어 뭉근한 불에서 무르도록 푹 삶아 낸 뒤 체에 밭치고, 다시 되직하게 졸인다.

죽

죽은 곡식에 물을 많이 붓고 오래 끓여 알갱이가 흠씬 무르게 만든 음식으로 별미식, 환자식, 보양식으로 쓰인다. 조선시대 반가(班家)에는 이른 아침에 죽을 먹는 '자릿조반'이라는 지혜로운 끼니 문화가 있었다. 이 자릿조반의 습속에는 웃어른을 공경하는 효(孝)의 의미가 담겨 있다. 농사 의존도가 높았던 조선사회에서는 비교적 이른 저녁에 식사를 마치고 긴 밤을 보낸 뒤 아침을 맞이했다. 따라서 다음 날 아침까지 긴 공복 상태가 지속되어 자연히 허기진 상태가 되는데, 이를 슬기롭게 해결하는 방법으로 이른 아침에 어른께 죽을 대접하는 풍속이 자릿조반이다. 죽은 만드는 방법에 따라 몇 가지로 나눌 수 있는데, 쌀을 으깨지 않고 그대로 쑤는 죽을 옹근죽, 쌀을 굵게 갈아서 쑤는 죽을 원미죽, 쌀을 완전히 곱게 갈아서 매끄럽게 쑤는 죽을 무리죽이라고 한다. 미음은 곡물을 푹 고아 체에 바치거나 곱게 갈아 묽게 쑨 죽이다. 율무를 곱게 갈아 앙금을 만들어 말려 두었다가 쑨 죽을 응이라고 불렀다. 응이는 본디 율무를 가리키는 말이지만, 어떤 곡물이든지 이 율무 응이처럼 쑨 죽을 모두 응이라 부르게 되었다. 암죽은 곡식이나 밤을 곱게 가루내거나, 백설기나 밤설기를 만들어 말렸다가 곱게 가루내어 묽게 쑨 죽으로, 예전에는 젖이 부족한 아기에게 모유 대신 먹였다. 즙은 묽은 죽과는 또 다른 것으로, 소고기 살코기나 손질한 양을 곱게 다지고 중탕해서 짜낸 것이다.

흰죽
◯ 불린 쌀 1컵, 참기름 1큰술, 물 6컵, 국간장이나 소금 약간. ◯ 불린 쌀은 두꺼운 냄비에 넣고

잣죽

타락죽(우유죽)

참기름을 고루 섞어 볶다가 물기가 없어지면서 냄비 바닥에 약간 달라붙으려고 할 때 물을 붓고 나무주걱으로 가끔 저어 주면서 끓인다. 한소끔 끓어오르면 불을 줄이고 중간 중간 거품을 걷어 내면서 넘치지 않도록 끓인다. 쌀이 충분히 퍼지고 국물이 걸쭉해지면서 쌀알이 맑아지면, 따뜻하게 해둔 죽그릇에 담는다. 국간장이나 소금을 곁들여 낸다. ○ 죽을 쑬 때 쌀은 깨끗이 씻어서 2시간 정도 물에 불리는 것이 좋다. 쌀을 너무 오래 불리면 가용성 물질인 전분이 빠져나가 죽의 점성이 약해지고 맛도 덜하다. 죽을 쑬 때는 자주 젓지 말고, 넘치지 않도록 불 조절을 잘해야 한다. 흰죽은 이유기의 영아나 노인, 소화기 계통의 환자, 회복기 환자에게 좋다.

잣죽

○ 잣 ⅔컵, 불린 쌀 1컵, 소금이나 꿀 약간. ○ 잣은 고깔을 떼고 깨끗이 씻어서 물(1컵)을 넣고 매우 곱게 갈아서 고운체에 밭친다. 불린 쌀에 물(3컵)을 넣고 곱게 갈아서 고운체에 밭친다. 두꺼운 냄비에 먼저 잣의 웃물을 넣고 끓이다가 쌀의 웃물을 넣는다. 한소끔 끓어오르면 나무주걱으로 저으면서 쌀과 잣의 앙금을 소롯이 붓고 끓인다. 충분히 끓으면 불을 약하게 줄이고 서로 어우러지게 잘 저어 가며 죽을 쑨다. 약간 걸쭉해지면서 서로 엉기면, 따뜻하게 해둔 죽그릇에 담는다. 소금이나 꿀을 곁들여 낸다. ○ 잣에 함유되어 있는 전분을 가수분해하는 효소인 아밀라아제는 내열성이 있어 잣죽을 삭게 하는 원인이 된다. 반드시 잣과 쌀을 따로 갈고 먼저 잣의 웃물을 끓여야 아밀라아제가 불활성화되어 가수분해가 일어나지 않으므로 잣죽이 삭는 것을 예방할 수 있다. 잣, 흑임자, 호두 등을 곱게 갈아서 심말(心末, 쌀을 갈아 만든 무릿가루)과 함께 죽을 쑤면 윤기가 나고 매끄러우며 식감이 매우 부드럽다. 이러한 무리죽은 비단같이 매끄럽고 부드럽다 해서 비단죽이라고도 한다.

타락죽(우유죽)

○ 찹쌀가루 ⅓컵, 물 1컵, 우유 2-3컵, 소금이나 꿀 약간. ○ 찹쌀가루는 팬에 한지를 깔고 한지가 노릇노릇해질 정도까지 살살 볶는다. 두꺼운 냄비에 볶은 찹쌀가루와 물을 넣고 약한 불에서 잘 저어 가며 끓이다가, 끓기 시작하면 우유를 섞고 다시 고루 저어 가며 끓인다. 약간 걸쭉해지면서 잘 어우러지면, 따뜻하게 해둔 죽그릇에 담는다. 소금이나 꿀을 곁들여 낸다. ○ 찹쌀가루는 물에 불린 찹쌀을 건져서 곱게 빻고 음건(陰乾)해서 만든다. 그늘에서 잘 말린 찹쌀가루는 한지 봉투에 넣어 서늘하고 통풍이 잘되는 곳에 걸어 두거나 냉동 보관한다. 우유를 섞을 때는 조금씩 부어 가며 저어 주어야 고르고 매끄러운 죽이 된다. 타락죽은 젖이 부족한 산모와 회복기 환자에게 좋고, 아침

흑임자죽(검은깨죽)

팥죽

대용식으로도 좋다. 불린 찹쌀을 빻아서 그대로 타락죽을 쑤기도 하나, 말린 다음 볶아서 죽을 쑤면 고소한 맛도 더하고 색감도 좋다.

흑임자죽(검은깨죽)

○ 검은깨 ½컵, 불린 쌀 ½컵, 소금이나 꿀 약간. ○ 검은깨는 깨끗이 씻어서 일고 체에 받쳐 물기를 뺀 뒤 마른 팬에서 깨가 통통해질 때까지 볶는다. 볶은 검은깨와 물(2컵)을 믹서에 넣고 곱게 갈아 고운체에 거른다. 체에 남은 것을 다시 믹서에 넣고, 체에 거른 물을 조금 붓고 갈아 다시 고운체에 거른다. 이를 두세 번 반복해서 곱게 거르고, 체에 남은 찌꺼기는 버린다. 불린 쌀과 물(2컵)을 믹서에 넣고 곱게 갈아 체에 거른다. 바닥이 두꺼운 냄비에 곱게 갈아 놓은 검은깨물과 쌀물을 넣고, 중간 불에서 나무주걱으로 저어 가며 은근하게 끓인다. 약간 걸쭉해지고 잘 어우러지면, 따뜻하게 해둔 죽그릇에 담는다. 소금이나 꿀을 곁들여 낸다. ○ 깨를 갈 때 처음부터 물을 많이 붓고 갈면 깨가 곱게 갈리지 않는다. 믹서에 깨만 넣고 갈면 기름이 덩어리져서 더 이상 갈리지 않게 되는데 그때마다 물을 조금씩 부어 주면서 갈면 곱게 갈 수 있다.

속미음(粟米飮)

○ 인삼 1뿌리, 차조 ½컵, 대추 10개, 황률 10개, 물 20컵, 소금이나 꿀 약간. ○ 인삼은 뇌두를 제거하고 살짝 씻은 뒤 마른행주로 닦고 굵직하게 부순다. 차조, 대추, 황률은 깨끗이 씻는다. 두꺼운 냄비에 준비한 재료를 넣고 물을 부어 센 불에서 끓이다가, 한소끔 끓어오르면 불을 약하게 줄여 2시간 정도 푹 곤다. 재료들이 푹 무르게 고아져 충분히 우러나고 국물이 약간 걸쭉해지면, 고운체에 받쳐 건더기는 걸러 내고 국물만 따뜻한 죽그릇에 담는다. 소금이나 꿀을 곁들여 낸다.
○ 황률(黃栗)은 밤을 말린 것으로 한약재로 많이 사용된다.

팥죽

○ 붉은팥 2컵, 찹쌀가루 ½컵, 생강즙 약간, 불린 쌀 ½컵, 소금 1작은술. ○ 팥은 깨끗이 씻어서 일고 냄비에 담아 물(3-4컵)을 붓고 끓인다. 한소끔 끓어오르면 떫은맛이 나지 않게 물만 따라 버리고, 다시 물(4컵)을 부어 팥알이 푹 퍼지도록 삶는다. 잘 삶아진 팥은 뜨거울 때 나무주걱으로 대강 으깨어 굵은체에 내리면서 물(2컵)을 부어 껍질을 걸러 낸다. 팥물은 잠시 두어 앙금을 가라앉힌다. 찹쌀가루는 생강즙을 넣고 팥 삶은 물(1-2큰술)로 익반죽해서, 지름 1센티미터 정도

크기로 새알심을 빚은 뒤 끓는 물에 삶고 찬물에 헹궈 건진다. 냄비에 팥물만 소롯이 붓고 끓인다. 한소끔 끓어오르면 불린 쌀을 넣고 가끔씩 저어 가며 죽을 쑨다. 쌀알이 익어 알맞게 퍼지면, 팥 앙금을 넣고 눋지 않게 잘 저어 가며 쑤다가, 삶은 새알심을 넣고 불을 줄여서 한소끔 더 끓인다. 새알심이 떠오르면 소금으로 간을 하고 죽그릇에 담아낸다. ○ 새알심은 찹쌀과 멥쌀 가루를 7:3 비율로 해도 좋다. 새알심은 끓는 물에 삶지 않고 곧바로 팥죽에 넣어 끓이기도 한다. 새알심을 넣지 않고 팥죽을 쑬 때는 쌀의 분량을 조금 더 많이 한다. 기호에 따라 설탕을 넣어 먹기도 한다.

콩죽

○ 콩 1컵, 불린 쌀 1컵, 소금 1작은술. ○ 콩은 깨끗이 씻어서 5시간 정도 물에 불리고, 물을 충분히 부어 비린내가 나지 않을 정도로 삶는다. 삶은 콩은 싹싹 비벼서 껍질을 벗기고 물(4컵)과 함께 믹서에 넣고 아주 곱게 간다. 불린 쌀은 두꺼운 냄비에 넣고 물(4컵)을 부어 끓인다. 쌀알이 익어 투명해지면 갈아 놓은 콩물을 붓고 고루 저어 가며 쌀알이 푹 퍼지도록 죽을 쑨다. 충분히 뜸을 들였다가 따뜻하게 해둔 죽그릇에 담고, 소금을 곁들여 낸다. ○ 불린 쌀을 믹서에 곱게 갈아서 콩죽을 쑤기도 한다. 콩의 껍질을 벗기지 않고 콩죽을 쑤기도 한다. 콩은 항암 효과가 있다고 알려진 건강기능성 식품으로, 콩 단백질에는 쌀에서 얻기 어려운 필수아미노산이 함유되어 있다.

장국죽

○ 불린 쌀 1컵, 소고기 50그램, 마른 표고버섯 2장, 양념(간장 1큰술, 다진 파 1작은술, 다진 마늘 $\frac{1}{2}$작은술, 참기름 $\frac{1}{2}$작은술, 깨소금 $\frac{1}{2}$작은술, 후춧가루 $\frac{1}{2}$작은술), 참기름 $\frac{1}{2}$큰술, 물 5컵, 국간장 $\frac{1}{2}$작은술. ○ 불린 쌀은 분마기에 넣고 반 정도 으깨지게 간다. 소고기는 살코기로 준비해서 곱게 다진다. 마른 표고버섯은 불려서 기둥을 떼어 내고 물기를 꼭 짠 뒤 곱게 다진다. 다진 소고기와 표고버섯은 분량대로 양념한다. 냄비에 참기름을 두르고 으깬 쌀, 양념한 소고기와 표고버섯을 넣어 달달 볶다가 물을 붓고 덩어리진 고기와 버섯을 풀어 주면서 끓인다. 쌀이 익어 부드럽게 퍼지면 약한 불에서 잘 어우러지도록 쑤고, 국간장으로 간을 해서 따뜻하게 해둔 죽그릇에 담아낸다.

양즙

○ 양깃머리 600그램, 굵은소금 3큰술, 밀가루 $\frac{1}{2}$컵, 생강즙 1작은술, 소금 $\frac{1}{4}$작은술, 후춧가루 약간. ○ 양깃머리는 냄새를 없애기 위해 소금으로 문질러 씻고 다시 밀가루로 문질러 씻는다. 잘 씻은

양깃머리는 뜨거운 물에 튀해서 검은 껍질을 말끔히 벗겨 내고 안쪽의 기름과 얇은 막을 제거한 뒤 다시 깨끗이 씻어 곱게 다진다. 다진 양깃머리는 중탕해서 익히고, 뜨거울 때 베보자기에 싸서 즙을 꼭 짠다. 생강즙, 소금, 후춧가루로 간을 하고 따뜻한 그릇에 담아낸다. ○ 양깃머리는 결합조직으로 되어 있어 질기므로, 곱게 다져서 즙이 많이 나오도록 한다. 양즙은 영양성분이 좋아서 회복기 환자나 노인을 위한 유동식(流動食)으로 좋다. 소고기를 곱게 다져 양념하고 같은 방법으로 중탕해서 즙을 낸 육즙도 있다.

전복죽

○ 전복 2개, 불린 쌀 1컵, 참기름 2큰술, 물 6컵, 소금이나 국간장 약간. ○ 전복은 솔에 소금을 묻혀 문질러 닦고 껍데기를 떼어 낸 뒤 이빨과 내장을 제거하고 깨끗이 씻어 얇게 저민다. 두꺼운 냄비에 참기름을 두르고 손질한 전복과 불린 쌀을 넣고 볶은 뒤 물을 붓고 중간 불에서 가끔 저어 가며 죽을 쑨다. 쌀알이 충분히 익어 부드럽게 퍼지고 약간 걸쭉해지면 약한 불로 줄여서 잠시 뜸을 들인다. 소금이나 국간장으로 간을 하고, 따뜻하게 해둔 죽그릇에 담아낸다. ○ 기호에 따라 전복 내장을 넣고 끓이면 독특한 맛과 향을 즐길 수 있다. 이 경우 불린 쌀에 내장을 넣고 주물러 고루 섞은 뒤 참기름에 볶아서 죽을 쑤면 좋다.

아욱죽

○ 아욱 120그램, 마른 새우 40그램, 불린 쌀 1컵, 물 5컵, 된장 1큰술, 고추장 ½큰술, 다진 파 2작은술, 다진 마늘 ½작은술, 국간장 약간. ○ 아욱은 줄기의 껍질을 벗기고 바락바락 주물러 씻는다. 마른 새우는 행주에 싸서 비벼 부드럽게 한다. 냄비에 불린 쌀, 손질한 마른 새우, 물을 넣고 된장과 고추장을 풀어서 끓인다. 쌀알이 익어 투명해지면 손질한 아욱, 다진 파, 다진 마늘을 넣고 저어 주면서 끓인다. 쌀이 잘 퍼지고 아욱 맛이 잘 어우러지면 뜸을 들인다. 따뜻하게 해둔 죽그릇에 담고, 국간장을 곁들여 낸다. ○ 물 대신 쌀뜨물이나 멸치 육수 등을 쓰면 더욱 맛이 좋다.

연근죽

○ 연근 200그램, 식촛물(물 5컵, 식초 3큰술), 불린 쌀 1컵, 물 6컵, 소금이나 꿀 약간. ○ 연근은 껍질을 벗기고 분량대로 식촛물을 만들어 잠시 담갔다가 강판에 간다. 불린 쌀은 믹서에 살짝 갈아서 두꺼운 냄비에 넣고 물을 부어 끓인다. 쌀알이 적당히 익으면 갈아 놓은 연근을 넣고 고루 섞이도록

저어 가며 끓인다. 서로 잘 어우러지고 걸쭉해지면 잠시 뜸을 들인다. 따뜻하게 해둔 죽그릇에 담고 소금이나 꿀을 곁들여 낸다. ○ 연근을 갈아서 앙금을 가라앉힌 뒤 웃물을 따라 내고 다시 물을 부어 가라앉히기를 여러 번 반복해서 만든 앙금을 그대로 죽을 쑤거나, 말려서 연근녹말로 만들어 죽을 쑤기도 하는데, 이를 연근응이라고 한다.

국수

국수는 가루붙이의 대표적인 음식으로, 메밀가루, 밀가루, 감잣가루 등을 반죽해서 면을 뽑고 삶아서 국물에 말거나 비벼 먹는다. 온면식과 냉면식이 있으며, 메밀가루가 많이 생산되는 북쪽 지방에서는 메밀을 이용한 국수나 냉면이 발달했고, 남쪽 지방에서는 밀가루를 이용한 국수가 발달했다. 옛 속담에 "국수 잘하는 솜씨가 수제비 못 하랴"라는 말이 있는데, 국수와 조리법이 비슷한 수제비나 칼국수 역시 전국적으로 보편화된 가루붙이 음식이다.

국수장국 – 온면(溫麵)

○ 국수 320그램, 장국 육수(양지머리 200그램, 물 8컵), 국간장 약간, 소금 약간, 참기름 약간, 애호박 100그램, 달걀 2개, 석이버섯채 약간, 실고추 약간. ○ 국수는 세면(細麵)으로 준비한다. 장국 육수는 양지머리를 냉수에 씻어 핏물을 빼고 물을 부어 푹 삶아 식힌 뒤 기름을 걷어 내고 약간의 국간장과 소금으로 간해서 만든다. 이때 삶은 양지머리는 편으로 얇게 썰거나 채 썰어 약간의 국간장과 참기름으로 밑간한다. 애호박은 깨끗이 씻어서 3센티미터 정도 길이로 토막 내고 돌려 깎아서 채 썬 뒤 소금에 살짝 절였다가 물기를 꼭 짜고 팬에 재빨리 볶아 식힌다. 달걀은 황백 지단을 부쳐 애호박과 같은 길이로 채 썬다. 끓는 물에 국수를 넣고 뭉치지 않게 잘 풀어 주면서 삶는다. 국수가 익어 투명해지면 재빨리 건져서 찬물에 헹군다. 이때 국수를 비비면서 여러 번 헹궈 1인분씩 사리를 지어 놓는다. 국수사리를 뜨거운 장국 육수에 토렴해서 그릇에 담고 밑간한 양지머리, 볶은 애호박채, 황백 지단채를 예쁘게 돌려 담는다. 뜨거운 장국 육수를 붓고 석이버섯채와 실고추를 고명으로 보기 좋게 얹어 낸다. ○ 장국 육수는 양지머리 대신 사태를 이용해서 만들어도 되고 멸치 육수도 좋다. 마른국수는 대개 국수 무게의 약 6-8배의 물을 넣어 삶고, 진국수는 약 4-5배의 물을 붓고 삶는 것이 좋다. 국수를 삶을 때 물이 팔팔 끓으면서 국수가 떠오르면 냉수(1컵)를 붓고 다시

끓이기를 두세 번 한다. 이렇게 하면 국수가 속까지 잘 익고 조직이 치밀해져 쫄깃쫄깃한 식감을 얻을 수 있다. 삶은 국수를 찬물에 여러 번 비벼 헹구면 국수 표면에 남아 있는 전분이 제거되어 국수의 탄력이 좋아진다.

비빔면─골동면(骨董麵)

◯ 국수 320그램, 소고기 50그램, 표고버섯 2장, 양념(간장 2작은술, 설탕 1작은술, 다진 파 1작은술, 다진 마늘 ½작은술, 참기름 ½작은술, 깨소금 ½작은술, 후춧가루 약간), 오이 100그램, 달걀 2개, 식용유 적당량, 실고추 약간, 국수 밑간(간장 1큰술, 설탕 2작은술, 참기름 1큰술). ◯ 국수는 세면으로 준비한다. 소고기는 살코기로 준비해서 곱게 채 썬다. 표고버섯은 미지근한 물에 불려 기둥을 떼어 내고 포로 떠서 채 썬다. 채 썬 소고기와 표고버섯은 양념 재료를 고루 섞어서 볶는다. 오이는 5센티미터 정도 길이로 토막 내고 돌려 깎아서 채 썬 뒤 소금에 살짝 절였다가 물기를 꼭 짜고 팬에 볶는다. 달걀은 황백 지단을 부쳐 오이와 같은 길이로 채 썬다. 실고추는 2센티미터 길이로 썬다. 국수는 끓는 물에 삶아서 건지고, 찬물에 여러 번 헹구어 물기를 뺀다. 삶은 국수는 국수 밑간 재료를 넣고 먼저 버무린 뒤 볶은 소고기채, 표고버섯채, 오이채를 넣고 고루 비빈다. 그릇에 담고 황백 지단채와 실고추를 고명으로 얹어 낸다. ◯ 전통 비빔국수는 주로 유장(기름장, 참기름, 간장)을 양념장으로 사용한다. 미나리가 제철일 때는 미나리를 살짝 볶아 고기, 버섯과 함께 유장으로 비빈다. 약고추장을 양념장으로 해서 매운 비빔국수를 만들면 맛이 뛰어나다. 밀국수 대신 메밀국수를 사용해도 좋다.

냉면

◯ 메밀국수 320그램, 육수(양지머리 200그램, 물 8컵, 대파 1대, 마늘 5쪽, 마른 홍고추 1개, 통후추 약간), 동치미 무 150그램, 오이 100그램, 배 ½개, 달걀 2개, 냉면 장국(육수 5컵, 동치미 국물 5컵, 설탕 2큰술, 소금 1큰술, 식초 2-3큰술), 겨자즙, 식초 적당량. ◯ 메밀국수는 냉면용으로 준비한다. 육수는 양지머리를 물에 30분 정도 담가 핏물을 뺀 뒤 덩어리째 씻고 나머지 육수 재료와 함께 푹 끓여 만든다. 잘 우러난 육수는 체에 밭치고 차게 식힌 뒤 기름을 걷어 낸다. 무르게 삶아진 양지머리는 젖은 행주에 싸고 눌러서 편육을 만든다. 동치미 무는 길이 5센티미터, 너비 2센티미터 정도 크기로 얇게 썬다. 오이는 동치미 무와 같은 크기로 썰어 약간의 소금에 살짝 절였다가 꼭 짠다. 배는 껍질을 벗겨서 동치미 무와 같은 크기로 썬다. 달걀은 노른자가 중심에 가도록 삶아서 반으로

가른다. 편육은 동치미 무와 같은 크기로 얇게 썬다. 분량대로 냉면 장국을 만들어 차게 한다. 물을 넉넉히 끓여서 메밀국수를 헤쳐 넣고, 심이 약간 남을 정도로 잠깐 삶아 찬물에 여러 번 헹군 뒤 1인분씩 사리를 지어 채반에 건진다. 냉면 그릇에 사리를 담고 그 위에 동치미 무, 오이, 배, 삶은 달걀, 편육 등의 꾸미를 고루 얹은 뒤 차가운 냉면 장국을 옆으로 살며시 붓고 겨자즙과 식초를 곁들여 낸다.

겨자즙(겨자집) 만들기 ○ 겨잣가루를 미지근한 물에 되직하게 개어 따뜻한 곳에 10여 분간 두었다가 매운맛이 우러나면 식초, 소금, 설탕 등을 넣는다. 배즙과 흰 후춧가루를 넣어도 좋다.

잣국수

○ 잣 1컵, 물 6컵, 소면 200그램, 고명용 잣 $\frac{1}{2}$큰술, 앵두 8알, 어린잎 채소 약간, 소금 약간.

○ 잣은 고깔을 떼고 깨끗이 씻은 뒤 물과 함께 믹서에 넣고 아주 곱게 갈아서 잣국을 만든다. 잣국은 차게 한다. 국수는 삶아 찬물에 여러 번 헹구어 사리를 지어 놓는다. 고명용 잣은 고깔을 떼고 마른행주로 깨끗이 닦는다. 앵두와 어린잎 채소는 깨끗이 씻고 물기를 제거한다. 그릇에 국수사리를 담고 잣국을 소롯이 붓는다. 잣, 앵두, 어린잎 채소를 고명으로 올리고 소금을 곁들여 낸다. ○ 잣을 갈 때 물이 많으면 겉돌아 곱게 갈리지 않으니, 물은 잣이 자박하게 잠길 정도로만 넣어야 한다. 잣국이 너무 묽으면 고소한 맛이 떨어지고, 너무 진하면 텁텁한 맛이 나니 주의해야 한다. 녹두녹말을 묻힌 찹쌀 새알심을 끓는 물에 삶고 찬물에 헹군 뒤 국수사리와 함께 보기 좋게 담아 잣국을 부어 먹기도 한다. 석류 알이나 방울토마토를 고명으로 얹기도 한다.

칼국수(제물국수)

○ 밀가루 3컵, 날콩가루 1컵, 반죽 물(물 1컵, 소금 $\frac{1}{2}$작은술), 애호박 100그램, 얼갈이배추 100그램, 양념장(간장 2큰술, 다진 파 1작은술, 다진 마늘 1작은술, 참기름 $\frac{1}{2}$작은술, 깨소금 $\frac{1}{2}$작은술, 다진 청고추 $\frac{1}{2}$작은술, 홍고추 1개, 굵은 고춧가루 1작은술), 멸치 육수 7컵, 국간장 1작은술, 소금 $\frac{1}{2}$작은술, 실고추 약간. ○ 밀가루와 날콩가루는 체에 내려 함께 섞고 반죽 물을 조금씩 넣어 가면서 반죽을 만든다. 반죽은 랩에 싸서 잠시 두었다가 밀방망이로 밀어 얇게 펼친다. 이때 붙지 않게 번가루를 뿌려 가면서 길고 둥글게 민다. 얇게 민 반죽은 적당히 접고 가늘게 썰어 국수를 만든다. 애호박은 깨끗이 씻어 채 썬다. 얼갈이배추는 다듬어 깨끗이 씻고 한 입 크기로 뚝뚝 뜯는다.

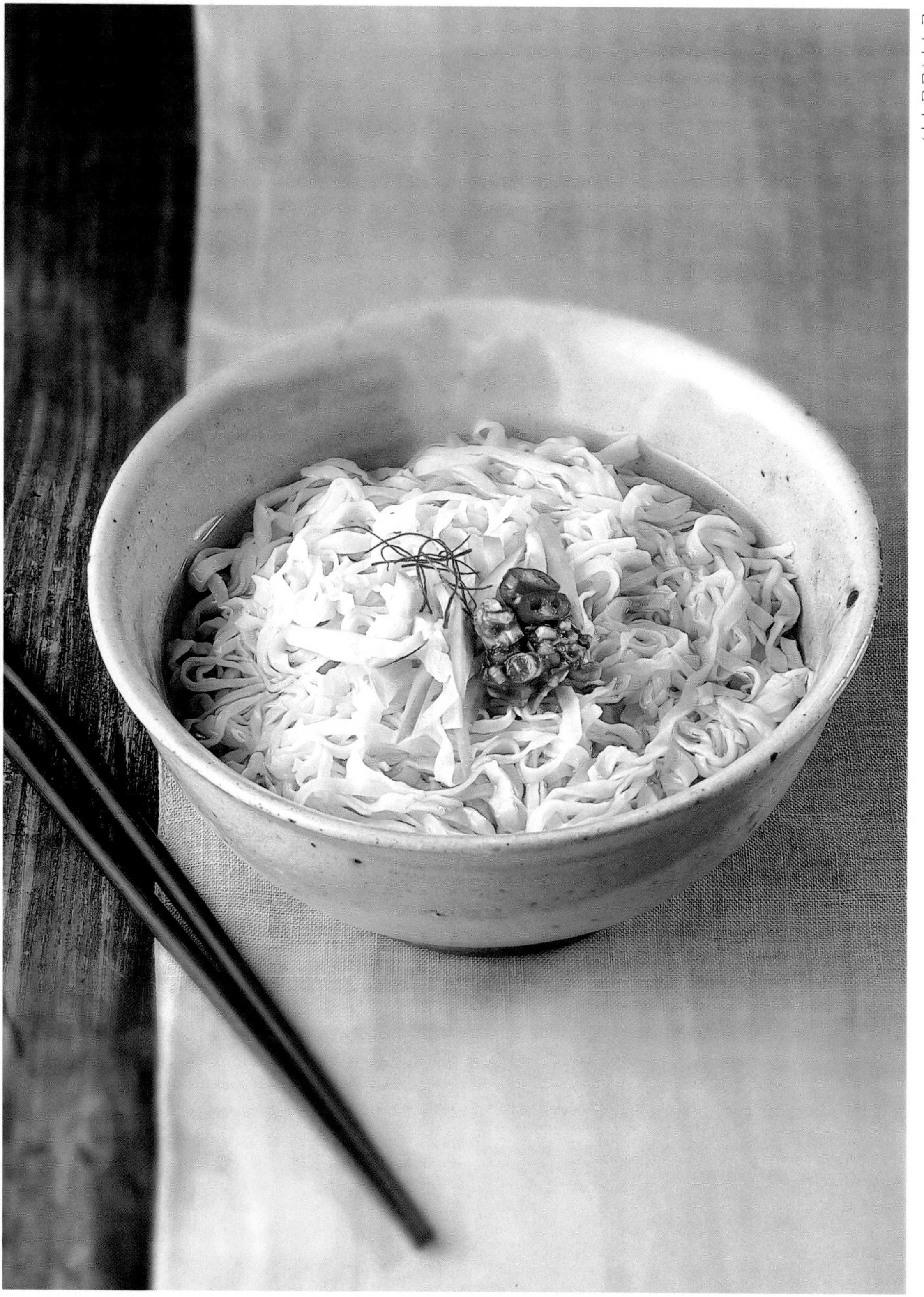

칼국수(건진국수)

분량대로 고루 섞어 양념장을 만든다. 냄비에 멸치 육수를 붓고 불에 올려 팔팔 끓으면, 국간장과 소금으로 색과 간을 맞춘 뒤 국수를 넣고 잘 풀어 주며 삶는다. 한소끔 끓어오르면 애호박과 얼갈이배추를 넣는다. 국수가 익으면 국수그릇에 담고 양념장을 곁들여 낸다. ○ 닭을 삶은 육수로 칼국수를 만들기도 한다. 이 경우 삶은 닭고기는 손으로 곱게 찢고 양념해서 고명으로 사용하면 좋다. 양지머리나 사태를 삶은 육수로 칼국수를 만들어도 좋다. 서해안 지역에서는 제철 바지락을 충분히 해감하고 육수를 내 끓인 바지락칼국수가 향토음식으로 유명하다.

멸치 육수 만들기 ○ 국멸치 100그램, 다시마 30그램, 물 2리터. ○ 국멸치는 내장만 제거하고 비린내가 나지 않을 정도로 살짝 볶는다. 다시마는 깨끗이 닦는다. 손질한 국멸치에 물을 붓고 끓인다. 국물이 우러날 때쯤 불을 줄이고 다시마를 넣어 잠시 더 끓인 뒤 체에 밭친다.

칼국수(건진국수)
○ 밀가루 3컵, 날콩가루 1컵, 반죽 물(물 1컵, 소금 ½작은술), 멸치 육수 6컵, 애호박 100그램, 식용유 ½큰술, 소금 약간, 양념장(간장 1큰술, 다진 마늘 ½작은술, 참기름 ½작은술, 깨소금 ½작은술, 다진 풋고추 ½개, 굵은 고춧가루 1큰술), 실고추 약간. ○ 밀가루와 날콩가루는 체에 내려 함께 섞고 반죽 물을 조금씩 넣어 가면서 반죽을 만든다. 반죽은 밀방망이로 얇게 밀고 가늘게 썰어 국수를 만든다. 국수는 끓는 물에 삶아서 찬물에 여러 번 헹구고 체에 밭친다. 멸치 육수는 차게 한다. 애호박은 곱게 채 썰어 팬에 식용유를 두르고 볶으면서 소금 간을 한다. 분량대로 고루 섞어 양념장을 만든다. 그릇에 국수를 담고 찬 멸치 육수를 붓는다. 애호박나물, 실고추를 고명으로 올리고 양념장을 곁들여 낸다. ○ 밀가루를 반죽할 때 물의 양은 밀가루 무게의 50-60퍼센트가 적당하다. 다만 국수, 만두, 수제비 등 용도에 따라 차이가 있고 수온에 따라서도 달라질 수 있다. 밀가루에 소금을 첨가하면 글리아딘(gliadin)의 점성을 증가시켜 글루텐(gluten)의 망상구조를 촘촘하게 하므로 밀가루 반죽이 쫄깃쫄깃해진다. 또 반죽을 오래 치댈수록 단단하고 질겨진다. 물만두, 건진칼국수 등 부드러운 밀가루 반죽을 원할 경우 소금을 넣지 않거나 약간만 넣고, 많이 치대지 않는 것이 좋다.

콩국수
○ 흰콩 2컵, 볶은 참깨 4큰술, 물 8컵, 소금 1큰술, 오이 ½개, 국수 300그램. ○ 콩은 깨끗이 씻어

4시간 이상 물에 불린 뒤 물을 충분히 붓고 비린내가 나지 않을 정도로 삶는다. 삶은 콩은 싹싹 비벼서 껍질을 벗기고 볶은 참깨, 물 3컵과 함께 믹서에 곱게 간 뒤 고운체에 밭쳐서 콩국을 만든다. 이때 잘 걸러지지 않은 것은 생수 5컵과 함께 곱게 갈아 고운체에 밭쳐서 콩국에 섞는다. 콩국은 소금으로 간을 맞추고 차게 해 둔다. 오이는 깨끗이 씻어 채 썬다. 국수는 끓는 물에 넣어 뭉치지 않게 잘 풀어 주며 삶아서 여러 번 헹구어 물기를 제거하고 사리를 지어 대접에 담는다. 그 위에 콩국을 소롯이 붓고 오이채를 고명으로 올려 낸다. ○ 콩국에 미리 간을 하지 않고 먹을 때 입맛에 따라 소금으로 간을 하기도 한다.

만두

만두는 메밀가루나 밀가루 등을 반죽해서 얇게 만두피를 만들고, 여기에 소를 넣고 오무려 둥글게 송이를 빚은 가루붙이 음식이다. 만두는 절식(節食)으로 많이 먹는데, 떡국에 넣어 떡만둣국으로 먹기도 하고 만두만으로 만둣국을 만들어 먹기도 한다. 만두는 소에 들어가는 재료에 따라 고기만두, 김치만두, 어만두, 준치만두 등으로, 익히는 방법에 따라 찐만두, 군만두, 물만두, 만둣국 등으로, 모양에 따라 귀만두, 둥근만두, 미만두, 병시(餠匙), 석류탕 등으로 나눈다. 미만두는 해삼의 생김새처럼 주름을 잡아 만든 데서, 병시는 숟가락 모양을 닮은 데서, 석류탕은 석류 모양을 닮은 데서 생긴 이름이며, 옛날 궁중에서 해먹던 음식이다. 지금은 사라진 풍속이지만, 예전에는 큰 잔치 때 특별음식으로 대만두를 만들기도 했다. 호두알만 한 작은 만두를 가득 집어넣고 만든 대만두는 껍질을 자르고 그 속의 작은 만두를 하나씩 꺼내 먹었다.

편수

○ 밀가루 2컵, 식용유 ⅓작은술, 반죽 물(소금 ½작은술, 물 ½컵), 애호박 300그램, 애호박 양념(참기름 1작은술, 다진 마늘 ½작은술), 불린 표고버섯 2장, 표고버섯 양념(소금 ½작은술, 다진 파 1작은술, 다진 마늘 ½작은술, 참기름 1작은술, 깨소금 약간), 소고기 200그램, 소고기 양념(간장 1큰술, 다진 파 1½큰술, 다진 마늘 2작은술, 참기름 2작은술, 깨소금 1작은술, 후춧가루 약간), 잣 2큰술, 초간장(식초 1큰술, 설탕 1작은술, 간장 2큰술, 생수나 육수 1작은술), 넓은 상추 잎 약간.
○ 밀가루는 체에 내려 식용유를 넣고 잘 비비고 반죽 물을 조금씩 넣어 가면서 반죽해서 랩에 싸

둔다. 애호박은 3센티미터 정도 길이로 토막 내어 돌려 깎고 곱게 채 썬 뒤 소금(1작은술)에 살짝 절였다가 꼭 짜고 분량대로 양념해서 살짝 볶는다. 불린 표고버섯은 잘 다듬어 가늘게 채 썰고 분량대로 양념해서 볶는다. 소고기는 곱게 다지거나 채 썰고 분량대로 양념해서 볶는다. 준비한 애호박, 표고버섯, 소고기를 잘 섞고 버무려서 소를 만든다. 잣은 마른행주로 깨끗이 닦아 둔다. 분량대로 고루 섞어 초간장을 만든다. 준비해 둔 반죽을 얇게 밀고, 사방 8센티미터 정도 크기의 정사각형으로 잘라 만두피를 만든다. 만두피 중앙에 소, 잣 2-3알을 넣고 네 귀를 모아서 붙이고, 가장자리도 잘 눌러 붙여 편수를 만든다. 찜기에 넓은 상추잎을 깔고 그 위에 편수를 얹어 찐다. 잘 익은 편수는 꺼내어 접시에 담고, 초간장을 곁들여 낸다. 차게 먹는 편수일 경우 얼음을 채운 그릇에 담아낸다. ○ 애호박 대신 오이를 사용하기도 한다. 양지머리 육수에 삶아 뜨겁게 먹기도 하고, 차가운 양지머리 육수를 부어 먹기도 한다. 황백 지단을 고명으로 얹기도 한다. 여름철 시식이며, 개성지방의 향토음식이다. 『규합총서(閨閣叢書)』(1815)에는 "송도 편수가 유명한데 변씨만두라고도 하며 주로 정월 명절날에 만들어 먹었다"는 기록이 있다.

규아상

○ 밀가루 2컵, 소고기 200그램, 소고기 양념(간장 1큰술, 다진 파 1큰술, 다진 마늘 $\frac{1}{2}$ 큰술, 설탕 1작은술, 후춧가루 $\frac{1}{2}$ 작은술, 참기름 1큰술, 깨소금 1큰술, 초간장 약간), 오이 600그램, 마른 표고버섯 20그램, 표고버섯 양념(간장 2작은술, 다진파 $\frac{1}{2}$ 큰술, 다진 마늘 1작은술, 설탕 $\frac{1}{2}$ 작은술, 참기름 1작은술, 깨소금 $\frac{1}{2}$ 작은술, 후춧가루 약간), 잣 1큰술, 담쟁이잎 약간, 참기름 약간, 초간장 약간. ○ 밀가루는 따뜻한 물로 반죽해서 냉장고에 잠시 넣어 둔다. 소고기는 곱게 다져 분량대로 양념해서 볶고 식힌다. 오이는 5센티미터 정도 길이로 토막 내어 돌려 깎고 채 썰어 약간의 소금에 살짝 절였다가 꼭 짠 뒤 팬에 재빨리 볶고 펼쳐서 식힌다. 오이의 가운데 씨 부분은 사용하지 않는다. 마른 표고버섯은 미지근한 물에 충분히 불리고 깨끗이 씻어 꼭 짠 뒤 곱게 채 썰어 분량대로 양념하고 팬에 볶아서 식힌다. 잣은 고깔을 떼고 마른행주로 닦은 뒤 반으로 갈라 비늘잣을 만든다. 준비한 소고기, 오이, 표고버섯을 잘 섞고 버무려서 소를 만든다. 준비해 둔 반죽을 얇게 밀고, 지름 9센티미터 정도 크기로 동그랗게 떠내어 만두피를 만든다. 만두피 중앙에 소와 비늘잣을 넣고 오므려 가운데를 주름잡아 붙이고, 양쪽에 남은 자락의 가운데를 붙여 쌍귀를 만들어 준다. 이것을 찜기에 담쟁이잎을 깔고 살짝 찐 뒤 참기름을 바른다. 접시에 담쟁이잎을 깔고 보기 좋게 담는다. 초간장을 곁들여 낸다. ○ 규아상은 서울 반가음식으로, 주로 여름에 해 먹던 찐만두다. 규아상을

미만두라고도 하는데, 재료와 조리법은 같지만 규아상은 찐만두를 말하고, 미만두는 주로 육수에 삶아 낸 만두를 말한다.

어만두

○ 민어살 300그램, 민어살 밑간(소금 2작은술, 흰 후춧가루 약간), 소고기 100그램, 소고기 양념(간장 2작은술, 설탕 $\frac{1}{3}$작은술, 다진 파 1작은술, 다진 마늘 $\frac{1}{2}$작은술, 참기름 $\frac{1}{2}$큰술, 깨소금 1작은술, 후춧가루 약간), 숙주 80그램, 애호박 150그램, 마른 표고버섯 3장, 마른 목이버섯 3장, 버섯 양념(소금 $\frac{1}{4}$작은술, 다진 파 $\frac{1}{2}$작은술, 다진 마늘 $\frac{1}{3}$작은술, 참기름 $\frac{1}{2}$작은술, 깨소금 $\frac{1}{3}$작은술), 석이버섯 3장, 표고버섯 3장, 오이 70그램, 당근 30그램, 홍고추 1개, 녹두녹말 $\frac{1}{2}$컵, 담쟁이잎 15장, 겨자즙 2큰술. ○ 민어살은 잘 드는 칼을 눕혀서 두께 0.3센티미터, 너비와 길이 7센티미터 정도 크기로 포를 떠서 분량대로 밑간한다. 소고기는 기름기가 적은 부위로 준비해서 곱게 다지고 분량대로 양념한다. 숙주는 머리와 꼬리를 떼어 내고 끓는 물에 약간의 소금을 넣고 살짝 데친 뒤 물기를 꼭 짜고 송송 썬다. 애호박은 5센티미터 정도 길이로 토막 내어 돌려 깎고 채 썬 뒤 약간의 소금에 살짝 절였다가 꼭 짜고 볶는다. 마른 표고버섯과 목이버섯은 물에 불렸다가 꼭 짜고 곱게 채 썰어 분량대로 양념해서 볶는다. 준비한 재료를 모두 고루 섞어 소를 만든다. 석이버섯, 표고버섯, 오이, 당근, 홍고추는 길이 5센티미터, 너비 1.5센티미터 정도 크기로 썰고 녹두녹말을 입혀 끓는 물에 살짝 데쳤다가 식힌다. 민어포 1장씩 도마에 놓고 녹두녹말을 솔솔 뿌린 뒤 중앙에 소를 한 술 떠 놓고 반으로 접어서 반달 모양으로 만든다. 반 접은 민어포의 가장자리를 꼭 눌러 붙게 하고 다시 녹두녹말을 솔솔 뿌려 어만두를 만든다. 찜기에 담쟁이잎을 깔고 어만두를 얹은 뒤 찬물을 뿌려 가며 찐다. 어만두가 익으면 찬물을 한 번 뿌리고 꺼내어 가장자리를 만두 모양으로 다듬는다. 접시에 담쟁이잎을 깔고 어만두를 담는다. 고명으로 준비한 석이버섯, 표고버섯, 오이, 당근, 홍고추를 색 맞추어 보기 좋게 얹고, 겨자즙을 곁들여 낸다. ○ 어만두에는 민어, 도미, 광어 등의 흰살생선이 좋다. 녹두녹말을 씌워 찐 음식이기 때문에, 찔 때나 꺼낼 때 찬물을 뿌리면 윤기가 나서 좋다.

준치만두

○ 준치 1마리, 다진 소고기 100그램, 다진 소고기 양념(간장 2작은술, 설탕 $\frac{1}{3}$작은술, 다진 파 1작은술, 다진 마늘 $\frac{1}{2}$작은술, 참기름 $\frac{1}{2}$큰술, 깨소금 1작은술, 후춧가루 약간), 마른 표고버섯 15그램, 표고버섯 양념(간장 1작은술, 소금 약간, 설탕 $\frac{1}{2}$작은술, 다진 파 $\frac{1}{2}$작은술, 다진 마늘

½작은술, 참기름 1작은술, 깨소금 ½작은술, 후춧가루 약간), 두부 100그램, 두부 양념(소금 약간, 참기름 약간, 후춧가루 약간), 오이 100그램, 잣 2큰술, 생강즙 2작은술, 녹두녹말 ½컵, 담쟁이잎 15장, 초간장 약간. ◯ 준치는 비늘을 긁어내고 지느러미와 내장을 제거한 뒤 깨끗이 씻고 찜기에 올려 찐다. 잘 쪄진 준치가 약간 식으면 껍질을 벗기고, 가시를 말끔히 발라낸 뒤 살만 모아서 곱게 다진다. 다진 소고기는 기름기가 적은 부위로 준비해서 분량대로 양념한다. 마른 표고버섯은 따뜻한 물에 불려 꼭 짜고 곱게 채 썰어 분량대로 양념해서 볶는다. 두부는 으깨서 물기를 꼭 짜고 분량대로 양념한다. 오이는 5센티미터 정도 길이로 토막 내어 껍질만 돌려 깎고 채 썰어 약간의 소금에 절였다가 꼭 짜서 살짝 볶는다. 잣은 깨끗이 닦는다. 준비한 준치살, 소고기, 표고버섯, 두부, 오이에 생강즙을 넣고 고루 버무려 반죽한다. 반죽을 밤톨만큼씩 떼어 잣을 1-2알 넣고 반달 모양으로 만든 뒤 녹두녹말을 입혀 준치만두를 만든다. 찜기에 담쟁이잎을 깔고 준치만두를 얹은 뒤 찬물을 뿌려 가며 찐다. 그릇에 담쟁이잎을 깔고 준치만두를 담는다. 초간장을 곁들여 낸다. ◯ 준치의 뼈로 새(봉황)를 만들기도 한다.

만둣국

◯ 밀가루 2컵, 반죽 물(소금 ½작은술, 물 ⅓컵), 소고기 150그램, 소고기 양념(간장 2작은술, 설탕 ½작은술, 다진 파 2작은술, 다진 마늘 1작은술, 참기름 1작은술, 깨소금 1작은술, 후춧가루 ¼작은술), 두부 100그램, 두부 양념(소금 ⅓작은술, 참기름 ⅓작은술), 배추김치 100그램, 숙주 70그램, 달걀 2개, 육수 7컵, 국간장이나 소금 약간. ◯ 밀가루는 분량대로 반죽 물을 넣고 반죽해서 잠시 랩을 씌워 둔다. 소고기는 살코기로 준비해서 곱게 다지고 분량대로 양념한다. 두부는 으깬 뒤 면포에 싸서 물기를 꼭 짜고 분량대로 양념한다. 배추김치는 속을 털어내고 다져서 물기를 꼭 짠다. 숙주는 소금물에 데치고 잘게 다져서 물기를 꼭 짠다. 준비한 소고기, 두부, 배추김치, 숙주를 고루 섞어 소를 만든다. 달걀은 황백 지단을 부쳐 마름모꼴로 썬다. 밀가루 반죽을 적당히 떼어 내서 얇고 둥글게 밀어 지름 6센티미터 정도 크기의 만두피를 만든다. 만두피 중앙에 소를 채워 반으로 접고 가장자리를 단단히 붙여 만두를 빚는다. 냄비에 육수를 붓고 국간장이나 소금으로 간을 해서 끓인다. 펄펄 끓으면 만두를 넣고 한소끔 더 끓인다. 만두가 익어 떠오르면 건져서 그릇에 담고, 국물을 조심스럽게 붓는다. 고명으로 황백 지단을 얹어 낸다.

떡국, 수제비

떡국은 끓는 장국에 가래떡을 썰어 넣고 익힌 명절 음식으로, 한 해의 첫 음식이자 설날 세찬(歲饌)
중 으뜸 음식이다. 가래떡을 엽전모양으로 얇게 써는 것은 재복이 가득하기를 바라는 풍습이다.
생떡국은 멥쌀가루를 익반죽한 뒤 새알을 빚어 끓는 장국에 익힌 음식이다. 지방에 따라서는
찹쌀가루를 익반죽해서 경단같이 만들어 끓이기도 한다.
수제비는 밀가루를 반죽해서 끓는 맑은장국에 적당한 크기로 뜯어 넣고 익힌 음식이다. 질게 반죽한
밀가루나 메밀가루를 수저로 떠 넣어 익힌 수제비는 농가에서 여름철 별미로 즐겨 먹었다. 옛날에는
쌀과 보리가 떨어진 긴 여름 동안 주식이 되기도 했다.

떡국

○ 가래떡 500그램, 소고기 200그램, 소고기 양념(간장 1큰술, 다진 파 2작은술, 다진 마늘 1작은술,
참기름 1작은술, 깨소금 ½작은술, 후춧가루 약간), 실파 2줄기, 꼬치 8개, 달걀 1개, 양지머리 육수
7컵, 다진 마늘 ½큰술, 국간장 약간, 식용유 적당량. ○ 가래떡은 동전 모양으로 둥글고 얇게 썬다.
소고기는 0.7센티미터 정도 두께로 포를 떠서 잔칼질을 한 뒤 분량대로 양념하고 석쇠나 팬에
굽는다. 잘 구운 고기는 길이 5센티미터, 너비 0.5센티미터 정도 크기로 썬다. 실파는 다듬어 씻고
소고기와 같은 길이로 썰어 살짝 볶는다. 준비한 소고기와 실파를 꼬치에 번갈아 꿰어 산적을
만든다. 달걀은 황백 지단을 부쳐 3센티미터 정도 길이로 채 썬다. 냄비에 양지머리 육수를 붓고
끓이면서 다진 마늘과 국간장을 넣어 맛을 낸다. 육수가 끓어오르면 썰어 놓은 떡을 넣고, 떡이 익어
떠오를 때까지 끓인다. 그릇에 담고, 고명으로 산적과 황백 지단을 얹어 낸다. ○ 떡국은 양지머리
육수, 사골 육수, 멸치 육수 등 어느 육수와도 잘 어울린다.

조랭이떡국

○ 조랭이떡 500그램, 소고기 100그램, 소고기 양념(간장 1작은술, 다진 파 1작은술, 다진 마늘
½작은술, 참기름 ½작은술, 깨소금 ½작은술, 후춧가루 약간), 미나리 2줄기, 밀가루 1큰술, 달걀
2개, 양지머리 육수 7컵, 다진 마늘 ½큰술, 국간장 약간, 식용유 적당량. ○ 조랭이떡은 살짝 씻는다.
소고기는 곱게 다지고 분량대로 양념해서 볶는다. 미나리는 줄기만 다듬어 씻고 2센티미터 정도
너비로 꼬치에 꿴 뒤 밀가루를 살짝 묻히고 달걀물을 입혀서 미나리초대를 부쳐 직사각형으로 썬다.

달걀은 황백 지단을 부쳐 직사각형으로 썬다. 냄비에 양지머리 육수를 붓고 끓이면서 다진 마늘과
국간장을 넣어 맛을 낸다. 육수가 끓어오르면 조랭이떡을 넣고, 떡이 익어 떠오를 때까지 끓인다.
그릇에 담고, 고명으로 볶은 소고기, 미나리초대, 황백 지단을 얹어 낸다. ○ 조랭이떡국은 개성의
향토음식이자 설 명절 음식으로, 홍선표의 『조선요리학』(1940)에는 조롱떡국으로 나온다. 가운데가
잘록한 조랭이떡은 그 모양이 누에고치나 조롱박과 비슷하다. 전통적으로 누에는 길함을 뜻하고,
조롱박은 귀신을 물리친다는 뜻이 있어, 길운을 부르고 액을 예방하는 풍습으로 한 해의 시작인 설에
조랭이떡국을 명절식으로 먹는다. 조랭이떡은 보통의 떡국용 굵기보다 가늘게 가래떡을 금방
뽑아서 길이 2-3센티미터 정도씩 썰고, 참기름을 살짝 발라 동글동글하게 만들면서 대꼬치로
가운데를 눌러 누에고치 모양으로 빚는다.

감자수제비

○ 감자 2개, 양파 ½개, 밀가루 2컵, 물 ⅔컵, 국멸치 60그램, 대파 ½ 대, 다시마 10그램, 물 10컵,
다진 마늘 ½큰술, 국간장 약간. ○ 감자는 중간 크기로 준비해서 껍질을 벗기고 잠시 물에 담갔다가
꺼내어 어슷어슷하게 썬다. 양파는 겉껍질을 벗기고 씻어서 채 썬다. 밀가루에 물을 넣고 반죽한 뒤
랩에 싸서 잠시 냉장고에 넣어 둔다. 국멸치는 내장을 제거한다. 대파는 5센티미터 정도 길이로
썬다. 다시마는 마른행주로 닦는다. 냄비를 약간 달구어 손질한 국멸치를 넣고 살짝 볶은 뒤 준비한
대파를 넣고 물을 부어 끓인다. 한소끔 끓어오르면 불을 줄이고 다시마를 넣는다. 국물이 우러나면
국멸치, 대파, 다시마를 건져 내고, 썰어 둔 감자와 양파를 넣고 다시 끓인다. 감자가 어느 정도 익을
때쯤 밀가루 반죽을 얇게 떼어 넣고 끓이면서 다진 마늘을 넣는다. 수제비가 익어 떠오르면
국간장으로 간을 하고 그릇에 담아낸다.

국

국은 육류, 어패류, 채소류, 해조류 및 쇠고기의 뼈, 내장 등 온갖 재료에 물을 많이 부어 끓인
음식으로, 밥을 보완해 주는 제일의 찬물(饌物)이며, 거의 매 끼니마다 먹는 음식이다. 한국은
세계적으로 보기 드문 국물 음식 문화를 갖고 있다. 습성(濕性) 음식을 선호하는 한국인의 식습관은
숟가락 문화와 함께 국물 음식을 발달시켜 왔다. 국에 말아먹는 탕반(湯飯)의 식속(食俗)은 한국인

특유의 식사법이다. 국의 종류로는, 육수를 내어 간장이나 소금으로 간을 맞춘 '맑은장국', 장국에 된장이나 고추장으로 간을 맞춰 끓인 '토장국', 고기와 뼈를 푹 고아서 끓인 '곰국', 여름철에 초를 넣어 신맛을 낸 차가운 '냉국' 등이 있다.

소고기무국

○ 소고기 300그램, 대파 ½대, 양파 ¼개, 물 6컵, 소고기 양념(국간장 1큰술, 다진 파 2큰술, 다진 마늘 1큰술, 참기름 1큰술, 후춧가루 ¼작은술), 무 500그램, 국간장 1큰술, 소금 1작은술, 후춧가루 ¼작은술. ○ 소고기는 양지머리로 준비하여 찬물에 20분 정도 담가 핏물을 뺀다. 냄비에 소고기, 대파, 양파, 물을 함께 넣고 끓인다. 끓기 시작하면 중간 불로 줄이고 푹 끓인다. 맛이 우러나면 체에 밭쳐 육수를 받는다. 삶은 소고기는 결대로 찢거나 썰고 분량대로 양념해서 무친다. 양파, 대파는 버린다. 무는 깨끗이 씻어 껍질을 벗기고 나박나박 썬다. 썰어 놓은 무를 육수에 넣고 끓이다가 국물이 끓어오르면 국간장, 소금, 후춧가루로 간을 한 뒤 양념한 소고기를 넣고 다시 한소끔 끓인다. 국그릇에 담아낸다. ○ 소고기무국은 언제나 해 먹을 수 있지만 무가 맛있는 겨울철이 제격이다. 나박나박 썬 무와 양념한 소고기를 볶다가 물 붓고 끓이는 방법도 있다. 경상도 지역에서는 맑은 무장국에 고춧가루를 더해서 칼칼하게 끓이기노 한다.

미역국 - 곽탕(藿湯)

○ 마른미역 20그램, 소고기 100그램, 소고기 양념(간장 1작은술, 다진 파 1큰술, 다진 마늘 ½큰술, 후춧가루 ½작은술), 참기름 2큰술, 물 6컵, 국간장 2큰술. ○ 마른미역은 물에 불려서 깨끗이 씻고 알맞게 자른다. 소고기는 양지머리로 준비하여 5센티미터 정도 길이로 채 썰고 분량대로 양념한다. 냄비에 참기름을 두르고 양념한 소고기를 넣고 볶다가, 손질한 미역을 넣고 볶은 뒤 물을 붓고 끓인다. 처음에는 센 불로 끓이다가 끓기 시작하면 불을 줄여 중간 불에서 푹 끓이고 국간장을 넣어 간한다. 맛이 충분히 우러나면 국그릇에 담아낸다. ○ 해안 지역에서는 소고기 대신 신선한 가자미나 도다리, 우럭 등의 생선을 많이 쓴다. 생선미역국은 미역을 참기름에 볶고 물을 부어 끓이다가 비늘과 내장을 제거한 생선을 넣어 푹 끓이고 국간장으로 간을 한다. 고기를 사용하지 않고 담백하게 끓인 미역국을 소(素)미역국이라고 한다. 미역국은 출산한 산모의 빠른 회복과 몸을 보양하는 데 도움이 되는 좋은 음식이다.

들깨미역국

○ 마른미역 20그램, 들기름 2큰술, 물 6컵, 국간장 2큰술, 들깻가루 ½컵. ○ 마른미역은 물에 불려 깨끗이 씻고 알맞게 자른다. 냄비에 들기름을 두르고 미역을 넣어 볶다가 물을 붓고 끓인다. 처음에는 센 불로 끓이다가 끓기 시작하면 불을 줄여 중간 불에서 푹 끓이고 국간장을 넣어 간한다. 국물이 뽀얗게 우러나면 들깻가루를 고루 풀어 살짝 더 끓인 뒤 국그릇에 담아낸다. ○ 물 대신 멸치 육수, 양지머리 육수, 쌀뜨물을 사용하면 좋다. 들깨미역국에 찹쌀 새알심을 넣어 끓이면 '들깨미역생떡국' 이 된다. 이 생떡국은 맛과 영양, 소화성이 좋아 노인식, 회복기 환자식뿐 아니라 한 끼 식사로도 충분하다. 참기름 대신 들기름을, 들깻가루 대신 들깨즙을 쓰기도 한다.

백합탕

○ 백합 1.2킬로그램, 옅은 소금물(물 10컵, 소금 3큰술), 홍고추 1개, 실파 2뿌리, 물 5컵, 소금 ½작은술, 다진 마늘 1작은술. ○ 백합은 옅은 소금물을 만들어 3-4시간 정도 담가 해감하고 껍데기를 솔로 박박 문질러 깨끗이 씻는다. 홍고추는 씨를 발라내고 곱게 채 썬다. 실파는 다듬어 씻고 3센티미터 정도 길이로 썬다. 냄비에 물과 소금을 넣고 끓이다가 한 번 끓으면 손질한 백합을 넣는다. 백합이 익어 입이 벌어질 때 홍고추채, 실파, 다진 마늘을 넣고 한소끔 끓여 그릇에 담아낸다. ○ 백합은 너무 크지 않은 중합이 좋다. 오래 끓이면 조갯살이 질겨지고 맛이 떨어진다. 백합(白蛤)은 대합(大蛤)을 말하며, 문합(文蛤), 화합(花蛤)이라고도 한다.

북엇국

○ 황태채 100그램, 무 150그램, 대파 1대, 홍고추 ½개, 달걀 1개, 국간장 2작은술, 소금 1작은술, 들기름 2큰술, 물 6컵. ○ 황태채는 가늘게 찢고 잔가시를 발라낸 뒤 5센티미터 정도 길이로 썰어 물에 헹구고 꼭 짠다. 무는 납작납작하게 썬다. 대파는 다듬고 씻어 5센티미터 정도 길이로 굵게 채 썬다. 홍고추는 씨를 빼내고 3센티미터 정도 길이로 채 썬다. 달걀은 잘 푼다. 냄비에 들기름을 두르고 손질한 황태채와 무를 넣고 살짝 볶은 뒤 물을 붓고 끓인다. 국물이 뽀얗게 우러나면 국간장과 소금을 넣어 간하고 대파채, 홍고추채를 넣고 끓이다가 불을 줄이고 달걀물로 줄알을 푼다. 국그릇에 담아낸다. ○ 북엇국은 숙취 해소에 효과가 좋아 해장국으로 많이 먹으며, 잘 마른 황태를 사용하는 게 좋다.

들깨미역국

오이무름국

애탕

○ 삶은 쑥 100그램, 소고기 100그램, 소고기 양념(간장 2작은술, 다진 파 2작은술, 다진 마늘 1작은술, 참기름 1작은술, 깨소금 1작은술, 후춧가루 약간), 잣 2작은술, 밀가루 3큰술, 달걀 2개, 실파 2뿌리, 육수 4컵, 국간장 1큰술, 소금 ½작은술. ○ 쑥은 파랗게 삶아 물기를 짜고 곱게 다진다. 소고기는 기름기가 적은 우둔살로 준비해서 곱게 다지고 분량대로 양념한 뒤 다진 쑥을 넣고 잘 버무려 지름 1.5센티미터 정도 크기로 완자를 빚는다. 이때 잣을 2-3알씩 넣는다. 실파는 다듬고 씻어서 3센티미터 정도 길이로 썬다. 달걀은 황백으로 나누고 잘 풀어서 완자에 쓰일 달걀물만 남기고 지단을 부친다. 육수에 국간장과 소금을 넣어 간하고 팔팔 끓이다가, 완자를 하나씩 밀가루에 살짝 굴리고 달걀물을 입혀서 넣고, 실파도 넣어 끓인다. 한소끔 끓어 완자가 떠오르면 국그릇에 담고 고명으로 황백 지단을 얹어 낸다. ○ 고명으로 미나리초대를 얹어 내기도 한다. 어리고 연한 쑥으로 끓이는 애탕은 초봄의 향기를 물씬 풍기는 시절음식이다.

오이무름국

○ 늙은오이 2개, 소고기 200그램, 소고기 양념(간장 1작은술, 소금 ¼작은술, 설탕 ¼작은술, 다진 파 ½큰술, 다진 마늘 1작은술, 참기름 1작은술, 깨소금 ½작은술, 후춧가루 ⅓작은술), 두부 70그램, 두부 양념(소금 ¼작은술, 참기름 ⅓작은술), 밀가루 약간, 달걀 2개, 꼬치 4개, 느타리버섯 40그램, 불린 표고버섯 20그램, 파 20그램, 양지머리 육수 4컵, 고추장 2큰술. ○ 늙은오이는 깨끗이 씻어 껍질을 벗기고, 꼭지 있는 쪽의 끝에서 3센티미터 정도를 자른 뒤 속을 말끔히 파낸다. 자른 부분은 뚜껑으로 사용한다. 소고기는 곱게 다져 분량대로 양념한다. 두부는 으깨서 분량대로 양념한다. 양념한 소고기와 두부를 고루 섞어 지름 2센티미터 정도 크기로 완자를 빚는다. 완자는 밀가루를 씌우고 달걀물을 입혀서 팬에 굴리면서 지진다. 이때 남은 달걀은 황백 지단을 부쳐 마름모꼴로 썬다. 느타리버섯, 표고버섯, 파는 다듬고 씻어서 채 썬다. 속을 파낸 늙은오이에 완자를 가득 넣고 뚜껑을 덮어 완자가 빠지지 않도록 꼬치로 끼운다. 양지머리 육수를 끓이다가 고추장을 풀고 준비한 느타리버섯채, 표고버섯채, 파채를 넣고 끓인다. 한소끔 끓어오르면 완자를 채운 늙은오이를 넣고 굴리면서 더 끓인 뒤 건져 내어 식힌다. 약간 식었을 때, 늙은 오이를 2센티미터 정도 길이로 썰어 그릇에 담고, 뜨거운 국물을 붓는다. 황백 지단을 얹어 낸다. ○ 오이무름국은 여름철 더위를 식혀 주는 별미이다. 늙은오이는 노각이라고도 하며, 아삭한 식감과 함께 수분이 많아 갈증 해소에 효과적이다. 생채나 장아찌로도 이용한다.

쑥토장국

○ 어린 쑥 100그램, 콩가루 3큰술, 소고기 80그램, 소고기 양념(다진 파 1작은술, 다진 마늘 ½작은술, 후춧가루 약간), 된장 2큰술, 물이나 속뜨물 5컵, 국간장 1큰술. ○ 어린 쑥은 잘 다듬어 흐르는 물에 살살 씻고 물기를 제거한 뒤 콩가루에 버무린다. 소고기는 채 썰어 분량대로 양념하고 냄비에 넣어 볶는다. 고기가 어느 정도 익으면 물이나 쑥뜨물을 붓고 끓인다. 한소끔 끓어오르면 조리를 이용해 된장을 덩어리지지 않게 잘 풀어 넣는다. 국물이 팔팔 끓으면 콩가루에 버무린 쑥을 넣고 다시 끓인다. 국간장을 넣어 간을 하고, 국그릇에 담아낸다. ○ 속뜨물은 곡식을 여러 번 씻은 다음에 나오는 깨끗한 뜨물이고, 겉뜨물은 쌀이나 보리 따위를 처음 대강 씻어 낸 뜨물이다.

아욱국

○ 아욱 200그램, 보리새우 50그램, 대파 ⅓대, 물 2컵, 된장 2큰술, 고추장 1큰술, 속뜨물 4컵, 다진 마늘 ½큰술. ○ 아욱은 줄기 끝부분을 꺾어 껍질을 벗긴 뒤 연한 것은 그대로 쓰고, 굵은 것은 잎과 함께 조물조물 주물러 씻는다. 보리새우는 마른 면포에 싸고 비벼서 수염과 다리를 떼어 낸다. 대파는 다듬고 씻어 어슷어슷하게 썬다. 냄비에 손질한 보리새우를 넣고 살짝 볶은 뒤 물을 부어 국물이 우러나도록 끓인다. 여기에 된장과 고추장을 덩어리지지 않도록 속뜨물에 잘 풀어서 붓고 끓이다가 손질한 아욱을 넣고 더 끓인다. 거의 다 끓으면 썰어 놓은 대파와 다진 마늘을 넣고, 맛이 잘 어우러지게 끓여 국그릇에 담아낸다. ○ 혹 모자라는 간은 국간장이나 소금을 더해 맞춘다. 『증보산림경제(增補山林經濟)』(1766)에는 아욱의 약리 효과에 대해, 오장육부의 차고 더운 것을 치료하며, 소변을 잘 통하게 한다는 기록이 있다.

배추속댓국

○ 배추속대 400그램, 무 200그램, 속뜨물이나 멸치 육수 6컵, 된장 2큰술, 고추장 1큰술, 다진 마늘 2작은술. ○ 배추속대는 깨끗이 씻고 길쭉길쭉하게 찢는다. 무는 깨끗이 씻어 나붓나붓하게 썬다. 속뜨물이나 멸치 육수에 된장과 고추장을 체에 내려 덩어리지지 않게 풀어 넣고 끓이다가, 준비한 배추속대와 무를 넣고 잘 어우러지게 푹 끓인다. 다진 마늘을 넣고 더 끓여 국그릇에 담아낸다. ○ 멸치 육수 대신 사골 육수를 이용하면 깊은 맛이 난다. 송송 썬 청양고추를 조금 넣고 한소끔 끓여 내면 칼칼한 맛을 즐길 수 있다. 배추속댓국은 늦가을 김장 배추가 날 때 제맛을 즐길 수 있다.

토란탕

○ 토란 300그램, 소고기 200그램, 물 10컵, 대파 1대, 마늘 3쪽, 다시마 10그램, 중파 ½대, 다진 마늘 1큰술, 국간장 1큰술, 소금 2작은술, 후춧가루 ¼작은술. ○ 토란은 껍질째 물에 씻는다. 냄비에 속뜨물을 넉넉히 붓고 끓이다가 펄펄 끓어오르면 씻어 둔 토란을 넣어 살짝 데친 다음, 껍질을 깨끗이 벗겨 찬물에 헹군다. 작은 것은 그대로, 큰 것은 알맞은 크기로 썬다. 소고기는 양지머리로 준비하여 냉수에 담가 핏물을 뺀 뒤 냄비에 물, 대파, 마늘과 함께 넣고 1시간 정도 푹 끓인다. 맛이 우러나면, 면포에 밭쳐 건더기와 기름기를 걷어 내고 맑은 육수를 만든다. 삶은 소고기는 납작납작하게 썬다. 다시마는 깨끗이 닦고 직사각형으로 썬다. 중파는 다듬고 씻어서 송송 썬다. 맑은 육수를 냄비에 붓고 끓이면서 준비한 토란, 소고기, 다시마를 넣고 다진 마늘, 국간장, 소금, 후춧가루를 넣어 간한다. 한소끔 더 끓여 손질한 중파를 넣고 국그릇에 담아낸다. ○ 토란이 나는 가을철에 주로 먹는 전통음식으로 서울, 경기 지역의 추석 절식(節食)이기도 하다.

삼계탕

○ 삼계탕용 닭 1마리, 찹쌀 ⅓컵, 수삼 2뿌리, 대추 4개, 깐밤 2개, 마늘 5쪽, 물 8컵, 소금 ½큰술, 후춧가루 약간. ○ 닭은 물에 담가 핏물을 빼고 내장을 꺼낸 뒤 깨끗이 씻는다. 찹쌀은 깨끗이 씻어서 물에 잠시 불렸다가 건진다. 수삼, 대추, 깐밤, 마늘은 깨끗이 씻는다. 닭의 배 속에 불린 찹쌀과 준비한 수삼, 대추, 깐밤, 마늘을 넣고, 속 재료가 밖으로 나오지 않도록 잘 아물린다. 이때 다리를 ×자로 꼬아 실로 묶어 고정하거나, 한쪽 다리 안쪽에 칼집을 넣고 다른 쪽 다리를 엇갈리게 해서 칼집 사이에 끼운다. 이것을 솥에 넣고 물을 부어 센 불에서 끓이다가 한소끔 끓으면 불을 줄이고 푹 익힌다. 이때 국물 위에 뜨는 노란 기름은 걷어 낸다. 뜨거울 때 닭을 건져 탕그릇에 담고, 국물을 붓는다. 소금, 후춧가루를 곁들여 낸다. ○ 찹쌀 외에 녹두를 사용해도 좋고, 황기, 헛개나무, 엄나무, 오가피 등을 넣기도 한다. 삼계탕을 계삼탕이라고도 한다. 삼계탕, 영계백숙, 닭개장, 육개장 등은 더위를 이기고 몸을 보호하기 위한 삼복(三伏) 복달임 음식이다.

육개장

○ 소고기 300그램, 물 10컵, 육수용 대파 1대, 마늘 3쪽, 생강 ½톨, 소고기 양념(국간장 1큰술, 다진 파 1큰술, 다진 마늘 2작은술, 참기름 1큰술, 후춧가루 ½작은술), 대파 4대, 삶은 고사리 70그램, 숙주나물 70그램, 느타리버섯 70그램, 고추기름 5큰술, 국간장 적당량. ○ 소고기는 양지머리로

준비하여 찬물에 담가 핏물을 뺀다. 솥에 손질한 소고기를 담고 물, 육수용 대파, 마늘, 생강을 넣고 푹 끓인다. 처음에는 센 불로 끓이다가 끓으면 불을 줄여 서서히 끓인다. 떠오르는 거품은 수시로 걷어 낸다. 고기가 푹 익고 국물 맛이 충분히 우러나면, 소고기만 따로 건져 두고 육수는 고운 면포에 밭쳐 기름기를 걷어 낸다. 삶은 소고기는 한 김 식혔다가 결대로 곱게 찢고 분량대로 양념해서 무친다. 대파는 7센티미터 정도 길이로 썰어 끓는 물에 잠깐 데친다. 삶은 고사리는 5센티미터 정도 길이로 썬다. 숙주나물은 꼬리를 떼고 씻는다. 느타리버섯은 결대로 찢어서 끓는 물에 데친다. 맑은 육수를 끓이다가 준비한 소고기, 대파, 고사리, 숙주나물, 느타리버섯을 넣고 한소끔 끓인다. 고추기름을 넣어 색을 내고, 국간장을 넣어 간한다. 국그릇에 담아낸다. ○ 한여름 무더위로 지칠 때, 몸을 보양하기 위한 복달임 음식이다. 서울 육개장은 깃머리, 업진, 양지머리, 걸랑 등 다양한 고기와 함께 부재료로 대파만 넣고 끓이기도 하며, 달걀을 풀어 넣기도 한다. 경상도 육개장은 부재료로 토란대를 주로 사용한다. 유난히 더운 대구에서는 이열치열을 위해 파, 부추, 마늘 등을 많이 넣고 맵게 끓인 육개장을 즐기며, 이를 '대구탕'이라고도 한다. 제주 지역에서는 돼지고기를 푹 삶은 육수에 고사리를 많이 넣어 육개장을 끓인다.

고운 빛깔의 고추기름 만들기 ○ 고춧가루 1컵, 물 ⅔컵, 다진 마늘 1큰술, 생강즙 1작은술, 식용유 2컵. ○ 고춧가루에 물을 넣어 잘 섞은 뒤 다진 마늘, 생강즙을 고루 섞는다. 팬에 식용유를 끓여 150-160도 정도의 온도에서 앞서 섞은 놓은 것을 저어 주며 볶는다. 얻고자 하는 붉은색이 우러나면 고운 면포에 밭친다.

곰국

○ 도가니 2개, 양지머리 600그램, 곤자소니 300그램, 곱창 600그램, 양깃머리 300그램, 업진 600그램, 부아(허파) 200그램, 육수 물 50컵, 대파 2대, 마늘 7쪽, 생강 1톨, 무 ½개, 갖은양념(국간장 3큰술, 다진 파 3큰술, 다진 마늘 2큰술, 생강즙 2큰술, 참기름 2큰술, 깨소금 1큰술, 후춧가루 2작은술), 중파 7대, 소금 적당량, 후춧가루 약간. ○ 도가니는 토막을 쳐서 찬물에 3-4시간 담구어 핏물을 빼고 깨끗이 씻는다. 양지머리는 30분 정도 찬물에 담가 핏물을 빼고 씻어 둔다. 곤자소니는 칼끝으로 쪼개어, 먼저 소금으로 문질러 씻고 다시 밀가루로 박박 비벼가며 깨끗이 씻는다. 곱창도 기름 부분을 칼이나 가위로 잘라 낸 뒤 먼저 소금으로 씻고 다시 밀가루를 뿌려 가며 빨래하듯 빨아 물에 헹구면서 씻는다. 곱창 속은 수도꼭지에 대고 물을 흘러내리게 하여 씻는다. 양깃머리는

소금으로 박박 비벼 씻고 뜨거운 물에 튀해서 검은 표피를 칼로 말끔히 벗긴 뒤 안쪽의 기름과 막을 제거하고 깨끗이 씻는다. 업진과 부아는 소금물에 살짝 씻는다. 큰 솥에 물을 펄펄 끓이다가 손질한 도가니, 양지머리, 곤자소니, 곱창, 양깃머리, 업진, 부아를 넣어 살짝 데친다. 물은 따라 버린다. 대파는 다듬고 깨끗이 씻는다. 마늘은 껍질을 벗기고 깨끗이 씻는다. 생강은 껍질을 벗기고 깨끗이 씻어 저민다. 무는 씻어서 큼직큼직하게 썬다. 중파는 다듬고 씻어 흰부분만 송송 썬다. 큰 솥에 육수 물을 붓고 데친 도가니와 손질한 대파, 마늘, 생강을 넣고 끓인다. 끓어오르면 불을 줄이고 2-3시간 국물이 우러나도록 푹 곤다. 그 국물에 데친 양지머리, 곤자소니, 곱창, 양깃머리, 업진, 부아와 손질한 무를 넣고 다시 푹 곤다. 국물이 잘 우러나고 건더기가 무르게 되면, 먼저 무를 건져서 1×3×4센티미터 정도 크기로 썰고, 이어 고기도 건져서 먹기 좋은 크기로 썬 뒤 함께 갖은양념으로 버무린다. 국물은 차게 해서 기름을 말끔히 걷어 내고 다시 끓인다. 펄펄 끓으면 양념한 고기와 무를 넣고 잘 어우러질 때까지 끓여서 그릇에 담는다. 고명으로 송송 썬 중파를 얹는다. 소금, 후춧가루를 곁들여 낸다. ○ 도가니, 사골 등을 끓일 때 마늘, 파, 양파 등 채소를 넣으면 고기가 빨리 무른다. 곰국을 끓일 때 부아를 넣으면 내장의 누린 냄새가 적어진다. 곰국은 글리시닌 성분과 칼슘 등이 잘 용해되어 깊은 맛이 우러나고 영양성도 좋다.

갈비탕(가릿국)

○ 소갈비 1킬로그램, 무 250그램, 달걀 1개, 중파 2대, 육수 물 15컵, 갖은양념(국간장 1큰술, 소금 1작은술, 다진 파 3큰술, 다진 마늘 2큰술, 참기름 $\frac{1}{2}$ 큰술, 깨소금 1작은술, 후춧가루 $\frac{1}{2}$ 작은술), 소금 약간. ○ 소갈비는 탕용으로 준비하여 6센티미터로 정도 길이로 토막 내고 기름기는 제거한 뒤 찬물에 1-2시간 담가 핏물을 뺀다. 무는 깨끗이 씻어 껍질을 벗기고 2-3등분으로 큼직하게 썬다. 달걀은 황백으로 나누어 지단을 부쳐 직사각형으로 썬다. 중파는 다듬고 씻어서 송송 썬다. 물을 팔팔 끓이다가 손질한 갈비를 넣고 우르르 끓어오르면 소쿠리에 건진다. 국물은 버린다. 솥에 육수 물을 붓고 끓이다가 준비한 갈비와 무를 넣고 끓인다. 팔팔 끓어오르면 불을 줄이고 푹 끓인다. 위에 떠오르는 기름과 불순물은 걷어 낸다. 무가 익으면 중간에 먼저 건져 내어 3×3×1센티미터 정도 크기로 썬다. 갈비는 푹 무르도록 삶는데, 젓가락으로 갈빗살을 찔러 보아 잘 들어가면 건져서 무와 함께 갖은양념을 고루 섞은 뒤 다시 국에 넣고 한소끔 더 끓인다. 맛이 어우러지면 그릇에 담고, 고명으로 황백 지단과 송송 썬 중파를 얹어 낸다. 소금을 곁들인다.

설렁탕

○ 30인분—사골 1개, 소족(우족) 1개, 도가니 2개, 우설 1개, 양지머리 600그램, 사태 600그램, 지라 1개, 유통 $\frac{1}{2}$쪽, 육수 물 50컵, 대파 5대, 마늘 12쪽, 생강 5톨, 중파 3대, 후춧가루 약간, 굵은 고춧가루 약간, 소금 약간. ○ 사골, 소족, 도가니는 깨끗이 손질하고 큼직큼직하게 썬 뒤 찬물에 5-6시간 정도 담가 핏물을 뺀다. 중간에 물을 갈아 준다. 우설은 뜨거운 물에 튀해서 까칠까칠한 겉껍질을 제거한다. 양지머리, 사태, 지라, 유통은 깨끗이 씻어 잠시 물에 담가 핏물을 뺀다. 물을 팔팔 끓이다가, 앞서 손질한 재료를 넣고 우르르 끓어오르면 소쿠리에 건진다. 국물은 버린다. 큰 솥에 육수 물을 붓고 먼저 준비한 사골을 넣고 푹 곤다. 사골 국물이 어느 정도 우러나면 소족과 도가니를 넣고 끓이다가 팔팔 끓어오르면 불을 줄인 뒤 준비한 양지머리, 사태, 지라, 유통을 넣고 더 끓인다. 대파는 다듬고 씻어서 흰부분만 큼직큼직하게 썬다. 끓이는 도중에 준비한 대파, 마늘, 생강 등을 함께 넣고 더 끓인다. 거품과 불순물은 걷어 낸다. 국물이 뽀얗게 우러나고 양지머리 등 고기가 적당히 무르면, 고기는 건져서 수육으로 썰어 놓는다. 중파는 씻어 송송 썬다. 상에 낼 때 썰어 놓은 고기를 골고루 탕그릇에 담고 뜨거운 국물에 토렴한 뒤 국물을 붓는다. 준비한 중파, 후춧가루, 굵은 고춧가루, 소금은 따로 곁들인다. ○ 소머리를 함께 넣어 끓이면 더욱 깊은 맛이 난다.

미역냉국(미역찬국)

○ 마른미역 25그램, 오이 $\frac{1}{2}$개, 물 4컵, 국간장 1작은술, 설탕 2큰술, 소금 2작은술, 식초 2큰술. ○ 마른미역은 물에 담가 충분히 불리고 바락바락 주물러 씻어서 물기를 뺀 뒤 6-7센티미터 정도 길이로 썰고 끓는 물에 살짝 데쳐서 차게 식힌다. 오이는 깨끗이 씻고 4센티미터 정도 길이로 토막 내어 돌려 깎은 뒤 곱게 채 썬다. 물에 국간장, 설탕을 타서 잘 섞고 차게 한다. 찬 국물은 소금으로 간을 맞추고 준비한 미역과 오이채를 넣어 고루 섞는다. 국그릇에 담고 식초를 곁들여 낸다. ○ 얼음을 띄우기도 한다. 기호에 맞게 식초, 설탕 등의 양을 조절하되, 식초는 먹기 직전에 넣는 것이 좋다. 무더위가 기승을 부려 입맛을 잃기 쉬운 여름철에 새콤달콤하며 차가운 미역냉국, 오이냉국, 콩나물냉국, 가지냉국 등은 입맛을 돋우는 역할을 한다.

임자수탕(깻국탕)

○ 닭 1마리, 물 10컵, 생강 $\frac{1}{2}$톨, 대파 $\frac{1}{2}$대, 양념(국간장 1큰술, 소금 1작은술, 다진 파 1작은술, 다진 마늘 1작은술, 생강즙 2작은술, 깨소금 1큰술, 흰 후춧가루 $\frac{1}{2}$작은술), 볶은 참깨 1컵, 잣 $\frac{1}{2}$컵, 배

2개, 오이(중간 것) 1개, 불린 표고버섯 2장, 달걀 2개, 식용유 적당량, 소금 1큰술. ○ 닭은 중간 크기로 준비해서 물에 담가 피를 빼고 깨끗이 씻는다. 냄비에 물을 붓고 생강과 대파를 넣어 끓이다가 끓어오르면 닭을 넣고 삶는다. 닭이 무르게 익으면 건져서 껍질을 벗기고 살만 발라서 분량대로 양념 재료를 고루 섞어 무친다. 국물은 차게 식혀서 기름을 걷어 내고 육수로 쓴다. 볶은 참깨와 잣은 믹서에 넣고 육수를 부어 가며 곱게 간 뒤 체에 밭쳐 깻국을 만들고 차게 식힌다. 배는 껍질을 벗겨 직사각형으로 썬다. 오이는 깨끗이 씻고 4센티미터 정도 길이로 토막 내어 껍질만 직사각형으로 썬 뒤 소금에 절였다가 꼭 짜고 살짝 볶는다. 불린 표고버섯은 손질해서 오이와 같은 크기로 썰고 살짝 볶는다. 달걀은 황백 지단을 부쳐 직사각형으로 썬다. 그릇에 양념한 닭고기와 준비한 배, 오이, 표고버섯, 황백 지단을 색스럽게 담고 찬 깻국을 소롯이 부어 낸다. 먹을 때 소금으로 간한다. ○ 불린 해삼이나 전복을 넣으면 맛이 더 좋다. 이 경우 해삼이나 전복은 깨끗하게 손질해서 나붓나붓하게 썰고 양념해서 볶아 넣는다. 전복은 살짝 쪄도 좋다. 고기 완자를 고명으로 얹어 내기도 하고, 배나 오이 대신 밀국수를 넣기도 한다. 임자수탕은 참깨와 잣을 갈아 고소하게 만든 깻국의 일종이다.

찌개

찌개는 국에서 분화된 것으로 채소, 두부, 생선, 고기 등 갖은 재료를 뚝배기에 끓여 조화롭고 복합적인 맛을 내는 즉석요리이다. 국보다 건더기의 양이 많고 국물이 적은 게 특징으로, 크게 고추장과 된장으로 간을 맞추는 '토장찌개'와 새우젓국 등으로 맛을 내는 '젓국찌개'가 있다. 한국인이 가장 즐겨 먹는 음식 중 하나인 찌개는 뚝배기를 사용하기 때문에 구수한 향토의 맛도 느낄 수 있다. 찌개는 '조치'라고도 하는데 찌개보다 앞서 사용해 온 말이다.

된장찌개
○ 된장 3큰술, 고춧가루 1작은술, 속뜨물이나 멸치 육수 3컵, 애호박 100그램, 두부 70그램, 마른 표고버섯 1개, 풋고추 1개, 홍고추 ⅓개, 파 15그램, 다진 마늘 1작은술. ○ 된장과 고춧가루는 속뜨물이나 멸치 육수에 덩어리지지 않게 잘 풀어 국물을 만든다. 애호박은 깨끗이 씻어 0.3센티미터 정도 두께의 반달 모양으로 썬다. 두부는 사방 2센티미터 정도 크기로 썬다. 마른

표고버섯은 물에 불렸다가 꼭 짜고 은행잎 모양으로 썬다. 풋고추, 홍고추, 파는 깨끗이 씻어 어슷어슷하게 썬다. 뚝배기에 먼저 준비한 국물을 붓고, 손질한 표고버섯과 다진 마늘을 넣고 끓인다. 끓기 시작하면 손질한 애호박과 두부를 넣고, 끓어 넘치지 않도록 불을 줄인다. 손질한 풋고추, 홍고추, 파를 넣고 한소끔 끓여 낸다. ○ 된장찌개에 약간의 고추장을 넣고 끓이면 구수한 맛이 나며, 차돌박이 등 소고기를 넣어 끓이면 더욱 맛이 좋다. 돼지고기를 넣고 끓이기도 한다. 고춧가루 대신 청양고추를 넣으면 매콤한 맛을 즐길 수 있다. 무, 양파, 느타리버섯 등 다양한 부재료를 이용해서 끓일 수 있는 된장찌개는 우리 식탁에 빈번하게 오르는 친숙한 전통음식이다.

강된장찌개(강된장조치)

○ 된장 4큰술, 고추장 $\frac{1}{2}$ 큰술, 참기름 2작은술, 꿀 $\frac{1}{2}$ 큰술, 소고기 100그램, 소고기 양념(간장 $\frac{1}{2}$ 큰술, 설탕 1작은술, 다진 파 2작은술, 다진 마늘 1작은술, 생강즙 약간, 참기름 2작은술, 깨소금 1작은술, 후춧가루 약간), 마른 표고버섯 2개, 풋고추 1개, 홍고추 1개, 양지머리 육수 $\frac{1}{2}$ 컵.

○ 된장은 고추장, 참기름, 꿀을 넣고 잘 섞는다. 소고기는 살코기로 준비해서 곱게 채 썰고 분량대로 양념한다. 마른 표고버섯은 물에 불렸다가 물기를 꼭 짜고 곱게 채 썬다. 풋고추와 홍고추는 깨끗이 씻어 배를 갈라 씨를 털어내고 채 썬다. 준비한 재료는 모두 반씩 나눈다. 뚝배기에 소고기, 된장, 표고버섯채, 풋고추채, 홍고추채 순으로 먼저 절반을 담고 그 위에 나머지 절반을 담는다. 뚝배기 가장자리로 양지머리 육수를 소롯이 붓는다. 이것을 밥솥에 찌거나 중탕을 하고, 불에 올려 살짝 보글보글 끓여 낸다. ○ 중탕하지 않을 때는 약한 불에서 젓지 않고 은근히, 되직하게 끓인다. 알쌈을 고명으로 얹기도 한다. 맛이 일품인 강된장찌개는 밑반찬이나 쌈장으로도 훌륭하며, 반찬 선물로도 좋다.

청국장찌개

○ 청국장 5큰술, 소고기 70그램, 물 2컵, 배추김치 100그램, 파 20그램, 다진 마늘 1작은술.

○ 청국장은 대충 찧어 콩알이 많이 으깨지지 않은 것으로 준비한다. 소고기는 곱게 채 썬다. 배추김치는 잘 익은 것으로 준비해서 숭숭 썬다. 파는 어슷어슷하게 썬다. 두부는 도톰하게 썬다. 뚝배기에 준비한 소고기를 넣고 물을 부어 푹 끓인다. 고기 국물이 잘 우러나면 준비한 배추김치를 넣고 청국장을 잘 풀어 보글보글 끓이다가 준비한 두부와 파, 다진 마늘을 넣고 한소끔 끓여 낸다.

○ 청국장은 가을에 난 햇콩으로 만드는 것이 좋다. 은근한 불에 끓이면 더욱 맛이 좋다. 배추김치가

없을 때는 무를 넣고 끓이며, 이 경우 고춧가루를 약간 넣어서 끓이면 좋다. 청국장이 싱거울 때는 된장으로 간하면 좋다.

해물순두부찌개

○ 순두부 2컵, 모시조개 10개, 소금 적당량, 굴 50그램, 물 2컵, 풋고추 ½개, 홍고추 ½개, 파 ⅓대, 무 50그램, 다진 마늘 ½큰술, 새우젓국 1큰술. ○ 순두부는 부서지지 않게 준비한다. 모시조개는 고운 소금으로 박박 문질러 씻고, 다시 엷은 소금물에 담가 해감을 한다. 굴은 엷은 소금물에 살살 흔들어 씻고 체에 건진다. 냄비에 물을 붓고 해감한 모시조개를 넣어 끓인다. 한소끔 끓여 모시조개가 입을 벌리면 체에 면 보자기를 깔고 받쳐 맑은 조개 국물만 받아 둔다. 삶은 모시조개는 따로 건져 둔다. 풋고추와 홍고추는 둥글둥글하게 썰고 물에 헹궈 씨를 없앤다. 파는 어슷어슷하게 썬다. 무는 도톰하게 나박나박 썬다. 뚝배기에 맑은 조개 국물을 1컵 정도만 붓고 준비한 무를 넣어 끓인다. 무가 익으면 준비한 모시조개와 굴을 넣고 다시 바글바글 끓이다가 다진 마늘을 넣고, 새우젓국으로 간을 맞춘다. 여기에 순두부를 숟가락으로 떠 넣고 준비한 풋고추, 홍고추, 파를 넣어 한소끔 끓여 낸다. ○ 순두부는 반드시 다른 재료가 거의 익을 무렵 넣어야 하고, 순두부가 뭉그러져 지저분해 보이지 않도록 너무 휘젓지 말아야 한다. 순두부를 너무 오래 끓이면 부풀어 올라 탄력이 없어진다. 기호에 따라 소금, 고춧가루, 생강즙, 참기름, 후춧가루는 넣어 맛을 낸다. 매콤하고 칼칼한 순두부찌개를 원하면 고추기름, 고춧가루, 청양고추 등을 넣기도 한다. 만드는 방법에 따라서 연두부와 순두부가 있는데, 연두부는 물을 완전히 빼지 않고 어느 정도 남긴 채 플라스틱 주머니에 넣어 굳힌 것으로 매우 부드럽고 말랑말랑하며, 순두부는 콩물이 덩얼덩얼하게 응고되었을 때 그대로 웃물과 함께 떠낸 것이다.

맛살찌개

○ 맛살 200그램, 양념장(고추장 1큰술, 설탕 ½작은술, 다진 파 1큰술, 다진 마늘 1작은술, 생강즙 1작은술, 참기름 ½큰술, 깨소금 1작은술). ○ 맛살은 연한 소금물에 담가 해감을 하고 깨끗이 씻어 손질한다. 분량대로 고루 섞어 양념장을 만든다. 뚝배기에 맛살을 넣고, 그 위에 양념장을 고루 얹는다. 이것을 밥솥에 찌거나 중탕을 하고, 약한 불에서 잠깐 끓여 낸다. ○ 맛살은 3, 4월에 많이 나지만 6, 7월에 나는 남양 맛살이 제일 맛이 좋다. 맛살은 제물이 많아 찌개를 할 때 별도로 물을 넣지 않고 그대로 끓여도 된다. 제철 맛살찌개는 그 맛이 일품이며, 손쉽게 할 수 있는 별미 찌개다.

민어감정

○ 민어 1마리, 소고기 50그램, 소고기 양념(국간장 1작은술, 소금 $\frac{1}{2}$ 작은술, 설탕 1작은술, 다진 파 2작은술, 다진 마늘 1작은술, 생강즙 1작은술), 무 200그램, 파 50그램, 미나리 50그램, 고추장 3큰술, 속뜨물 3컵. ○ 민어는 중간 크기의 싱싱한 것으로 준비해서 비늘을 긁어내고 지느러미를 제거한 뒤 내장을 빼내고 깨끗이 씻는다. 씻은 민어는 머리, 꼬리, 뼈, 이리, 부레 등으로 분류해서 토막 낸다. 소고기는 채 썰어 분량대로 양념한다. 무는 깨끗이 씻어 5센티미터 정도 길이로 도톰하게 썬다. 파와 미나리는 다듬고 씻어 5센티미터 길이로 굵직하게 썬다. 전골냄비에 준비한 소고기와 무를 고추장으로 잘 버무려 넣고 속뜨물을 부어 끓인다. 국물이 펄펄 끓으면 손질한 민어를 넣고 더 끓이다가 준비한 파와 미나리를 넣고 국물 맛이 잘 어우러지게 끓여 낸다. ○ 신선한 생선을 고르는 기준은, 눈이 맑고 튀어나온 것, 아가미가 새빨갛고 선명한 것, 몸이 단단하고 탄력이 있으며 눌러 봤을 때 생선살에 자국이 오래 남지 않는 것, 생선 비린내 이외의 악취가 없는 것, 생선 껍질에 비늘이 잘 붙어 있고 윤기가 나는 것, 잘랐을 때 생선살에서 윤기가 나는 것, 뼈가 살에 붙어 있는 것 등이다.

게감정

○ 꽃게 4마리, 소고기 100그램, 소고기 양념(간장 2작은술, 설탕 1작은술, 다진 파 2작은술, 다진 마늘 1작은술, 참기름 2작은술, 깨소금 1작은술, 후춧가루 약간), 두부 60그램, 숙주 70그램, 마른 표고버섯 10그램, 녹두녹말 1큰술, 소 양념(소금 1작은술, 설탕 1작은술, 다진 파 2작은술, 다진 마늘 1작은술, 생강즙 1작은술, 참기름 2작은술, 깨소금 1작은술, 후춧가루 약간), 밀가루 1큰술, 달걀 2개, 식용유 3큰술, 국물(소고기 50그램, 고추장 2큰술, 된장 $\frac{1}{2}$ 큰술, 다진 마늘 1작은술, 무 30그램, 물 4컵), 파 50그램, 풋고추 1개. ○ 꽃게는 솔로 깨끗이 씻고 잔발과 집게발 윗부분을 잘라 낸 뒤 등딱지를 떼고 안에 있는 속을 긁어서 따로 모아 둔다. 꽃게 등딱지는 물기를 닦아 따로 둔다. 꽃게 몸통은 물기를 잘 닦아 도마 위에 놓고, 다리를 잡고 밀대로 힘껏 밀어 게살을 빼낸다. 게살과 따로 모아 둔 등딱지 속을 함께 다진다. 소고기는 다져서 분량대로 양념한다. 두부는 으깨어 물기를 꼭 짠다. 숙주는 다듬어서 소금물에 데치고 꼭 짜서 송송 썬다. 마른 표고버섯은 물에 불렸다가 씻고 꼭 짜서 다진다. 준비한 게살, 소고기, 두부, 숙주, 표고버섯을 고루 섞은 뒤 녹두녹말과 소 양념 재료를 분량대로 넣고 잘 버무려 소를 만든다. 꽃게 등딱지 안쪽에 밀가루를 고루 뿌리고, 빈틈없이 편평하게 소를 꼭꼭 채워 넣는다. 그 위에 밀가루를 솔솔 뿌리고 달걀을 풀어 옷을 입힌다. 달군 팬에

식용유를 두르고, 소를 채운 꽃게 등딱지를 눌러 가면서 지진다. 국물은 분량대로 소고기를
나붓나붓하게 썰어 고추장, 된장, 다진 마늘과 함께 주물러 냄비에 넣고 잠깐 볶은 뒤 무를 나박나박
썰어 넣고 물을 부어 끓인다. 이때 게살을 발라낸 껍질을 함께 넣고 끓이다가 국물 맛이 충분히
우러나면 건져 낸다. 끓는 국물에 소를 채워 지진 꽃게 등딱지를 넣고 한소끔 더 끓이다가 파와
풋고추를 어슷어슷하게 썰어서 얹고 조치보에 담아낸다.

전골

전골은 쇠고기, 버섯, 두부, 채소 등을 냄비나 전골틀에 돌려 담고 육수를 부어 가며 끓여 먹는
전통음식이다. 주재료에 따라 버섯전골, 두부전골, 곱창전골 등이 있으며 밥상, 술상, 교자상 등에
두루 오른다. 전골의 유래에는 여러 가지 설이 있는데, 언론인 장지연(張志淵)이 애국계몽운동을
위해 저술한 역사서 『만국사물기원역사(萬國事物紀原歷史)』(1909, 황성신문사)에 다음과 같은
기록이 있다. "상고 시대에 진중 군사들의 머리에 쓰는 전립(氈笠)은 철로 된 것이었는데 진중에서는
기구가 변변치 않아 자기들이 썼던 철관(鐵冠)에 고기나 생선 같은 음식을 넣어 끓여 먹었다고 한다.
이것저것 마구 넣어 끓여 먹던 것이 이어져서 여염집에서도 냄비를 전립 모양으로 만들어 고기와
채소 등 여러 재료를 넣고 끓여 먹었으니 이를 전골이라 한다."

송이버섯전골
○ 송이버섯 300그램, 팽이버섯 50그램, 느타리버섯 60그램, 마른 표고버섯 40그램, 소고기 200그램,
양념(간장 1큰술, 설탕 1작은술, 다진 파 1큰술, 다진 마늘 ½작은술, 참기름 1큰술, 깨소금 2작은술,
후춧가루 약간), 실파 50그램, 홍고추 1개, 양파 ½개, 잣 1작은술, 양지머리 육수 3컵, 국간장 ½큰술,
소금 1작은술. ○ 송이버섯은 갓이 피지 않은 동자송이로 준비해서 칼로 밑동의 흙을 살살 긁어내고
송이버섯 모양이 나도록 길이로 도톰하게 썬다. 송이버섯 1개는 그대로 남겨 둔다. 팽이버섯은 뿌리
쪽을 자르고 손질한다. 느타리버섯은 데쳐서 길이로 찢는다. 마른 표고버섯은 불렸다가 포를 뜬다.
소고기는 채 썬다. 분량대로 고루 섞어 양념을 만든 뒤 손질한 느타리버섯, 표고버섯, 소고기에
나누어 넣고 각각 양념한다. 실파는 다듬어 씻고 4센티미터 정도 길이로 썬다. 홍고추는 반을 갈라
씨를 털어내고 실파와 같은 길이로 채 썬다. 양파는 채 썬다. 잣은 고깔을 떼고 마른행주로 닦는다.

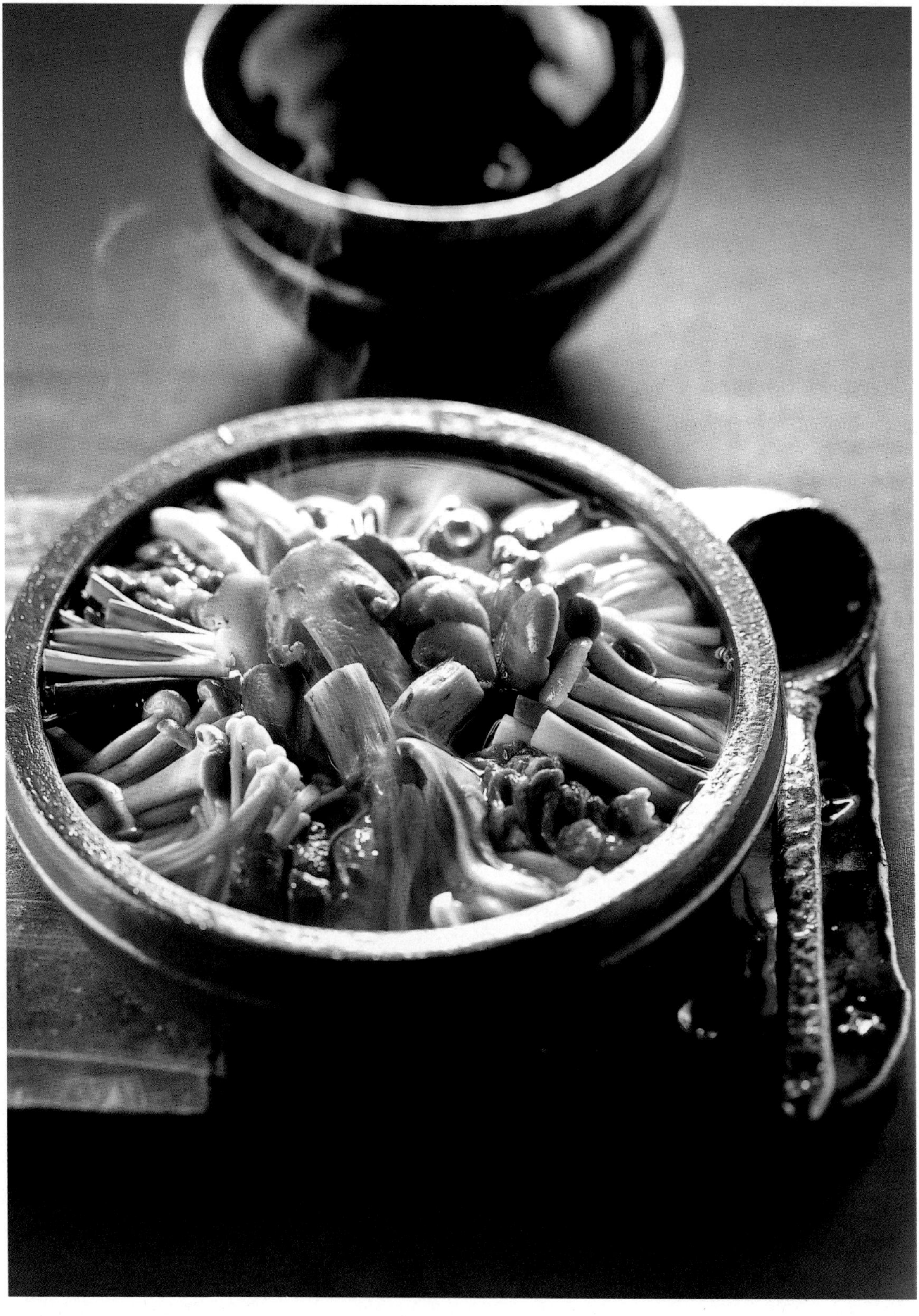

송이버섯전골

전골냄비에 준비한 고기와 양파를 깔고, 그 위에 준비한 송이버섯, 팽이버섯, 느타리버섯, 표고버섯, 실파, 홍고추를 색색으로 보기 좋게 돌려 담는다. 중앙에 남겨 둔 송이버섯을 놓아 장식하고 준비한 잣을 얹는다. 양지머리 육수에 국간장, 소금을 넣고 간한 뒤 전골냄비에 붓고 끓여 낸다.

낙지전골

○ 낙지 2마리, 밀가루 2큰술, 낙지 양념(소금 ½작은술, 다진 파 2작은술, 다진 마늘 1작은술, 생강즙 ½작은술, 참기름 1큰술, 후춧가루 약간), 소고기 100그램, 소고기 양념(간장 ½큰술, 설탕 ½작은술, 다진 파 ½큰술, 다진 마늘 1작은술, 생강즙 ½작은술, 참기름 1작은술, 깨소금 1작은술, 후춧가루 약간), 마른 표고버섯 30그램, 느타리버섯 60그램, 팽이버섯 50그램, 홍고추 1개, 실파 70그램, 양파 ½개, 육수 3컵, 국간장 ½큰술, 소금 1작은술. ○ 낙지는 내장을 제거하고 밀가루로 문질러 씻은 뒤 8센티미터 정도 길이로 썰고 분량대로 양념한다. 소고기는 채 썰고 분량대로 양념한다. 마른 표고버섯은 물에 불렸다가 기둥을 자르고 0.7센티미터 정도 너비로 썬다. 느타리버섯도 손질해서 길이로 찢는다. 팽이버섯은 밑동을 자르고 손질한다. 홍고추는 씨를 빼고 채 썬다. 실파는 5센티미터 정도 길이로 썬다. 양파는 채 썬다. 전골냄비에 준비한 양파를 깔고 그 위에 준비한 소고기, 표고버섯, 느타리버섯, 팽이버섯, 홍고추, 실파를 색스럽게 돌려 담는다. 중앙에 낙지를 소복하게 담는다. 육수에 국간장, 소금을 넣어 간한 뒤 전골냄비에 붓고 끓여 가며 먹는다. ○ 전골은 특정 재료의 맛이 두드러지는 것보다 여러 재료들이 서로 잘 어우러져 은은한 맛이 우러나도록 하는 것이 중요하다. 해삼, 조개 관자, 새우 등을 같이 넣어도 좋은데, 이 경우 각기 따로 양념해서 담아야 제맛을 낼 수 있다. 낙지는 고운 고춧가루에 버무리고 갖은양념을 해서 끓이기도 하고, 껍질을 벗겨 사용하기도 한다.

두부전골

○ 부침두부 1모, 녹두녹말 1큰술, 소고기 200그램, 소고기 양념(간장 2작은술, 소금 약간, 설탕 1작은술, 다진 파 2작은술, 다진 마늘 1작은술, 참기름 1작은술, 깨소금 ½작은술, 후춧가루 약간), 불린 표고버섯 5장, 표고버섯 양념(간장 1큰술, 설탕 1작은술, 다진 파 2작은술, 다진 마늘 1작은술, 참기름 1작은술, 깨소금 ½작은술), 부추 80그램, 양파 80그램, 당근 80그램, 육수 3컵, 국간장 2작은술, 소금 약간. ○ 부침두부는 0.7×2.5×4센티미터로 썰어 소금을 약간 뿌려 두었다가 물기를 제거하고, 녹두녹말을 고루 묻힌 뒤 달군 팬에 식용유를 두르고 한쪽만 노릇노릇하게 부친다.

소고기는 채 썰어 분량대로 양념하고 그 중 ⅓은 다시 곱게 다진다. 부치지 않은 쪽을 마주보게 해서 두부 2장을 놓고 그 사이에 곱게 다진 소고기를 고루 펴서 얄팍하게 채운 뒤 서로 떨어지지 않게 잘 붙인다. 불린 표고버섯은 물기를 꼭 짜고 채 썰어 분량대로 양념한다. 부추는 다듬어 씻고 5센티미터 정도 길이로 썬다. 양파는 채 썬다. 당근은 껍질을 벗기고 씻어 5센티미터 정도 길이로 채 썬다. 전골냄비에 준비한 소고기채, 표고버섯채, 부추채, 양파채, 당근채를 색스럽게 돌려 담고 그 위에 준비한 두부를 가지런히 올린다. 육수에 국간장과 소금을 넣고 간한 뒤 전골냄비에 붓고 끓인다. 끓기 시작하면 불을 줄이고 끓이면서 먹는다. ○ 다진 소고기를 채워 붙인 두부는 데친 미나리로 묶기도 한다. 전골냄비 중앙에 달걀을 넣어 장식하기도 한다.

곱창전골

○ 소 곱창 700그램, 양 700그램, 양지머리 200그램, 육수 물 10컵, 육수용 양파 ½개, 마늘 6쪽, 생강 ½톨, 소 곱창 양념(국간장 1큰술, 소금 약간, 고추장 1큰술, 고춧가루 2큰술, 다진 파 2큰술, 다진 마늘 2작은술, 생강즙 1작은술, 참기름 2작은술, 후춧가루 약간), 양파 ½개, 당근 60그램, 풋고추 6개, 불린 표고버섯 4장, 표고버섯 양념(간장 1작은술, 설탕 ½작은술, 참기름 1작은술, 후춧가루 약간), 느타리버섯 100그램, 느타리버섯 양념(소금 ¼작은술, 다진 파 1작은술, 참기름 ½작은술, 후춧가루 약간), 국간장 1작은술, 소금 약간, 후춧가루 약간. ○ 소 곱창은 굳기름을 제거하고 소금과 밀가루로 바락바락 주물러 깨끗이 씻는다. 곱창 속도 물을 흘려 보내면서 말끔히 씻는다. 양은 소금과 밀가루로 문질러 깨끗이 씻고 뜨거운 물에 튀해서 껍질을 벗긴 뒤 다시 깨끗이 씻는다. 양지머리는 찬물에 담가 핏물을 뺀다. 육수용 양파는 큼직하게 썬다. 마늘은 껍질을 벗기고 씻는다. 생강은 편으로 썬다. 손질한 소 곱창, 양, 양지머리는 끓는 물에 살짝 데친다. 두꺼운 냄비에 육수 물을 붓고 육수용 양파, 마늘, 생강과 함께 데친 소 곱창, 양, 양지머리를 넣어 무르도록 삶은 뒤 체에 밭쳐 육수로 쓴다. 부드럽게 삶아진 소 곱창, 양, 양지머리는 4센티미터 정도 길이로 채 썰고 분량대로 양념한다. 양파는 5센티미터 정도 길이로 굵게 채 썬다. 당근은 양파와 같은 길이로 채 썬다. 풋고추는 씨를 제거하고 채 썬다. 불린 표고버섯은 물기를 꼭 짜고 굵게 채 썰어 분량대로 양념한다. 느타리버섯은 적당히 갈라 끓는 물에 데치고 분량대로 양념한다. 전골냄비에 준비한 소 곱창, 양, 양지머리, 양파, 당근, 풋고추, 표고버섯, 느타리버섯을 보기 좋게 돌려 담는다. 육수(5컵)에 국간장, 소금, 후춧가루를 넣고 간한 뒤 전골냄비에 붓고 끓인다. 한소끔 끓으면 불을 약하게 줄이고 끓여 가며 먹는다.

열구자탕 — 신선로(神仙爐)

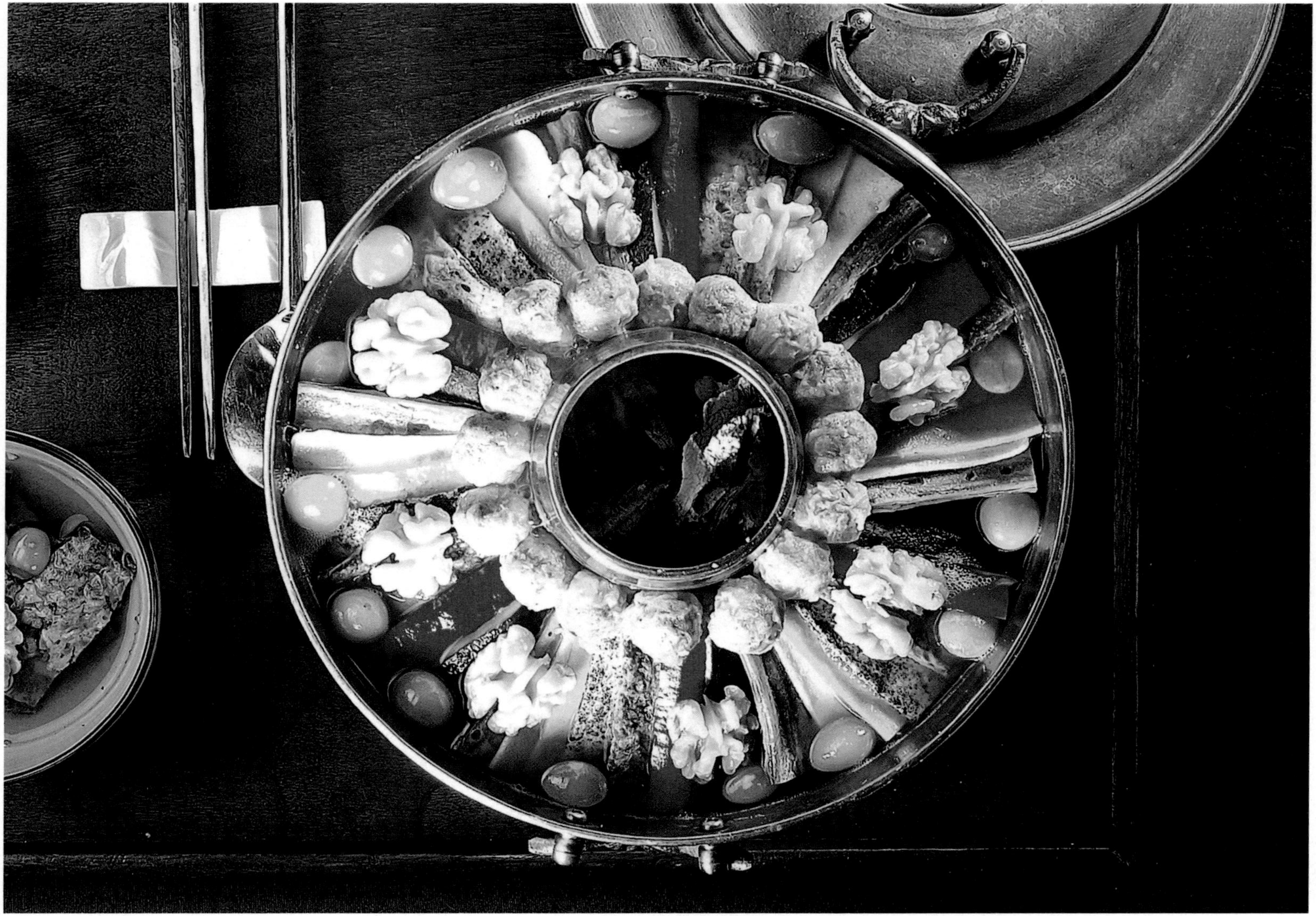

열구자탕 - 신선로(神仙爐)

○ 양지머리 200그램, 무 100그램, 당근 70그램, 소고기 150그램, 소고기 양념(간장 1작은술, 소금 약간, 설탕 $\frac{1}{2}$ 작은술, 다진 파 1작은술, 다진 마늘 $\frac{1}{2}$ 작은술, 참기름 1작은술, 깨소금 $\frac{1}{2}$ 작은술, 후춧가루 약간), 두부 50그램, 달걀 5개, 천엽 100그램, 소간 100그램, 우유 $\frac{1}{2}$ 컵, 흰살생선 100그램, 마른 전복 1개, 참기름 약간, 마른 해삼 2개, 해삼 양념(참기름 약간, 소금 약간), 석이버섯 5장, 미나리 50그램, 홍고추 5개, 마른 표고버섯 3장, 표고버섯 양념(간장 약간, 다진 마늘 약간, 참기름 약간, 깨소금 약간), 은행 15개, 호두 6개, 잣 2큰술, 국간장 $\frac{1}{2}$ 작은술, 소금 약간, 후춧가루 약간.

○ 양지머리는 물에 담가 핏물을 빼고 두꺼운 냄비에 넣어 물(7컵)을 붓고 끓이다가 무와 당근을 넣고 푹 끓인다. 무가 익으면 당근과 함께 건져 내고 계속 끓인다. 고기가 무르게 익고 국물이 충분히 우러나면 양지머리도 건져 낸다. 국물은 체에 밭쳐 맑은 육수로 쓴다. 건져 낸 양지머리와 무는 직사각형으로 썬다. 당근은 두께 0.3센티미터, 너비 3센티미터, 길이는 신선로 틀에 맞게 썬다. 소고기는 살코기로 준비해서 두께 0.3센티미터로 포를 뜨고 분량대로 양념한다. 두부는 으깨서 물기를 꼭 짠다. 고기에 양념이 잘 스며들면, 그 중 $\frac{1}{3}$ 은 곱게 다져서 으깬 두부와 함께 고루 섞고 지름 1.2센티미터 정도 크기로 완자를 빚는다. 완자는 밀가루를 묻히고 달걀물을 입혀서 팬에 굴려 가며 익힌다. 천엽은 소금으로 문질러 씻고 뜨거운 물에 튀하여 껍질을 깨끗이 벗긴 뒤 칼집을 넣는다. 소간은 우유에 잠시 담갔다가 껍질을 벗기고 끓는 물에 삶는데 $\frac{2}{3}$ 정도 익으면 건져서 포를 뜬다. 준비한 소고기, 천엽, 간은 각각 밀가루와 달걀물을 입히고, 팬에 지져서 육전, 천엽전, 간전을 만든 뒤 식혀서 당근과 같은 크기로 썬다. 마른 전복은 큰 것으로 준비해서 물에 불렸다가 찜솥에 찌고 포를 떠서 팬에 참기름을 약간 두르고 살짝 지진다. 마른 해삼은 물에 불렸다가 삶기를 여러 차례 반복해서 부드러워지면 길게 넷으로 쪼개고 분량대로 양념한다. 석이버섯은 뜨거운 물에 불렸다가 손으로 비벼 가며 뒷면의 이끼를 제거하고 깨끗이 씻어 물기를 꼭 짠다. 손질한 석이버섯은 곱게 다지고 달걀 흰자를 잘 풀어서 고루 섞은 뒤 석이 지단을 부친다. 미나리는 잎을 떼고 줄기만 다듬어 살짝 데친다. 데친 미나리는 꼬치에 너비 3센티미터 정도 크기로 끼우고 앞뒤로 밀가루와 달걀물을 입혀서 미나리초대를 만든다. 홍고추는 씨를 빼고 씻는다. 남은 달걀은 황백으로 분리해서 지단을 부친다. 석이 지단, 미나리초대, 홍고추, 황백 지단은 당근과 같은 크기로 썬다. 마른 표고버섯은 큰 것으로 준비해서 물에 불렸다가 씻어서 물기를 꼭 짜고 3센티미터 정도 너비로 썰어서 분량대로 양념한다. 은행은 팬에 굴리면서 파랗게 볶아 마른행주에 싸고 비벼서 껍질을 벗긴다. 호두는 뜨거운 물에 담갔다가 건져서 나무꼬챙이로 속껍질을 벗긴다. 잣은 깨끗이 닦는다.

신선로에 준비한 양지머리와 무를 깔고, 그 위에 당근, 육전, 천엽전, 간전, 전복, 해삼, 석이 지단, 미나리초대, 홍고추, 황백 지단, 표고버섯을 색을 맞춰 돌려 담는다. 신선로 화통 주위에 준비한 완자를 돌려 담고, 은행, 호두, 잣을 얹는다. 맑은 육수(5컵)에 국간장, 소금, 후춧가루를 넣고 간한 뒤 신선로에 붓고 끓여 가며 먹는다. ○ 각종 채소를 볶거나 달걀 지단, 미나리초대를 부칠 때는 반드시 팬을 약간 달군 다음에 식용유를 두르고 조리하는 것이 좋다.

마른 해삼 불리기 ○ 해삼을 하루 정도 찬물에 담갔다가, 20여 분 삶고 다시 찬물에 담그기를 서너 번 반복한다. 손가락을 마른행주로 감아 내장을 깨끗이 제거한 뒤 다시 30분 정도 더 삶으면 해삼의 크기와 질감이 생물일 때와 비슷해진다. 해삼을 불리는 동안 기름기가 들어가지 않도록 하고, 손으로 주무르지 않도록 조심한다.

찜

찜은 고기나 채소에 갖은양념을 해서 국물이 바특하도록 흠씬 삶거나 쪄서 만든 음식이다. 재료에 따라서는 육류 찜, 어패류 찜, 채소류 찜이 있고, 찌는 방식에 따라서는 수증기 찜, 건열 찜 등이 있다.

갈비찜(가리찜)
○ 소갈비 1.8킬로그램, 마른 표고버섯 5개, 무 300그램, 당근 1개, 은행 ½컵, 밤 8개, 대추 10개, 미나리 50그램, 달걀 2개, 양파 1개, 양념장(간장 8큰술, 설탕 4큰술, 배즙 ½컵, 다진 파 6큰술, 다진 마늘 3큰술, 생강즙 2작은술, 참기름 3큰술, 깨소금 3큰술, 후춧가루 1작은술, 육수 8컵), 잣가루 1큰술. ○ 소갈비는 5센티미터 정도 길이로 토막 내서 찬물에 담가 핏물을 뺀 뒤 기름을 떼어 내고 굵은 칼집을 두세 번씩 넣는다. 냄비에 물을 넉넉하게 붓고 끓이다가, 팔팔 끓으면 손질한 소갈비를 넣는다. 한소끔 끓으면 소갈비는 건져 내고, 국물만 다시 끓여서 체에 밭친 뒤 차게 식혀 기름을 걷어 내고 맑은 육수로 쓴다. 마른 표고버섯은 물에 불렸다가 기둥을 자르고 3-4쪽으로 썬다. 무와 당근은 껍질을 벗기고 씻어 사방 3센티미터 정도 크기로 썰고 모난 곳이 없도록 모서리를 둥글게 깎는다. 은행은 파랗게 볶아서 속껍질을 벗긴다. 밤은 겉껍질과 속껍질을 벗긴다. 대추는 씨를 빼고 반으로 썬다. 미나리는 초대를 만든다. 달걀은 황백 지단을 부쳐 마름모꼴로 썬다. 양파는 큼직하게 썬다.

분량대로 고루 섞어 양념장을 만들고, 준비한 소갈비를 하나씩 넣어 버무린다. 두꺼운 냄비에 양념한 소갈비와 손질한 양파를 넣고 나머지 양념장을 부어 센 불에서 끓인다. 한소끔 끓으면 불을 줄이고 준비한 표고버섯, 무, 당근, 은행, 밤, 대추를 넣고 약한 불에서 푹 끓인다. 소갈비에 양념이 충분히 스며들도록 국물을 가끔씩 끼얹어 준다. 소갈비가 무르고, 양념이 잘 스며들면 합이나 찜 그릇에 담고, 황백 지단과 미나리초대 등으로 장식한다. 잣가루를 뿌려 낸다. ○ 소갈비에 여러 가지 부재료를 섞어 누린 맛을 없애고 부드럽게 만든 음식으로, 많은 분량의 찜을 할 때는 필요한 만큼씩 덜어서 끓여야 재료들이 너무 무르지 않고, 소갈비도 살과 뼈가 분리되지 않는다. 갈비찜은 명절이나 잔치에 빠지지 않는 음식으로, 돼지갈비로도 만든다.

사태찜

○ 사태 1.2킬로그램, 양파 1개, 물 8컵, 사태 양념(간장 7큰술, 설탕 4큰술, 꿀 2큰술, 배즙 $\frac{1}{2}$컵, 다진 파 3큰술, 다진 마늘 2큰술, 생강즙 2작은술, 참기름 2큰술, 깨소금 2큰술, 후춧가루 약간), 마른 표고버섯 5개, 당근 $\frac{1}{2}$개, 은행 10개, 밤 7개, 달걀 1개. ○ 사태를 물에 담가 핏물을 빼고 깨끗이 씻는다. 양파는 큼직하게 썬다. 냄비에 물을 붓고 손질한 사태와 양파를 넣어 삶는다. 삶으면서 거품을 제거한다. 삶은 사태는 건져서 4센티미터 정도 크기로 썰고 분량대로 양념한다. 이때 양념은 일부 남겨 둔다. 국물은 체에 밭치고 식혀서 기름을 걸어 내고 맑은 육수로 쓴다. 마른 표고버섯은 물에 불렸다가 기둥을 떼어 내고 4등분한다. 당근은 사방 3센티미터 정도 크기로 썰고 밤톨만 하게 모서리를 둥글게 깎는다. 은행은 미지근한 소금물에 담갔다가 살짝 볶아 마른행주로 싸고 비벼서 껍질을 벗긴다. 밤은 겉껍질과 속껍질을 벗긴다. 달걀은 황백 지단을 부쳐 마름모꼴로 썬다. 두꺼운 냄비에 양념한 사태와 손질한 표고버섯, 당근, 은행, 밤을 넣고 육수(6컵)를 가만히 부어 끓인다. 한소끔 끓으면 불을 줄이고 남겨 둔 양념을 넣는다. 국물을 끼얹어 가며 양념이 스며들도록 조린다. 그릇에 담고, 고명으로 달걀 지단을 얹어 낸다. ○ 양파는 고기의 누린내를 없애고 맛을 돋우는 역할을 하므로 처음부터 넣는다.

닭찜

○ 닭 1마리, 대파 2대, 생강 $\frac{1}{2}$톨, 닭살 양념(소금 1큰술, 다진 파 2큰술, 다진 마늘 1큰술, 생강즙 2작은술, 참기름 1큰술, 깨소금 1큰술, 후춧가루 1작은술), 마른 표고버섯 3개, 마른 목이버섯 3개, 석이버섯 5장, 닭 국물 간(소금 1작은술, 후춧가루 약간), 녹두녹말 2큰술, 물 2큰술, 달걀 2개.

○ 닭은 중간 크기로 준비해서 내장을 제거하고 잠시 물에 담가 핏물을 뺀 뒤 깨끗이 씻어 소금과 후춧가루를 약간씩 뿌려 놓는다. 대파는 큼직하게 썬다. 생강은 껍질을 벗기고 편으로 썬다. 냄비에 손질한 닭과 대파를 넣고 재료가 잠길 정도로 물을 붓고 푹 삶는다. 끓기 시작할 때 생강을 넣는다. 닭이 무르게 익으면 건져서 뼈와 껍질을 제거하고 살만 굵직하게 뜯어서 분량대로 양념한다. 국물은 체에 밭치고 식혀서 기름을 걷어 낸다. 마른 표고버섯은 물에 불렸다가 기둥을 자르고 굵게 썬다. 마른 목이버섯은 물에 불렸다가 깨끗이 씻고 채 썬다. 석이버섯은 뜨거운 물에 불렸다가 손으로 비벼 가며 뒷면의 이끼를 제거하고 깨끗이 씻은 뒤 물기를 꼭 짜고 곱게 채 썰어 살짝 볶는다. 국물에 소금과 후춧가루를 넣어 간하고, 손질한 표고버섯을 넣고 다시 끓인다. 국물이 끓을 때 녹두녹말을 물에 타서 조금씩 부으면서 저어 준다. 국물이 걸쭉해지면 손질한 목이버섯을 넣고, 다시 끓어오를 때 달걀을 풀어 줄알을 친다. 양념한 닭살을 그릇에 담고, 걸쭉하게 끓인 국물을 붓는다. 고명으로 석이버섯채를 얹어 낸다. ○ 주로 궁과 반가에서 만들던 음식으로 궁중닭찜이라고도 한다. 뼈는 추려내고 살만 양념해서 먹기 편하며, 녹두녹말을 풀어 걸쭉하고 맵지 않게 만든 것이 특징이다.

북어찜

○ 북어포 2마리, 대파 1대, 양념장(간장 4큰술, 설탕 2큰술, 다진 파 2큰술, 다진 마늘 1큰술, 생강즙 1작은술, 참기름 3큰술, 들기름 1큰술, 깨소금 2큰술, 후춧가루 약간, 육수 2컵), 실고추 약간, 잣가루 ½큰술. ○ 북어포는 흐르는 물에 씻고 물기를 제거한 뒤 머리, 지느러미, 꼬리를 떼어 내고 가시를 발라내어 7센티미터 정도 길이로 토막 낸다. 대파는 다듬고 씻어 흰 부분만 채 썬다. 분량대로 고루 섞어 양념장을 만들고 손질한 북어포 하나하나에 잘 버무려 냄비에 켜켜이 담는다. 남은 양념장을 끼얹어 가며 서서히 졸이듯이 끓인다. 북어포에 간이 고루 배고 부드럽게 익으면 준비한 파채, 실고추를 얹고 잠깐 더 익혀 그릇에 담는다. 잣가루를 뿌려 낸다. ○ 북어포에 양념장을 고루 얹고 찜솥에 찌기도 한다. 통북어를 사용할 경우, 방망이로 두들기고 물에 담가 부드럽게 불려서 물기를 제거한 뒤 몸통을 갈라서 지느러미, 머리, 꼬리를 떼어 내고 가시를 발라내서 사용한다.

도미찜

○ 도미 1마리, 도미 밑간(소금 약간, 후춧가루 약간), 밀가루 3큰술, 달걀 2개, 소고기 200그램, 소고기 양념(간장 1½큰술, 설탕 2작은술, 다진 파 1큰술, 마늘 2작은술, 참기름 2작은술, 깨소금 1작은술, 후춧가루 ⅓작은술), 표고버섯 10그램, 석이버섯 3장, 목이버섯 3장, 목이버섯 양념(간장

1작은술, 참기름 1작은술), 미나리 50그램, 당근 150그램, 쑥갓 100그램, 달걀 2개, 육수 3컵, 국간장 1작은술, 소금 약간, 설탕 1작은술. ○ 도미는 중간 크기의 신선한 것으로 준비해서 비늘을 긁어내고 내장을 제거한 뒤 깨끗이 손질해서 씻는다. 손질한 도미는 포를 뜨고 토막 내서 밑간해 두었다가 밀가루 묻히고 달걀물을 입혀서 도미전을 부친다. 포를 뜨고 발라낸 도미 머리와 뼈는 국물의 맛을 내는 데 쓴다. 소고기는 가늘게 채 썰고 분량대로 양념한다. 표고버섯과 석이버섯은 손질해서 직사각형으로 썰고, 목이버섯은 손질하고 분량대로 양념해서 볶는다. 미나리는 소금물에 살짝 데쳐서 꼬치에 꿴 뒤 밀가루를 묻히고 달걀물을 입혀서 미나리초대를 부친다. 당근은 깨끗이 씻어 너비 2센티미터, 길이 4센티미터 정도 크기로 썬다. 쑥갓은 깨끗이 씻는다. 달걀은 황백 지단을 부쳐 직사각형으로 썬다. 두꺼운 냄비에 양념한 소고기를 넣고 그 위에 도미 머리와 뼈를 적당히 잘라 얹은 뒤 육수를 붓고 끓인다. 어느 정도 끓었을 때 도미 머리와 뼈를 건져 내고, 국간장, 소금, 설탕을 넣어 간한다. 끓는 국물에 도미전을 얹고, 준비한 표고버섯, 석이버섯, 목이버섯, 미나리초대, 당근, 쑥갓, 황백 지단을 색 맞추어 얹는다. 한소끔 더 끓여 낸다. ○ 담백한 맛의 찜으로, 봄철 영양식으로 좋다.

선

선은 오이, 가지, 호박, 두부와 같은 재료들에 소를 넣고 녹두녹말을 씌워 살짝 찐 뒤 초간장에 찍어 먹는 음식이다. 옛 조리서에는 "늙은 동아 같은 것을 도독하게 저미서 살짝 데쳐 내어 간장에 기름을 넣고 끓인 다음 물에 우려서, 다시 새 간장에 생강을 다져 넣고 달여서 초를 쳐 쓴다"고 했으며, 황과선, 동아선, 고추선, 두부선 등 식물성 선과 어선, 양선, 청어선 등 동물성 선에 대한 기록이 있다. 지금의 선은 식물성 재료를 주로 한다.

두부선

○ 두부 300그램, 닭 가슴살 100그램, 닭 가슴살 양념(소금 2작은술, 설탕 1작은술, 다진 파 1큰술, 다진 마늘 ½큰술, 참기름 1작은술, 깨소금 1작은술, 흰 후춧가루 약간), 표고버섯 2장, 석이버섯 3장, 달걀 1개, 실고추 1그램, 잣 1작은술, 겨자즙(겨잣가루 2큰술, 물 1큰술, 식초 2큰술, 설탕 1큰술, 소금 1작은술). ○ 두부는 물기를 짜서 곱게 으깬다. 닭 가슴살은 곱게 다지고 분량대로 양념해서 고루

무친다. 으깬 두부와 양념한 닭가슴살은 섞어 반죽하고 네모지게 반대기를 만든다. 표고버섯과 석이버섯은 손질해서 곱게 채 썬다. 달걀은 황백 지단을 얇게 부쳐 가늘게 채 썬다. 실고추는 2센티미터 길이로 썬다. 잣은 길이로 반을 썰어 비늘잣을 만든다. 찜기에 젖은 면포를 깔고, 두부와 닭 가슴살 반대기를 얹은 뒤 고명으로 표고채, 석이채, 황백 지단채, 실고추, 비늘잣을 얹는다. 그 위에 젖은 면포를 덮고 김이 오르는 찜솥에 10분 정도 찐 뒤 네모지게 썬다. 겨자즙을 곁들여 낸다.
〇 겨자즙에 연유와 배즙을 더하면 더욱 맛이 좋다.

가지선

〇 가지 2개, 연한 소금물(소금 1큰술, 물 3컵), 소고기 100그램, 소고기 양념(다진 파 2작은술, 다진 마늘 1작은술, 참기름 2작은술, 간장 2작은술, 설탕 1작은술, 깨소금 1작은술, 후춧가루 약간), 당근 $\frac{1}{2}$ 개, 오이 150그램, 마른 표고버섯 2개, 표고버섯 양념(간장 1작은술, 다진 파 $\frac{1}{2}$ 작은술, 다진 마늘 $\frac{1}{3}$ 작은술, 참기름 1작은술, 깨소금 $\frac{1}{2}$ 작은술), 달걀 2개, 녹두녹말 약간, 실고추 약간, 겨자즙이나 초간장 약간. 〇 가지는 중간 크기의 가늘고 연한 것으로 준비해서 양끝을 1센티미터 정도씩 잘라 내고 7센티미터 정도 길이로 토막 내어 반으로 가른 뒤 껍질 쪽에 칼집을 비스듬하게 세 번씩 넣는다. 손질한 가지는 분량대로 연한 소금물을 만들어 담갔다가 건져 마른행주로 물기를 닦는다. 소고기는 살코기로 준비해서 곱게 채 썰고 분량대로 양념해서 볶는다. 당근은 깨끗이 씻어 껍질을 벗기고 3센티미터 정도 길이로 곱게 채 썬 뒤 소금을 약간 넣고 볶는다. 오이는 소금으로 문질러 씻어 3센티미터 정도 길이로 토막 내고 껍질만 돌려 깎아 곱게 채 썰어서 소금에 잠깐 절였다가 물기를 꼭 짜서 볶는다. 마른 표고버섯은 물에 불렸다가 꼭 짜서 당근과 같은 크기로 곱게 채 썰고 분량대로 양념해서 볶는다. 달걀은 황백 지단을 부쳐 당근과 같은 크기로 곱게 채 썬다. 준비한 소고기채, 당근채, 오이채, 표고버섯채, 달걀 지단채를 잘 섞어 소를 만든다. 준비한 가지의 칼집 낸 곳에 소를 채워 넣은 뒤 녹두녹말을 살짝 묻히고 분무기로 물을 뿌려 잠깐 찐다. 고명으로 실고추를 올리고 겨자즙이나 초간장을 곁들여 낸다.

오이선

〇 오이 2개, 소금물(소금 1큰술, 물 3컵), 소고기 100그램, 소고기 양념(다진 파 $\frac{1}{2}$ 큰술, 다진 마늘 1작은술, 참기름 1작은술, 간장 1작은술, 설탕 1작은술, 깨소금 $\frac{1}{2}$ 작은술, 후춧가루 약간), 마른 표고버섯 2개, 표고버섯 양념(다진 파 1작은술, 다진 마늘 $\frac{1}{3}$ 작은술, 참기름 1작은술, 간장 1작은술,

설탕 $\frac{1}{2}$작은술, 깨소금 약간), 석이버섯 2장, 달걀 2개, 실고추 약간, 단촛물(식초 2큰술, 생수 2큰술, 설탕 2큰술, 소금 약간), 잣가루 $\frac{1}{2}$큰술. ○ 오이는 연한 것으로 준비해서 깨끗이 씻고 6센티미터 정도 길이로 토막 내어 반으로 가른 뒤 어슷하게 칼집을 세 번 정도 넣는다. 손질한 오이는 소금물에 살짝 절인다. 소고기는 곱게 채 썰고 분량대로 양념해서 볶는다. 마른 표고버섯은 작은 것으로 준비해서 물에 불렸다가 다듬고 물기를 꼭 짜서 곱게 채 썬 뒤 분량대로 다진 파, 다진 마늘을 넣고 참기름에 볶아 간장, 설탕, 깨소금을 넣고 무친다. 석이버섯은 뜨거운 물에 불렸다가 손으로 비벼 가며 뒷면의 이끼를 제거하고 깨끗이 씻어 곱게 채 썰어 볶는다. 달걀은 황백 지단을 얇게 부쳐서 채 썬다. 실고추는 짧게 썬다. 분량대로 고루 섞어 단촛물을 만든다. 준비한 소고기, 표고버섯, 황백 지단을 잘 섞어 소를 만든다. 준비한 오이는 깨끗한 행주로 싸서 물기를 꼭 짜고 팬에 살짝 볶아서 칼집 넣은 곳에 소를 채워 넣는다. 고명으로 석이버섯채와 실고추를 얹고 그릇에 담는다. 단촛물을 끼얹고 위에 잣가루를 뿌려 낸다.

채란

○ 달걀 6개, 소고기 50그램, 마른 표고버섯 5그램, 당근 30그램, 오이 70그램, 석이채 3그램, 양념(다진 파 1작은술, 다진 마늘 $\frac{1}{2}$작은술, 참기름 $\frac{1}{2}$큰술, 간장 2작은술, 소금 약간, 설탕 $\frac{1}{2}$작은술, 깨소금 1작은술, 후춧가루 약간), 참기름 $\frac{1}{2}$큰술. ○ 달걀은 꼭지 부분을 칼로 쪼아 지름 1.5센티미터 정도 크기로 구멍을 낸다. 달걀 속은 그릇에 덜어 놓고, 껍데기는 잘 씻어 둔다. 소고기는 곱게 다진다. 마른 표고버섯은 물에 불렸다가 손질해서 1.5센티미터 정도 길이로 곱게 채 썬다. 당근은 깨끗이 씻어서 껍질을 벗기고 1.5센티미터 정도 길이로 채 썬다. 오이는 깨끗이 씻어 1.5센티미터 정도 길이로 토막 내고 껍질만 돌려 깎아 채 썰어서 소금에 잠깐 절였다가 물기를 꼭 짠다. 준비한 소고기, 표고버섯, 당근, 오이는 각각 양념해서 팬에 볶는다. 달걀을 잘 풀어 체에 밭치고, 앞서 각각 볶은 재료들을 모두 섞어 소를 만든다. 깨지지 않게 조심해서 달걀 껍데기 안쪽의 물기를 제거하고 참기름을 살짝 바른다. 달걀 껍데기 속에 소를 $\frac{1}{3}$이나 $\frac{1}{2}$ 정도 채워 담고 은박지나 한지로 잘 여며 싼 뒤 맨 위에 공기 구멍을 뚫어 준다. 밥 위나 찜솥에 소를 채운 달걀 껍데기를 넘어지지 않게 앉혀서 찌고 식힌다. 껍데기를 벗겨 내고 썰어서 그릇에 담아낸다. ○ 달걀에 소를 넣어 찔 때, 예전에는 밀가루를 반죽해서 뚜껑을 만들어 덮었다.

너비아니

돼지고기고추장양념구이

구이

구이는 육류, 생선류, 조개류, 해조류, 채소류 등을 소금, 간장, 고추장 등으로 간해서 불에 구운 음식으로, 인류가 불을 사용하기 시작한 이래로 가장 먼저, 가장 오래 발달해 온 조리법이다. 고구려의 전통 구이인 맥적(貊炙)에서 비롯된 너비아니처럼 넙적넙적하게 저미고 갖은양념을 해서 굽는 구이, 생선구이처럼 통으로 굽는 구이, 꼬챙이에 꿰어서 굽는 구이 등이 있으며, 석쇠나 꼬치를 이용해 굽는 직화 방식과 팬이나 돌을 이용해 굽는 전도 방식이 있다. 구이는 재료, 양념, 조리기구 등에 따라 그 종류가 매우 다양하며, 아주 널리 사랑받는 조리법이다.

너비아니

○ 소고기 600그램, 양념장(간장 3큰술, 설탕 1큰술, 꿀 1큰술, 배즙 $\frac{1}{4}$컵, 다진 파 2큰술, 다진 마늘 1큰술, 생강즙 $\frac{1}{2}$큰술, 참기름 $1\frac{1}{2}$큰술, 깨소금 $1\frac{1}{2}$큰술, 후춧가루 $\frac{1}{2}$작은술), 잣 1큰술.

○ 소고기는 채끝살로 준비해서 0.5센티미터 정도 두께로 넙적넙적하게 저미고 앞뒤로 자근자근 칼집을 넣은 뒤 설탕(1큰술)을 고루 뿌려 10분 정도 재어 둔다. 분량대로 고루 섞어 양념장을 만들고, 재어 둔 소고기를 한 장씩 담가 양념이 배게 잘 주물러서 그릇에 담는다. 마지막 남은 양념장까지 그릇에 쏟아 넣고 소고기에 양념이 완전히 스며들도록 20분 정도 둔다. 잣은 고깔을 떼고 마른행주로 닦은 뒤 곱게 다져서 잣가루를 만든다. 먼저 석쇠를 불에 올려 뜨거워지면, 양념한 소고기를 얹고 앞뒤로 타지 않게 굽는다. 그릇에 담고, 잣가루를 뿌려 낸다. ○ 소고기의 품질에 따라 양념의 양을 달리 한다. 도마에 한지나 종이타월을 깔고 잣을 다지면 잣기름이 한지에 배어들어 보송보송한 잣가루를 만들 수 있다. 달군 팬에 식용유를 약간 두르고 굽기도 한다.

돼지고기고추장양념구이

○ 돼지고기 600그램, 양념장(다진 파 2큰술, 다진 마늘 1큰술, 고추장 3큰술, 간장 1큰술, 설탕 2큰술, 꿀 1큰술, 청주 2큰술, 생강즙 2작은술, 깨소금 2큰술, 참기름 1큰술, 후춧가루 1작은술).

○ 돼지고기는 목살로 준비해서 두께 0.5센티미터, 사방 6센티미터 정도 크기로 썬다. 분량대로 고루 섞어 양념장을 만들고, 썰어 놓은 돼지고기에 양념이 고루 배게 잘 버무려서 재어 둔다. 팬에 재어 둔 돼지고기를 얹고 앞뒤로 타지 않게 구워 낸다. ○ 삼겹살이나 오겹살로 해도 좋다. 양파, 버섯, 마늘 등을 썰어 옆옆이 같이 구워도 좋고, 양념장에 함께 버무려서 구워도 좋다. 상추와 쑥갓 등 채소와

쌈장을 함께 곁들여 먹으면 더욱 좋다.

돼지고기된장양념구이

○ 돼지고기 400그램, 양념장(된장 2큰술, 간장 1작은술, 청주 1큰술, 설탕 ½큰술, 꿀 1큰술, 생강즙 ½큰술, 참기름 ½큰술, 깨소금 ½큰술, 후춧가루 ¼작은술, 물 1큰술), 마늘종 2줄기, 마늘 4쪽.
○ 돼지고기는 목살로 준비해서 1센티미터 정도 두께로 큼직하게 썬다. 양면에 0.7센티미터 정도 간격으로 칼집을 넣는다. 분량대로 고루 섞어 양념장을 만든다. 마늘종은 5센티미터 정도 길이로 썬다. 마늘은 굵게 다진다. 손질한 돼지고기에 양념장을 고루 버무리고, 마늘종과 마늘을 넣어 재어 둔다. 먼저 석쇠를 불에 올려 뜨거워지면, 재어 둔 돼지고기를 얹고 앞뒤로 구워 낸다. ○ 달군 팬에 식용유를 약간 두르고 굽기도 한다.

닭양념구이

○ 닭 1.2킬로그램, 닭 밑간(소금 약간, 후춧가루 약간), 마늘 3쪽, 대파 ½대, 풋고추 3개, 홍고추 2개, 간장 3큰술, 설탕 2큰술. ○ 닭은 내장을 제거하여 깨끗이 씻고 찬물에 담가 두어 잡냄새를 없앤 뒤 껍질을 벗기고 뼈를 발라낸다. 손질한 닭은 사방 5-6센티미터 정도 크기로 토막 내고 분량대로 밑간해 둔다. 마늘과 대파는 굵게 다진다. 풋고추와 홍고추는 꼭지를 떼고 길게 반으로 갈라 씨를 뺀 뒤 잘게 썬다. 달군 팬에 식용유를 두르고 밑간해 둔 닭을 앞뒤로 노릇노릇하게 굽는다. 이때 닭에 있는 여분의 기름기가 빠져 고기 맛이 담백해진다. 팬에 식용유를 두르고 손질한 마늘과 대파를 볶다가 간장, 설탕을 넣고 살짝 끓인다. 마늘과 대파 향이 나면 손질한 풋고추와 구운 닭을 넣고 약한 불에서 윤기 나게 조려 낸다.

대합구이

○ 대합 3개, 대합 양념(다진 마늘 1작은술, 참기름 ½작은술, 깨소금 ½작은술, 소금 약간, 후춧가루 약간), 다진 소고기 30그램, 소고기 양념(간장 ½작은술, 설탕 ¼작은술, 다진 파 1작은술, 다진 마늘 ½작은술, 참기름 약간, 깨소금 약간, 후춧가루 약간), 두부 15그램, 두부 양념(참기름 약간, 소금 약간), 달걀 1개, 홍고추 약간, 쑥갓 약간, 밀가루 약간. ○ 대합은 미리 엷은 소금물에 담가 해감한다. 해감한 대합은 껍데기를 벌려 살을 발라내고 내장을 제거한 뒤 굵직굵직하게 다진 뒤 분량대로 양념한다. 대합 껍데기는 끓는 물에 데쳐 놓는다. 다진 소고기는 분량대로 양념한다. 두부는 으깬 뒤

면포에 싸서 물기를 꼭 짜고 분량대로 양념한다. 달걀은 잘 풀어 달걀물을 만든다. 홍고추와 쑥갓잎은 깨끗이 씨서 잘게 썬다. 양념한 대합살, 소고기, 두부를 고루 섞어 반죽한다. 대합 껍데기 안쪽에 참기름을 바르고 밀가루를 살짝 뿌린 뒤 반죽을 소복하게 눌러 담고 다시 밀가루를 살짝 뿌린다. 그 위에 달걀물을 발라 주고, 고명으로 홍고추와 쑥갓잎을 얹는다. 팬에 살며시 누르면서 노릇하게 지지고 석쇠에 다시 구워 낸다. ◯ 고운체에 담아 약간 높이 들고 손으로 탁탁 쳐서 밀가루를 뿌리면 좀 더 골고루 뿌릴 수 있다.

청어구이

◯ 청어 1마리, 참기름 1작은술, 양념장(간장 2큰술, 설탕 1작은술, 다진 파 $\frac{1}{2}$큰술, 다진 마늘 $\frac{1}{2}$큰술, 생강즙 1작은술, 참기름 1작은술, 깨소금 1작은술, 고춧가루 1작은술). ◯ 청어는 굵고 싱싱한 것으로 준비해서 비늘을 긁어내고 아가미 쪽으로 내장을 꺼낸 뒤 씻어 물기를 닦고 양면에 칼집을 고루 넣는다. 손질한 청어는 앞뒤로 참기름을 바르고 석쇠 위에 올려 애벌구이를 한다. 분량대로 고루 섞어 양념장을 만들고 애벌구이한 청어에 고루 바르면서 구워 낸다. ◯ 서울과 경기지방에서는 청어를 '비웃'이라고도 하는데, 값싸고 맛있는 청어를 가난한 선비들이 잘 먹었기 때문에 '비유어(肥儒漁)'라 한 데서 유래한다.

보리굴비구이

◯ 보리굴비 2마리, 쌀뜨물 적당량. ◯ 보리굴비는 쌀뜨물에 넣고 불려서 부드러워지면 건져서 비늘을 긁고 지느러미를 자른다. 손질한 보리굴비는 찜솥에 올려 15분 정도 찌고 다시 살짝 굽는다. 뼈를 발라내고 살만 먹기 좋게 뜯어서 낸다. ◯ 보리굴비는 조기를 간수 뺀 천일염으로 간하고 해풍에 잘 건조시켰다가 겉보리 속에 넣어 숙성시킨 것으로 쫄깃하면서도 감칠맛이 일품이다. 냉수나 찻물에 밥을 말아 보리굴비구이를 올려 먹기도 한다. 요즘은 조기의 어획량이 줄어, 조기보다 살이 통통한 부세로 만든 부세보리굴비가 주로 판매되고 있다. 쪄서 낱개로 포장된 보리굴비는 전자레인지에 데우거나 살짝 구워 먹으면 된다. 보리굴비의 건조 상태에 따라 2시간 이상 반나절 정도 쌀뜨물에 담가 불리기도 한다. 보리굴비는 종이호일에 싸서 팬에 앞뒤로 굽기도 하고, 그냥 찌기만 해서 먹기도 한다.

황태고추장구이

○ 황태포 1마리, 유장(참기름 1큰술, 간장 1작은술, 식용유 적당량), 양념장(고추장 1큰술, 간장 $\frac{1}{2}$큰술, 설탕 1큰술, 청주 $\frac{1}{2}$큰술, 물엿 $\frac{1}{2}$큰술, 다진 파 1큰술, 다진 마늘 $\frac{1}{2}$큰술, 생강즙 $\frac{1}{2}$작은술, 고춧가루 $\frac{1}{2}$큰술, 참기름 2큰술). ○ 황태포는 머리와 지느러미를 떼어 내고 흐르는 물에 씻는다. 씻은 황태포는 물기를 짜고 뼈를 발라낸 뒤 껍질 쪽에 칼집을 넣는다. 분량대로 유장과 양념장을 만든다. 황태포에 유장을 고루 바르고 앞뒤로 굽는다. 황태포에 양념장을 고루 바르고 다시 앞뒤로 굽는다. 접시에 담아낸다. ○ 고추장 대신 간장만을 사용하면 황태간장구이가 된다. 양념에 기름을 넉넉히 넣어 주어야 부드럽다. 들기름을 사용해도 좋다.

뱅어포양념구이

○ 뱅어포 6장, 양념장(간장 1큰술, 올리고당 2큰술, 조청 1큰술, 생강즙 2작은술, 참기름 2작은술, 식용유 2작은술, 청주 2큰술). ○ 뱅어포는 양손으로 비벼 잡티를 제거하고 깨끗이 손질한다. 분량대로 고루 섞어 양념장을 만든다. 뱅어포의 한쪽 면에만 양념장을 발라 차곡차곡 쌓고 양념이 잘 배어들도록 잠시 둔다. 석쇠에 양념한 뱅어포를 올려 타지 않게 굽는다. 이때 양념장을 바르지 않은 쪽부터 먼저 구워야 깨끗하게 구워진다. 구운 뱅어포를 먹기 좋은 크기로 잘라 접시에 담아낸다. ○ 양념장을 바른 뱅어포를 채반에 넣어 말렸다가 구우면 더욱 꼬슬꼬슬하다. 입맛 없는 여름철에 밑반찬이나 도시락 반찬으로 좋다. 양념장에 설탕을 넣으면 버석버석해지므로 오래 두고 먹을 것은 설탕 대신 올리고당을 넣어 만드는 것이 좋다. 뱅어포에 고추장 양념을 해서 굽기도 한다.

더덕구이

○ 더덕 200그램, 유장(간장 2작은술, 참기름 2큰술), 양념장(고추장 2큰술, 설탕 1큰술, 다진 파 1큰술, 다진 마늘 $\frac{1}{2}$큰술, 참기름 1큰술, 깨소금 $\frac{1}{2}$큰술). ○ 더덕은 깨끗이 씻어 껍질을 벗기고 가는 것은 그대로, 굵은 것은 길이로 반 가른 뒤 슴슴한 소금물에 잠시 담가 두었다가 건진다. 더덕이 쪼개지지 않도록 더덕 위에 마른 면포를 덮고 방망이로 지그시 눌러 살짝 밀고 자근자근 두드려 넓적하게 편다. 분량대로 고루 섞어 유장과 양념장을 만든다. 손질한 더덕에 먼저 유장을 골고루 바르고 팬에 구운 뒤 골고루 양념장을 바르고 타지 않게 살짝 굽는다. 먹기 좋은 크기로 썰어 그릇에 담아낸다. ○ 더덕은 소금물에 담가 쓴맛을 빼고, 약한 불에서 서서히 구워야 특유의 조직감을 살릴 수 있다. 가장자리가 잘 타므로 불 조절에 유의해야 한다.

적

적(炙)은 고기류, 생선류, 채소류 등을 양념하고 꼬챙이에 꿰어 석쇠에 굽거나 팬에 지진 음식이다. 적에는 산적(散炙)과 누르미가 있다. 산적은 재료를 양념하고 꼬챙이에 꿰어 구운 것으로 육산적, 어산적, 송이산적, 파산적, 떡산적 등 다양하다. 염통, 간, 천엽 등을 섞바꾸어 가며 꼬챙이에 꿰어 굽는 잡산적도 있는데, 이것을 '줄산적'이라고도 한다. 구운 뒤에 장을 묻히는 장산적(醬散炙)과 섭산적처럼 꿰지 않고 굽는 것도 산적이라고 한다. 누르미는 찌거나 구운 재료에 걸쭉한 즙(汁)을 끼얹은 것으로 쇠고기누르미, 달걀누르미, 굴누르미, 생선누르미 등 다양하다. 예전에는 꼬챙이에 꿰어 굽거나 찐 것에다 즙을 끼얹는 누르미와 밀가루, 달걀물 등을 입혀 부치는 누름적으로 나눠 불렀는데, 요즘에 와서 즙을 치는 방법은 거의 없어지고 이름을 혼동해 쓰고 있다.

두릅산적

〇 두릅 600그램, 두릅 양념(다진 마늘 1큰술, 소금 ½큰술, 참기름 2작은술, 깨소금 1작은술, 후춧가루 약간), 소고기 300그램, 소고기 양념(다진 파 1큰술, 다진 마늘 ½큰술, 간장 1½큰술, 설탕 ½큰술, 배즙 ¼컵, 생강즙 1작은술, 참기름 1큰술, 깨소금 1큰술, 후춧가루 ½작은술), 나무꼬치 약간, 식용유 약간, 잣가루 1큰술, 초간장 약간. 〇 두릅은 싱싱하고 적당한 굵기로 준비해서 깨끗이 다듬는다. 끓는 물에 약간의 소금을 넣고 두릅을 밑동부터 넣어 파랗게 데친 뒤 찬물에 헹구고 물에 잠시 담가 쓴맛을 우려낸다. 큰 것은 네 쪽으로, 작은 것은 두 쪽으로 가르고 분량대로 양념해서 무친다. 소고기는 0.5센티미터 정도 두께로 포를 떠서 안팎으로 칼집을 곱게 내고 길이 7센티미터, 너비 0.8센티미터 정도 크기로 썰어 분량대로 양념한다. 양념한 두릅과 소고기를 나무꼬치에 번갈아 끼우고 달군 팬에 식용유를 두르고 앞뒤로 굽는다. 접시에 담아 잣가루를 뿌리고, 초간장을 곁들여 낸다. 〇 초간장은 간장, 설탕, 식초, 생수의 비율을 1:0.5:1:1로 하거나 생수를 넣지 않는다.

사슬적

〇 흰살생선(민어, 광어, 대구) 400그램, 흰살생선 양념(다진 파 2작은술, 다진 마늘 1작은술, 참기름 2작은술, 후춧가루 약간), 두부 100그램, 다진 소고기 150그램, 두부·소고기 양념(다진 파 1작은술, 다진 마늘 ½작은술, 간장 1큰술, 설탕 ½큰술, 참기름 ½작은술, 깨소금 ½작은술, 후춧가루 약간), 나무꼬치 약간, 밀가루 약간, 식용유 적당량, 잣가루 약간, 초간장. 〇 흰살생선은 민어, 광어, 대구

중에서 편한 대로 준비해서 길이 6센티미터, 너비 1센티미터 정도 크기의 막대 모양으로 썰어 소금(1작은술)을 뿌려 두었다가 물기를 닦고 분량대로 양념해서 무친다. 두부는 으깨어 물기를 꼭 짜고 다진 소고기와 고루 섞은 뒤 분량대로 양념하고 반죽한다. 나무꼬치에 흰살생선을 일정한 간격을 두고 꿰어 밀가루를 고루 묻히고 반죽을 사이사이에 채워서 고르게 눌러 붙인다. 달군 팬에 식용유를 두르고 앞뒤로 지진다. 따뜻할 때 나무꼬치를 빼고 접시에 담는다. 잣가루를 뿌리고 초간장을 곁들여 낸다.

김치적

○ 통배추김치 ⅓포기, 통배추김치 양념(참기름 1큰술), 소고기 200그램, 소고기 양념(간장 1큰술, 설탕 ½큰술, 다진 파 2작은술, 다진 마늘 1작은술, 참기름 2작은술, 깨소금 1작은술, 후춧가루 약간), 움파 100그램, 움파 양념(소금 약간, 참기름 약간), 달걀 3개, 나무꼬치 약간, 밀가루 ½컵, 식용유 약간. ○ 통배추김치는 속을 털어내고 국물을 짜낸 뒤 길이 6센티미터, 너비 1.5센티미터 정도 크기로 썰어 양념한다. 소고기는 0.5센티미터 정도 두께로 포를 떠서 안팎으로 칼집을 곱게 내고 길이 7센티미터, 너비 0.8센티미터 정도 크기로 썰어 분량대로 양념한다. 움파는 6센티미터 정도 길이로 썰어 양념한다. 달걀은 잘 풀어 둔다. 나무꼬치에 김치, 소고기, 움파를 번갈아 꿰어 밀가루를 고루 묻히고 달걀물을 입힌다. 팬에 식용유를 두르고 앞뒤로 노릇하게 지져서 접시에 담아낸다.

송이산적

○ 송이 200그램, 송이 양념(소금 ½작은술, 참기름 2작은술), 소고기 200그램, 소고기 양념(다진 파 1큰술, 다진 마늘 2작은술, 간장 1큰술, 설탕 1큰술, 참기름 1큰술, 깨소금 ½큰술, 후춧가루 ¼작은술), 나무꼬치 약간, 식용유 약간, 잣가루 2작은술, 초간장 약간. ○ 송이는 끝부분을 다듬고 0.6센티미터 정도 두께로 썰어 분량대로 양념한다. 소고기는 살코기로 준비해서 0.5센티미터 정도 두께로 넓적하게 포를 떠서 칼집을 넣고 길이 7센티미터, 너비 0.7센티미터 정도 크기로 썰어 분량대로 양념한다. 나무꼬치에 양념한 송이와 소고기를 번갈아 꿰어 달군 팬에 식용유를 두르고 굽는다. 접시에 담고 잣가루를 뿌린다. 초간장을 곁들여 낸다. ○ 겨자즙을 내기도 한다.

움파산적

○ 움파 150그램, 소고기 150그램, 소고기 양념(다진 파 ½큰술, 다진 마늘 ⅓큰술, 간장 ⅔큰술, 설탕

½큰술, 배즙 2큰술, 생강즙 ½작은술, 참기름 ½큰술, 깨소금 1작은술, 후춧가루 약간), 나무꼬치 약간, 식용유 약간, 잣가루 1큰술. ○ 움파는 깨끗이 씻어 6센티미터 정도 길이로 썰고 끓는 소금물에 살짝 데친다. 소고기는 0.5센티미터 정도 두께로 포를 떠서 안팎으로 칼집을 곱게 내고 길이 7센티미터, 너비 0.8센티미터 정도 크기로 썰어 분량대로 양념한다. 나무꼬치에 준비한 움파와 소고기를 번갈아 꿰어 달군 팬에 식용유를 두르고 굽는다. 접시에 담고 잣가루를 뿌려 낸다. ○ 움파는 추운 겨울 동안 움 속에서 자란 대파로, 속대가 연하고 약간 단맛이 있다.

화양적

○ 소고기 200그램, 소고기 양념(다진 파 1큰술, 다진 마늘 ½작은술, 간장 1큰술, 설탕 ½큰술, 참기름 ½큰술, 깨소금 1작은술, 후춧가루 ¼작은술), 마른 표고버섯 5장, 표고버섯 양념(간장 1작은술, 참기름 1작은술), 통도라지 150그램, 당근 ½개, 오이 1개, 통도라지·당근·오이 양념(다진 파 약간, 다진 마늘 약간, 소금 약간, 참기름 약간), 나무꼬치 약간. ○ 소고기는 0.5센티미터 정도 두께로 넓게 포를 떠서 안팎으로 잔칼집을 많이 넣고 분량대로 양념한다. 양념한 소고기는 구워서 길이 6센티미터, 너비 0.6센티미터 정도 크기로 썬다. 마른 표고는 큰 것으로 준비해서 물에 불렸다가 0.6센티미터 정도 너비로 썰어 분량대로 양념하고 볶는다. 통도라지와 당근은 껍질을 벗기고 6센티미터 정도 길이로 썰어 소금물에 살짝 데친다. 오이는 6센티미터 정도 길이로 토막 내고 속을 발라낸 뒤 막대 모양으로 썰어 소금에 절였다가 물기를 짠다. 손질한 도라지, 당근, 오이는 분량대로 각각 양념해서 볶고 넓은 그릇에 펼쳐 식힌다. 나무꼬치에 준비한 재료들을 색 맞추어 꿰고 길이를 정리해서 접시에 담아낸다.

잡누르미

○ 소고기 100그램, 전복 1개, 불린 해삼 1개, 마른 표고버섯 2장, 양념(간장 2큰술, 설탕 1큰술, 다진 파 1큰술, 다진 마늘 ½큰술, 참기름 ½큰술, 깨소금 1작은술, 후춧가루 약간), 통도라지 100그램, 당근 ½개, 오이 1개, 잣즙(잣가루 2큰술, 육수 3큰술, 소금 ½작은술, 후춧가루 약간), 나무꼬치 약간. ○ 소고기는 우둔살로 준비해서 0.5센티미터 정도 두께로 넓게 포를 뜨고 잔칼집을 넣는다. 전복은 깨끗이 손질하고 살짝 쪄서 살만 떼어 낸다. 불린 해삼은 큰 것으로 준비해서 손질하고 길이 6센티미터, 너비 0.6센티미터 정도 크기로 썬다. 마른 표고버섯은 큰 것으로 준비해서 물에 불렸다가 기둥을 떼어 내고 물기를 꼭 짜서 0.6센티미터 정도 너비로 썬다. 분량대로 양념 재료를 고루 섞어

앞서 손질한 재료에 나누어 넣고 각각 양념해서 굽거나 볶는다. 구운 소고기는 길이 6센티미터, 너비 0.6센티미터 정도 크기로 썬다. 통도라지와 당근은 껍질을 벗기고 6센티미터 정도 길이로 썰어 끓는 소금물에 살짝 데친다. 오이는 6센티미터 정도 길이로 토막 내고 속을 발라낸 뒤 막대 모양으로 썰어 소금에 절였다가 물기를 짠다. 손질한 통도라지, 당근, 오이는 각각 볶는다. 분량대로 고루 섞어 잣즙을 만든다. 나무꼬치에 준비한 재료들을 색 맞추어 꿰고 길이를 정리해서 접시에 담는다. 길이의 ⅓ 정도까지 잣즙을 발라 낸다. ○ 잡누르미에 소의 등골을 더하면 더욱 맛이 좋다.

전

전(煎)은 육류, 생선류, 조개류, 해조류, 채소류, 곡류 등의 재료를 다지거나 알맞게 썰어서 소금, 후춧가루 등으로 간하고 밀가루를 묻히고 달걀물을 입혀서 기름에 노릇노릇하게 지진 음식으로, 저냐, 전유어(煎油魚), 전유화(煎油花)라고도 한다. 밥상, 면상, 술상, 잔칫상 등에 두루 잘 어울리며, 특히 술상, 잔칫상에는 빠지지 않는 음식이다. 기름에 튀기는 음식이 거의 없는 한국의 전통음식 중에서 기름에 지지는 전은 양질의 지방을 섭취하기에 좋다. 한국인들은 잔치나 제사 때, 사람들을 초대해서 음식을 대접할 때 전부터 부친다. 나누기 위한 음식, 교감하기 위한 음식으로 전을 부칠 때 여럿이 함께하면서 일손을 나누고 친화력을 다진다. 또한 한국인들은 비 오는 날이면 전을 떠올린다. 번철 위에서 재료들이 지져지는 소리와 풍미는, 처마 끝에서 떨어지는 빗소리와 묘한 조화를 이루며 입맛을 동하게 한다.

육전

○ 소고기 300그램, 소고기 양념(다진 파 ½큰술, 다진 마늘 1작은술, 간장 2큰술, 설탕 1큰술, 생강즙 ½작은술, 후춧가루 약간), 달걀 2개, 밀가루 4큰술, 식용유 4큰술, 쑥갓잎 약간, 초간장 약간.
○ 소고기는 기름기가 적은 우둔살로 준비해서 불고기감보다 약간 두껍게 썰고 칼집을 넣어 준 뒤 종이타월로 핏물을 닦아 낸다. 분량대로 양념을 만들고 소고기에 일일이 버무려서 잘 배게 한다. 달걀은 잘 풀어 둔다. 양념한 소고기를 잘 펴서 밀가루를 살짝 묻히고 달걀물을 입힌 뒤 달군 팬에 식용유를 두르고 노릇하게 지진다. 쑥갓잎으로 장식하고 초간장을 곁들여 낸다. ○ 초간장은 간장, 설탕, 식초, 생수의 비율을 1:0.5:1:1로 하는 것이 좋으나, 기호에 따라 설탕과 식초의 양을 조절한다.

생수 대신 다시마 우린 물을 넣어 초간장을 만들면 더욱 좋다. 전을 부칠 때 한꺼번에 미리 밀가루를 묻혀서 겹쳐 놓으면 수분이 흘러나와 서로 들러붙으니, 반드시 부치기 직전에 일일이 밀가루를 묻히고 달걀물을 입혀야 한다.

천엽전

O 천엽 300그램, 소금 1작은술, 흰 후춧가루 약간, 달걀 2개, 밀가루 5큰술, 식용유 4큰술. O 천엽은 굵은소금($\frac{1}{2}$컵)으로 문질러 여러 차례 씻는다. 다시 밀가루($\frac{1}{2}$컵)를 뿌려서 빨듯이 주물러 씻고 물기를 제거한다. 손질한 천엽에 군데군데 칼집을 넣고 소금과 흰 후춧가루를 뿌린다. 달걀은 황백으로 분리해서 흰자만 잘 풀어 둔다. 준비한 천엽에 밀가루를 살짝 묻히고 달걀 흰자를 입힌 뒤 달군 팬에 식용유를 두르고 살짝 눌러 주면서 지져 낸다. O 천엽전은 찬물로도 좋지만 신선로나 전골에도 많이 쓰인다.

양동구리전

O 양 150그램, 양념(소금 $\frac{1}{4}$작은술, 다진 파 2작은술, 다진 마늘 1작은술, 참기름 $\frac{1}{2}$작은술, 깨소금 1작은술, 생강즙 $\frac{1}{2}$작은술, 흰 후춧가루 약간), 녹말가루 2큰술, 달걀 1개, 식용유 3큰술. O 양은 뜨거운 물에 튀해서 검은 껍질을 말끔히 벗기고 소금(4큰술)으로 문질러 씻는다. 다시 밀가루(5큰술)를 뿌려서 힘껏 주물러 씻고 물기를 제거해서 곱게 다진다. 여기에 분량대로 양념하고 녹두녹말과 달걀 흰자를 넣어 잘 버무린다. 달군 팬에 식용유를 두르고 한 수저씩 떠서 동그랗게 지져 낸다.

간전

O 소간 300그램, 우유 1컵, 소금 1작은술, 후춧가루 $\frac{1}{3}$작은술, 메밀가루 $\frac{1}{2}$컵, 식용유 4큰술. O 소간은 반드시 신선한 것으로 준비해서 물에 담가 꼭꼭 눌러 핏물을 빼고, 우유에 30분 정도 담갔다가 깨끗이 씻은 뒤 도마에 얹어 소금(1큰술)으로 문질러 가며 피막을 제거한다. 손질한 간은 냉동실에 넣었다가 겉이 굳어지면 얇게 저민 뒤 소금과 후춧가루를 뿌리고 메밀가루를 묻힌다. 달군 팬에 식용유를 두르고 지져 낸다. O 우유의 미세한 지방구와 카제인은 여러 냄새를 흡착하는 성질을 가지고 있기 때문에 소간을 우유에 담그면 특유의 냄새를 제거할 수 있다. 손질한 간을 살짝 데치거나 냉동하면 얇게 썰기가 쉽다. 메밀가루가 없을 때는 달걀 흰자를 입혀서 지진다.

육원전

○ 다진 소고기 300그램, 청주 1큰술, 양파 100그램, 양파 밑간(소금 ⅓작은술), 두부 100그램, 두부 양념(소금 ¼작은술, 참기름 ⅓작은술), 완자 양념(간장 ½큰술, 설탕 1작은술, 깨소금 1큰술, 참기름 ½큰술), 달걀 2개, 밀가루 3큰술, 식용유 적당량. ○ 다진 소고기는 기름기 없는 우둔살로 준비해서 다시 한번 곱게 다져 청주를 넣고 고루 섞는다. 양파는 곱게 다져 소금으로 밑간하고 꼭 짜서 볶는다. 두부는 체에 내려서 물기를 꼭 짜고 분량대로 양념한다. 손질한 다진 소고기, 양파, 두부에 완자 양념을 넣고 고루 반죽해서 두께 0.8센티미터, 지름 5센티미터 정도 크기로 동글납작한 완자를 빚는다. 달걀은 잘 풀어 둔다. 완자에 밀가루를 묻히고 달걀물을 입힌 뒤 달군 팬에 식용유를 두르고 지져 낸다. ○ 소고기는 아주 곱게 다져야 한다. 양파를 볶을 때 식용유를 쓰면 담백한 맛이 없으므로 식용유를 사용하지 않고 그냥 볶는 것이 좋다. 완자 양념에 땅콩가루(1큰술), 잣소금(⅓큰술)을 넣으면 훨씬 고소하고 부드럽다.

민어전

○ 민어 200그램, 민어 밑간(소금 ½작은술, 흰 후춧가루 ¼작은술), 달걀 2개, 밀가루 ½컵, 식용유 적당량. ○ 민어는 싱싱한 것으로 준비해서 깨끗이 손질하고 물기를 제거한 뒤 도톰하게 포를 떠서 사방 4-5센티미터 정도 크기로 썰고 분량대로 밑간한다. 달걀은 잘 풀어 둔다. 밑간한 민어포에 밀가루를 묻히고 달걀물을 입힌 뒤 달군 팬에 식용유를 두르고 지그시 눌러 가며 앞뒤로 노릇하게 지져 낸다. ○ 민어는 예로부터 귀하게 여겼으며 전, 탕, 회로 먹는데 초여름에 잡힌 것이 가장 맛이 좋다. 여느 흰살생선과 마찬가지로 체내 지방이 적고 단백질 함량이 풍부해서 맛이 담백하고, 비타민 A, B 등 영양소도 풍부하다. 민어의 부레는 소를 채우고 쪄서 순대를 만들기도 하고, 약재로도 쓰인다. 민어의 뼈는 봉황으로 만들어 장식하기도 한다.

새우전

○ 새우 10마리, 연한 소금물(물 1컵, 소금 1작은술), 새우 밑간(소금 ¼작은술, 배즙 1큰술, 마늘즙 1작은술, 생강즙 1작은술, 참기름 약간, 흰 후춧가루 약간), 달걀 3개, 밀가루 2큰술, 식용유 3큰술. ○ 새우는 머리를 떼고 꼬리 부분 한 마디만 남기고 껍질을 벗긴다. 손질한 새우는 연한 소금물에 재빨리 씻어 물기를 제거하고 새우의 등을 갈라 내장을 제거한 뒤 칼집을 살짝 내고 분량대로 밑간을 한다. 새우의 꼬리를 나비 모양으로 만들고 이쑤시개로 고정시킨다. 달걀은 잘 풀어 둔다. 준비한

새우전

조개관자전(패주전)

새우에 밀가루를 묻히고 달걀물을 입힌 뒤 달군 팬에 식용유를 두르고 지져 낸다.

조개관자전(패주전)

○ 조개 관자 5개, 연한 소금물(물 1컵, 소금 1작은술), 조개 관자 밑간(소금 $\frac{1}{2}$작은술, 배즙 1큰술, 마늘즙 1작은술, 생강즙 1작은술, 참기름 약간, 흰 후춧가루 약간), 홍고추 1개, 파슬리 약간, 달걀 3개, 밀가루 2큰술, 식용유 2큰술. ○ 조개 관자는 살이 뽀얗고 탄력 있는 싱싱한 것으로 준비해서 껍질을 벗기고 연한 소금물에 씻어 물기를 제거한다. 조개 관자를 세워 칼집을 넣고 3등분한 뒤 반으로 포를 떠서 나비 모양으로 만들고 분량대로 밑간한다. 홍고추는 링 모양으로 얇게 썬다. 파슬리는 씻어 물기를 제거한다. 달걀은 황백으로 분리해서 노른자만 잘 풀어 둔다. 밑간한 조개 관자에 밀가루를 살짝 묻히고 달걀 노른자를 입힌 뒤 달군 팬에 식용유를 두르고 지지면서 홍고추와 파슬리로 장식해 낸다.

매생이전

○ 매생이 200그램, 매생이 밑간(참기름 $\frac{1}{2}$큰술, 소금 $\frac{1}{3}$작은술), 굴 100그램, 생강즙 2작은술, 달걀 1개, 밀가루 $\frac{2}{3}$컵, 멸치 육수 $\frac{1}{2}$컵, 식용유 적당량. ○ 매생이는 한 번 헹구어 물기를 꼭 짜고 숭숭 썰어 분량대로 밑간한다. 굴은 연한 소금물로 씻고, 끓는 물(2컵)에 생강즙을 넣고 데친다. 밑간한 매생이에 달걀, 밀가루, 멸치육수를 넣고 반죽한다. 달군 팬에 식용유를 두르고 반죽을 한 수저씩 동그랗게 떠 놓는다. 그 위에 굴 1-2개를 얹어 지져 낸다. ○ 매생이는 겨울이 제철이다. 주로 11월부터 이듬해 2월까지 생산된다. 파래보다 가늘고 부드러우며 특유의 맛과 향이 있다. 단백질, 철분, 칼륨 등이 풍부하다. 굴을 넣고 국으로도 끓여 먹는데, 뜨거워도 김이 나거나 다른 표시가 나지 않아 자칫 입안을 델 수 있으니 주의해야 한다. 『동국여지승람(東國輿地勝覽)』(1481)에는 매생이가 장흥의 진공품(進貢品)이라는 기록이 있고, 정약전의 『자산어보(玆山魚譜)』(1814)에는 "누에실보다 가늘고 쇠털보다 촘촘하며 길이가 수척에 이른다. 빛깔은 검푸르며 국을 끓이면 연하고 부드러워 서로 엉키면 풀어지지 않는다. 맛은 매우 달고 향기롭다"는 매생이에 대한 기록이 있다.

표고버섯전

○ 마른 표고버섯 8개, 표고버섯 양념(간장 $\frac{1}{2}$작은술, 참기름 $\frac{1}{2}$큰술), 다진 소고기 60그램, 소고기 양념(다진 파 1작은술, 다진 마늘 $\frac{1}{2}$작은술, 간장 1작은술, 설탕 $\frac{1}{2}$작은술, 참기름 $\frac{1}{2}$작은술, 깨소금

¼작은술, 후춧가루 약간), 두부 40그램, 달걀 2개, 밀가루 2큰술, 식용유 적당량. ○ 마른 표고버섯은 물에 불렸다가 기둥을 떼고 물기를 꼭 짠 뒤 버섯갓 바깥쪽에 칼집으로 꽃모양을 내고 분량대로 양념한다. 다진 소고기는 분량대로 양념한다. 두부를 으깨어 물기를 꼭 짜고 양념한 다진 소고기와 잘 섞어 소를 만든다. 달걀은 잘 풀어 둔다. 버섯갓 안쪽에 밀가루를 얇게 묻히고 소를 채운 뒤 그 위에 밀가루를 묻히고 달걀물을 입혀서 달군 팬에 식용유를 두르고 지져 낸다.

풋고추전

○ 풋고추 8개, 두부 30그램, 다진 소고기 80그램, 양념(다진 파 1작은술, 다진 마늘 ½작은술, 간장 ½작은술, 소금 약간, 설탕 ⅓작은술, 참기름 ½작은술, 깨소금 1작은술, 후춧가루 약간), 달걀 1개, 밀가루 2큰술, 식용유 3큰술. ○ 풋고추는 반으로 갈라 씨를 빼고 깨끗이 씻은 뒤 끓는 소금물에 데쳐 물기를 제거한다. 두부는 으깨서 물기를 꼭 짜고, 다진 소고기와 양념 재료를 고루 섞어서 소를 만든다. 달걀은 잘 풀어 둔다. 준비한 풋고추 안쪽에 밀가루를 살짝 바르고 소를 빈틈없이 채운다. 소를 넣은 쪽에만 밀가루를 묻히고 달걀물을 입힌 뒤 달군 팬에 식용유를 두르고 지져 낸다.

녹두빈대떡

○ 녹두 4컵, 녹두 밑간(소금 2작은술, 후춧가루 약간), 돼지고기 200그램, 돼지고기 양념(다진 파 1큰술, 다진 마늘 ½큰술, 간장 1큰술, 설탕 ½작은술, 생강즙 1작은술, 참기름 ½큰술, 깨소금 1작은술, 후춧가루 약간), 숙주 100그램, 느타리버섯 50그램, 석이버섯 10그램, 식용유 적당량, 초간장. ○ 녹두는 껍질을 벗기고 반을 타개서 물에 4-5시간 정도 담가 불렸다가 분쇄기에 곱게 갈고 밑간해서 녹두 반죽을 만든다. 돼지고기는 채 썰고 분량대로 양념한다. 숙주는 머리와 꼬리를 떼고 다듬어 깨끗이 씻는다. 느타리버섯은 잘게 가른다. 석이버섯은 뜨거운 물에 불렸다가 손질해서 큼직하게 찢는다. 달군 팬에 식용유를 두르고 녹두 반죽을 한 국자 펴 놓는다. 그 위에 준비한 돼지고기, 숙주, 느타리버섯, 석이버섯을 고루 얹고, 다시 약간의 녹두 반죽을 펴서 덮는다. 아랫면이 노릇하게 지져지면 뒤집어서 지진다. 초간장을 곁들인다. ○ 녹두빈대떡은 지방마다 재료와 크기가 다르다. 평안도 지방에서는 돼지고기와 나물거리를 큼직하게 썰어서 녹두 간 것 위에 얹어 두툼하고 큼직하게 부치고, 서울에서는 돼지고기와 나물을 잘게 썰어서 손바닥만하게 작게 부친다.

도토리묵

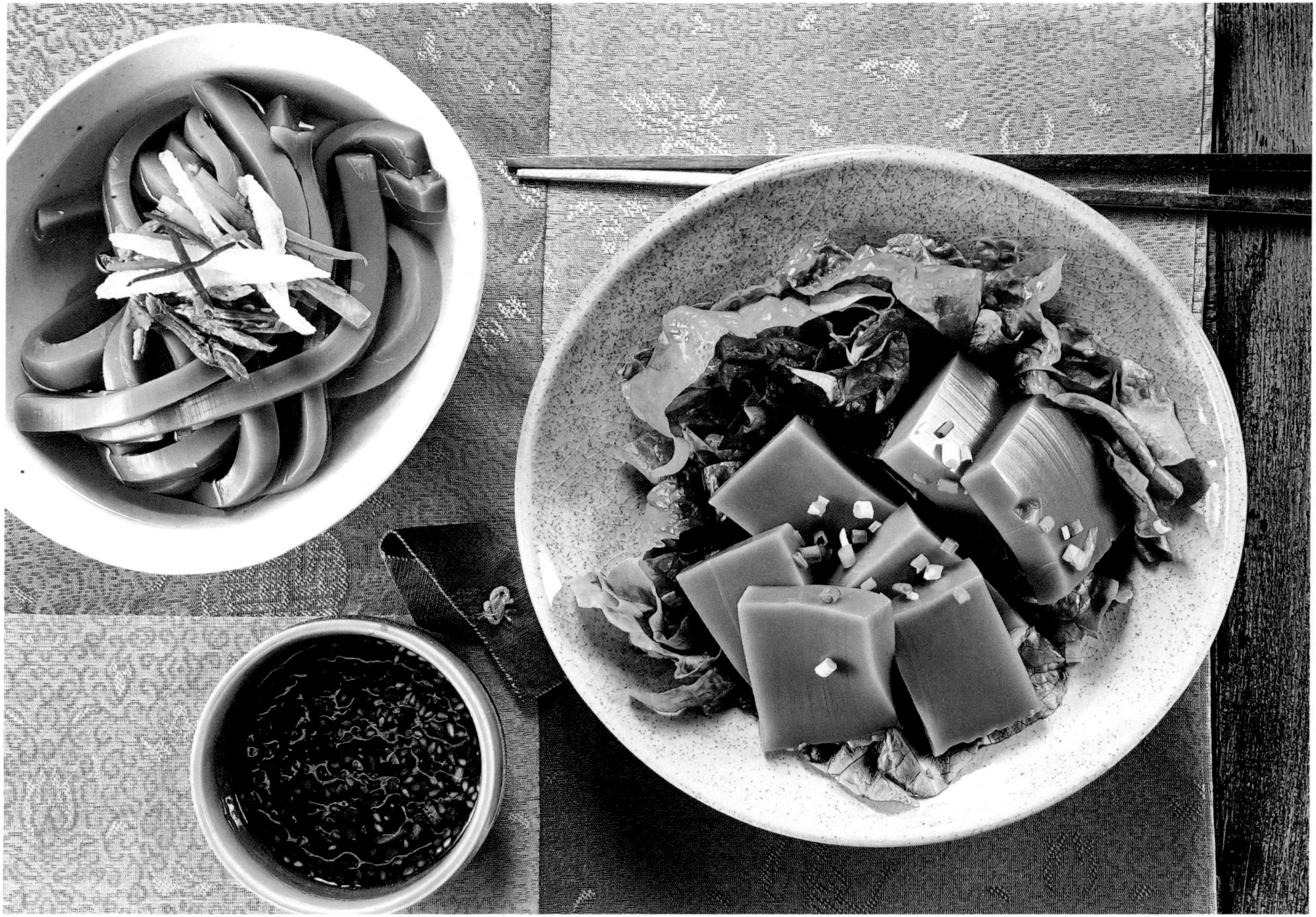

묵

묵은 곡식이나 열매의 전분을 추출해서 물을 붓고 되직하게 끓여서 굳힌 음식이다. 한국에만 있는
고유한 음식으로 매끄럽고 산뜻해서 입맛을 돋워 준다. 묵의 종류는 전분을 추출하는 재료에 따라
여러 가지로 나뉘며 각각 독특한 맛을 지닌다. 녹두로 만든 청포묵(녹두묵)은 보드라운 촉감이 좋고,
메밀로 만든 메밀묵은 구수하며, 도토리로 만든 도토리묵은 쌉쌀하고, 옥수수로 만든 올챙이묵은
국수 가락처럼 매끄럽게 넘어가는 맛이 있다. 계절별로 보면 봄에는 녹두묵, 여름에 올챙이묵,
가을에 도토리묵, 겨울철에 메밀묵이 제맛이 난다. 묵은 전분이 주성분이어서 자체로는 별다른 맛이
없지만, 향이나 질감이 독특해 채소 등과 함께 무쳐서 양념 맛으로 먹는다. 묵을 두텁게 편으로 썰어
담고 간장, 고춧가루, 파, 마늘, 설탕, 참기름 등으로 양념장을 만들어 묵 위에 골고루 끼얹는데, 이때
오이, 쑥갓, 미나리, 숙주, 풋고추, 파 등 제철 채소를 곁들여 상큼한 맛을 더한다. 겨울철 밤참으로
즐겨 먹던 메밀묵은 배추김치를 송송 썰어 넣고 무쳐야 제맛이 난다. 시인 박목월은 「적막한
식욕」에서 "싱겁고 구수하고, 못나고도 소박하게 점잖은, 촌 잔칫날 팔모상에 올라 새 사돈을
대접하는 것"이라고 메밀묵을 노래했다. 묵은 무쳐서 바로 먹어야 맛있지만, 말려서 저장해 두고
먹을 수도 있고, 볶음이나 장아찌, 전 등을 만들어 먹기도 한다.

도토리묵

○ 도토리녹말 1컵, 물 6컵, 소금 약간. ○ 도토리녹말은 물을 넣고 잘 개어 고운체에 밭친 뒤 두꺼운
냄비에 넣고 불에 올려 잘 저어 주면서 묵을 쑨다. 되직해지면 소금을 넣어 간을 맞추고 충분히 뜸을
들인다. 적당한 그릇에 쏟아붓고 식힌다. 묵이 완전히 식어 굳어지면 그릇에서 분리해서 용도에
맞게 썬다.

도토리녹말 만들기 ○ 도토리는 껍질을 벗기고 물에 담가 떫은맛을 우려낸 뒤 분쇄기에 갈고
고운체에 걸러서 앙금을 가라앉힌다. 이때 물을 자주 갈아 주어야 떫은맛이 제거된다. 앙금은
건조해서 가루로 만들어 두고 사용한다. ○ 도토리는 녹말 상태로 가장 많이 사용된다.

청포묵(녹두묵)

○ 녹두녹말 1컵, 물 6컵, 소금 $\frac{1}{2}$작은술. ○ 녹두녹말은 물을 넣고 잘 풀어서 두꺼운 냄비에 넣는다.

주걱으로 잘 저어 주면서 끓인다. 끓기 시작하면서 묵이 엉기고 되직해지면 재빨리 저어 주면서 소금으로 간하고 불을 약하게 줄여 충분히 뜸을 들인다. 적당한 그릇에 쏟아붓고 식힌다. 묵이 완전히 식어 굳어지면 그릇에서 분리해서 용도에 맞게 썬다. ○ 치잣물을 넣어 끓이면 황포묵이 된다.

녹두녹말 만들기 ○ 녹두는 반으로 타개서 물에 충분히 불린다. 불린 녹두는 껍질을 일일이 벗기고 분쇄기로 곱게 간다. 간 녹두는 고운 샤 주머니에 넣고 주물러서 앙금을 모은다. 여러 차례 녹두가 든 샤 주머니를 새 물에 넣고 주물러서 앙금을 모은다. 앙금이 가라앉으면 웃물을 따라 내고 다시 새 물을 넣어 가라앉히기를 반복한다. 웃물이 노르스름한 것 없게 맑아지면 소롯이 따라 내 앙금만 남기고 그 위에 한지를 올린다. 두 겹의 면주머니에 재를 담아 한지 위에 올려놓아 앙금에 남아 있는 물기를 빨아들이게 한다. 물기를 제거한 앙금은 그늘에서 말리고 고운체에 쳐서 가루로 만들어 보관하며 쓴다. ○ '녹두가 한 말이면 녹말 석 되를 얻는다'라는 옛말이 있다. 묵을 쑬 때, 녹말의 품질과 상태에 따라 물의 양을 조절하는 것이 좋다.

메밀묵
○ 메밀녹말 1컵, 물 5컵, 소금 약간. ○ 메밀녹말은 물에 담가 두고, 뭉치지 않게 잘 풀어 두꺼운 냄비에 넣는다. 중간 불에 올려 주걱으로 눋지 않도록 잘 저어 주면서 묵을 쑨다. 끓기 시작하면서 묵이 엉기고 되직해지면 소금으로 간하고 불을 약하게 줄여 충분히 뜸을 들인다. 적당한 그릇에 쏟아붓고 완전히 차갑게 식힌다. 묵이 완전히 식어 굳어지면 그릇에서 분리해서 용도에 맞게 썬다. ○ 메밀녹말가루 대신 젖은 앙금으로 제물묵을 쑤어도 좋다.

메밀녹말 만들기 ○ 메밀은 껍질 타개고 물과 함께 믹서에 곱게 갈아서 고운체에 내린다. 체에 남겨진 메밀을 다시 물과 함께 믹서에 곱게 갈아서 고운체에 내린다. 고운 체에 내린 메밀물은 잠시 두어 앙금을 가라앉힌다. 앙금이 가라앉으면 웃물을 따라 내고 다시 새 물을 넣어 가라앉히기를 반복한다. 웃물이 노르스름한 것 없게 맑아지면 소롯이 따라 내고 앙금은 말려 가루로 만들어 보관하며 쓴다.

편육, 족편, 전약

편육은 고기를 푹 삶아서 물기를 빼고 눌러서 굳힌 뒤 얇게 저민 음식이다. 재료로는 소머리,
양지머리, 사태, 부아, 지라, 우설, 우랑, 우신, 유통 등과 돼지머리, 삼겹살 등이 있다. 소머리, 우설,
양지머리가 특히 좋은 편육감이며, 양지머리 중에서는 차돌박이가 가장 좋다. 고기를 푹 삶기 때문에
좋은 고기맛이 국물로 다 빠져 버려 맛도 적고 영양도 적다고 할 수 있으나, 오히려 육류의 기름기가
다 빠져서 가볍고 깨끗한 맛을 내는 특징이 있다. 고기를 삶아 낸 국물은 육수로 이용하면 좋다.
족편은 소족을 푹 고아 뼈를 발라내고 양념해서 달걀 지단채, 석이버섯채, 알고명, 실고추 등을 뿌린
뒤 차갑게 굳혀서 묵처럼 엉기게 한 음식이다.
전약(煎藥)은 소족, 소머리, 소가죽 등을 푹 무르게 삶아 뼈를 발라내고 대추고, 생강, 정향,
계핏가루, 후춧가루, 꿀 등과 함께 끓여서 굳힌 음식이다. 겨울철 보양식으로 동지에 먹는 절식이다.

양지머리편육

○ 양지머리 1.2킬로그램, 양파 1개, 생강 20그램, 마늘 8쪽, 소금 1작은술, 초간장 약간.
○ 양지머리는 찬물에 30분 정도 담가 핏물을 뺀다. 양파는 큼직하게 썬다. 생강은 편으로 썬다.
냄비에 양지머리가 푹 잠길 정도의 물을 넣고 펄펄 끓으면 손질한 양지머리, 양파, 생강과 마늘,
소금을 넣어 1시간 정도 삶는다. 잘 삶아진 양지머리는 베보자기에 잘 여며 싸고 그 위에 무거운
것을 얹어 눌러 둔다. 양지머리가 잘 눌려지면 베보자기를 풀어서 고깃결과 반대로 얇게 썬다.
그릇에 담고 초간장을 곁들여 낸다.

족편

○ 소족 1킬로그램, 사태 600그램, 생강 70그램, 양파(대) 1개, 통후추 ½ 큰술, 달걀 2개, 석이버섯
10그램, 양념(소금 1큰술, 다진 파 2작은술, 다진 마늘 1작은술, 후춧가루 1작은술), 잣가루 3큰술,
고운 고춧가루 약간, 초간장 약간. ○ 소족은 토막 내서 솔로 문질러 씻고 찬물에 담가 핏물을 뺀 뒤
끓는 물에 튀했다가 찬물에 헹군다. 사태는 찬물에 담가 핏물을 뺀다. 생강은 편으로 썬다. 양파는
큰 것으로 준비해서 큼직하게 썬다. 손질한 소족, 사태, 생강, 양파와 통후추를 넣고 물을 잠길 만큼
부어 푹 삶는다. 사태가 푹 무르면 먼저 건져 내고, 소족은 뼈가 잘 빠지도록 5-6시간 정도 더 삶는다.
소족이 무르게 삶아지면 체에 밭친다. 생강, 양파, 후추는 골라내고 소족의 뼈도 추려낸다. 국물은

식혀서 기름을 걷어 낸다. 달걀은 황백 지단을 부쳐 채 썬다. 석이버섯은 손질해서 채 썬다. 삶은 소족과 사태는 곱게 다져 분량대로 양념하고, 국물과 함께 다시 끓인다. 눋지 않도록 가끔 저어 가며 푹 끓여서 쟁반이나 네모난 그릇에 쏟아붓고 약간 엉겨 굳어지면 황백 지단채, 석이버섯채, 잣가루, 고운 고춧가루를 색스럽게 얹고 차게 굳힌다. 보기 좋게 썰어 접시에 담고 초간장을 곁들여 낸다.

전약

○ 소족 1킬로그램, 소머리 가죽 300그램, 정향 8개, 생강편 60그램, 통후추 1큰술, 대추고 ½컵, 계핏가루 1큰술, 후춧가루 ½큰술, 꿀 4컵, 잣 2큰술. ○ 소족은 토막 내어 솔로 깨끗이 씻고 물에 담가 핏물을 뺀다. 소머리 가죽은 깨끗이 씻는다. 손질한 소족과 소머리 가죽을 펄펄 끓는 물에 넣고 한소끔 끓으면 소쿠리에 쏟아 깨끗이 씻는다. 다시 물을 붓고 정향, 생강편, 통후추와 함께 끓인다. 고기가 충분히 무르고, 뼈가 쏙 빠지도록 6시간 정도 푹 삶아서 체에 밭친다. 국물은 식혀서 기름을 걷어 낸다. 정향, 생강, 통후추는 골라내고 고기의 뼈도 추려낸다. 삶은 소족과 소머리 가죽은 곱게 다지고 대추고, 계핏가루, 후춧가루, 꿀과 함께 국물에 넣어 다시 푹 끓인다. 네모난 그릇에 쏟아붓고, 그 위에 잣을 뿌려서 차게 식혀 굳힌다. 보기 좋게 썰어 접시에 담아낸다.

나물

나물은 산나물(山菜), 들나물(野菜), 재배 채소(菜蔬) 등을 데치거나 삶거나 기름에 볶아 간장, 마늘, 들기름, 깨, 된장, 고추장 등 갖은양념으로 무치는 음식으로, 그 조리 방법이 매우 다양한 전통음식이며 가장 자연적인 토착음식이다. 좁은 의미로는 익힌 숙채(熟菜)를 이른다. 사람이 가꾼 채소나 저절로 난 나물 따위를 통틀어 우리말로 푸성귀, 남새라고 하는데, 제철 푸성귀를 그대로 쓰거나, 그때그때 나는 남새를 다양한 방법으로 갈무리했다가 쓸 수 있으므로, 일상식(日常食) 가운데 가장 기본적인 음식이다. 푸성귀를 익혀 조물조물 양념하는 한국의 나물 문화는 세계 어느 나라에서도 찾아보기 힘들다. 한 그릇에 재료와 색이 다른 두 가지 나물을 담아내면 '양색나물', 세 가지를 담아내면 '삼색나물'이라고 한다. 한편, 생채와 쌈은 산, 들, 밭에서 나는 갖가지 채소류와 미역, 다시마 등 해초류를 된장, 마늘, 참기름, 들기름, 참깨, 간장, 식초 등으로 무쳐서 먹거나 쌈장을 곁들여 싸 먹는 전통음식이다. 재료 본래의 향과 빛깔, 아삭아삭한 질감 등 채소의 다양하고 깊은 맛을 느낄 수 있으며, 조리과정이 복잡하지 않아 누구나 쉽게 즐길 수 있다. 특히 채소 쌈은 막장, 고추장, 즙장, 어장 등 다양한 장 문화의 발달과 더불어 빛을 발하는 전통음식 문화다.

오이나물

○ 오이 1개, 양념(다진 파 2작은술, 다진 마늘 ½작은술, 참기름 1작은술, 깨소금 1작은술), 식용유 1큰술. ○ 오이는 소금으로 문질러 씻고 편으로 얇고 둥글게 썰어 소금(½큰술)에 절였다가 물기를 꼭 짠다. 팬에 식용유를 두르고, 손질한 오이와 양념을 고루 볶아 그릇에 담아낸다.

무나물

○ 무 150그램, 양념(다진 파 1큰술, 다진 마늘 ½큰술, 소금 ½작은술, 생강즙 ½작은술), 들기름 ½큰술, 양지머리 육수나 물 ¼컵, 참기름 ½작은술, 깨소금 ¼작은술. ○ 무는 길이 6센티미터 정도 길이로 채 썬다. 팬에 들기름을 두르고, 손질한 무와 양념을 고루 볶는다. 무가 익기 시작하면 양지머리 육수나 물을 넣고 은근한 불로 푹 익힌다. 참기름과 깨소금을 넣고 고루 섞어 낸다.

도라지나물

○ 도라지 150그램, 소금 약간, 양념(다진 파 2작은술, 다진 마늘 1작은술, 소금 ¼작은술), 식용유 약간, 육수 4큰술, 참기름, 깨소금 1작은술씩. ○ 도라지는 가늘게 채 치거나 찢어서 소금을 뿌려 바락바락 주물러 씻고 헹궈 물기를 꼭 짠 뒤 분량대로 양념한다. 팬에 식용유를 두르고, 양념한 도라지를 볶다가 중간에 육수를 넣는다. 도라지에 육수가 스며들어 부드러워지면 참기름과 깨소금을 넣고 그릇에 담아낸다.

시금치나물

○ 시금치 150그램, 양념(다진 파 ½큰술, 다진 마늘 ½작은술, 소금 ½작은술, 참기름 ½큰술, 깨소금 ½큰술). ○ 시금치는 깨끗하게 뿌리 쪽을 다듬고 씻어서 끓는 소금물에 살짝 데친 뒤 찬물로 헹궈 물기를 꼭 짠다. 손질한 시금치는 분량대로 양념해서 조물조물 무쳐 낸다.

고사리나물

○ 불린 고사리 150그램, 양념(다진 파 2작은술, 다진 마늘 1작은술, 국간장 ½큰술, 후춧가루 약간),

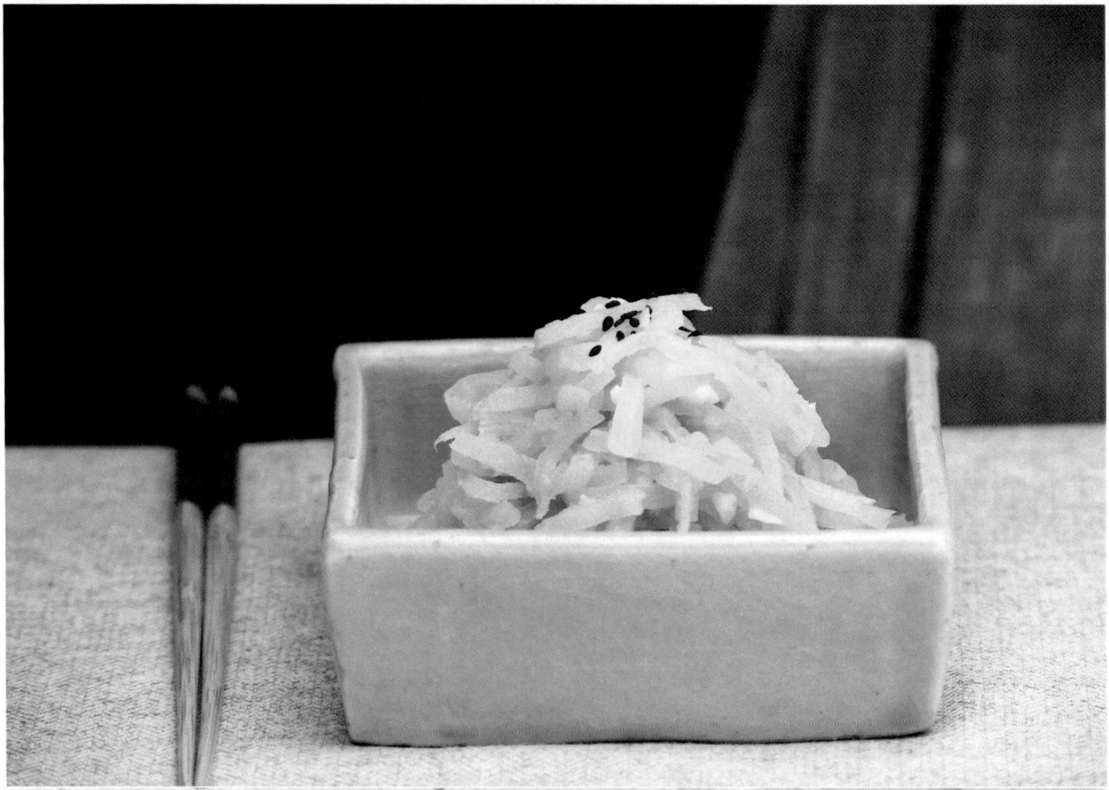

무나물

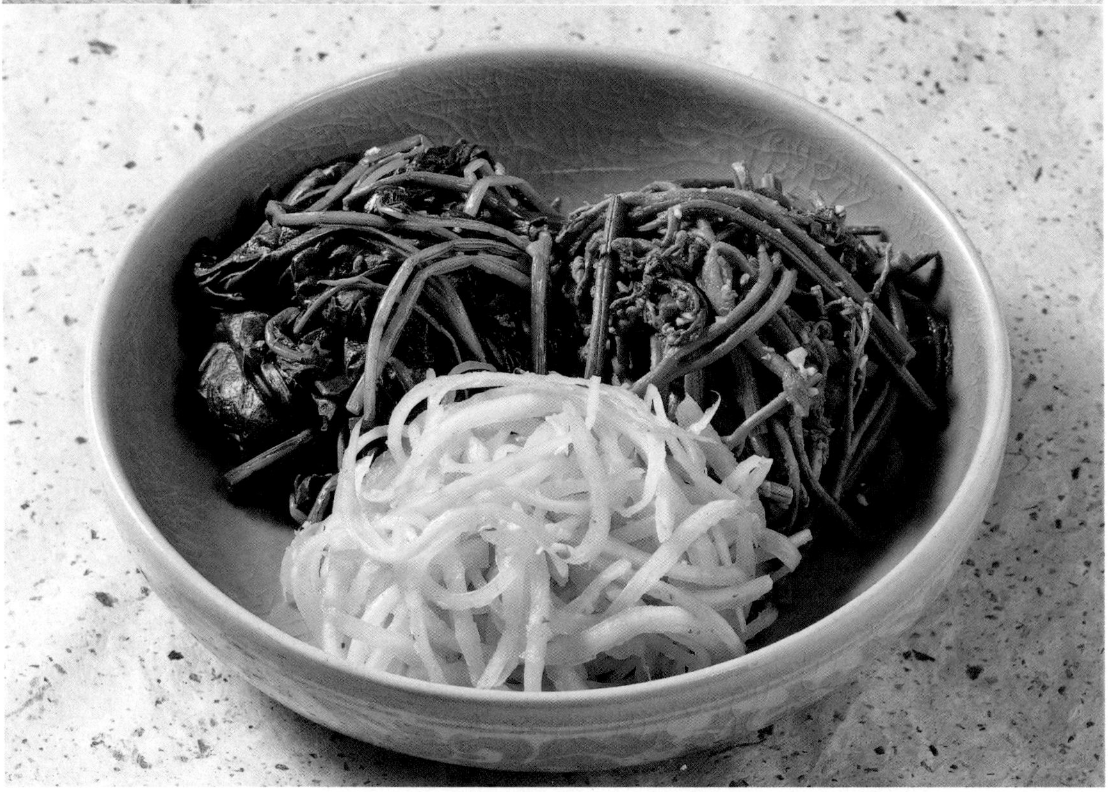

삼색나물—도라지나물, 고사리나물, 취나물

식용유 약간, 육수 약간, 참기름 1큰술, 깨소금 1큰술. ○ 고사리는 윗부분의 억센 줄기를 다듬어
내고 5-6센티미터 정도 길이로 썰어서 분량대로 양념한다. 달군 팬에 식용유를 두르고, 양념한
고사리를 볶다가 육수를 약간 넣는다. 육수가 고사리에 스며들어 부드러워지면 참기름과 깨소금을
넣어 맛을 내고 그릇에 담아낸다.

가지나물

○ 가지 2개, 양념(다진 파 1작은술, 다진 마늘 ½작은술, 국간장 ½큰술, 다진 풋고추 1작은술,
참기름 2작은술, 깨소금 1작은술). ○ 가지는 꼭지와 끝부분을 자르고 깨끗이 씻어 길이로 반 쪼개고
찜솥에 찐 뒤 식혀서 알맞게 찢는다. 찐 가지는 분량대로 양념해서 골고루 무쳐 그릇에 담아낸다.

능이버섯나물

○ 능이버섯 200그램, 능이버섯 양념(다진 파 1큰술, 다진 마늘 ½큰술, 국간장 2작은술, 매실청
½큰술, 들기름 1큰술, 후춧가루 약간), 소고기 150그램, 소고기 양념(다진 파 1큰술, 다진 마늘
½큰술, 간장 1큰술, 설탕 ½큰술, 참기름 ½큰술, 후춧가루 약간), 쪽파 50그램, 홍고추 ¼개, 식용유
적당량, 양지머리 육수 5큰술. ○ 능이버섯은 끝부분을 손질해서 굵직굵직하게 찢고 찬물에 씻어서
끓는 소금물에 데친다. 데친 능이버섯은 잠시 찬물에 담가 두었다가 물기를 꼭 짜고 분량대로
양념한다. 소고기는 나붓나붓하게 썰고 분량대로 양념한다. 쪽파는 4센티미터 정도 길이로 썬다.
홍고추는 씨를 빼고 채 썬다. 달군 팬에 식용유를 두르고, 양념한 소고기를 볶다가 어느 정도 익으면
양념한 능이버섯과 양지머리 육수를 넣고 잘 어우러지게 볶는다. 마지막에 준비한 쪽파와 홍고추를
넣고 살짝 볶아서 그릇에 담아낸다.

물쑥나물

○ 물쑥 150그램, 숙주 50그램, 미나리 30그램, 청포묵 50그램, 배 50그램, 편육 30그램, 홍고추 ¼개,
달걀 1개, 양념(간장 1큰술, 설탕 1작은술, 식초 1작은술, 다진 파 ½큰술, 다진 마늘 1작은술, 참기름
½큰술, 깨소금 1작은술, 소금 약간), 실고추 약간. ○ 물쑥은 씻어서 끓는 물에 살짝 데치고 찬물에
헹궈 물기를 짠 뒤 뿌리의 겉껍질은 벗기고 억센 부분은 잘라 낸다. 손질한 물쑥은 5센티미터 정도
길이로 썬다. 숙주는 머리와 꼬리를 떼고 끓는 소금물에 데쳐서 물기를 짠다. 미나리는 다듬어서
끓는 소금물에 데치고 찬물에 헹궈 물기를 짠 뒤 5센티미터 정도 길이로 썬다. 청포묵, 배, 편육은 채

썬다. 홍고추는 가늘게 채 썬다. 달걀은 황백 지단을 부쳐 채 썬다. 분량대로 고루 섞어 양념을 만들고 준비한 물쑥, 숙주, 미나리, 청포묵, 배, 편육, 홍고추에 넣어 버무린다. 고명으로 황백 지단채와 실고추를 얹고 그릇에 담아낸다. ◯ 이른 봄에 나는 물쑥은 뿌리째 뽑아 줄기와 잎은 버리고 뿌리만 먹는데, 독특한 향과 쌉쌀한 맛으로 나른해지기 쉬운 봄철에 입맛을 돋워 주는 나물이다. 청포묵, 배, 편육을 넣지 않고, 숙주와 미나리만으로 새콤하게 무쳐도 좋다.

취나물
◯ 취나물 300그램, 양념(국간장 1큰술, 다진 파 1큰술, 다진 마늘 ½ 큰술, 참기름 1큰술, 깨소금 1큰술). ◯ 취나물은 깨끗이 손질하고 끓는 소금물에 데쳐서 찬물에 헹군 뒤 물기를 꼭 짠다. 손질한 취나물은 분량대로 양념해서 그릇에 담아낸다. ◯ 취나물은 양념해서 들기름에 볶기도 한다.

시래기나물
◯ 불린 시래기 300그램, 양념(다진 파 1작은술, 다진 마늘 2작은술, 된장 1½ 큰술, 국간장 ½ 큰술, 멸칫가루 1큰술, 참기름 1작은술, 깨소금 약간), 들기름 3큰술, 물 2컵, 들깨즙(들깻가루 ½ 컵, 물 1컵). ◯ 불린 시래기는 겉껍질을 벗기고 찬물에 담갔다가 헹구어 꼭 짜고, 5-6센티미터 정도 길이로 썰어 분량대로 양념한다. 팬에 들기름을 두르고, 양념한 시래기를 볶다가 물을 넣는다. 끓으면 분량대로 들깨즙을 넣고 한소끔 더 끓인다. 그릇에 담아낸다.

머윗대나물
◯ 머윗대 200그램, 보리새우 50그램, 홍고추 1개, 들기름 2큰술, 들깻가루 3큰술, 다진 파 1큰술, 다진 마늘 1작은술, 소금 ½ 큰술. ◯ 머윗대는 끓는 물에 데치고 찬물에 씻어서 껍질을 벗긴 뒤 7센티미터 정도 길이로 썬다. 보리새우는 마른행주에 싸서 닦는다. 홍고추는 씨를 빼고 가늘게 채 썬다. 팬에 들기름을 두르고, 손질한 머윗대와 보리새우를 볶다가 들깻가루, 다진 파, 다진 마늘을 넣고 충분히 볶는다. 마지막으로 소금과 홍고추채를 넣고 살짝 볶아 그릇에 담아낸다.

애호박나물
◯ 애호박 1개, 소금 약간, 식용유 적당량, 다진 파 1작은술, 다진 마늘 1작은술, 참기름 1작은술, 깨소금 약간. ◯ 애호박은 깨끗이 씻어 길이로 반을 가르고 얇게 편으로 썰어 소금을 살짝 뿌려

절인다. 절인 애호박은 물기를 꼭 짠다. 팬에 식용유를 두르고 준비한 애호박, 다진 파, 다진 마늘을 넣고 볶다가 알맞게 익으면, 참기름과 깨소금을 고루 섞고 그릇에 담아낸다. ○ 애호박을 길이로 반을 갈라 속을 파내고 눈썹 모양으로 썰어 볶으면 애호박눈썹나물이 된다.

죽순나물

○ 생죽순 150그램, 마늘 1쪽, 간장 1작은술, 육수 2큰술, 들깻가루 2큰술, 깨소금 1큰술, 참기름 1큰술. ○ 생죽순은 껍질 벗기고 씻어 속뜨물에 푹 삶았다가 찬물에 담가 두어 아린 맛을 빼고, 5센티미터 정도 길이로 빗살 모양이 드러나게 썬다. 마늘은 채 썬다. 냄비에 손질한 죽순과 마늘을 넣고 간장을 부어 잠시 볶다가 육수를 넣고 볶듯이 끓인다. 여기에 들깻가루를 넣고 끓이다가 깨소금, 참기름을 넣고 그릇에 담아낸다. ○ 거친 들깻가루는 물에 개었다가 걸러서 사용한다.

오이생채

○ 오이 2개, 소금 1큰술, 오이 양념(고춧가루 1½작은술, 다진 파 1큰술, 다진 마늘 1작은술, 참기름 1작은술, 깨소금 ½작은술, 식초 1큰술). ○ 오이는 깨끗이 씻어 0.2센티미터 정도 두께로 동그랗게 편으로 썰고 소금에 절였다가 물기를 꼭 짠다. 손질한 오이는 분량대로 양념하고 골고루 잘 버무려서 그릇에 담아낸다. ○ 오이는 크기에 따라 반달모양으로 썰어도 좋다.

노각생채

○ 노각(늙은 오이) 200그램, 소금 약간, 양념장1(고춧가루 1작은술, 고추장 2작은술, 다진 파 1작은술, 다진 마늘 1작은술, 참기름 ½큰술, 설탕 1작은술, 식초 1작은술), 양념장2(식초 ½큰술, 설탕 ½큰술, 참기름 ½작은술, 소금 약간). ○ 노각은 껍질을 벗기고 길이로 반을 갈라 숟가락으로 씨를 긁어낸 뒤 6센티미터 정도 길이로 얇게 채 썰고 소금에 살짝 절였다가 물기를 꼭 짠다. 손질한 노각 절반은 양념장1의 재료를 고루 섞어 붉게 무치고, 나머지는 양념장2의 재료를 고루 섞어 무친다. 두 가지 색을 낸 노각생채를 그릇에 담아낸다. ○ 싱거우면 소금을 더해 간을 맞춘다. 노각을 어슷어슷하게 썰거나 나붓나붓하게 썰어 무치기도 한다. 먹을 때 두 가지 색을 낸 노각생채를 섞어 먹어도 좋다.

도라지생채

○ 도라지 200그램, 소금 2큰술, 양념(고운 고춧가루 2작은술, 소금 $\frac{1}{2}$ 작은술, 설탕 2작은술, 식초 1작은술, 다진 파 1큰술, 다진 마늘 2작은술, 참기름 1큰술, 깨소금 2작은술). ○ 도라지는 곱게 채 썰고, 소금을 뿌려 바락바락 주물러서 물에 여러 번 헹군 뒤 물기를 꼭 짠다. 손질한 도라지는 분량대로 양념하고 잘 버무려 그릇에 담아낸다.

더덕생채

○ 더덕 200그램, 대추 3개, 밤 3개, 미나리 줄기 50그램, 양념(꿀 2큰술, 소금 1작은술, 식초 2큰술, 잣가루 1큰술, 다진 파 1큰술, 다진 마늘 2작은술, 참기름 1큰술, 깨소금 2작은술). ○ 더덕은 방망이로 두드려서 펴고 얇게 채 썬다. 대추와 밤은 채 썬다. 미나리는 아주 얇게 채 썬다. 분량대로 양념을 만들어 두었다가 먹기 직전에 준비한 재료에 넣고 버무려 낸다.

떡심채

○ 소떡심 300그램, 돼지고기 편육 100그램, 배 $\frac{1}{3}$ 개, 겨자즙(연겨자 2큰술, 물 2큰술, 식초 2큰술, 설탕 2큰술, 소금 1작은술, 후춧가루 1작은술), 소금 약간. ○ 소떡심은 손질해서 씻고 푹 삶아서 5센티미터 정도 길이로 썰어 가늘게 찢는다. 편육과 배는 채 썬다. 분량대로 고루 섞어 겨자즙을 만든다. 손질한 소떡심과 편육을 겨자즙에 버무리고 소금으로 간한다. 상에 내기 직전에 배채를 넣고 다시 버무려서 그릇에 담는다. ○ 소떡심은 등심에 붙어 있는 노란색 힘줄 덩어리다. 겨자즙 대신 초고추장으로 무치기도 한다. 숙주나물을 넣기도 하고 초를 넣어 새콤달콤하게 무치기도 한다.

죽순채

○ 생죽순 100그램, 오이 $\frac{1}{3}$ 개, 당근 $\frac{1}{3}$ 개, 소고기 50그램, 소고기 양념(간장 1작은술, 설탕 $\frac{1}{2}$ 작은술, 다진 파 1작은술, 다진 마늘 $\frac{1}{3}$ 작은술, 참기름 1작은술, 깨소금 $\frac{1}{2}$ 작은술, 후춧가루 약간), 새우 3마리, 배 $\frac{1}{4}$ 개, 양념(간장 1작은술, 설탕 1작은술, 깨소금 1작은술, 식초 1작은술), 잣가루 $\frac{1}{2}$ 큰술. ○ 생죽순은 껍질을 벗기고 씻어 속뜨물에 푹 삶았다가 찬물에 담가 두어 아린 맛을 빼고, 빗살 모양이 드러나게 썬다. 오이는 소금으로 문질러 씻은 뒤 4센티미터 정도 길이로 토막 내어 껍질만 도톰하게 돌려 깎고 1센티미터 정도 너비로 썬 다음, 소금에 절였다가 물기를 짠다. 당근은 깨끗이 씻어 오이와 같은 크기로 썰고 끓는 소금물에 살짝 데친다. 소고기는 채 썰고 분량대로 양념한다.

팬에 식용유를 두르고 손질한 죽순, 오이, 당근, 소고기를 각각 볶는다. 새우는 끓는 소금물에 데쳐 껍질을 벗긴다. 배는 오이와 같은 크기로 썬다. 준비한 재료를 모두 넣고 분량대로 양념해서 고루 무친다. 접시에 담고 잣가루를 뿌려 낸다. ○ 통조림 죽순은 깨끗이 씻어 살짝 삶았다가 찬물에 헹궈 사용한다. 식성에 따라 겨자즙에 무치기도 한다.

겨자채

○ 양배추 50그램, 당근 $\frac{1}{4}$개, 오이 $\frac{1}{2}$개, 양지머리 편육 50그램, 배 $\frac{1}{3}$개, 전복 1개, 통조림 죽순 80그램, 달걀 2개, 석이버섯가루 2작은술, 석이버섯가루 반죽물(물 $\frac{1}{2}$큰술, 참기름 $\frac{1}{2}$작은술), 밤 3개, 겨자즙(겨잣가루 2큰술, 물 1큰술, 식초 $1\frac{1}{2}$큰술, 설탕 1큰술, 연유 $1\frac{1}{2}$큰술, 소금 1작은술, 후춧가루 $\frac{1}{4}$작은술, 배즙 $1\frac{1}{2}$큰술), 잣가루 1큰술. ○ 양배추는 줄기를 자르고 연한 잎으로 골라 길이 4센티미터, 너비 1센티미터 정도 크기의 직사각형으로 썬다. 당근은 양배추와 같은 크기로 썰어 끓는 소금물에 살짝 데친다. 오이는 소금으로 문질러 씻은 뒤 4센티미터 정도 길이로 토막 내어 껍질만 도톰하게 돌려 깎고 1센티미터 정도 너비로 썬다. 편육과 배는 양배추와 같은 크기로 썬다. 전복은 소금으로 문질러 씻고 살짝 쪄서 가장자리를 도려내고 저민다. 통조림 죽순은 살짝 삶아서 찬물에 헹구고 빗살 모양이 드러나게 편으로 썬다. 달걀은 노른자만 지단을 부쳐서 양배추 같은 크기로 썬다. 석이버섯가루는 반죽물을 섞고 불렸다가 앞서 남은 달걀 흰자와 섞어서 팬에 부친 뒤 식으면 양배추와 같은 크기로 썬다. 밤은 겉껍질과 속껍질을 벗기고 납작하게 썬다. 분량대로 고루 섞어 겨자즙을 만들고 차게 한다. 접시에 준비한 모든 재료를 색스럽게 돌려 담고 잣가루를 뿌린다. 겨자즙을 곁들여 낸다. ○ 계절에 맞게 재료를 달리할 수 있다.

탕평채

○ 청포묵 1모, 청포묵 밑간(소금 $\frac{1}{2}$작은술, 참기름 $\frac{1}{2}$작은술), 소고기 50그램, 마른 표고버섯 2장, 양념(간장 2작은술, 설탕 $\frac{1}{2}$작은술, 다진 파 2작은술, 다진 마늘 1작은술, 참기름 약간, 깨소금 약간, 후춧가루 약간), 숙주나물 70그램, 미나리 50그램, 달걀 1개, 김 $\frac{1}{4}$장, 식초 $\frac{1}{2}$큰술, 간장 $\frac{1}{2}$큰술. ○ 청포묵은 7센티미터 정도 길이에 젓가락 굵기로 채 썰어 끓는 물에 데치고 물기를 빼서 분량대로 밑간한다. 소고기는 7센티미터 정도 길이로 채 썬다. 마른 표고버섯은 물에 불렸다가 기둥을 떼고 물기를 꼭 짜서 가늘게 채 썬다. 분량대로 양념 재료를 섞어 손질한 소고기와 표고버섯에 나누어 넣고 각각 무쳐 두었다가 팬에 차례로 볶는다. 숙주나물은 머리와 꼬리를 떼고 깨끗이 씻어 끓는

소금물에 데친 뒤 물기를 짜고 소금과 참기름을 약간씩 넣어 무친다. 미나리는 줄기만 다듬어 끓는 소금물에 파랗게 데치고 찬물에 바로 헹궈 물기를 짠 뒤 5센티미터 정도 길이로 썰고 소금과 참기름을 약간씩 넣어 무친다. 달걀은 황백 지단을 부쳐 5센티미터 정도 길이로 채 썬다. 김은 살짝 구워서 비벼 부순다. 실고추는 짧게 끊어 놓는다. 준비한 재료를 모두 고루 섞고 간장과 식초를 넣어 살살 버무린다. 접시에 담고, 김가루를 얹어 낸다.

월과채

○ 애호박 1개, 다진 파 1작은술, 다진 마늘 ½작은술, 소고기 50그램, 마른 표고버섯 2개, 느타리버섯 10그램, 양념(간장 1작은술, 다진 파 ½큰술, 다진 마늘 1작은술, 참기름 ½큰술, 깨소금 ½작은술), 찹쌀가루 ½컵, 잣가루 1작은술. ○ 애호박은 깨끗이 씻어 길이로 반을 갈라 속을 파내고 눈썹 모양으로 썰어 소금에 살짝 절였다가 물기를 짠다. 손질한 애호박은 팬에 볶다가 다진 파, 다진 마늘을 넣고 더 볶아서 식힌다. 소고기는 곱게 채 썬다. 마른 표고버섯은 물에 불렸다가 물기를 꼭 짜고 채 썬다. 느타리버섯은 찢어서 갈라 놓는다. 분량대로 양념 재료를 섞어 소고기, 표고버섯, 느타리버섯에 나누어 넣고 각각 무쳐 두었다가 팬에 차례로 볶는다. 찹쌀가루는 소금으로 간하고 뜨거운 물로 익반죽해서 둥글고 얇게 찰전병을 부친 뒤 식혀서 채 썰고 서로 붙지 않게 참기름 약간 넣어 살짝 버무린다. 준비한 재료를 모두 고루 섞고 소금으로 간을 맞춘다. 접시에 담고, 잣가루를 뿌려 낸다. ○ 월과채는 호박에 양념한 고기와 버섯, 찰전병을 섞어 만든 잡채형 나물이다. 주로 반찬으로 쓰이지만 술안주로도 잘 어울리는 전통음식이다. 『조선무쌍신식요리제법』, 『조선요리제법』(1917)에 '月瓜菜(월과채)'에 대한 기록이 있다.

잡채

○ 소고기 100그램, 소고기 양념(간장 ½큰술, 설탕 1작은술, 다진 파 ½큰술, 다진 마늘 1작은술, 생강즙 ½작은술, 참기름 ½큰술, 깨소금 2작은술, 후춧가루 ¼작은술), 통도라지 3개, 도라지 양념(다진 파 1작은술, 다진 마늘 ½작은술, 소금 ¼작은술, 양지머리 육수 1큰술), 양파 ¼개, 오이 ½개, 당근 ¼개, 마른 표고버섯 20그램, 마른 목이버섯 15그램, 표고버섯·목이버섯 양념(간장 1작은술, 다진 파 ½큰술, 다진 마늘 1작은술, 참기름 1작은술), 석이버섯 5그램, 느타리버섯 50그램, 당면 20그램, 당면 양념(간장 1큰술, 설탕 ½큰술, 참기름 1큰술), 달걀 2개, 배 ¼개, 잣가루 약간. ○ 소고기는 채 썰어 분량대로 양념하고 팬에 볶아서 식힌다. 통도라지는 껍질을 벗겨 길게 채 썰고,

소금을 뿌려 바락바락 주물러서 물에 여러 번 헹군 뒤 물기를 꼭 짠다. 팬에 손질한 도라지와 다진 파, 다진 마늘, 소금을 넣고 볶다가 양지머리 육수를 넣고 한 번 더 볶는다. 양파는 채 썰고 소금으로 간해서 볶는다. 오이는 소금으로 문질러 씻은 뒤 6센티미터 정도 길이로 토막 내어 껍질만 도톰하게 돌려 깎고 채 썬다. 채 썬 오이는 소금에 잠깐 절였다가 물기를 꼭 짜고 팬에 파랗게 볶은 뒤 색깔이 변하지 않게 넓은 그릇에 펼쳐서 식힌다. 당근은 껍질을 벗기고 오이와 같은 길이로 채 썰어 끓는 소금물에 살짝 데치고 팬에 볶는다. 마른 표고버섯은 물에 불렸다가 기둥을 떼고 물기를 꼭 짜서 채 썬다. 마른 목이버섯은 물에 불렸다가 물기를 꼭 짜고 손으로 찢어 갈라 놓는다. 분량대로 양념을 만들어 손질한 표고버섯과 목이버섯에 나누어 넣고 팬에 각각 볶는다. 석이버섯은 물에 불렸다가 손질해서 채 썰고 소금을 약간 넣어 살짝 볶는다. 느타리버섯은 끓는 소금물에 데치고 곱게 찢어 물기를 꼭 짠 뒤 소금을 약간 넣고 볶는다. 당면은 삶아서 찬물에 헹구고 체에 밭쳤다가 8센티미터 정도 길이로 썰고 분량대로 양념해서 팬에 볶는다. 달걀은 황백 지단을 얇게 부쳐 채 썬다. 배는 채 썬다. 준비한 재료를 모두 고루 무치고 황백 지단채, 배채, 잣가루를 얹어 낸다. ○ 갖가지 채소의 향과 색, 버섯과 고기의 감칠맛이 어우러져 보기도 좋고 맛도 뛰어난 잡채는 밥상, 술상, 잔칫상 등에 두루 쓰이며, 특히 생일상과 잔칫상에는 빠지지 않는 전통음식이다. 『음식디미방』(1670년경), 『규곤요람(閨壼要覽)』(1896), 『조선요리제법』, 『조선무쌍신식요리제법』에 소개된 잡채에는 당면이 들어가지 않고, 『조선요리법』(1939)에 소개된 잡채에는 당면을 넣은 것과 넣지 않은 것이 있다.

조선잡채

○ 콩나물 150그램, 고사리 40그램, 미나리 50그램, 당근 30그램, 죽순 40그램, 양지머리 편육 40그램, 석이버섯 3장, 표고버섯 2장, 전복 1마리, 새우 2마리, 겨자장(겨자 갠 것 1½큰술, 배즙 3큰술, 식초 1큰술, 설탕 1큰술, 소금 ¼작은술), 잣가루 약간. ○ 콩나물은 머리와 꼬리를 떼고 깨끗이 씻는다. 고사리와 미나리는 다듬어서 5센티미터 정도 길이로 썬다. 당근과 죽순은 5센티미터 정도 길이로 채 썬다. 손질한 콩나물, 고사리, 미나리, 당근, 죽순은 각각 끓는 물에 데친다. 양지머리 편육은 채 썬다. 석이버섯은 물에 불렸다가 비벼 씻고 곱게 채 썬다. 표고버섯은 채 썰고 참기름과 소금으로 간해서 볶는다. 전복은 손질해서 찜솥에 찌고 채 썬다. 새우는 중간 크기로 준비하고 손질해서 찜솥에 찐 뒤 길이로 가른다. 분량대로 고루 섞어 겨자장을 만든다. 준비한 재료를 모두 고루 섞고 겨자장을 알맞게 넣어 살짝 버무린다. 그릇에 담고, 잣가루를 올려 낸다. ○ 당면이 들어가지 않는 조선잡채는 진주의 향토음식이다. 양과 천엽 등 소의 내장을 넣기도 한다.

조림, 무침, 장과

조림은 육류, 생선류, 조개류, 채소류, 건어물류를 비롯한 두부 등의 재료에 양념이 잘 스며들도록 약한 불에서 오래 조려 감칠맛을 내는 조리법으로 '조리개', '조리니'라고도 한다. 양념은 주로 간장이나 고추장을 사용하며 약간의 단맛을 부여한다. 생선조림처럼 상차림에서 반찬으로 바로 먹을 수 있는 국물이 자작한 조림과, 장조림처럼 약간 간을 세게 해서 두고 먹을 수 있는 조림 등 그 종류가 다양하다. 생선조림의 경우, 흰살생선은 생선 본래의 맛을 내기 위해 주로 생강과 간장으로 조리고, 붉은살생선은 생선 특유의 비린 맛을 감소시키기 위해 고추장이나 고춧가루를 여러 양념과 같이 넣어 조린다. 장조림, 멸치조림, 두부조림, 풋고추조림 등은 한국인의 밥상에 빠지지 않고 오르는 반찬이다.

무침은 채소나 말린 생선, 해초 따위에 갖은양념을 하여 무친 반찬을 말한다.

장과(醬瓜)는 무, 오이 등의 채소와 견과류 등을 볶은 고기와 함께 장으로 조린 반찬을 말한다.

조림, 무침, 장과는 예로부터 발달하여 두루 사랑받고 있는 밑반찬이다. 밑반찬은 육류, 생선류, 조개류, 해조류, 채소류 등을 저장해서 먹을 수 있도록 간을 약간 세게 해서 만든 음식이다. 밥상이나 죽상 차림의 찬품으로, 또는 주안상 차림의 안주감으로 쓰기 위해 평소에 미리 만들어 두는 상비 식품으로 일종의 단기 저장식품이다.

갈치조림

○ 갈치 1마리, 무 300그램, 양념장(다진 파 3큰술, 다진 마늘 2큰술, 생강즙 1작은술, 통깨 1큰술, 물 ½컵, 간장 4-5큰술, 설탕 1-2큰술, 고춧가루 1큰술), 실고추 2그램. ○ 갈치는 중간 크기로 준비해서 지느러미와 내장을 제거하고 깨끗이 씻어 7센티미터 정도 길이로 큼직하게 토막 낸다. 무는 씻어서 두께 1센티미터, 너비 4센티미터, 길이 5센티미터 정도 크기로 큼직하게 썰어 두꺼운 냄비에 고르게 깐다. 분량대로 고루 섞어 양념장을 만들고 무 위에 고르게 펴 바른다. 그 위에 손질한 갈치를 가지런히 얹고 다시 양념장을 고르게 펴 바른 뒤 끓인다. 한소끔 끓어오르면 불을 약하게 줄이고 국물을 끼얹어 주면서 조리다가 무가 푹 무르고 갈치에 양념이 고르게 스며들면 그릇에 담아낸다. ○ 갈치는 비늘이 벗겨지지 않고 은빛이 도는 것이 싱싱하다. 토막 낸 무를 미리 육수나 양념장에 끓였다가 갈치와 함께 조리기도 한다. 갈치의 담백한 맛과 감칠맛을 즐길 수 있는 조림이다.

소고기장조림

○ 소고기 600그램, 대파 1뿌리, 양파 $\frac{1}{2}$개, 물 5컵, 생강 1톨, 간장 $\frac{3}{4}$컵, 설탕 $\frac{1}{3}$컵, 청주 3큰술, 마른 홍고추 2개, 통후추 1큰술, 마늘 20쪽. ○ 소고기는 기름기 없는 살코기로 준비해서 결대로 큼직하게 썰고 30분 정도 물에 담가 핏물을 뺀다. 대파와 양파는 다듬고 씻어 큼직하게 썬다. 두꺼운 냄비에 손질한 대파와 양파, 물을 넣고 끓이다가 한 번 끓어오르면 손질한 소고기를 넣고 푹 끓인다. 소고기가 무르게 익으면 고기만 따로 건져 둔다. 대파와 양파는 버리고, 육수는 면포에 밭치고 식혀서 기름을 걷어 낸다. 생강은 껍질을 벗기고 씻어 편으로 썬다. 마른 홍고추는 행주로 닦고 반으로 갈라서 씨를 털어낸다. 마늘은 껍질을 벗기고 깨끗이 씻는다. 두꺼운 냄비에 육수(4컵)를 붓고 삶은 소고기와 간장, 설탕, 청주를 넣고 한소끔 끓인 뒤 손질한 생강, 마른 홍고추, 통후추를 넣고 불을 줄여서 은근하게 끓인다. 중간쯤에 마늘을 넣고 소고기에 간이 충분히 배도록 서서히 조린다. 잘 조려진 소고기는 결대로 썰거나 찢고, 마늘과 같이 낸다. ○ 마늘은 너무 일찍 넣으면 푹 물러지기 때문에 중간쯤에 넣는 것이 좋다. 우둔살, 홍두깨살, 사태 등으로 만든 장조림은 저장 기간이 비교적 길어 한 번에 넉넉하게 만들어 두고 먹을 수 있는 밑반찬으로 누구나 좋아한다.

섭산적

○ 다진 소고기 300그램, 소고기 양념(다진 파 2큰술, 다진 마늘 1큰술, 간장 1$\frac{1}{2}$큰술, 설탕 1큰술, 생강즙 1작은술, 참기름 1큰술, 깨소금 1큰술, 후춧가루 $\frac{1}{3}$작은술), 두부 100그램, 두부 양념(소금 $\frac{1}{4}$작은술, 참기름 $\frac{1}{2}$작은술, 후춧가루 약간), 식용유 2작은술, 잣가루 1큰술. ○ 다진 소고기는 우둔살로 준비해서 분량대로 양념한다. 두부는 으깨어 물기를 꼭 짜고 분량대로 양념한다. 양념한 소고기와 두부는 섞어서 고루 반죽하고 두께 0.7센티미터 정도로 네모지게 만들어 윗면에 가로세로로 잔칼집을 곱게 넣는다. 팬이나 석쇠에 식용유를 살짝 바르고 네모지게 만든 반죽을 올려 타지 않게 앞뒤로 굽는다. 잘 구워지면 식혀서 2×3센티미터 정도 크기로 썬다. 그릇에 담고, 잣가루를 뿌려 낸다. ○ 단백질이 풍부한 음식으로, 부드럽고 소화도 잘되기 때문에 나이 드신 분들이나 아이들이 먹기에 적당하고 도시락 찬으로도 좋다.

장산적

○ 다진 소고기 300그램, 소고기 양념(다진 파 1큰술, 다진 마늘 2작은술, 간장 1작은술, 설탕 2작은술, 참기름 1작은술, 깨소금 1작은술, 후춧가루 약간), 조림장(간장 2큰술, 설탕 1큰술,

올리고당 1큰술, 물 4큰술, 청주 4큰술, 생강즙 1작은술), 꿀 1큰술, 참기름 1작은술, 잣가루 1큰술. ○다진 소고기는 분량대로 양념하고 두께 0.5센티미터 정도로 넙적하게 편 뒤 석쇠에 올려 앞뒤로 굽는다. 잘 구워지면 식혀서 1.5×2센티미터 정도 크기로 썬다. 분량대로 조림장을 만들어 냄비에 넣고 끓이다가 썰어 놓은 소고기를 넣고 국물이 자작해지도록 조린다. 잘 조려지면 불을 끄고 꿀과 참기름을 넣어 윤기를 낸다. 그릇에 담고, 잣가루를 뿌려 낸다. ○장조림처럼 오래 두고 먹을 수 있는 전통음식으로 귀한 음식이라 해서 '약산적'이라고도 한다.

마늘종조림

○마늘종 200그램, 마른새우 50그램, 식용유 1큰술, 청주 2큰술, 생강즙 ½큰술, 간장 1큰술, 소금 약간, 물 2큰술. ○마늘종은 깨끗이 씻고 물기를 제거하여 4센티미터 정도 길이로 썬다. 마른새우는 마른행주에 싸고 비벼서 머리와 발을 뗀 뒤 팬에 기름을 두르지 않고 살짝 볶는다. 여기에 손질한 마늘종을 넣고 파랗게 볶다가 청주, 생강즙, 간장, 소금을 넣고 다시 볶으면서 물을 조금씩 부어 가며 조린다. 그릇에 담아낸다. ○마늘종은 한창 물이 올라 통통한 4-5월이 가장 아삭아삭하고 맛있다. 흔히 넣는 마른 새우 대신 돼지고기를 채 썰어 넣고 볶으면 훨씬 부드러운 맛을 낼 수 있다. 국물 없이 바싹 조리고 싶으면 마지막에 센 불에서 재빨리 볶아 조리면 된다.

꽈리고추조림

○꽈리고추 100그램, 식용유 1큰술, 국간장 2작은술, 설탕 1작은술, 청주 1작은술, 참기름 1작은술, 통깨 약간. ○꽈리고추는 작고 맵지 않은 것으로 준비해서 꼭지를 떼고 씻어 물기를 제거한다. 달군 팬에 식용유를 두르고 꽈리고추를 볶다가 선명한 파란색이 돌면 국간장, 설탕, 청주를 넣고 쪼글쪼글해질 때까지 조린 뒤 참기름을 두른다. 그릇에 담고, 통깨를 뿌려 낸다. ○볶을 때 식용유와 함께 참기름을 넣으면 좋다. 들기름으로 볶으면 더 구수한 맛이 난다.

북어보푸라기

○북어포 1마리, 참기름 1큰술, 북어 기본색 양념(소금 ⅓작은술, 설탕 ½작은술, 깨소금 1작은술, 흰 후춧가루 약간), 연한 갈색 양념(간장 ½작은술, 설탕 ½작은술, 깨소금 ½작은술), 연한 붉은색 양념(고운 고춧가루 ½작은술, 설탕 ½작은술, 소금 ⅓작은술, 깨소금 ½작은술). ○북어는 150그램 정도 되는 큰 것으로 준비해서 껍질을 벗기고 뼈를 발라내어 북어살만 가늘고 곱게 뜯은 뒤 가위로

자르고 손바닥으로 비벼서 부드러운 보푸라기를 만든다. 보푸라기는 참기름을 넣고 고루 버무려서 3등분한다. 3등분한 보푸라기는 각각 '북어 기본색 양념', '연한 갈색 양념', '연한 붉은색 양념'으로 무쳐서 세 가지 색깔을 낸다. 그릇에 색스럽게 담아낸다. ○ 북어를 비빌 때 가시에 찔리지 않도록 주의해야 한다. 넓게 펴서 말린 황태를 숟가락으로 긁어 보푸라기를 만들기도 하고, 북어포를 강판에 갈거나 분쇄기에 살짝 돌려서 만들기도 한다. 죽상, 도시락, 술안주 등에 잘 어울리는 밑반찬이다. 명태는, 얼리거나 영하 40도 이하에서 급속 냉동시킨 것을 동태 또는 동명태(凍明太), 한겨울에 일교차가 큰 덕장에 걸어서 차가운 바람을 맞으며 얼고 녹기를 반복하며 말린 것을 황태(黃太), 그냥 말린 것을 북어(北魚), 새끼를 노가리라고 한다.

호두장과

○ 호두 80그램, 조림장(간장 2큰술, 설탕 2작은술, 육수 ½컵), 꿀 1작은술. ○ 호두는 따뜻한 물에 잠시 담갔다가 건져서 나무꼬챙이로 속껍질을 벗긴다. 분량대로 조림장을 만들어 끓이다가 손질한 호두를 넣는다. 한소끔 끓으면 불을 줄이고 가끔 조림장을 끼얹어 주면서 서서히 조린다. 조림장이 거의 졸아들고 윤기가 나면 꿀을 넣고 불에서 내린다. 그릇에 담아낸다. ○ 호두의 속껍질을 벗기지 않고 사용할 때는 끓는 물에 데쳐 호두의 떫은맛을 우려내면 좋다. 호두는 영양이 우수한 알칼리성 식품으로 양질의 단백질과 지방 성분을 다량 함유하고 있다. 성인병 예방에 도움을 줄 뿐만 아니라 피부도 윤택하게 해 주는 효능이 있다.

오이갑장과

○ 오이 2개, 홍고추 1개, 참기름 ½큰술, 소고기 50그램, 마른 표고버섯 15그램, 소고기·표고버섯 양념(간장 2작은술, 설탕 1작은술, 꿀 1큰술, 다진 파 1큰술, 다진 마늘 1작은술, 참기름 1작은술, 깨소금 1작은술, 후춧가루 약간, 물 1큰술), 잣가루 ½큰술, 석이채 약간. ○ 오이는 소금으로 문질러 깨끗이 씻고 5센티미터 정도 길이로 토막 내어 씨를 파낸 뒤 1센티미터 정도 너비로 썰고 소금(2큰술)에 절였다가 물기를 꼭 짜서 꼬들꼬들하게 만든다. 홍고추는 채 썬다. 팬에 참기름을 두르고 손질한 오이와 홍고추채를 살짝 볶아 재빨리 식힌다. 소고기는 홍두깨살로 준비해서 곱게 채 썬다. 마른 표고버섯은 물에 불렸다가 꼭 짜서 곱게 채 썬다. 분량대로 양념을 만들어 손질한 소고기와 표고버섯에 나누어 넣고 각각 버무린다. 팬에 양념한 소고기를 먼저 넣어 볶고, 고기가 익으면 표고버섯을 넣고 볶다가 거의 볶아졌을 때 준비한 오이와 홍고추채를 넣고 살짝 볶아서

식힌다. 그릇에 담고, 잣가루와 석이채를 얹어 낸다. ○ 갑장과는 오랫동안 익혀 만드는 전통
장아찌와 달리, 필요할 때 빨리 만들어 먹을 수 있는 장아찌로 숙장과 또는 숙(熟)장아찌라고도
한다. 오이는 연하고 가는 것이 좋으며, 소금에 살짝 절였다가 볶아야 아삭한 맛을 즐길 수 있다.
짜지 않게 만들고, 차게 식혀 먹는 밑반찬이다.

무갑장과

○ 무 300그램, 간장 2큰술, 미나리 10그램, 소고기 50그램, 표고버섯 1장, 소고기 · 표고버섯
양념(다진파 1작은술, 다진 마늘 $\frac{1}{2}$작은술, 간장 $\frac{1}{2}$작은술, 설탕 $\frac{1}{2}$작은술, 참기름 1작은술, 깨소금
1작은술, 후춧가루 약간), 참기름 1큰술, 깨소금 1작은술, 실고추 약간. ○ 무는 0.7×4센티미터 정도
크기의 막대 모양으로 썰어 간장에 절였다가 꼭 짠다. 무를 절인 간장물은 따로 둔다. 미나리는
줄기만 다듬어 4센티미터 정도 길이로 썬다. 소고기는 홍두깨살로 준비해서 곱게 채 썬다.
표고버섯은 손질해서 곱게 채 썬다. 분량대로 양념을 만들어 손질한 소고기와 표고버섯에 나누어
넣고 각각 버무린 뒤 달군 팬에 넣고 볶는다. 소고기가 익으면 절인 무를 넣고 센 불에서 볶다가
간장물과 미나리를 넣고 살짝 볶는다. 참기름, 깨소금, 실고추를 넣고 고루 섞어 그릇에 담아낸다.

자반, 부각

자반은 옛날부터 바다가 먼 내륙 지역에서 주로 이용했던 음식으로, 고등어자반, 청어자반 등과 같이
생선의 저장 기간을 늘리기 위해 소금에 짜게 절여 꾸덕꾸덕하게 말린 것이다. 밥을 먹도록
도와준다는 의미로 '좌반(佐飯)'이라 한 데서 비롯되었다고 하는데, 찬이 되는 음식을 두루 이르는
말이기도 해서 다시마, 미역 등을 그대로 기름에 튀긴 매듭자반, 미역자반 등도 자반이라 한다.
부각은 깻잎, 고추, 김 등 채소나 해초를 손질해서 찹쌀풀이나 밀가루를 입히고 말렸다가 기름에
튀긴 음식이다. 정성 들여 재료를 하나하나 준비하고 볕 좋은 날 잘 말려서 보관해 두었다가
그때그때 필요한 만큼 꺼내서 밑반찬이나 안주로 밥상, 술상, 손님상 등에 올리는 요긴한
저장식품이다. 특히 찹쌀풀을 입혀 말린 들깨송이, 참죽, 동백잎 등과 밀가루를 씌워 말린 아카시아
꽃송이, 고추 등을 기름에 넣어 튀기면 하얗게 부풀어 올라 마치 눈꽃처럼 아름답기도 하고,
고소하고 바삭한 맛이 풍성하고 일품이다.

매듭자반

○ 다시마(10×25센티미터) 1장, 잣 2작은술, 통후추 1작은술, 식용유 적당량. ○ 다시마는 젖은 행주로 깨끗이 닦고 너비 1센티미터, 길이 10센티미터 정도의 직사각형으로 잘라 하나씩 매듭짓는다. 이때 매듭지어지는 곳에 잣과 통후추를 한 알씩 끼워 넣고 빠지지 않게 매듭을 조여 준 뒤 매듭 양 끝을 리본 모양으로 자른다. 매듭지은 다시마는 섭씨 170도 정도의 식용유에 넣어 바삭하게 튀긴다. 다시마가 둥둥 뜨면 다 튀겨진 것이므로 체에 밭쳐 기름을 빼고 그릇에 담아낸다. ○ 잣과 통후추를 넣어 고소하면서 매운맛이 나며, 기호에 따라 설탕을 솔솔 뿌려서 다시마 특유의 씁쓸한 맛을 없애면 술안주로도 좋다.

김부각

○ 김 6장, 찹쌀가루 $\frac{1}{4}$컵, 다시마 우린 물 $\frac{3}{4}$컵, 소금 약간, 설탕 1큰술, 후춧가루 약간, 통깨 적당량, 식용유 적당량. ○ 김은 잡티를 골라내고 깨끗이 손질한다. 찹쌀가루는 다시마 우린 물에 잘 풀어 찹쌀풀을 쑤고 소금, 설탕, 후춧가루로 간해서 식힌다. 손질한 김 한쪽 면에 찹쌀풀을 얇게 펴 바른 뒤 다른 한 장을 겹쳐 붙인다. 그 위에 다시 찹쌀풀을 바르고 볶은 통깨를 간격을 맞춰 가면서 약간씩 붙여서 바람이 잘 통하는 그늘에서 말린다. 통깨가 뿌려진 간격에 맞춰서 자르고, 습기가 없고 바람이 잘 통하는 곳에 보관한다. 상에 내기 직전에 섭씨 130도의 식용유에 넣고 튀겨서 체에 밭쳤다가 그릇에 담아낸다. ○ 서늘한 곳에서 보관만 잘하면 1년 동안은 두고 먹을 수 있다. 미리 튀겨 놓으면 눅눅해지므로 먹을 때마다 필요한 만큼 꺼내서 바로 튀겨야 바삭하고 맛이 있다.

들깨송이부각

○ 들깨송이 500그램, 찹쌀가루 2컵, 물 3컵, 소금 $\frac{1}{2}$작은술, 식용유 적당량. ○ 들깨송이는 가을에 알이 맺힌 것을 따다가 연한 소금물에 아주 살짝 데치고 물기를 제거한다. 찹쌀가루는 물에 잘 풀어 되직하게 찹쌀풀을 쑤고 소금으로 간해서 식힌다. 손질한 들깨송이에 찹쌀풀을 골고루 충분히 발라 바람이 잘 통하는 곳에서 말려 보관한다. 먹을 때마다 필요한 만큼 꺼내서 섭씨 160-170도의 식용유에 바싹 튀겨서 체에 밭쳤다가 그릇에 담아낸다. ○ 들깨를 털어낸 들깨송이를 데치지 않고 그대로 찹쌀풀을 골고루 발라서 만들기도 한다.

들깨순이부각

참죽부각

참죽부각

○ 참죽 500그램, 찹쌀가루 2컵, 물 3컵, 소금 ½작은술, 통깨 3큰술, 식용유 적당량. ○ 참죽은 연한 것을 준비해서 끓는 물에 살짝 데치고 꾸덕꾸덕하게 말린다. 찹쌀가루는 물에 잘 풀어 찹쌀풀을 쑤고 소금으로 간해서 식힌다. 찹쌀풀에 통깨를 넣고 고루 섞는다. 손질한 참죽잎에 찹쌀풀을 골고루 바르고 채반에 널어 바람이 잘 통하는 곳에서 말린다. 겉면이 어느 정도 마르면 다시 찹쌀풀을 한 번 더 바르고 잘 말려서 보관한다. 먹을 때마다 필요한 만큼 꺼내서 섶씨 160-170도의 식용유에 바싹 튀겨서 체에 밭쳤다가 그릇에 담아낸다. ○ 고추장 참죽부각을 만들어 먹기도 하는데, 고추장 찹쌀풀은 찹쌀풀을 쑬 때 고추장을 넣어 만든다.

깻잎부각

○ 깻잎 30장, 찹쌀가루 4큰술, 다시마 우린 물 ¾컵, 소금 약간, 식용유 적당량. ○ 깻잎은 잘 씻어 물기를 제거한다. 찹쌀가루는 다시마 우린 물에 덩어리지지 않도록 잘 풀어 찹쌀풀을 쑤고 식힌다. 이때 한소끔 끓으면 불을 줄여서 끓이다가 윤기가 나면서 되직해지면 소금으로 간한다. 깻잎에 찹쌀풀을 앞뒤로 골고루 발라 두 장씩 붙인다. 채반에 비닐을 깔고 찹쌀풀 바른 깻잎을 겹치지 않게 펴서 넣고 통풍이 잘 되고 햇볕이 살 드는 곳에서 바싹 말린다. 윗면이 꾸덕꾸덕하게 마르면 뒤집어서 말린다. 잘 마르면 깻잎이 부서지지 않도록 가지런히 모아서 공기가 통하지 않도록 밀폐용기에 담아 보관한다. 먹을 때마다 필요한 만큼 꺼내서 섶씨 170도의 식용유에 재빨리 튀겨서 체에 밭쳤다가 그릇에 담아낸다. ○ 부각을 만들 때는 찹쌀풀을 잘 쑤는 것이 중요한데, 농도가 약간 되직한 것이 좋다. 깻잎에 찹쌀풀을 바를 때는 찹쌀풀에 약간 따뜻한 기운이 남아 있어야 좋다. 찹쌀풀이 너무 식으면 굳어져서 바르기 어렵다. 햇살이 좋을 때 말려야 튀길 때 잘 부풀고 상하지도 않는다. 채반에 비닐을 깔고 말리면 뒤집을 때 떼어 내기가 편하다. 깻잎을 김만 쏘이는 정도로 살짝 쪄서 찹쌀풀을 바르기도 하고, 소금물에 살짝 절인 깻잎을 밀가루에 버무려 쪄서 햇볕에 바짝 말렸다가 식용유에 튀기는 방법도 있다. 과자처럼 바삭바삭해서 아이들도 좋아하는 밑반찬이다.

고추부각

○ 풋고추 200그램, 찹쌀가루 ¾컵, 소금 약간, 식용유 적당량. ○ 풋고추는 연한 것으로 준비해서 꼭지를 떼고 길이로 반을 갈라서 씨를 뺀 뒤 씻어서 건진다. 이때 물기는 완전히 털어내지 않는다. 찹쌀가루는 소금으로 간한다. 손질한 풋고추에 소금 간한 찹쌀가루를 묻혀서 김이 오른 찜솥에 3분

정도 찐다. 이 과정을 3회 반복한다. 찐 고추는 채반에 널어 햇볕에 바싹 말렸다가 진공 포장해서 냉동 보관한다. 먹을 때마다 필요한 만큼 꺼내서 섭씨 170도의 식용유에 바싹 튀겨서 체에 밭쳤다가 그릇에 담아낸다. ○ 풋고추는 크지 않고 연한 것을 사용해야 좋다. 작은 고추는 썰지 않고 그대로 쓴다. 매운 고추는 물에 담가서 매운맛을 빼고 사용한다. 그릇에 한지를 깔고 튀긴 부각을 담으면 한지가 기름을 흡수해서 느끼하지도 않고 눅눅해지지도 않는다.

포, 마른안주

포는 육류나 생선의 살을 넓게 저며 포를 뜨고 간해서 말린 저장식품이다. 육류는 우둔살이나 홍두깨살 등으로 포를 뜨고 간장, 꿀, 배즙, 생강즙 등으로 양념해서 말린 육포, 편포 등이 있다. 생선은 주로 흰살생선인 대구, 민어, 숭어, 명태 등으로 포를 만들며, 북어처럼 간을 하지 않고 통째로 말리는 것도 있다.
마른안주는 주안상이나 교자상에 올리는 술안주나 간식으로 마른구절판이라고도 한다.
마른구절판은 어란, 호두튀김, 은행볶음, 생률, 잣솔, 곶감쌈, 전복쌈, 대추편포, 칠보편포를 구절판에 담아내는 것이다. 약포쌈, 생란, 조란 등으로 대체하기도 한다.

육포
○ 소고기 2킬로그램, 양념장(간장 1⅓컵, 꿀 1컵, 설탕물 ½컵, 배즙 1컵, 생강즙 2큰술, 후춧가루 1큰술), 참기름 약간, 잣가루 약간. ○ 소고기는 기름기 없는 우둔살로 준비해서 고깃결대로 두께 0.5센티미터 정도로 포를 뜨고 면포나 종이타월을 이용해서 일일이 핏물을 닦는다. 분량대로 고루 섞어 양념장을 만들고, 손질한 소고기를 한 장씩 담가 양념이 고루 배도록 주물러서 그릇에 담는다. 남은 양념장까지 그릇에 모두 담고, 고깃결이 찢어지지 않도록 조심하며 소고기에 양념이 다 스며들 때까지 다시 잘 주물러 준다. 바닥이 평평하고 넓은 쟁반에 양념한 소고기를 겹치지 않게 하나하나 펴고 통풍이 잘 되는 곳에서 앞뒤로 뒤집어 가며 말린다. 꾸덕꾸덕하게 잘 마른 육포를 거두어 반듯하게 손질하고 냉동 보관한다. 먹기 직전에 참기름을 고루 바르고 앞뒤로 살짝 구워 적당한 크기로 자른다. 잣가루를 뿌려 낸다. ○ 설탕물은 설탕과 물을 같은 양으로 섞어 끓이고 식혀서 사용한다. 배즙은 껍질 벗긴 배를 강판에 곱게 갈고 꼭 짜서 건더기는 버리고 즙만 사용한다. 간장은

오래 묵어 맛이 좋은 진장(眞醬, 집진간장)을 사용하면 더욱 좋다. 우둔살 대신 홍두깨살을 사용해서 육포를 만들기도 한다. 건조기를 사용해서 말리면 편리하다. 진공 포장해서 냉동 보관하는 것이 좋다.

암치포

○ 암치포 300그램, 참기름 2큰술. ○ 암치포는 솔로 살살 닦으면서 소금기를 털어내고 물에 적신 행주에 싸서 부드러워질 때까지 잠시 둔다. 부드러워진 암치포는 껍질을 벗기고 뼈를 제거한 뒤 얇게 저며 접시에 담는다. 참기름을 곁들여 낸다. ○ 암치포는 민어를 손질해서 소금을 뿌려 말린 것이다.

어란

○ 숭어란 200그램, 참기름 약간. ○ 숭어란은 잘 말린 것을 준비해서 참기름을 얇게 펴 바르고, 잘 드는 칼이나 불에 달군 칼로 아주 얇게 썬다. 그냥 그릇에 담아내기도 하고 참기름을 약간 발라 구워 내기도 한다. ○ 어란은 숭어나 민어 등 생선의 알을 간장에 잰 뒤 건조시킨 음식으로, 술안주나 밥반찬으로 좋다.

숭어란 만들기 ○ 산란기의 숭어를 잡아 신선한 숭어알을 터지지 않게 꺼내고 중앙 부분의 핏줄을 깨끗이 제거한 뒤 소금물에 담갔다 건진다. 이것을 오래 묵은 진장이나 간장에 하루 동안 재어 어란의 맛과 색이 우러나도록 한다. 간이 밴 숭어알을 건져 대개 보름 정도 말린다. 이때 숭어알의 모양을 잘 잡아 주면서 앞뒤로 참기름을 붓으로 얇게 발라 주고, 바람이 잘 통하고 공기가 좋은 곳에서 꾸덕꾸덕해지도록 말린다. ○ 참기름을 발라 가며 말리면 윤기가 나고 색이 짙어진다. 어란을 만들 때는 주로 숭어알이나 민어알을 쓴다. 민어알도 같은 방법으로 말려 민어란을 만든다.

호두튀김

○ 호두알 1컵, 녹말가루 2큰술, 식용유 적당량, 설탕 약간. ○ 호두알은 되도록 크고 흠이 없는 온통으로 준비해서 반을 가르고 가운데 딱딱한 심을 떼어 낸다. 따뜻한 물에 호두를 넣고 5분쯤 불렸다가 건져서 나무꼬챙이로 알맹이가 부서지지 않게 조심해서 살살 속껍질을 벗긴다. 손질한 호두는 녹말가루를 고루 묻히고 고운체에 쳐서 여분의 가루를 털어낸 뒤 160도 정도의 식용유에 넣고 노릇하게 튀겨서 체에 밭친다. 설탕을 살짝 뿌려 그릇에 담아낸다.

은행볶음

◯ 은행 1컵, 식용유 적당량, 소금 약간, 나무꼬치 적당량. ◯ 은행은 겉껍질을 벗기고, 달군 팬에 식용유를 약간 두르고 볶는다. 은행 속껍질이 툭툭 터지기 시작하면 소금을 뿌리고 꺼낸다. 볶은 은행알은 마른행주에 싸고 비벼서 속껍질을 말끔히 벗긴다. 나무꼬치에 3개씩 꽂아 그릇에 담아낸다.

생률

◯ 밤 10개. ◯ 밤은 겉껍질을 벗기고 잘 드는 칼로 치듯이 돌려 가며 속껍질을 벗겨 면마다 각이 지게 만든다. 그릇에 담아낸다.

잣솔

◯ 잣 4큰술, 솔잎 30그램, 붉은색 실 약간. ◯ 잣은 고른 것으로 준비해서 고깔을 떼고 마른행주로 닦는다. 솔잎은 색이 파랗고 싱싱한 것으로 준비해서 행주로 비벼서 깨끗이 닦는다. 잣의 고깔 뗀 부분에 솔잎을 하나씩 꿴다. 이것을 다섯 개씩 가지런히 모아 붉은색 실로 묶고 솔잎 길이를 똑같게 자른다. 그릇에 담아낸다.

곶감쌈

◯ 곶감 5개, 호두 10개. ◯ 곶감은 주머니 곶감으로 준비해서 한쪽만 갈라 씨를 빼고 넓게 펼친다. 호두는 부서지지 않게 반으로 쪼개고 따뜻한 물에 담갔다가 건져서 나무꼬챙이로 속껍질을 벗긴 뒤 다시 마주 보게 붙여 통호두로 만든다. 펼쳐 놓은 곶감 위에 통 호두를 얹고 감싸면서 돌돌 만다. 0.4센티미터 정도 두께로 납작하게 썰어 그릇에 담아낸다.

전복쌈

◯ 마른 전복 3개, 잣 ⅔컵. ◯ 전복은 크고 잘 말린 것을 준비해서 깨끗하게 씻고 젖은 면포에 싸서 찜솥에 넣고 아주 약한 불에서 부드러워질 때까지 찐다. 부드러워진 전복은 잘 드는 칼로 얇게 저며 포를 뜬다. 잣은 고깔을 떼고 마른행주로 닦는다. 전복포에 손질한 잣을 3-4알 정도 넣고 반으로 접는다. 숟가락 끝으로 가장자리를 꼭꼭 눌러 붙여 떨어지지 않게 한다. 가장자리를 다듬어 반달 모양으로 만든다. ◯ 전복포가 너무 두껍거나 말라 있으면 잘 붙지 않는다. 술안주로 좋은 음식이다.

전복은 진상품목에 빠짐없이 오른 귀한 식품이다.

대추편포, 칠보편포

○ 다진 소고기 600그램, 양념(간장 4큰술, 끓인 설탕물 1큰술, 꿀 1큰술, 생강즙 1작은술, 후춧가루 1작은술), 잣 ½컵. ○ 다진 소고기는 살코기로 준비해서 분량대로 양념하고 충분히 주물러서 반으로 나눈다. 잣은 고깔을 떼고 마른행주로 닦는다. 양념한 소고기의 반은 대추와 같은 크기와 모양으로 빚어 꼭지에 잣을 1개씩 박고, 뒤집어 가며 고르게 잘 말려 대추편포를 만든다. 나머지 반은 지름 3.5센티미터, 두께 0.5센티미터 정도 크기로 둥글납작하게 빚고 가운데에 잣 1개를 박은 뒤 그 둘레에 잣 6개를 돌려 가면서 깊숙이 박는다. 이것을 뒤집어 가며 고르게 잘 말려 칠보편포를 만든다. ○ 꾸덕꾸덕하게 잘 말린 대추편포와 칠보편포는 그릇에 담아내기 직전에 참기름을 발라 살짝 굽는다.

장아찌

장아찌는 제철에 나는 무, 오이, 깻잎, 양파, 곰취, 명이 등을 그대로 또는 알맞게 썰어 간장, 고추장, 소금, 식초, 술지게미 등으로 절인 전통음식이다. 오랫동안 묵혀 두면서 언제나 손쉽게 내어 먹을 수 있도록 한 저장식품으로, 계절마다 담그는 장아찌의 종류가 다르다. 맛이 고루 배고 품질이 좋은 장아찌를 만들기 위해서는 재료가 절임물 위로 떠오르지 않게 잘 눌러 주고, 공기와의 접촉을 최대한 차단하는 것이 중요하다. 대부분의 장아찌는 절임류의 특성상 짠맛이 강하므로 먹기 전에 어느 정도 짠맛을 제거하고, 그대로 먹거나 갖은양념으로 무쳐 먹는다. 장아찌는 미생물에 의해 발효되어 독특한 맛과 향이 있고 아삭아삭한 것이 특징이다.

더덕장아찌

○ 더덕 1.2킬로그램, 소금물(소금 30그램, 물 5컵), 고추장 3컵, 올리고당 1컵. ○ 더덕은 흙을 털어내고 돌려 가면서 껍질을 벗겨서 깨끗이 씻는다. 씻은 더덕은 방망이로 자근자근 두들겨 얇게 펴고 간간한 소금물에 담가 두었다가 건져 물기를 제거한다. 이때 더덕의 쓴맛 정도를 보아 가며 담그는 시간을 조절한다. 고추장과 올리고당을 잘 섞어서 손질한 더덕에 고루 바르고 그릇에

차곡차곡 담아 둔다. ○ 열흘에서 보름 정도 지나면 간이 적당히 배어 먹을 수 있다. 먹을 때는 한 번 먹을 분량만큼만 꺼내어 먹기 좋게 찢은 뒤 식성에 따라 참기름, 다진 파, 다진 마늘 등을 넣고 무쳐서 그릇에 담아낸다. 손질한 더덕을 두들겨 펴지 않고 통으로 장아찌를 담기도 한다. 더덕은 늦가을 잎이 시든 다음에 나는 것이 가장 맛있는데, 영양 성분이 인삼과 마찬가지라고 할 정도로 몸에 좋은 식품이다. 특히 숙취 해소에 효과적이라고 한다.

마늘장아찌(마늘통장아찌)

○ 통마늘 25통, 초벌 식초 8컵, 양념장(간장 1큰술, 설탕 4컵, 식초 5컵, 물 5컵, 소금 2큰술). ○ 통마늘은 하지(夏至) 전의 연한 육쪽마늘로 준비해서 껍질을 두 겹 정도 벗긴 뒤 뿌리와 대공 부분을 자르고 깨끗이 씻어 물기를 제거한다. 항아리에 손질한 통마늘을 차곡차곡 담고 푹 잠길 정도로 초벌 식초를 부어 시원한 곳에 보관한다. 5일쯤 지난 뒤에 초벌 식초를 따라 내고 분량대로 고루 섞어 양념장을 만들어 붓는다. 통마늘이 떠오르지 않게 깨끗하게 씻은 돌로 눌러 둔다. 3-4일 정도 지난 뒤에 양념만 따라 내어 한소끔 끓이고 식혀서 다시 부어 둔다. 이 과정을 두세 번 반복한다. 통마늘에 양념이 제대로 배면 필요한 만큼만 꺼내서 뿌리와 대공 쪽을 잘라 내고 2-3쪽으로 도톰하게 썰어 담아낸다. ○ 통마늘은 대공이 약간 푸르고 껍질이 불그레한 것이 좋다. 초여름에 먹는 새콤달콤한 마늘장아찌는 자칫 무더위에 잃기 쉬운 식욕을 돋워 준다.

굴비장아찌

○ 굴비 2마리, 소금 적당량, 찹쌀고추장 1-2컵. ○ 굴비는 비늘을 긁어내고 지느러미 등을 손질한 뒤 아가미로 내장을 빼내고 깨끗하게 씻는다. 적당한 크기의 항아리에 찹쌀고추장을 한 켜 깔고 그 위에 손질한 굴비를 올려놓는다. 다시 그 위에 고추장을 한 켜 깔고 굴비를 올려놓는다. 반복해서 고추장과 굴비를 켜켜이 재고, 맨 위에 찹쌀고추장을 잘 펴서 얹는다. 뚜껑을 덮고 3-4개월 이상 숙성시킨다. ○ 집에서 직접 담근 찹쌀고추장을 쓰면 더욱 좋다. 먹을 때 한 마리씩 꺼내어 뼈를 발라내고, 먹기 좋은 크기로 찢어서 참기름으로 무쳐 낸다. 한여름에 쪽쪽 찢어서 찬밥 위에 얹어 먹으면 그 맛이 일품이다. 조기를 말려서 만들기 때문에 쫄깃하고, 장아찌 특유의 짠맛이 없는 것이 특징이다. 먹기 좋게 굴비살만 고추장에 넣어 숙성시키기도 한다.

장

장(醬)은 식물성 단백질을 많이 함유하고 있는 콩을 푹 삶아 메주를 쑤고, 볏짚이나 공기로부터 여러 미생물이 자연적으로 유입되게 띄운 다음, 소금물에 담가 콩의 성분을 분해하고 숙성하는 과정을 거쳐 만드는 우리 고유의 전통 콩 발효식품이다. 곡물 및 채소 위주의 식습관을 지닌 한국인들은 일상 식생활에서 결핍되기 쉬운 단백질 보완을 위해 토종 콩을 음식에 적극 활용했으며, 그 과정에서 자연을 지혜롭게 이용해 개발한 것이 장이다. 콩은 단백질이 38-40퍼센트로 어육류의 약 2배나 되고 지방도 18퍼센트나 함유되어 있다. 특히 불포화지방산인 리놀산과 리놀렌산이 풍부할 뿐 아니라 발효 과정에서 미생물의 작용으로 생겨나는 여러 생리기능 활성물질이 콜레스테롤 저하, 혈전 용해, 항암 등에 효과가 있다고 밝혀졌다. 고유한 맛과 향을 내는 장은 모든 한국음식의 간을 맞추는 기본 조미료인 동시에 그 자체로 음식이 되기도 하며, 저장성이 뛰어나서 연중 비축이 가능하다. 『동국세시기(東國歲時記)』(1849)에서는 1년 중 민가(民家)의 가장 큰일로 장 담그기와 김장을 꼽는다. 11월령에는 메주 쑤기, 3월령에는 장 담그기, 6월령에는 장 가르기(간장과 된장으로 분리하기)를 한다. 장의 주재료인 콩은 우리나라가 원산지이며, 이미 상고시대부터 장 담그기가 행해져 왔다. 장은 미생물에 의해 발효되므로 지역마다, 집집마다 그 맛이 다르다. 장의 종류로는 간장, 된장, 고추장, 청국장, 막장, 즙장 등이 있으며, 특별장으로 어육장, 청육장 등이 있다. 숙성되는 긴 시간과 정성을 다하는 노력으로 얻어지는 장은 한국 음식문화의 뿌리이며, 한국음식의 맛을 좌우하는 가장 기본적인 전통식품으로 한민족의 창의적 음식문화의 집합체라고 할 수 있다.

간장, 된장

재래식 간장, 된장은 메주 쑤기, 장 담그기, 장 가르기 과정을 거쳐 만들어진다. 장 가르기 과정에서 간장과 된장으로 나뉘며, 각각 자연 속에서 숙성되는 동안 더욱 깊은 풍미를 갖게 된다. 햇볕이 잘 드는 장독대는 간장, 된장 숙성에 가장 좋은 장소로, 그 집안의 살림 솜씨를 평가하는 기준이 되기도 했다.

메주 쑤기 ○ 햇메주콩 7.2킬로그램, 물 18리터. ○ 햇메주콩은 티를 잘 골라내고 씻어 불린 뒤 솥에 붓고, 콩이 푹 잠길 만큼 충분히 물을 부어 삶는다. 김이 나기 시작하면서 넘칠 듯하면 불을 약하게 한다. 콩물이 넘치지 않게 솥뚜껑 위에 찬물을 부어 가면서 콩이 불그스름하게 될 때까지 삶고 뜸

들인다. 소쿠리에 밭쳐 물기를 뺀 뒤 뜨거울 때 절구에 넣고 찧는다. 찧은 콩을 서너 덩이로 나누어 메주틀에 넣고 단단하게 모양을 만든 다음 깨끗한 볏짚 위에 놓아서 겉말림을 한다. 꾸덕꾸덕하게 말린 메주를 볏짚으로 엮어서 겨울 동안 따뜻한 방에 매달아 띄운다. 이때 볏짚이나 공기로부터 자연적으로 미생물이 접종되어 발효가 일어난다. 잘 띄운 메주로 음력 정월이나 2월에 장을 담근다. ○ 메주의 크기는 대개 15×15×20센티미터이나, 지방마다 크기가 다르고 메주틀도 네모난 것, 둥근 것 등 다양하다. 예전에는 메주를 일찍 쑤어서 가을볕에 바싹 말린 다음 처마 끝에 매달아 띄우기도 했다. 현대 주택 구조에서는 메주를 쑤기가 쉽지 않고 띄우는 과정에서 냄새가 많이 나므로, 시판하는 좋은 메주를 구입해서 장을 담그는 경우가 흔하다.

장 담그기 ○ 메주 5.5킬로그램, 물 20리터, 굵은소금 4킬로그램, 참숯 3덩이, 마른 고추 5개, 대추 5개. ○ 분량대로 물에 소금을 잘 풀고 고운체에 걸러 맑은 소금물을 준비한다. 항아리는 볕을 많이 쬘 수 있도록 입이 넓은 것으로 준비해서 펄펄 끓는 물을 부어 소독하고 깨끗이 씻어 물기를 제거한다. 메주는 솔로 박박 문질러 씻어 곰팡이와 기타 지저분한 것을 깨끗이 제거한 뒤 두서너 조각으로 쪼개서 볕에 말려 물기를 없앤다. 씻어 말린 메주를 항아리에 차곡차곡 쌓아 넣고 미리 준비한 소금물을 붓는다. 메줏덩이가 위로 떠오르면 염도가 적당한 것이다. 3일 뒤에 달군 숯, 깨끗이 닦은 마른 고추, 대추를 넣는다. 이것은 간장의 잡냄새를 없애고 균의 번식도 방지하기 위함이다. 항아리 주둥이를 삼베나 망사 등으로 씌운 뒤 뚜껑을 덮어서 햇볕이 잘 들고 통풍이 잘 되는 양지쪽에 둔다. 햇볕이 좋은 날마다 아침에 뚜껑을 열고 저녁에 닫아 주어 자주 햇볕을 쬘 수 있게 하고, 항아리도 깨끗이 닦아 주면서 40-60일 정도 숙성시킨다. ○ 항아리를 끓는 물로 소독하기 전에, 신문지를 항아리 속에 넣고 태워서 소독하면 좋다. 옛날에는 장 담글 때 물의 분량을 메주 분량의 4-5배로 했고, 소금과 물의 비율은 물 4말에 소금 1말로 했다. 소금물의 농도는 염도계를 사용하면 쉽게 맞출 수 있다. 소금물의 농도는 18-20보메가 적당하다. 염도계가 없으면 달걀을 띄워 확인할 수 있는데, 달걀 표면이 동전 지름만큼 떠오르면 적당한 농도다. 일찍 담그는 장(정월장)은 소금이 적게 들고, 시기가 늦어질수록 소금 양이 많아진다. 자주 햇볕을 쬐어 주어 발효, 숙성이 잘 이루어지도록 하는데, 항아리에 빗물이 들어가면 장이 상하게 되므로 항아리 뚜껑을 여닫을 때 주의해야 한다.

장 가르기-간장 ○ 장의 발효, 숙성이 잘 이루어져 색이 검어지고 맛이 우러나면 숯, 고추, 대추는

50여 년 된 강인희 선생 집간장(陳醬), 13년된 집간장, 2년된 집간장(왼쪽부터)

건져 내고 건더기와 액체를 분리한다. 먼저 항아리 속의 메줏덩이가 부서지지 않게 용수를 박아 맑은 장을 떠내어 날간장(생간장)을 얻는다. 항아리에 남아 있는 메줏덩이는 따로 건져 내고 잘 으깨어 된장을 만든다. 날간장은 발효 과정에서 생성된 각종 효소나 미생물이 남아 있어서 미숙한 맛과 풍미를 지니고 있는데, 이 날간장을 그대로 사용하기도 하고 달이기도 한다. 달일 때는 깨끗한 솥에 넣고 뭉근한 불에서 거품을 걷어 내며 10-20분 정도 달여서 항아리에 담는다. 맛과 향이 충분히 우러나도록 햇볕이 좋은 날이면 볕을 쪼이고, 비를 맞으면 맛이 변하니 각별히 관리한다. ○ 용수는 싸리나 대로 만든 둥글고 긴 통으로, 장이나 술을 거를 때 사용한다. 용수가 없을 때는 둥근 겹체를 사용해도 된다. 날간장은 맛과 향이 떨어지고 각종 효소와 미생물이 남아 있어 저장성이 좋지 않다. 간장을 달이는 주목적은 살균 처리해서 저장성을 높이고 간장을 맑게 하는 동시에 졸이는 효과로 인해 맛과 향을 좋게 하는 데 있다. 겹장은 장 가르기를 할 때 먼저 메줏덩이를 건져 내고, 항아리에 남은 날간장에 다시 잘 띄운 메주를 넣고 발효, 숙성시켜 우려낸 농도가 진하고 맛이 좋은 진간장을 말하며 '덧장'이라고도 한다. 한 해 전에 담근 간장에 다시 메주를 넣어 우려내기도 한다. 겹장은 뒷맛이 깔끔해서 조림이나 나물 무침, 국 등에 두루 쓰인다. 장은 오래 묵을수록 색이 짙어지며 맛이 깊어진다. 장맛은 3년이 지나야 좋다는 옛말이 있다.

장 가르기 – 된장 ○ 간장을 떠내고 남은 메줏덩이는 따로 건져 잘 으깨어 된장을 만드는데, 이때 맛을 더하는 방법으로 메줏가루와 집간장을 섞어 잘 치댄 뒤 항아리에 꼭꼭 눌러 담고, 그 위에 소금을 하얗게 덮은 다음, 가끔씩 햇볕을 쬐어 주면서 한 달 정도 숙성시킨다. 메줏덩이의 ¼ 정도 분량으로 콩을 푹 삶아 찧은 뒤 함께 잘 섞어서 숙성시키면 된장 맛이 향상되고 짠맛도 줄일 수 있다.

막장

○ 메줏가루 3킬로그램, 물 적당량, 소금 4컵, 메주콩 5컵, 고추씨 2컵. ○ 좋은 메줏가루를 준비한다. 메줏가루에 물 적당량을 붓고 잘 버무려서 불린다. 충분히 불려지면 준비된 소금의 ⅔ 정도를 넣고 잘 섞어 간을 한다. 메주콩은 잘 씻어 불린 뒤 무르게 삶아 뜨거울 때 대충 으깬다. 고추씨는 갈아서 가루를 낸다. 소금으로 간을 한 메줏가루에 삶아 으깬 콩과 고추씨가루를 넣고 고루 섞은 다음, 남은 소금으로 간을 맞추고 항아리에 담아 숙성시킨다. ○ 쉽게 막 담글 수 있고, 빨리 숙성시켜 먹을 수 있어서 '막장'이라고 한다. 보리밥을 넣어 만든 보리막장, 찹쌀죽을 넣어 만든 찹쌀막장도 있다. 막장용 메주는 콩뿐만 아니라 밀, 보리, 멥쌀 등을 섞어 만들기도 하고 엿기름을 사용하기도 한다.

막장은 지역마다 특성이 있고, 집집마다 만드는 법과 시기가 다르다. 담근 지 7-10일 정도면 먹을 수 있는 속성 장이다. 간이 세지 않아 냉장 보관하며 먹는 것이 좋다. 쌈장으로 주로 사용하고, 수육 등의 양념장으로도 이용한다. 새로운 된장을 먹기 전에 지레(미리) 담근다고 해서 '지레장', 메주를 빠개어 가루를 내어 담근다고 해서 '빠개장'으로 불리기도 한다.

즙장

○ 찹쌀 3컵, 즙장 메줏가루 2컵, 고운 엿기름가루 $\frac{3}{4}$ 컵, 고춧가루 1컵, 간장 1컵, 소금 적당량, 무 300그램, 가지말랭이 70그램, 다진 마늘 60그램, 다진 생강 20그램. ○ 찹쌀은 씻어 물에 불린 뒤 3배 정도의 물을 붓고 된죽처럼 밥을 지어 약간 식힌 다음 메줏가루, 엿기름가루, 고춧가루를 넣어 잘 섞는다. 무는 손가락 굵기로 채 썰어 간장이나 소금물에 절여 꼭 짜고, 가지말랭이도 미지근한 물에 불렸다가 헹궈서 꼭 짠다. 메줏가루 찹쌀죽에 무, 가지, 간장을 넣어 고루 버무린 다음 간을 보아 가면서 소금을 넣는데 간은 약간 세게 맞춘다. 이것을 항아리에 담아 밀봉해서 따뜻한 곳에서 숙성시킨다. ○ 즙장은 메주에 무, 가지, 호박, 고춧잎, 풋고추, 오이, 우엉, 당근 등의 채소를 소금에 절여 넣고 단기간에 숙성시켜 만드는 속성 발효장으로 집장이라고도 하며, 채소가 들어간 장이라고 해서 '채장'이라고도 불린다. 전통 즙장은 두엄이나 겻불에 묻어 1주일가량 숙성시켰다. 전라도, 충청도, 경상도에서 주로 담그며, 각기 명칭과 제조법에 차이가 있는 향토색이 짙은 별미장이다. 『수운잡방(需雲雜方)』(1540년 경), 『사시찬요초(四時纂要抄)』(조선시대), 『규합총서』, 『시의전서』, 『주방문(酒方文)』(1600년대 말), 『조선요리제법』, 『조선무쌍신식요리제법』 등 여러 고조리서에 나오는, 예로부터 전승되어 온 전통 장이지만 근래에는 거의 만들지 않는다. 고조리서에는 밀기울 2되와 콩 1말을 물에 불려 주물러 덩어리로 만든 뒤 닥나무 잎을 덮어 곰팡이 옷을 입히고 햇빛에 말리면 메주가 되며, 이 메줏가루 1말과 물 2되, 소금 3홉을 섞어서 무가지즙장을 만든다는 기록이 있다. 이것을 독에 넣고 봉해서 말똥에 묻었다가 7일 뒤에 겻불에 묻으면 14일 만에 먹을 수 있다고 해서 말똥집장이라고도 한다.

즙장 메줏가루 만들기 ○ 메주콩 5컵, 보리쌀 4-5컵. ○ 콩은 티를 골라내고 씻어 불린 다음 건져 푹 삶는다. 김이 나기 시작하면 씻어 불린 보리쌀을 그 위에 얹어 더 삶는다. 웃물이 잦아들면 불을 약하게 줄이고 뜸을 충분히 들인다. 무르게 삶아진 콩과 보리쌀을 소쿠리에 받쳐 물기를 뺀 다음 뜨거울 때 절구에 넣고 찧는다. 끈적끈적하게 뭉쳐지면 주먹만 하게 만들어 볏짚을 간 시루에 겹치지 않게 놓고 다시 볏짚을 얹은 다음, 두꺼운 천으로 덮어 따뜻한 곳에서 3-4일 정도 말린다. 겉이 꾸덕꾸덕하게 마르면서 곰팡이가 슬어 있으면 꺼내어 바람을 쏘이고, 다시 띄우기를 2-3번 정도 반복해서 즙장 메주를 만든 뒤 햇볕에 말린다. 띄운 메주가 약간 덜 말랐을 때, 쪼개어 바싹 말린 다음 성글게 빻아 즙장 메줏가루를 완성한다.

고추장

◯ 고운 고춧가루 6컵, 찹쌀가루 10컵, 엿기름 4컵, 물 6리터, 고추장 메줏가루 4컵, 물엿 2컵, 꽃소금 2컵. ◯ 고추장용 고운 고춧가루를 준비한다. 엿기름을 미지근한 물(3리터 정도)에 불렸다가 비벼서 체에 거른 다음 앙금을 가라앉히고 윗물만 따라 내어 엿기름물을 만든다. 체에 친 찹쌀가루에 엿기름물과 나머지 분량의 물을 붓고 잘 섞어 한 시간 정도 두었다가 중간 불에 올려 끓인다. 눋지 않도록 가끔씩 저어가며 ⅓ 정도가 될 때까지 졸이다가 물엿을 넣고 잘 섞어 준 뒤 불을 끄고 식힌다. 여기에 고운 고춧가루, 메주가루, 소금을 넣고 잘 섞이도록 고루 저어 준다. 항아리에 담고 가끔씩 햇볕을 쬐어 주며 숙성시키는데 윗 표면이 마를 경우 소금을 뿌려준다. ◯ 소금으로 고추장의 간을 맞출 때 맛과 색이 좋은 집간장을 사용하면 더욱 맛있는 고추장이 된다. 찹쌀가루를 익반죽해서 지름 7센티미터 정도의 도넛 형태의 구멍떡을 만들어 삶아 건진 뒤 떡 삶은 물을 부어 가면서 방망이로 멍울이 생기지 않게 풀어서 고추장용 메줏가루와 고춧가루를 넣고 소금으로 간을 해서 만들기도 한다. 고추장은 보리고추장, 팥고추장, 대추고추장, 밀고추장, 마늘고추장, 인삼고추장 등 다양하다. 고추장의 간을 소금 대신 맛이 좋은 간장으로 하면 색도 곱고 고추장의 맛을 더할 수 있다. 싱거우면 고추장이 변질될 우려가 있으므로 알맞게 소금 간을 해야 한다. 고추장의 간이 싱거우면 숙성되면서 부글부글 끓어오르는 현상이 나타난다. 메주는 단백질이 분해되어 아미노산의 구수한 맛을 내고, 엿기름의 아밀라아제는 당화를 촉진한다. 찹쌀가루는 아밀로펙틴을 말토오스와 덱스트린으로 분해시킨다. 즉 찹쌀 전분의 가수분해로 단맛이 생성된다.

고추장 메줏가루 만들기 ◯ 메주콩 4킬로그램, 쌀 2.4킬로그램. ◯ 콩은 티를 골라내고 씻어 건져 물을 충분히 부어 푹 삶는다. 김이 나기 시작하면 불을 약하게 줄여 콩물이 넘치지 않게 하면서 콩에 불그스레한 색이 돌 때까지 삶는다. 무르게 삶은 콩을 소쿠리에 밭쳐 물기를 뺀다. 쌀은 깨끗이 씻어 불린 다음 빻아서 곱게 가루로 만든다. 면포를 깐 찜기에 쌀가루를 넣고 쪄서 무리떡을 만든다. 삶은 콩과 무리떡은 뜨거울 때 절구에 넣고 고루 찧어 지름 10센티미터 정도의 도넛 형태로 구멍떡을

만든다. 구멍떡을 서로 닿지 않게 2-3일 정도 두고 겉이 꾸덕꾸덕하게 마르면 볏짚을 간 시루에 켜켜로 앉혀서 따뜻한 방에 이불을 덮어 띄운다. 4-5일 정도 지난 뒤에 열어 보아 구멍떡에 하얗게 곰팡이가 슬어 있으면 꺼내어 바람을 쐬어 주고, 다시 시루에 넣어 띄우기를 2번 정도 반복해서 메주를 만든 다음 햇볕에 말린다. 메주가 약간 덜 말랐을 때, 잘게 쪼개어 바싹 말린 다음 곱게 빻아 고추장 메줏가루를 완성한다.

청국장

○ 햇메주콩 1.6킬로그램, 물 15컵, 다진 생강 2큰술, 다진 마늘 2큰술, 고춧가루 1컵, 소금 1컵.
○ 햇메주콩은 씻어서 일고 물을 부어 충분히 삶는다. 삶은 콩을 소쿠리에 받쳐 물기를 뺀 뒤에 볏짚을 간 시루에 담고 두꺼운 천을 덮어서 따뜻한 방에 두고 띄운다. 3-4일이 지나 실이 생기고 진이 나오면, 절구에 넣고 다진 생강, 마늘, 고춧가루, 소금을 넣어 대충 찧어 청국장을 완성한다. 필요할 때마다 알맞은 양을 덜어서 육수에 고기, 두부, 김치 등을 넣고 약간 되직하게 찌개로 끓여 먹는다.
○ 햇콩을 볶은 다음 타개서 껍질을 없앤 뒤 푹 삶아 띄우기도 한다. 띄운 콩에 소금을 넣지 않은 상태로 또는 생강, 마늘 등을 넣고 대충 찧어 냉동 보관하면서 필요할 때마다 된장 등으로 간을 조절해서 끓이면 좋다. 청국장은 담근 지 2-3일이면 먹을 수 있는 속성장이며, 된장보다 염도가 낮고, 콩을 통째로 발효시켜 그대로 먹으므로 영양성과 소화성이 뛰어나 콩을 가장 효과적으로 섭취하는 방법이라고 할 수 있다.

청육장

○ 메주콩 800그램, 물 10컵, 대파 1뿌리, 도가니 200그램, 양지머리 200그램, 사태 200그램, 양념(간장 2큰술, 다진 파 2큰술, 다진 마늘 1큰술, 참기름 2큰술, 깨소금 1큰술, 후춧가루 $\frac{1}{2}$ 작은술), 마른 전복 2개, 마른 해삼 4마리, 마른 대구 1마리, 무 500그램, 통고추 2개. ○ 메주콩은 티를 골라내고 깨끗이 씻어서 물기를 제거한 뒤 볶는다. 볶은 콩은 분마기에 살짝 돌려 반을 타개고 까불어서 껍질을 제거한 뒤 물을 부어 푹 삶는다. 삶은 콩은 건져서 볏짚을 간 시루에 담아 면포를 씌우고 다시 그 위에 두꺼운 천을 덮어서 3-4일 동안 따뜻한 곳에 두고 실이 나게 띄운다. 콩 삶은 물은 따로 받아 둔다. 도가니는 핏물을 빼고 손질해서 대파를 넣고 푹 삶는다. 도가니가 무르게 익으면 양지머리와 사태를 넣고 다시 충분히 삶는다. 삶은 고기는 건져서 썰고 분량대로 양념한다. 국물은 체에 거르고 식힌 뒤 기름을 걷어 내고 맑은 육수를 만든다. 마른 전복과 마른 해삼은 불려서

청국장

어육장

곱게 다진다. 마른 대구는 깨끗이 씻고 잠시 불려서 3×4센티미터 크기로 토막 낸다. 콩 삶은 물과 육수를 섞고 여기에 띄운 콩, 양념한 고기, 다진 전복과 해삼, 토막 낸 건대구와 함께 큼직하게 썬 무와 통고추를 넣고 충분히 끓인다. 기름기가 있으면 걷어 내고 식힌다. 적당한 용기에 담아 냉장 보관하면서 필요할 때마다 청육장의 콩, 고기, 해물, 국물 등을 골고루 알맞게 덜어 내서 끓여 먹는다. 간장으로 간을 맞추고 고춧가루를 조금 넣는다. 김치나 두부 등을 넣고 끓여도 맛있다.

○ 청육장에 더 진한 맛을 내려면 대창, 양깃머리 등을 더해 만든다.

어육장

○ 메주 12킬로그램, 물 54리터, 소금 12킬로그램, 소고기 7킬로그램, 닭 5마리, 꿩 5마리, 숭어 5마리, 도미 6마리, 전복 5개, 홍합 1.2킬로그램, 대하 30마리, 중파 800그램, 마늘 900그램, 생강 850그램. ○ 메주는 잘 띄운 것으로 준비해서 솔로 문질러 가며 깨끗이 씻고 볕에 말린다. 물에 간수를 뺀 품질 좋은 소금을 넣고 끓인 뒤 식혀 소금물을 만든다. 질 좋고 단단한 항아리 안에 신문지를 넣고 태워 소독한 뒤 뜨거운 물로 깨끗이 씻어 물기를 잘 닦고, 볏짚으로 항아리 몸체를 잘 싸서 땅속에 묻는다. 소고기는 기름과 힘줄을 제거한 살코기로 준비해서 큼직하게 썬다. 닭, 꿩은 털과 내장을 제거하고 깨끗이 씻어 물기를 제거한 다음, 앞뒤로 뒤집어 가며 하루 정도 꾸덕꾸덕하게 말린다. 숭어, 도미는 내장, 비늘, 머리를 제거하고 물기를 닦아 잠시 볕에 말린다. 전복, 홍합, 대하는 손질한 뒤 소금을 뿌려 스며들기를 기다렸다가 씻어서 물기를 제거하고 잠시 말린다. 중파, 마늘, 생강은 손질하고 깨끗이 씻어 물기를 제거한다. 소독한 항아리 맨 밑에 소고기를 넣고, 그 위에 숭어, 도미, 전복, 홍합, 대하를 넣고, 그 위에 닭, 꿩을 넣는다. 이때 반드시 볕에 말려 둔 메주를 사이에 두고 차곡차곡 줄지어 넣어야 한다. 중파, 마늘, 생강도 메주 사이사이에 넣는다. 모든 재료를 차곡차곡 다 넣은 뒤 소금물을 붓고 재료가 떠오르지 못하게 소독된 볏짚을 엮어 누른 다음, 기름종이로 항아리 주둥이를 단단히 봉하고 뚜껑을 덮는다. 항아리 뚜껑 위에 볏짚을 덮고, 그 위에 큰 소래기를 덮은 뒤 흙을 덮어 항아리를 묻는다. 절대로 물이 스며들게 해서는 안 된다. 1년이 지난 뒤에 개봉해서 건더기를 건져 내고 장을 체에 거른 다음 달여서 항아리에 담는다. ○ 어육장의 진한 맛은 일반 장과는 비할 수 없이 좋다. 『증보산림경제』에는 소고기 외에 노루고기, 양고기, 토끼고기도 쓰면 좋다고 하며, 꿩, 닭 외에 거위, 오리, 기러기도 쓸 수 있고, 생선도 숭어, 도미 외에 광어, 민어, 조기, 준치, 연어, 방어 대구 등 다양하게 쓸 수 있으며, 낙지, 문어도 살짝 데쳐서 쓰면 좋다는 기록이 있다. 메주는 1말당 소금 7되 정도의 비율로 한다.

젓갈

젓갈은 생선류나 조개류를 염장, 숙성한 것으로 오래 두고 먹을 수 있는 저장 식품이며, 양질의 단백질과 각종 무기질, 비타민이 함유되어 있는 영양식품이고, 독특한 풍미를 지닌 기호식품이다. 저장하는 동안 재료에 함유되어 있는 단백질이 분해, 발효되면서 특유의 감칠맛과 향을 내기 때문에 양념해서 밑반찬으로 먹기도 하고, 김치를 담그는 데 쓰거나, 국이나 찌개의 간을 맞추거나 각종 음식의 맛을 내기 위한 조미료로 쓰는 등 우리 식생활에 다양하게 이용된다. 젓갈에는 발효된 국물을 이용하는 '액젓'과 발효된 살을 이용하는 '육젓'이 있으며, 생선을 엿기름, 조밥(또는 쌀밥), 고춧가루, 파, 마늘, 소금 등과 버무려 발효, 숙성한 '식해'도 있다. 젓갈 종류에 딸린 음식을 통틀어 젓갈붙이라고 한다. 젓갈의 염도는 대개 어체가 큰 것은 20-30퍼센트 정도이고 작은 것은 10-15퍼센트 내외인데, 요즘은 염도가 매우 낮은 저염 젓갈이 늘어나고 있다. 젓갈은 오래될수록 곰삭아서 깊은 맛이 나므로, 국물이 잘박하도록 푹 잠기게 해서 몇 해씩 두고 먹으면 좋다. 예부터 농경문화권이었던 한국인의 식생활은 곡류를 주식으로 하고 채소의 의존도가 높아 적당히 단백질과 염분을 섭취할 필요가 있는데, 콩의 단백질을 발효시켜 감칠맛을 내는 장과, 생선류나 조개류에 소금을 넣고 발효시켜 감칠맛을 내는 젓갈이 이를 보완하며 좋은 조화를 이룬다.

멸치젓

◯ 생멸치 10킬로그램, 굵은소금 2.5킬로그램. ◯ 생멸치는 비늘이 벗겨지지 않은 싱싱한 것으로 준비해서 소금물에 재빨리 씻고 물기를 제거한다. 간간하게 소금물(물 2리터, 소금 150그램)을 만들고 끓여서 식힌다. 항아리 밑에 굵은소금을 한 켜 깔아 놓는다. 그 위에 멸치를 한 켜 깔고 그 위에 굵은소금을 한 켜 깐다. 이를 반복해서 항아리에 채우고 맨 위에는 멸치가 보이지 않게끔 굵은소금을 가득 덮는다. 여기에 끓여서 식힌 소금물을 소롯이 붓고, 소독한 볏짚을 얼기설기 덮는다. 그 위에 소독한 돌을 얹어 눌러 주고, 항아리를 잘 봉한 뒤 시원한 곳에서 숙성시킨다. 3개월 이상 지나면 잘 삭은 멸치젓을 얻는다. 잘 삭은 멸치젓은 젓국을 그대로 떠서 사용하거나, 달여서 액젓을 만들기도 한다. ◯ 멸치에 알이 차고 기름이 많은 철인 5월에 주로 멸치젓을 담근다. 젓국을 거를 때 볏짚에다 거르면, 젓국 특유의 비릿한 냄새가 없어진다.

통멸치젓(여미젓)

O 생멸치 5킬로그램, 굵은소금 1킬로그램, 풋마늘대 300그램, 고춧가루 200그램, 설탕 100그램.

O 생멸치는 대가리와 내장을 제거하고 소금에 버무려 2-3일 정도 숙성시켰다가 재빨리 두어 번 헹구고 물기를 제거한다. 풋마늘대는 7센티미터 정도 길이로 채 썬다. 고추가루와 설탕을 섞어 멸치에 골고루 무친 뒤 보관 용기에 담고 그 위에 풋마늘대채를 덮는다. 잘 봉해서 숙성시킨다. 20일 정도 지나면 먹을 수 있다.

조기젓

O 황조기 10킬로그램, 굵은소금 2킬로그램. O 황조기는 아가미가 붉고 광택이 있으며 몸이 단단하고 신선한 것을 준비한다. 비늘은 긁지 말고 소금물에 씻어 물기를 제거한 뒤 입과 아가미에 소금을 가득 친다. 간간하게 소금물(물 2리터, 소금 150그램)을 만들고 끓여서 식힌다. 항아리 밑에 굵은소금을 한 켜 깔아 놓는다. 그 위에 조기를 겹치지 않게 나란히 한 켜 깔고 그 위에 굵은소금을 조기가 보이지 않을 정도로 한 켜 간다. 이를 반복해서 항아리의 70퍼센트 정도까지 채운 다음, 끓여서 식힌 소금물을 소롯이 붓고, 대나무 쪼갠 것을 소독해서 얼기설기 올려놓는다. 그 위에 소독한 돌을 얹어 눌러 주고, 비닐로 덮어 항아리를 잘 봉한 뒤 시원한 곳에서 숙성시킨다. 잘 삭은 조기젓의 몸체는 썰어서 갖은양념으로 무쳐 밑반찬으로 이용하고, 젓국은 그대로 쓰거나 달여서 액젓으로 사용한다. O 조기가 많이 나는 5-6월에 담그는 것이 좋다. 젓국용으로 조기젓을 담글 때는 조기와 소금의 비율을 1:1로 하거나 1:0.7-0.8 정도로 해서 버무려 담고, 6개월 정도 숙성시킨 뒤 달일 때 물을 첨가해서 젓국을 만들기도 한다. 고조리서에 의하면 바닷고기 젓을 담글 때 살균하고 냄새를 제거하며 향을 내기 위해 대나무 잎, 진피, 후추 등을 넣기도 했다. 조기젓의 살은 소고기와 함께 고아서 그릇에 얇게 펴 담은 뒤 석이버섯채, 알고명, 실고추를 얹고 굳혀서 조기젓편을 만들 수 있다. 서울의 전통 쌈김치나 배추김치 등에는 주로 조기젓을 사용했다.

새우젓

O 새우 1킬로그램, 소금 100-150그램. O 새우는 빛깔이 맑고 싱싱한 것을 준비해서 소금물에 살살 흔들어 씻고 소쿠리에 받쳐 물기를 뺀다. 깨끗하게 닦아 둔 항아리 밑에 소금을 한 켜 깔고, 그 위에 새우와 소금을 반복해서 켜켜로 고루 펴서 담는다. 맨 위에 소금을 고루 뿌려 덮은 다음, 뚜껑을 덮고 서늘한 곳에서 한 달 이상 충분히 삭힌다. O 새우젓은 맛이 담백하고 비린내가 적어서 멸치젓과

멸치젓

새우젓

함께 김치에 가장 많이 사용된다. 잘 삭은 새우젓은 각종 김치와 반찬에 쓰이며, 그대로 먹을 때는 풋고추, 홍고추, 파, 마늘 등을 다져 넣고 고춧가루, 식초, 깨소금 등을 뿌려서 무쳐 먹기도 한다. 또 맑은 젓국찌개의 간을 맞추거나 돼지고기 수육, 편육, 족발을 먹을 때 곁들이는 먹는 등 우리 식생활에 요긴하게 사용되고 있다. 새우젓은 주로 서해안 지역에서 많이 생산되며, 오뉴월에 새우가 살이 올랐을 때 담근 것이 가장 맛있다. 새우젓은 담근 시기에 따라 여러 종류로 구분되는데, 5월에 잡은 새우로 담근 오젓은 새우 살이 단단하지 않고 붉은빛을 띠며, 6월에 잡은 새우로 담근 육젓은 새우 살이 굵고 흰 바탕에 붉은색이 섞여 있다. 가을철인 9-10월에 잡은 새우로 담근 추젓은 살이 적으며 희고, 2월에 잡은 새우로 담근 동백하젓은 희고 깨끗하다.

오징어젓

○ 오징어 2킬로그램, 굵은소금 200그램, 설탕 2큰술, 쌀물엿 1컵, 양념(청양 고춧가루 3큰술, 고운 고춧가루 1컵, 다진 마늘 ½컵, 액젓 2큰술, 다진 생강 2큰술, 볶은 통깨 6큰술). ○ 오징어는 배를 갈라 내장을 제거하고 깨끗이 씻어서 너비 4-6밀리미터 정도로 채 썬 뒤 소금에 버무려서 하루 동안 절인다. 절인 오징어는 씻어서 물기를 빼고 설탕과 쌀물엿을 넣고 버무려서 다시 하루 동안 숙성한다. 여기에 분량대로 양념하고 잘 버무린 뒤 서늘한 곳에서 1주일 정도 삭힌다.

명란젓

○ 명란 600그램, 양념(소금 3큰술, 고운 고춧가루 2큰술, 다진 마늘 1큰술, 생강즙 1작은술). ○ 명란은 싱싱하고 알이 터지지 않은 것으로 준비해서 삼삼한 소금물에 담가 살살 헹구고 채반에 밭쳐 물기를 뺀다. 분량대로 잘 섞어 양념을 만들고 물기를 제거한 명란에 조심스럽게 하나하나 바른 뒤 보관 용기에 차곡차곡 담는다. 맨 위에 소금(1큰술)을 고루 뿌리고 지그시 위를 눌러 편평하게 해서 잘 봉한 뒤 열흘에서 보름 정도 숙성시킨다. 젓갈 위에 물기가 돌면 꺼내 먹는다. ○ 명란의 알뿌리에 끼어 있는 검은 줄은 떼어 내는 것이 좋다. 속뜨물을 끓여서 갸름갸름하게 썬 두부와 명란, 참기름, 풋고추, 붉은 통고추를 넣고 젓국찌개를 끓이면 좋다.

어리굴젓

○ 굴 1.8킬로그램, 찰밥 1컵, 고춧가루 1컵, 생강채 1큰술, 마늘채 2큰술, 파채 1큰술, 소금 ⅔컵. ○ 굴은 싱싱하고 너무 크지 않은 것으로 준비해서 엷은 소금물에 살살 흔들어 씻고 체에 밭친다.

어리굴젓

조개젓

이때 생기는 굴 국물을 받아서 찰밥과 함께 분마기에 넣고 곱게 간다. 여기에 고운 고춧가루를 넣고 다시 갈아서 되직한 죽이 되면 생강채, 마늘채, 파채를 넣고 소금으로 간을 맞춰 양념죽을 만든다. 물기를 뺀 굴에 양념죽을 넣고 살살 섞어 어리굴젓을 담근다. 2-3일 뒤면 먹을 수 있으나 오래 두고 먹을 수는 없다. ○ 상에 올릴 때는 기호에 따라 밤채, 무채, 배채를 썰어 넣기도 한다. 찹쌀풀을 넣어 어리굴젓을 담그면 굴 송이가 흐트러지지 않고 겉물이 돌지 않으며, 맛이 더욱 좋다. 씻어서 물기를 제거한 굴(500그램)에 소금(3큰술)을 눈발 날리듯 뿌려서 간이 충분히 배도록 하루나 이틀 정도 두었다가 고운 고춧가루, 다진 파, 생강즙을 넣고 버무려 담그기도 한다.

조개젓

○ 조갯살 1킬로그램, 소금 120-150그램. ○ 조갯살은 또렷또렷하고 크지 않은 싱싱한 것으로 준비해서 소금물에 살살 헹구고 체에 밭친다. 조개 국물은 끓이면서 거품과 불순물을 걷어 내고 식힌다. 물기를 뺀 조갯살은 소금을 살살 섞고 잘 버무려서 알맞은 항아리에 담는다. 여기에 식혀 놓은 조개 국물을 붓고 위에 소금을 약간 뿌린 뒤 항아리를 잘 봉하고 서늘한 곳에서 숙성시킨다. 열흘 정도 지나 잘 삭으면 먹을 수 있다. ○ 다홍고추 또는 풋고추, 파, 마늘, 고춧가루, 식초, 깨소금 등을 넣어 무쳐 먹으면 좋다. 조개가 많이 잡히는 서해안 지역에서는 조개젓을 많이 담그는데, 모든 찬의 간을 맞추는 데 조개젓국을 어장(魚醬)으로 쓰기도 한다.

멍게젓

○ 멍게 2킬로그램(가식부 540그램), 생강채 2큰술, 소금 4큰술, 풋고추 2개, 홍고추 1개, 대파 30그램, 고운 고춧가루 5큰술, 다진 마늘 2큰술. ○ 멍게는 껍질을 벗기고 살을 발라낸 뒤 생강채와 소금을 넣고 살살 버무려 30-40분 정도 절인다. 생강채는 버리고 절인 멍게만 두어 번 씻어서 체에 밭친다. 이때 생기는 멍게 국물은 따로 받아 둔다. 풋고추, 홍고추, 대파는 깨끗이 씻어 3센티미터 길이로 채 썬다. 멍게 국물에 고운 고춧가루를 넣어 잘 풀고 물기를 제거한 멍게를 먼저 버무린다. 여기에 풋고추, 홍고추, 대파, 다진 마늘을 잘 섞어 보관용기에 담고 양념이 잘 배도록 둔다. 이틀 뒤부터 먹을 수 있다. ○ 먹을 때 무채를 소금에 절여 물기를 꼭 짜고 고춧가루에 버무렸다가 멍게젓에 섞기도 한다. 오래 두고 먹는 젓갈은 아니며, 멍게젓으로 비빔밥을 하면 별미이다.

간장게장

가자미식해

간장게장

○ 꽃게 3킬로그램, 간장 7컵, 멸치액젓 ½컵, 생수 20컵, 대파 100그램, 양파 200그램, 생강 50그램, 마늘 5그램, 통고추 50그램, 소주 1컵, 양념(대파 2대, 양파 1개, 생강 3톨, 통마늘 2통, 마른 고추 5개). ○ 꽃게는 살아 있고 발이 온전히 붙어 있는 싱싱한 것으로 준비해서 솔로 문질러 씻는다. 적당한 용기에 게의 배 쪽이 위를 향하게 담고, 꽃게가 잠길 정도의 간장을 부어 하루 정도 절인 뒤 게만 건져 낸다. 남은 간장에 멸치액젓, 생수, 대파, 양파, 생강, 마늘, 통고추를 넣고 은근한 불에서 15분 정도 끓이다가 소주를 넣고 10분 더 끓인 뒤 체에 밭쳐 간장 국물만 받고 완전히 식힌다. 양념 재료는 깨끗하게 손질하고 씻어 큼직하게 썬 뒤 샤 주머니에 담고 묶는다. 적당한 용기에 절인 게를 배 쪽이 위를 향하게 담은 뒤 샤 주머니를 넣고 떠오르지 않게 소독한 돌로 눌러 놓는다. 여기에 식혀 두었던 간장 국물을 붓고 밀봉해서 서늘한 곳에 둔다. 2-3일 뒤에 간장 국물만 따라 내어 끓이고 식혀서 다시 붓는다. 이 과정을 2-3회 반복한다. 꽃게에 맛이 고르게 배면 먹을 수 있다.

○ 간장게장은 양념과 게의 맛이 잘 어울려 '밥도둑' 이라 불릴 만큼 한국인에게 사랑받는 음식이다. 먹을 때마다 게딱지를 떼내고 게장을 잘 모은 뒤 몸통을 갈라 청양고추, 홍고추, 통깨를 넣고 양념해서 먹는다. 꽃게는 배를 덮은 꼭지가 둥근 암게로 담가야 알이나 장이 많이 들어 먹을 것도 많고 맛도 좋다. 오래 두고 먹을 수 없으므로 맛이 들면 바로 먹는다.

가자미식해

○ 가자미 5킬로그램, 굵은소금 1.5킬로그램, 가자미 양념(고춧가루 2컵, 다진 마늘 ½컵, 다진 생강 2큰술, 설탕 2큰술), 좁쌀(메조) 250그램, 좁쌀 양념(고춧가루 1½컵, 다진 마늘 3큰술, 다진 생강 1큰술, 설탕 1½큰술), 전체 양념(고춧가루 1컵, 다진 마늘 ½컵, 다진 생강 2큰술, 설탕 1⅓큰술), 무 2킬로그램, 무 양념(고춧가루 1컵, 다진 마늘 ½컵, 다진 생강 2큰술, 설탕 2큰술, 꽃소금 2큰술).

○ 가자미는 싱싱한 참가자미로 준비해서 비늘을 긁어내고 대가리, 꼬리를 떼어 낸 뒤 깨끗이 씻어 겨울에는 이틀, 여름에는 하루 정도 소금에 절인다. 절인 가자미는 3-4번 씻어 3-4등분으로 칼집을 넣고 물기를 제거한 뒤 분량대로 양념해서 버무린다. 좁쌀은 깨끗이 씻고 일어서 고두밥을 지어 적당히 식힌 뒤 분량대로 양념하고 잘 섞어 완전히 식힌다. 양념한 가자미와 조밥을 함께 전체 양념으로 버무려서 항아리에 담고 밀봉해서 20-30일 정도 숙성시킨다. 무는 5×2×2센티미터로 썰어 소금(50그램)에 절였다가 물기를 제거한 뒤 분량대로 양념해서 버무린다. 이것을 숙성된 가자미식해와 함께 잘 버무린 뒤 2-3일 정도 서늘한 곳에서 다시 숙성시킨다. ○ 절인 가자미가 짤

경우 물에 담가 짠맛을 어느 정도 제거하고 담근다. 항아리에 담을 때는 항아리의 ¾ 정도만 담아야 익었을 때 넘치지 않는다.

명태식해

○ 명태 10마리, 소금 1컵, 매좁쌀 2컵, 조밥 양념(다진 마늘 3큰술, 고추가루 ½ 컵), 무 1개, 양념(소금 ½ 컵, 고추가루 ½ 컵, 다진 파 6큰술, 마늘 4큰술, 다진 생강 1큰술, 설탕 1큰술).

○ 명태는 작은 것으로 준비해서 비늘을 긁고 대가리와 내장을 제거한 뒤 깨끗이 씻어서 찬물에 하룻밤 담가 두어 비린내를 없앤다. 다음날 명태를 채반에 밭쳐 물기를 빼고 소금을 뿌려 6시간 이상 절인다. 명태가 꾸덕꾸덕해지면 손가락만 한 굵기로 넓적하게 썬다. 매좁쌀은 씻고 일어서 조밥을 되직하게 지은 뒤 넓은 그릇에 퍼 담아 식힌다. 여기에 썰어 놓은 명태, 고춧가루, 다진 마늘을 넣고 고루 버무려서 항아리에 담고 뚜껑을 덮어 3-4일간 실온에 그대로 둔다. 무는 깨끗이 씻어서 굵직하게 채 썰고 소금에 절였다가 나른해지면 면 보자기에 싸서 꼬들꼬들하게 물기를 짠다. 항아리에 담아 둔 명태살이 약간 삭았으면 꺼내어 소금에 절인 무채와 섞고 분량대로 양념해서 살살 버무린 뒤 소금으로 간한다. 항아리에 꼭꼭 눌러 담고 잘 봉해서 뚜껑을 덮은 다음, 실온에 둔다. 7-10일쯤 지나면 먹을 수 있다. ○ 두고 먹을 때는 냉장고에 보관한다.

김치

김치는 배추, 무, 오이, 열무 등의 채소를 저농도의 소금에 절였다가 고추, 파, 마늘, 생강, 젓갈 등의 양념을 섞어 고루 버무린 뒤 저온에서 발효시켜 먹는 음식으로 한국의 대표적인 채소 발효식품이다. 수분이 많은 채소를 오래 저장하기 위해, 또한 채소가 나지 않는 긴 겨울 동안 먹을거리를 준비하기 위해 채소를 소금에 절이고 양념에 버무려 먹는 방법이 개발되었고, 다양하게 발전해서 오늘날의 김치가 되었다. 한국인의 밥상에서 김치는 특유의 발효미와 아삭한 질감으로 개성 있는 갖가지 찬의 맛을 제대로 느낄 수 있게 해 주는 가교 역할을 한다. 한국인은 김치 없이 밥을 먹으면 아무리 훌륭한 음식을 먹어도 무언가 빠진 듯한 아쉬움을 느끼며, 잘 차린 음식상이라도 김치가 없으면 격식을 갖춘 상으로 여기지 않는다. 김치는 쌀을 주식으로 하는 우리의 식생활에서 언제나 구비되어 있어야 하는 상비식품으로 가장 중요한 먹을거리다. 이러한 김치는 미각적으로 우수하면서도 건강한 음식으로 세계에 알려져 있다. 주재료인 채소에 다양한 젓갈을 가미하고 여러 약리작용을 지닌 양념을 더해 만든 김치는 독특한 발효식품이자 건강기능성 식품이기도 하다. 단순한 저장식품이 아닌 복합 영양식품으로 각종 무기질과 비타민이 풍부해 영양학적으로 매우 우수하며 약리 효능도 있다. 특히 김장 김치는 채소가 부족한 겨울철에 비타민의 주공급원 역할을 한다. 식물성 식재료와 동물성 식재료가 조화를 이룬 김치에는 비타민, 무기질, 단백질, 식이섬유소뿐 아니라 젓산이 풍부하게 들어 있다. 발효에 의해 만들어지는 젓산은 소화와 배설을 돕고, 유해한 세균의 번식을 억제하며, 식욕을 증진시킨다. 특히 김치가 발효되면서 생성되는 여러 생리 활성물질들은 항암효과에 대한 영양학적 가치가 크게 기대된다. 여러모로 우수한 전통 발효식품, 김치는 우리 식품문화의 한 경지를 일구어 낸 신비의 음식이다.

통배추김치

○ 절인 배추 2포기, 무 600그램, 쪽파 80그램, 갓 100그램, 미나리 60그램, 대파 70그램, 고춧가루 150그램, 찹쌀풀 250그램, 배즙 100그램, 양파즙 100그램, 액젓 70그램, 새우젓 50그램, 다진 마늘 80그램, 다진 생강 20그램, 소금 적당량. ○ 절인 배추는 씻어서 물기를 뺀다. 배추 겉잎은 떼어 내어 덮개용으로 따로 둔다. 무는 씻어서 채 썬다. 쪽파, 갓, 미나리는 다듬고 씻어 4센티미터 길이로 썬다. 대파는 씻어서 흰 부분만 어슷어슷하게 썬다. 무채에 고춧가루를 넣고 고루 섞어 물을 들인 뒤 찹쌀풀, 배즙, 양파즙, 액젓, 새우젓, 다진 마늘과 다진 생강을 넣고 골고루 버무린다. 여기에 썰어 둔 쪽파, 갓, 미나리, 대파를 넣고 잘 섞어서 김치 양념소를 만든다. 이때 모자라는 간은 소금을 넣어 보충하고 기호에 따라 설탕을 넣어 맛을 낸다. 절인 배추에 켜켜이 소를 고루 채우고, 소가 빠지지 않도록 배추 겉잎으로 꼭꼭 감싼 뒤 김치통에 담는다. 이때 김치통의 70-80퍼센트 정도를 넘지 않도록 눌러 담아야 김치가 익을 때 넘치지 않는다. 김치를 버무린 양념통에 물($\frac{1}{2}$ 컵)과 소금(1작은술)을 넣고 김칫국물을 만들어 김치에 소롯이 붓는다. 맨 위에 배추 겉잎을 소금에 버무려서 덮고 꼭꼭 눌러 준다. 반나절이나 하루 정도 지나 냉장고에 넣어 숙성시킨다. ○ 젓갈은 멸치액젓, 까나리액젓, 참치액젓 등 기호에 따라 다양하게 쓸 수 있다. 배추를 절이는 소금의 양이나 시간은 계절, 날씨에 따라 달라질 수 있다. 김치통에 소를 넣은 배추를 차곡차곡 넣을 때 중간중간 큼직하게 썬 무를 넣으면 더욱 시원한 맛을 낸다. 겨울 김치에는 갓, 생새우, 굴 등을 넣으면 좋다. 김치는 꼭꼭 눌러 담아 공기와의 접촉면을 최소화하는 것이 중요하다. 배추김치는 향토성이 강한 전통음식이다. 재료부터 지역성이 두드러지는데, 배추의 경우 개성배추, 일산배추 등 지역별로

특성이 있었고, 젓갈도 각 지역의 특산물을 이용했기 때문에 향토김치가 발달했다. 서울 배추김치는 서해에서 나는 조기젓, 새우젓을 주로 사용하고 고춧가루를 많이 사용하지 않아 분홍색인데, 전라도 배추김치는 고춧가루를 많이 사용해서 붉고, 남해에서 나는 멸치젓을 사용해서 농후한 맛을 내는 특징이 있다. 기호에 따라 김치 양념에 설탕을 넣기도 한다.

배추 절이기 ○ 속이 적당히 차고 싱싱한 배추를 준비해서 지저분한 겉잎을 떼고 다듬은 뒤 밑동에 칼집을 넣고 양손으로 쪼개어 반으로 가른다. 통이 큰 배추는 4등분한다. 물과 굵은 소금을 10:1 정도 비율로 섞고 잘 풀어 소금물을 만든다. 여기에 쪼갠 배추를 담갔다가 건진 다음, 켜켜이 줄기 쪽에 소금을 살살 뿌려서 자른 면이 위를 향하도록 소금물에 담가 하루 저녁 동안(6-8시간) 절인다. 도중에 한두 번 정도 뒤집어 준다. 다 절여졌으면 배추를 깨끗이 씻어서 소쿠리에 엎어 놓고 물기를 뺀다. ○ '우거지'라고도 하는 배추 겉잎은 김치를 통에 담고 맨 위에 덮는 용도로도 쓰니 배추를 다듬을 때 적당히 남겨 놓아야 한다.

쌈김치(보김치)

○ 절인 배추 2포기, 무 600그램, 갓 100그램, 쪽파 50그램, 미나리 70그램, 전복 1마리, 낙지 1마리, 굴 100그램, 표고버섯 10그램, 석이버섯 3그램, 밤 50그램, 잣 30그램, 단감 1개, 배 1개, 조기젓 70그램, 새우젓 70그램, 실고추 10그램, 고춧가루 100그램, 다진 파 100그램, 다진 마늘 60그램, 다진 생강 15그램, 소금 적당량. ○ 절인 배추는 겉잎이 푸른 것으로 준비해서 깨끗이 씻고 물기를 뺀다. 절인 배추 겉잎을 여러 장 떼어 내 쌈용과 덮개용으로 따로 둔다. 나머지 노란 속 부분은 두 쪽을 마주 보게 한 다음 4센티미터 길이로 썰어 세워 둔다. 무는, 반은 채 썰고 나머지는 사방 2.5센티미터 정도 크기로 나붓나붓하게 썬다. 미나리는 줄기만 다듬어 씻고, 갓과 쪽파도 깨끗이 씻어서 물기를 제거한 뒤 3센티미터 길이로 썬다. 전복은 잘 손질해서 나붓나붓하게 저민다. 낙지는 깨끗이 씻어 2센티미터 정도 길이로 썰고, 굴은 크지 않은 것으로 준비해서 소금물에 깨끗이 씻고 물기를 제거한다. 표고버섯과 석이버섯은 잘 손질해서 골패 모양으로 썬다. 밤은 껍질을 벗겨 반은 채 썰고 반은 나붓나붓하게 썬다. 잣은 고깔을 떼고 마른행주로 닦는다. 단감은 껍질을 벗겨 나붓나붓하게 썬다. 배는, 반은 껍질을 벗겨 나붓나붓하게 썰고 나머지는 채 썬다. 조기젓과 새우젓은 다진다. 실고추는 2센티미터 정도 길이로 자른다. 무채에 고춧가루를 넣고 고루 섞어 물을 들인 뒤 조기젓, 새우젓, 다진 파, 다진 마늘, 다진 생강을 넣고 잘 섞는다. 여기에 썰어 놓은 갓, 쪽파, 미나리, 밤채,

배채를 넣고 잘 버무려 김치소를 만든다. 썰어 놓은 전복, 낙지는 실고추와 새우젓국 또는 소금을 넣고 버무린다. 보시기에 절인 배추의 푸른 겉잎을 넓게 펴 놓고, 한가운데에 앞서 썰어 놓은 배추를 놓는다. 배추 사이사이에 김치소를 골고루 넣고, 나붓나붓하게 썬 무와 배, 실고추와 버무린 낙지, 굴 등도 사이사이에 고루 끼워 넣는다. 그 위에 전복, 밤, 표고버섯, 석이버섯, 단감, 잣을 보기 좋게 얹은 뒤 펴 놓은 겉잎을 오므리고 단단하게 감싸서 김치통에 담는다. 김치통이 70-80퍼센트 정도 채워지면 맨 위에 배추 겉잎을 소금에 버무려서 덮고 꼭꼭 눌러 준다. 하루나 이틀 뒤에 열어 보아 김치가 조금 내려가 있으면 삼삼한 소금물이나 새우젓 국물을 붓고 익힌다. ○ 보김치를 만드는 또 다른 방법으로, 절여서 썬 배추와 무에 김치 양념, 밤, 배, 낙지, 새우, 전복, 굴, 버섯 등 갖은 재료를 섞고 버무려서 섞박지형 김치로 담근 다음, 배추 겉잎으로 꼭꼭 감싸서 쌈김치를 만들기도 한다. 오래 두고 먹지는 못한다. 쌈김치는 맛과 영양이 풍부한 개성의 명물 향토김치다. 개성의 보쌈김치인 '씨도리김치'를 문필가 이훈종 선생은 다음과 같이 소개했다. "김장 김치는 통김치라야만 되는 것이 아니다. 씨도리김치라는 것이 있는데 이것은 배추를 밭에 세워 둔 채 밑동 가까이서 싹 잘라 내다가 숭숭 썰어서 담근다. 물론 통김치만큼은 점잖지 못하고 막 버무려서 담그는 대폿집 김치를 면치 못한다. 여기 '씨도리'라는 명칭이 말하듯 밭에 남겨 놓은 밑동은 짚을 두둑이 덮어서 얼지 않게 겨울을 지나고, 거기서 장다리가 나오고 꽃이 피게 해서 씨를 받는다. 배추의 일생은 실로 이 꽃을 피워 씨를 남기기 위해서 있는 것이다. 겨울을 지나 해를 넘겨야 하는 2년치 양분을 축적하기 위해 1년 동안(사실은 반 년)을 기형적으로 육성한 것이 원예종 통배추다. 개성에서는 보쌈김치(그곳 사람들은 쌈김치라고 한다)를 담그는데 그 고장의 명물이다."

백김치

○ 절인 배추 2포기, 무 1.2킬로그램, 미나리 50그램, 갓 100그램, 쪽파 100그램, 대파 40그램, 대추 5개, 밤 80그램, 마늘 40그램, 생강 10그램, 배 400그램, 실고추 10그램, 석이버섯 3장, 맑은 새우젓국 70-100그램, 김칫국물(소금 30-40그램, 생수 2리터). ○ 절인 배추는 씻어서 물기를 뺀다. 무는 손질해서 4센티미터 정도 길이로 채 썬다. 미나리는 줄기만 다듬어 씻고, 갓과 쪽파도 깨끗이 씻어서 4센티미터 정도 길이로 채 썬다. 대파는 씻어서 흰 부분만 채 썬다. 대추, 밤, 마늘, 생강은 손질해서 곱게 채 썬다. 배는 껍질을 벗기고 채 썬다. 실고추는 3센티미터 정도 길이로 썬다. 석이버섯은 불려서 손질하고 곱게 채 썬다. 모든 부재료를 맑은 새우젓국에 섞어 김치 양념소를 만든다. 절인 배추에 켜켜이 소를 고루 채우고 겉잎으로 감싼 다음, 김치통에 담는다. 간이 배도록 잠시 두었다가

깍두기

장김치

분량대로 김칫국물을 만들어 붓고 익힌다. 모자라는 간은 소금이나 젓국으로 맞춘다. ○ 김칫국물은 생수 대신 맑은 양지머리 육수를 사용해도 좋다. 김칫국물에 들어가는 소금의 양은 기호에 따라 조절할 수 있다. 삭힌 고추를 넣기도 한다.

깍두기

○ 무 2킬로그램, 소금 3큰술, 미나리 50그램, 쪽파 70그램, 새우젓 2-3큰술, 고춧가루 70그램, 다진 마늘 3큰술, 다진 생강 ½큰술, 설탕 1큰술. ○ 무는 깨끗이 씻어서 2.5센티미터 정도 크기 입방체로 깍둑깍둑 썰고 소금에 절인다. 미나리는 줄기만 다듬어 깨끗이 씻고 3센티미터 정도 길이로 썬다. 쪽파도 다듬어 씻고 같은 길이로 썬다. 새우젓은 건더기를 다진다. 잘 절인 무에 고춧가루를 넣고 버무린 뒤 손질한 미나리, 쪽파, 새우젓과 다진 마늘, 다진 생강, 설탕을 넣고 다시 잘 버무려 통에 담는다. ○ 쪽파나 미나리 외에 갓, 연한 무청이나 배추속대를 섞어서 담기도 한다. 여름 무는 설탕을 넣어 절이면 좋다. 깍두기를 '송송이'라고도 부른다. 무를 썰 때, 모난 것 없이 반듯한 입방체로 썰어 정성스레 담근 깍두기를 '정깍두기'라고 하는데, 이는 임산부의 올바른 섭생을 위한 전통음식으로, 아기가 건강하고 반듯하게 자라기를 바라는 마음으로 담갔다.

장김치

○ 배추속대 400그램, 무 150그램, 간장 100그램, 미나리 20그램, 갓 25그램, 마른 표고버섯 10그램, 석이버섯 3그램, 밤 70그램, 대추 20그램, 배 ⅓개, 파 50그램, 마늘 20그램, 생강 5그램, 잣 20그램, 실고추 2그램, 생수 1리터, 꿀 또는 설탕 적당량. ○ 배추속대는 한 잎씩 떼어 씻고 3.5×3센티미터 정도 크기로 썬다. 무는 단단하고 바람이 들지 않은 것으로 준비해서 껍질째 깨끗이 씻고 배추속대보다 약간 작게 나박나박 썬다. 썰어 놓은 배추속대와 무를 간장 또는 겹장에 절인다. 무가 배추속대보다 쉽게 절여지므로, 배추속대를 먼저 넣고 절이다가 무를 넣는 것이 좋다. 미나리는 줄기만 다듬어 씻고 갓도 깨끗이 씻어서 3센티미터 정도 길이로 썬다. 마른 표고버섯은 불려서 물기를 꼭 짜고 골패 모양으로 썬다. 석이버섯은 손질해서 채 썬다. 밤은 껍질을 벗기고 얄팍하게 썬다. 대추는 씨를 발라내고 세 쪽 정도로 썬다. 배는 껍질을 벗기고 무와 비슷한 크기로 썬다. 파는 손질해서 흰 부분만 3센티미터 정도 길이로 채 썬다. 마늘, 생강은 손질해서 곱게 채 썬다. 잣은 고깔을 떼고 마른행주로 닦는다. 실고추는 2센티미터 정도 길이로 썬다. 배추속대와 무를 절인 물에 생수를 붓고 잘 섞은 뒤 꿀이나 설탕을 넣고 간을 맞추어 김칫국물을 만든다. 앞서 준비한 배추속대,

동치미

나박김치

무, 갓, 표고버섯, 석이버섯, 밤, 대추, 배, 파, 마늘, 생강을 잘 버무려 통에 담는다. 여기에 김칫국물을 붓고, 익으면 미나리, 잣, 실고추를 넣는다. ○ 배추속대와 무를 소금 대신 간장에 절이고 그 물로 국물을 내는 색다른 맛의 김치로, 정월에 담가 다과상이나 떡국상에 곁들이면 개운하고 고급스럽다. 미나리와 설탕은 김치가 익은 뒤 먹기 바로 전에 넣어야 김칫국물이 맑다.

동치미

○ 동치미 무 4킬로그램, 굵은소금 140그램, 쪽파 50그램, 삭힌 고추 40그램, 청갓 80그램, 배 300그램, 마른 청각 30그램, 마늘 40그램, 생강 30그램. ○ 동치미 무는 단단한 것을 준비해서 무청을 잘라 낸 뒤 껍질은 벗기지 않고 말끔히 손질해서 씻는다. 씻은 무는 굵은소금에 굴렸다가 통에 차곡차곡 담고 하루 정도 둔다. 생수와 깨끗한 소금을 18:1 비율로 타서 삼삼하게 김칫국물을 만들어 하루 정도 둔다. 쪽파는 다듬어 깨끗이 씻고 두서너 개씩 돌려 감는다. 삭힌 고추는 살짝 씻어 물기를 제거한다. 청갓은 연한 것으로 준비해서 깨끗하게 씻고 두서너 개씩 돌려 감는다. 배는 껍질째 깨끗이 씻고 3등분한다. 마른 청각은 간간한 소금물에 불렸다가 바락바락 주물러 씻고 물기를 꼭 짠다. 마늘과 생강은 깨끗이 씻어 편으로 썰고 청각과 함께 샤 주머니에 넣는다. 소독한 항아리에 소금에 굴려 둔 동치미 무를 차곡차곡 담으면서 중간쯤에 샤 주머니를 넣는다. 맨 위에 쪽파, 삭힌 고추, 청갓을 넣고 소독한 대나무 가지를 가로지른 뒤 소독한 돌을 얹어 눌러 준다. 김칫국물을 붓고 익힌다. ○ 쪽파, 갓은 소금에 절여 넣기도 한다. 동치미는 겨울철에 좋은 저장김치다. 동치미 국물에 냉면을 말아 먹기도 한다.

나박김치

○ 배추속대 500그램, 무 500그램, 쪽파 50그램, 마늘 30그램, 생강 10그램, 실고추 10그램, 고춧가루 12그램, 김칫국물(소금 20그램, 물 2리터, 설탕 적당량), 미나리 50그램. ○ 배추속대는 한 잎씩 떼어 씻고 3.5×3센티미터 정도 크기로 썬 뒤 소금을 뿌려 30분 정도 절인다. 무는 단단하고 바람이 들지 않은 것으로 준비해서 껍질째 깨끗이 씻고 배추속대보다 약간 작게 나박나박 썬 뒤 소금을 뿌려 30분 정도 절인다. 배추속대와 무 절인 물은 따로 받아 둔다. 쪽파는 흰 부분만 3센티미터 길이로 썬다. 마늘, 생강은 다듬어 곱게 채 썬다. 절인 배추속대, 무에 실고추를 넣고 버무려 물을 들인 뒤 준비한 쪽파, 마늘, 생강을 넣고 살짝 버무려 잠시 둔다. 고춧가루는 샤 주머니에 넣는다. 분량대로 섞어 삼삼하게 김칫국물을 만들고, 따로 받아 두었던 배추속대와 무 절인 물을 섞은 뒤 고춧가루가 든 샤

주머니를 넣고 흔들어 김칫국물을 불그레하게 만든다. 버무려 두었던 배추속대, 무를 김치통에 담아서 김칫국물을 붓고 익힌다. 맛이 어우러져 약간 익을 무렵에 미나리, 오이를 넣는다. 미나리는 줄기만 다듬고 씻어 3센티미터 정도 길이로 썰어서 넣는다. ○ 나박김치는 무와 배추의 씹히는 맛이 상큼하고 시원한 국물김치다. 식사 때뿐만 아니라 간식이나 다과 등의 차림에도 곁들여 먹는 김치로, 특히 떡과 잘 어울려 뻑뻑한 떡의 목 넘김을 좋게 한다. '떡 줄 사람은 생각도 않는데, 김칫국부터 마신다'는 속담의 김칫국은 나박김치 국물을 말한다. 나박나박 썰어서 담근 김치라는 의미도 있지만, 무를 일컫는 옛말 '나복(羅蔔)'과 연관해서 무로 담근 김치라는 뜻도 있다. 오이를 넣기도 한다.

총각김치

○ 총각무 1.5킬로그램, 굵은소금 50그램, 쪽파 100그램, 찹쌀풀(찹쌀가루 15그램, 물 200그램), 고춧가루 70그램, 멸치액젓 100그램, 다진 마늘 30그램, 다진 생강 5그램, 설탕 10그램.
○ 알타리무는 단단한 것으로 준비해서 무청의 겉대는 떼어 내고 잘 다듬은 뒤 굵은 것은 반으로 가르고 말끔하게 씻는다. 총각무가 잠길 정도의 물에 굵은소금을 풀고 무가 아래로, 무청이 위로 가게 해서 1시간 정도 절인다. 절인 총각무는 두세 번 헹궈 소쿠리에 밭쳐 물기를 뺀다. 쪽파는 손질해서 씻고 4센티미터 정도 길이로 썬다. 분량대로 찹쌀풀을 쑤고 식힌 뒤 고춧가루를 넣고 불린다. 여기에 썰어 놓은 쪽파와 멸치액젓, 다진 마늘, 다진 생강, 설탕을 고루 섞어 양념을 만들고 절인 총각무를 넣어 버무린다. 이때 총각무를 서너 줄기씩 들고 양념을 고루 바르면 무청이 엉키지 않는다. 양념을 골고루 버무린 뒤 두세 줄기씩 무청을 묶어서 항아리에 담는다. ○ 김칫국물(생수 250그램, 소금 15그램, 고춧가루 5그램)을 만들어 완성된 총각김치에 붓고 익히기도 한다. 멸치젓과 고춧가루를 넉넉히 넣어 맵고 진한 맛이 나는 액젓 김치로, 김장 무렵에는 김장김치가 맛이 드는 시기 동안에 먹기 위해 미리 담가서 먹는다. 총각무와 같은 뜻의 고유어로 '알타리무'가 있지만, 한자어 계열의 총각(總角)무가 더 널리 쓰이는 표준어다. 총각무는 무청이 길게 늘어진 모양이 옛날 상투를 틀지 않은 총각의 머리 같다고 해서 붙여진 이름이라는 유래도 있다.

오이소박이

○ 오이 1.5킬로그램(10개), 부추 100그램, 새우젓 50그램, 고춧가루 40그램, 생수 3큰술, 다진 파 25그램, 다진 마늘 12그램, 다진 생강 5그램, 설탕 약간, 소금 약간. ○ 오이는 곧고 갸름하고 싱싱한

고들빼기김치

갓김치

것으로 준비해서 소금으로 문질러 깨끗이 씻고 6센티미터 정도 길이로 토막 낸 뒤 십자 모양으로 칼집을 넣는데 끝에 2센티미터 정도는 남겨 둔다. 손질한 오이는 삼삼한 소금물에 절인다. 부추는 다듬어 씻고 1센티미터 정도 길이로 썬다. 새우젓은 건더기를 다진다. 고춧가루에 생수를 넣어 불린 뒤 손질한 부추, 새우젓과 함께 다진 파, 다진 마늘, 다진 생강, 설탕을 넣고 고루 버무려 양념소를 만든다. 절인 오이는 물기를 꼭 짜고, 칼집 사이에 소를 채워 넣어서 김치통에 차곡차곡 담는다. 심심한 소금물로 양념 그릇을 헹구어 가장자리에 조심스럽게 붓는다. ○오이의 상큼한 향과 함께 아삭아삭 씹히는 맛이 좋고 국물도 시원한 여름철 별미 김치다.

고들빼기김치

○ 고들빼기 2킬로그램, 소금물(굵은소금 200그램, 물 4리터), 쪽파 200그램, 밤 70그램, 멸치액젓 250-300그램, 다진 마늘 100그램, 다진 생강 30그램, 고춧가루 160그램, 통깨 20그램, 물엿 100그램. ○ 고들빼기는 뿌리가 굵고 잎이 연한 것으로 준비하고 분량대로 소금물을 만들어 4-6일 정도 담가 삭힌다. 이때 돌로 눌러 공기가 닿지 않게 해서 쓴맛을 우려낸다. 삭힌 고들빼기는 깨끗이 씻어 물기를 말끔히 제거한다. 쪽파는 다듬어 씻고 길이로 반을 자른다. 밤은 껍질을 벗기고 채 썬다. 반을 자른 쪽파와 밤채를 멸치액젓, 다진 마늘, 다진 생강, 고춧가루, 통깨, 물엿과 함께 잘 섞어 양념을 만든다. 여기에 삭힌 고들빼기를 넣고 고루 버무린다. 항아리에 담고 익힌다. ○고들빼기의 쌉쌀한 맛과 향기가 독특한 전라도 별미 김치다. 삭힌 고들빼기를 약간 말려서 담그기도 한다.

갓김치

○ 갓 3킬로그램, 소금물(소금 140그램, 물 2리터), 쪽파 400그램, 찹쌀풀(찹쌀가루 50그램, 생수 600그램), 마른 고추 60그램, 양파 200그램, 멸치젓 200그램, 다진 마늘 80그램, 다진 생강 25그램, 고춧가루 200그램, 통깨 50그램, 설탕 또는 조청 적당량, 소금 적당량. ○ 갓은 싱싱하고 연한 것으로 준비해서 다듬어 씻고 분량대로 소금물을 만들어 절인다. 쪽파는 다듬어 씻고 길이로 반으로 잘라 갓을 절이는 도중에 넣어 같이 절인다. 분량대로 찹쌀풀을 되직하게 쑤어 식힌다. 마른 고추는 물에 불린 뒤 찹쌀풀, 양파, 멸치젓과 함께 믹서에 곱게 간다. 여기에 다진 마늘, 다진 생강, 고춧가루, 통깨, 설탕 또는 조청을 잘 섞어 양념을 만든다. 절인 갓과 쪽파에 양념을 잘 버무려 통에 눌러 담고 익힌다. 모자라는 간은 소금으로 한다. 덜 익으면 갓의 매운맛이 남으니 푹 익혀 먹는다. ○갓김치는 전라도 지방에서 빼놓지 않고 상에 내는 밑반찬 김치다. 고춧가루를 많이 넣어 매콤하면서도 속이 확

파김치

부추김치

트이는 갓 특유의 쌉쌀한 맛과 향으로 식욕을 돋운다. 갓은 자주색과 푸른색이 있는데, 갓김치를 담글 때는 맛과 향이 진한 자주색이 좋다. 담근 지 한 달이면 알맞게 먹을 수 있으며, 웃소금을 넉넉히 뿌려 두면 오래 저장할 수 있다. 오래 묵히면 맛이 깊어진다. 줄기가 굵고 길지만 연한 특성이 있는 돌산갓으로 담근 갓김치는 여수 향토김치로 유명하다.

파김치

○ 쪽파 1킬로그램, 배 70그램, 양파 100그램, 멸치액젓 150그램, 찹쌀풀(찹쌀가루 15그램, 물 200그램), 다진 마늘 30그램, 다진 생강 10그램, 고춧가루 100그램, 설탕 16그램, 실고추 약간, 통깨 15그램, 소금 적당량. ○ 쪽파는 깨끗이 다듬어 씻고 멸치액젓을 일부 넣어 절인 뒤 체에 밭친다. 쪽파 절인 물은 따로 받아 둔다. 배와 양파는 껍질을 벗기고 깨끗이 씻어 나머지 멸치액젓과 함께 믹서에 넣고 곱게 간다. 분량대로 찹쌀풀을 쑤어 식힌다. 여기에 쪽파 절인 물, 배와 양파 간 것, 다진 마늘, 다진 생강, 고춧가루, 설탕, 실고추를 넣고 고루 섞어 양념을 만든다. 절인 파를 양념에 버무린 뒤 두서너 가닥씩 손에 잡고 돌돌 말아 김치통에 한 켜씩 담고 통깨를 뿌린다. 양념 그릇을 헹군 물을 파김치 가장자리에 둘러 가며 붓고 꼭꼭 눌러 준다. 모자라는 간은 소금으로 더한다. ○ 파김치는 갓김치와 함께 전라도에서 많이 먹는 김치다. 재래종 쪽파로 담그면 좋다. 파김치는 배추김치보다 발효가 늦게 진행되며 당 함량이 높은 편이다. 오래 묵히면 맛이 깊어진다.

부추김치

○ 부추 600그램, 양파 100그램, 멸치액젓 100그램, 찹쌀풀(찹쌀가루 15그램, 물 1컵), 다진 마늘 20그램, 다진 생강 5그램, 고춧가루 50그램, 설탕 10그램, 통깨 10그램, 소금 적당량. ○ 부추는 깨끗이 다듬어 씻고 물기를 제거한다. 양파는 껍질을 벗기고 깨끗이 씻는다. 손질한 양파와 멸치액젓 조금을 믹서에 넣고 곱게 간다. 분량대로 찹쌀풀을 쑤어 식힌다. 나머지 멸치액젓에 양파 간 것, 찹쌀풀, 다진 마늘, 다진 생강, 고춧가루, 설탕, 통깨를 넣고 고루 섞어 양념을 만든다. 손질한 부추를 양념에 가볍게 버무려 통에 담는다. 모자라는 간은 소금으로 더한다. ○ 부추김치는 칼칼하고 개운하며, 경상도에서 즐겨 먹는 여름철 별미 김치다. 부추는 소금에 절이면 수분이 빠져 질겨지니 젓국만으로 국물 없이 담그는 것이 좋고, 잎이 연해서 마구 씻거나 버무리면 풋내가 나니 조심스럽게 다루어야 한다.

섞박지

○ 배추 1.5킬로그램, 소금물(굵은소금 140그램, 물 1.8리터), 무 800그램, 굴 100그램, 낙지 150그램, 미나리 70그램, 쪽파 100그램, 마늘 60그램, 생강 ⅓톨, 고춧가루 80그램, 실고추 10그램, 액젓 150그램, 소금이나 새우젓국 적당량. ○ 배추는 깨끗이 씻어 겉잎을 떼어 내고 5센티미터 정도 길이로 자른 뒤 분량대로 소금물을 만들어 3시간쯤 절였다가 헹구고 물기를 뺀다. 이때 떼어 낸 겉잎도 함께 절여서 물기를 빼고 따로 둔다. 무는 3×4×0.5센티미터 정도 크기로 도톰하게 썬다. 굴은 삼삼한 소금물에 헹궈 물기를 뺀다. 낙지는 소금물에 씻은 뒤 4센티미터 정도 길이로 썬다. 미나리와 쪽파는 손질해서 씻고 4센티미터 길이로 썬다. 마늘, 생강은 채 썬다. 절인 배추와 도톰하게 썬 무에 고춧가루를 넣고 버무리다가 굴, 낙지, 미나리, 쪽파, 마늘채, 생강채, 실고추, 액젓을 넣고 함께 잘 버무린다. 마지막으로 소금이나 새우젓국으로 간을 맞추고 김치통에 꼭꼭 눌러 담는다. 맨 위에 절인 배추 겉잎을 소금에 무쳐서 덮는다. ○ 액젓은 조기액젓을 쓰면 좋다. 섞박지는 김장 김치가 익는 동안 먹기 위해 미리 조금 담그는 지레김치로 많이 이용한다.

열무김치

○ 열무 1킬로그램, 소금물(굵은소금 80그램, 물 1.2리터), 양파 100그램, 대파 70그램, 마른 고추 50그램, 액젓 100그램, 고춧가루 50그램, 다진 마늘 50그램, 다진 생강 20그램, 소금 적당량. ○ 열무는 연한 것으로 준비해서 다듬어 씻고 5센티미터 정도 길이로 자른 뒤 분량대로 소금물을 만들어 20분 정도 절인다. 절인 열무는 살짝 헹구고 물기를 뺀다. 양파는 씻어서 채 썬다. 대파는 씻어서 물기를 제거하고 흰 부분만 어슷어슷하게 썬다. 마른 고추는 불렸다가 액젓을 넣고 성글게 간다. 여기에 썰어 놓은 대파, 고춧가루, 다진 마늘, 다진 생강을 넣고 잘 버무려 양념을 만든다. 절인 열무에 채 썬 양파를 넣고 양념을 고루 버무린다. 통에 담고 익힌다. ○ 열무를 씻거나 버무릴 때 조심스럽게 다루어야 풋내가 나지 않는다. 어린 열무와 오이에 감자 삶은 국물이나 밀가루풀을 넣고 김칫국물을 더해 열무물김치를 만들기도 한다. 열무는 무가 작고 가늘지만 대가 굵고 푸른 잎이 많아 봄부터 여름 내내 김칫거리로 가장 많이 쓰인다. 더운 날씨에 청량감을 더하는 여름철 별미 김치로 열무김치는 보리밥과 잘 어울린다. 열무물김치는 냉면이나 국수를 말아 먹기도 한다.

떡

쌀, 찹쌀, 잡곡 등을 물에 불린 뒤 가루를 내어 찌거나 삶거나 지져서 익힌 떡은 공동체의 결속을
다지는 음식으로, 농경문화의 정착과 그 역사를 함께하는 한국 전통음식이다. 주식(主食) 대용으로,
또는 별식(別食)으로 이용되고, 특히 통과의례(백일, 돌, 혼례 등), 생업의례(고사, 풍어제 등),
명절(설, 추석 등)에 빠지지 않는다. 전통 떡의 재료는 약식동원(藥食同源)의 자연식품이다.
'약식동원'이란, 약과 음식은 그 근원이 같아서 음식 또한 체질에 맞게 잘 가려 먹으면 보약처럼
몸에 이롭다는 뜻이다. 잡곡류(콩, 녹두, 팥, 수수, 깨 등), 과채류(대추, 밤, 잣, 호두, 감, 귤, 복숭아,
유자, 살구, 호박, 쑥, 무 등), 약재류(승검초, 산약, 꿀, 계피, 생강 등) 등 제철에 나는 재료를
주재료인 쌀이나 찹쌀과 적절히 배합하면 맛뿐만 아니라 영양상의 균형과 약리 효능이 뛰어나며,
영양소 간의 상호 상승작용을 만들어 내기도 한다. 특히 식품첨가제 및 인위적인 가공식품이 전혀
들어가지 않고, 케이크나 쿠키보다 설탕과 기름의 사용이 극히 적어 건강기능성 식품으로도 손색이
없다. 전통 떡의 종류는 계절과 재료에 따라 매우 다양하다. 한 해의 첫 시작인 정월에는 액을 막아
주는 '조랭이떡', 만물이 생동하는 봄에는 흰쌀과 진홍빛 진달래가 조화를 이루는 '진달래화전'과
한 입 베어 물면 봄 내음이 가득해지는 '쑥굴리', 더운 여름날에는 쉽게 쉬지 않는 '술떡', 가을에는
탐스럽게 피어난 황국화 잎을 따서 지진 '황국화전', 추수 때는 햅쌀과 햇과일로 빚는
'신과병(新果餠)', 겨울에는 김장무와 팥고물이 어우러져 별미인 '무시루떡' 등 시시때때로 나는
자연의 온갖 재료들로 다양하게 만든 떡에서 한국인의 지혜와 뛰어난 음식문화를 엿볼 수 있다. 전통
떡은 만드는 방식에 따라 찌는 떡(백편, 승검초편, 석이편, 녹두편, 잣설기, 살구편, 쑥버무리, 약편,
구선왕도고, 석탄병, 잡과병, 무시루떡, 호박고지찰편, 호박고지메편, 느티떡, 두텁떡, 송편, 쑥갠떡,
증편), 치는 떡(은행단자, 석이단자, 유자단자, 대추단자, 색단자, 인절미, 가래떡, 수리취절편, 절편,
개피떡), 빚어 삶는 떡(수수팥경단, 개성물경단, 오색경단), 지지는 떡(진달래꽃전, 감국전, 국화꽃전,
장미꽃전, 주악, 찹쌀부꾸미, 수수부꾸미, 찹쌀노티, 수수노티, 곤떡, 산승)으로 나눌 수 있다.

멥쌀가루, 찹쌀가루 만들기 ○ 쌀을 깨끗이 씻어 물에 8시간 이상 담가 불려 두었다가 소쿠리에 밭쳐
물기를 뺀다. 멥쌀일 경우 1.2퍼센트, 찹쌀일 때는 1.5퍼센트의 소금을 넣고 곱게 빻는다. 쌀
5컵(800그램)을 불려 빻으면 쌀가루가 약 10컵가량 된다. 쌀가루는 한두 번 체에 내려 사용하는 것이
좋다.

백편

○ 멥쌀가루 3컵, 꿀 2큰술, 설탕물 1큰술, 잣 10개, 석이버섯 1장. ○ 멥쌀가루는 체에 내려 꿀과 설탕물을 넣고 고루 비빈 뒤 다시 체에 내려 떡가루를 만든다. 잣은 길이로 반을 갈라 비늘잣을 만든다. 석이버섯은 물에 불려 손질하고 곱게 채 썬다. 찜기에 젖은 면포를 깔고, 떡가루를 고루 편다. 그 위에 비늘잣과 석이버섯채로 꽃 모양을 낸다. 김이 오른 찜솥에 올려 20분간 찌고 뜸을 들인다. 떡의 두께는 2센티미터를 넘지 않게 한다. ○ 떡을 찔 때 말린 진달래꽃 가루를 살짝 뿌리면 무척 아름다운 백편이 된다. 설탕물은 설탕과 물을 1:4 정도 비율로 넣고 끓여 만든다.

녹두편

○ 녹두 3컵, 소금 1작은술, 찹쌀가루 5컵. ○ 녹두는 반을 타개고 미지근한 물에 불려 껍질을 벗긴 뒤 깨끗이 씻어서 체에 밭쳐 물기를 뺀다. 여기에 소금으로 간을 해서 녹두고물을 만든다. 찹쌀가루는 체에 내려 떡가루를 만든다. 찜기에 젖은 면포를 깔고, 녹두고물 절반을 빈틈없이 고루 편다. 그 위에 떡가루를 고루 얹고 나머지 녹두고물을 고루 덮는다. 김이 오른 찜솥에 올려 30여 분간 찌고 뜸을 들인다. 떡의 두께는 2센티미터를 넘지 않게 한다.

승검초편

○ 승검춧가루 2큰술, 멥쌀가루 3컵, 꿀 2큰술, 설탕물 3큰술, 잣 10개, 쑥갓잎 약간. ○ 승검춧가루는 체에 내린 멥쌀가루에 섞어서 꿀과 설탕물을 넣고 고루 비빈 뒤 다시 체에 내려 떡가루를 만든다. 잣은 길이로 반을 갈라 비늘잣을 만든다. 쑥갓잎은 작게 떼어 놓는다. 찜기에 젖은 면포를 깔고, 떡가루를 고루 편다. 그 위에 비늘잣과 쑥갓잎으로 꽃 모양을 낸다. 김이 오른 찜솥에 올려 20분간 찌고 뜸을 들인다. 떡의 두께는 2센티미터를 넘지 않게 한다.

석이편

○ 석이버섯가루 1작은술, 멥쌀가루 3컵, 꿀 2큰술, 설탕물 2큰술, 물 2큰술, 잣 10개, 대추 1개, 석이버섯 1장. ○ 석이버섯가루를 체에 내린 멥쌀가루에 섞어서 꿀, 설탕물, 물을 넣고 고루 비빈 뒤 다시 체에 내려 떡가루를 만든다. 잣은 길이로 반을 갈라 비늘잣을 만든다. 대추는 돌려 깎아서 아주 작고 둥글게 썬다. 석이버섯은 물에 불려 손질하고 곱게 채 썬다. 찜기에 젖은 면포를 깔고, 떡가루를 고루 편다. 그 위에 비늘잣 5개로 꽃잎 모양을 만들고 가운데에 대추로 심을 박은 뒤 둘레에

드문드문 석이채를 살짝 뿌려 장식한다. 김이 오른 찜솥에 올려 20분간 찌고 뜸을 들인다. 떡의 두께는 2센티미터를 넘지 않게 한다. ○ 석이버섯은 높고 깊은 산속의 바위 표면에 붙어 있어 '석이(石耳)' 또는 '석의(石衣)'라고 한다. 한방에서 강장, 각혈, 하혈 등에 지혈제로 쓰이고, 최근에는 항암 효능도 있다고 알려졌다. 예로부터 금강산의 석이버섯이 유명했다.

살구편

○ 살구즙 ½컵, 멥쌀가루 5컵. ○ 살구즙은 체에 내린 멥쌀가루와 섞어서 버무린 뒤 다시 체에 내려 떡가루를 만든다. 찜기에 젖은 면포를 깔고, 떡가루를 고루 편다. 김이 오른 찜솥에 올려 20분간 찌고 뜸을 들인다. ○ 살구즙은 제철 살구를 깨끗이 씻어 찐 뒤 체에 내려 껍질을 제거하고 즙만 받아서 냉동 보관하며 사용한다. 잘 익은 살구를 생으로 체에 내려 살구즙을 만들어 쓰면 살구색이 더욱 선명해서 좋으나 자칫 떡이 질어지기 쉽다. 이 경우 생살구즙을 쌀가루와 섞은 뒤 약간 말렸다가 떡가루를 만들면 된다. 보기만 해도 살며시 입안에 침이 고이는 살구는 신맛이 강해서 살구편은 더위에 지친 입맛을 살리는 데 좋은 떡이다. 살구편을 맛볼 때 입안 가득 퍼지는 살구향에는 생살구에서는 느낄 수 없는 부드러움이 있다. 『규합총서』에는 "쌀가루에 살구즙을 섞어 잘 건조해 두었다가 과일이 나지 않는 겨울에 꺼내어 떡을 만들어 먹었는데, 이것은 따로 '도행병(桃杏餠)'이라 부른다"는 기록이 있다.

약편

○ 멥쌀가루 5컵, 대추고 ⅓컵, 막걸리 2큰술, 꿀 2큰술, 밤채 ½컵, 대추채 ½컵, 석이버섯채 3큰술. ○ 멥쌀가루는 체에 내려 대추고, 막걸리, 꿀을 넣고 고루 비빈 뒤 다시 체에 내려 떡가루를 만든다. 밤채, 대추채, 석이버섯채를 고루 섞어 고명을 만든다. 찜기에 젖은 면포를 깔고, 떡가루를 고루 편다. 그 위에 고명을 고루 덮는다. 김이 오른 찜솥에 올려 20분간 찌고 뜸을 들인다. ○ 몸에 이로운 재료들로 만든 떡이라 해서 약편으로 불린다.

잣설기

○ 잣가루 50그램, 멥쌀가루 5컵, 꿀 ½컵, 설탕물 ¼컵, 볶은 거피팥고물 1컵. ○ 잣가루는 멥쌀가루에 꿀과 설탕물을 넣고 고루 비빈 뒤 다시 체에 내린 것에 넣고 고루 섞어서 떡가루를 만든다. 찜기에 젖은 면포를 깔고, 먼저 볶은 거피팥고물을 고루 편다. 그 위에 떡가루를 고루

쑥버무리(쑥설기)

구선왕도고(九仙王道糕)

얹는다. 김 오른 찜솥에 올려 20분간 찌고 뜸을 들인다. ◯ 잣가루는 잣의 고깔을 뗀 뒤 깨끗이 닦고 곱게 다져서 만든다. 잣의 풍부한 기름 덕분에 맛이 고소하고 케이크 같이 부드러운 질감을 느낄 수 있는 떡이다. 잣은 몸에 좋은 필수지방산도 풍부하다.

쑥버무리(쑥설기)

◯ 생쑥 300그램, 멥쌀가루 5컵, 물 ½컵, 설탕 5큰술. ◯ 생쑥은 어리고 연한 것을 준비해서 깨끗이 다듬어 씻고 툭툭 털어 물기를 제거한다. 멥쌀가루에 물을 넣고 고루 비벼 체에 내린 뒤 설탕과 손질한 생쑥을 넣고 골고루 섞어 떡가루를 만든다. 찜기에 젖은 면포를 깔고, 떡가루를 고루 얹은 뒤 찜솥에 올려 찌다가 떡가루 위로 김이 올라오면 뚜껑을 덮어 20분간 찌고 뜸을 들인다. ◯ 조선 초기 학자 김종직(金宗直)의 문집인 『점필재집(佔畢齋集)』(1497)에는 「삼월 삼일에 비가 와서 나가지 못하고 청호병(菁蒿餠)을 먹으면서 느낌이 있어」라는 제목의 시가 한 수 있다. 부슬부슬 비 내리는 봄날, 아내가 내어준 옥 술잔 들고 조카와 마주 앉아 푸른 쑥에 쌀가루 섞은 떡을 먹는데, 비록 대단한 안주는 아니지만 석 잔 술에 취흥이 도도해진다는 내용이다. 여기 나오는 '청호병'이 바로 멥쌀가루에 연한 쑥을 섞어 만든 쑥버무리다. 쑥은 찹쌀을 섞어 인절미를 만들기도 하지만, 멥쌀을 섞어 쑥버무리나 절편을 만들면 그 또한 풍미가 남다르다. 예전에는 새봄에 캔 쑥을 홀홀 펴서 쑥이 보이지 않을 만큼 소금을 듬뿍 뿌려 절였다가 쑥이 안 나는 계절에 꺼내서 물에 담가 소금기를 빼고 쑥떡을 만들어 먹기도 했다.

구선왕도고(九仙王道糕)

◯ 멥쌀가루 10컵, 산약 30그램, 맥아 15그램, 백편두 15그램, 백복령 30그램, 의이인 30그램, 능인 15그램, 시상 5그램, 물 ½컵, 설탕물 5큰술, 꿀 3큰술. ◯ 멥쌀가루는 체에 내린다. 산약, 맥아, 백편두는 볶아서 고운 가루로 만든다. 백복령, 의이인, 능인, 시상도 고운 가루로 만든다. 약재 가루는 모두 섞어 물을 넣고 고루 비빈 뒤 멥쌀가루와 고루 섞는다. 여기에 설탕물과 꿀을 넣고 고루 비빈 뒤 체에 내려 떡가루를 만든다. 찜기에 젖은 면포를 깔고, 떡가루를 고루 편다. 김이 오른 찜솥에 올려 20분간 찌고 충분히 뜸을 들인다. ◯ 떡가루를 만들 때 약재 가루의 건조 상태에 따라 물의 양을 조절한다. 우리 음식은 예로부터 약식동원 개념을 담은 조리법이 발달해 왔다. 떡도 예외가 아니어서 건강에 특히 도움을 주는 것들이 많이 전해 오는데, 흔히 '약떡'이라 부르는 것들이다. 약떡의 종류는 매우 많지만, 가장 대표적인 것이 멥쌀에 여러 한약재를 섞어 만든

석탄병(惜呑餅)

잡과병

구선왕도고다. 아홉 가지 재료가 몸속을 조화롭게 하는 것이 마치 왕의 도를 닮았다 해서 붙여진 이름이다. 이 떡을 오랫동안 먹으면 평생 감기에 걸리지 않는다는 말이 있을 만큼 약리 효과가 크다. 『동의보감(東醫寶鑑)』(1610)에는 산약, 맥아, 백편두, 백봉령, 의이인, 검인, 시상, 연육, 흰 사탕가루를 멥쌀과 섞어 먹으면 정신을 맑게 하고 기를 보하며 비위를 든든하게 한다는 기록이 있다. 조선시대에는 과거 공부를 하는 이들이 즐겨 먹었다고 하니, 요즘 수험생들에게도 좋을 만한 간식이다. 구선왕도고는 조상들의 슬기가 돋보이는 가공 저장 식품으로, 떡을 햇볕에 말렸다가 가루로 만들어 저장해 두면서 필요할 때마다 꿀물에 타 먹어도 좋다.

석탄병(惜呑餅)

○ 멥쌀가루 6컵, 꿀물 ⅔컵, 감가루 2컵, 잣가루 1½컵, 계핏가루 1큰술, 생강녹말 2작은술, 밤 100그램, 대추 50그램, 거피녹두고물 2컵, 소금 ½작은술. ○ 멥쌀가루는 꿀물을 넣고 잘 비벼서 체에 내린다. 여기에 감가루, 잣가루, 계핏가루, 생강녹말을 넣고 잘 섞은 뒤 다시 체에 내려 떡가루를 만든다. 밤은 껍질을 벗기고 7등분해 썬다. 대추는 돌려 깎아서 밤과 비슷한 크기로 썬다. 손질한 밤과 대추는 떡가루에 잘 섞는다. 거피녹두고물은 소금으로 간한다. 찜기에 젖은 면포를 깔고, 거피녹두고물의 반을 고루 편다. 그 위에 떡가루를 고루 얹고, 다시 나머지 거피녹두고물을 고루 덮는다. 김이 오른 찜솥에 올려 20분간 찌고 뜸을 들인다. ○ 꿀물은 꿀과 물을 1:2 정도 비율로 섞어 만든다. 천연 단맛을 내는 감가루를 넣어 맛이 좋고 질감이 촉촉하며, 잣을 넣어 향기롭고 부드럽다. 멥쌀가루에 감가루와 잣가루를 섞는 것은 다른 떡에서는 볼 수 없는 독특한 방법이다. 감가루는 가을에 채 익지 않은 떫은 감을 따다가 껍질을 벗기고 저며서 바싹 말린 뒤 가루로 만든다. 감가루 만들기는 매우 번거로운데 요즘은 냉동건조법으로 제조한 감가루가 시판되어 편리하다. 멥쌀가루와 감가루를 손으로 섞으면 체온 때문에 감가루가 뭉치니 반드시 주걱으로 섞어야 한다. 여름에는 밤채와 대추채를 고물로 얹어 찐다. 『규합총서』에 "강렬한 맛이 차마 삼키기 아까운 고로 석탄병이니라"라는 기록이 있을 만큼 석탄병은 맛이 좋고 격이 높은 떡으로 유명하다.

잡과병

○ 멥쌀가루 5컵, 대추고 3큰술, 꿀 2큰술, 물 1-2큰술, 황설탕 2큰술, 밤 4개, 대추 16개, 곶감 2개, 설탕에 절인 유자껍질 ¼개. ○ 멥쌀가루는 체에 내려 대추고, 꿀, 물을 넣고 고루 비빈 뒤 다시 중간체에 내리고 황설탕을 섞어 떡가루를 만든다. 이때 물의 양은 멥쌀가루의 상태에 따라

조절한다. 밤은 껍질을 벗기고 7등분해 썬다. 대추는 씨를 발라내고 3등분해 썬다. 곶감은 씨를 빼고 잘게 썬다. 설탕에 절인 유자껍질은 짧고 가늘게 채 썬다. 떡가루에 밤, 대추, 곶감, 설탕에 절인 유자껍질채를 섞는다. 찜기에 젖은 면포를 깔고, 떡가루를 고루 펴 얹는다. 김이 오른 찜솥에 올려 찌다가 떡가루 위로 김이 올라오면 뚜껑을 덮어 20분간 찌고 뜸을 들인다. ◯ 잡과(雜果)는 여러 과일을 섞는다는 뜻인데, 『규합총서』에는 '잡과편'으로, 『증보산림경제』에는 '잡과고'로 나온다.

무찰시루떡

◯ 무 1킬로그램, 설탕 2큰술, 소금 2작은술, 멥쌀가루 1½컵, 찹쌀가루 10컵, 꿀 ¾컵, 붉은팥 3컵. ◯ 무는 깨끗이 씻어 곱게 채 썬 뒤 설탕과 소금을 넣고 버무려서 살짝 절인다. 멥쌀가루는 체에 내려 절인 무채를 넣고 고루 섞는다. 찹쌀가루는 꿀을 넣고 잘 비벼서 체에 내린다. 붉은팥은 물을 넉넉히 붓고 한 번 우르르 끓여서 물을 따라 낸 뒤 다시 새 물을 붓고 팥이 무를 때까지 삶는다. 팥이 무르면 물을 따라 내고 뜸을 들인 뒤 양푼에 쏟아 소금을 넣고 대충 찧어 붉은팥고물을 만든다. 무 섞은 멥쌀가루에 꿀 넣은 찹쌀가루 6컵을 고루 섞어 떡가루를 만든다. 찜기에 젖은 면포를 깔고, 붉은팥고물의 반을 고루 편다. 그 위에 꿀넣은 찹쌀가루 2컵을 고루 얹고 떡가루를 고루 얹은 뒤 꿀넣은 찹쌀가루 2컵을 고루 덮는다. 맨 위에 나머지 붉은팥고물을 고루 얹는다. 김이 오른 찜솥에 올려 25분 정도 찌고 뜸을 들인다. ◯ 단맛이 나는 무는 절일 때 설탕을 넣지 않아도 좋다.

호박고지찰편(호박떡)

◯ 호박고지 200그램, 설탕물(설탕 2큰술, 물 2컵), 찹쌀가루 5컵, 붉은팥고물 4컵. ◯ 호박고지는 깨끗이 씻어 길이 3-4센티미터 정도로 썰고 설탕물에 넣어 불린다. 찹쌀가루는 체에 내려 불린 호박고지를 넣고 고루 섞어 떡가루를 만든다. 찜기에 젖은 면포를 깔고, 붉은팥고물의 반을 고루 편다. 그 위에 떡가루를 고루 얹고, 다시 나머지 붉은팥고물을 고루 덮는다. 김이 오른 찜솥에 올려 30분 정도 찌고 뜸을 들인다. 한 김 나간 뒤에 썰어서 그릇에 담는다.

호박고지메편(호박떡)

◯ 호박고지 200그램, 설탕물(설탕 2큰술, 물 2컵), 멥쌀가루 5컵, 붉은팥고물 4컵. ◯ 호박고지는 깨끗이 씻어 길이 3-4센티미터 정도로 썰고 설탕물에 넣어 불린다. 멥쌀가루는 체에 내려 불린 호박고지를 넣고 고루 섞어 떡가루를 만든다. 찜기에 젖은 면포를 깔고, 붉은팥고물의 반을 고루

편다. 그 위에 떡가루를 고루 얹고, 다시 나머지 붉은팥고물을 고루 덮는다. 김이 오른 찜솥에 올려 20분간 찌고 뜸을 들인다. ○ 물호박편의 매력이 부드러움에 있다면, 호박고지메편의 매력은 쫄깃함이다. '고지'는 호박, 가지, 감, 고구마 따위를 납작납작하거나 잘고 길게 썰어 말린 것이다. 말린 과실처럼 호박고지도 물호박보다 진한 단맛이 난다. 긴긴 겨울에 즐겨 해 먹는 떡이다.

느티떡

○ 느티나무잎 300그램, 간장 1큰술, 멥쌀가루 5컵, 꿀 ⅓컵, 거피팥고물 3컵. ○ 느티나무잎은 깨끗이 씻고 물기를 제거한 뒤 간장을 넣고 섞는다. 멥쌀가루는 꿀을 넣고 잘 비벼서 체에 내린 뒤 느티나무잎을 넣고 고루 섞어 떡가루를 만든다. 찜기에 젖은 면포를 깔고, 거피팥고물의 반을 고루 편다. 그 위에 떡가루를 고루 얹고, 나머지 거피팥고물을 고루 덮는다. 김이 오른 찜솥에 올려 25분간 찌고 뜸을 들인다. ○ 느티나무잎은 어린 새싹이나 연한 것을 준비한다. 유엽병(楡葉餠)이라고도 하는 느티떡은 사월초파일에 해 먹는 시절식이다. 『경도잡지(京都雜志)』(조선 후기)에 느티떡의 절식에 관한 기록이 있다. 「농가월령가」 '사월령'에서는 느티떡을 다음과 같이 노래했다. "파일(八日) 현등함은 산촌에 불긴(不緊)하니 느티떡 콩찐이는 제때의 별미로다."

두텁떡

○ 찹쌀가루 5컵, 꿀 ⅔컵, 간장 1큰술, 팥소(두텁고물 1컵, 다진 유자청 1큰술, 계핏가루 ½작은술, 꿀 ½작은술, 잣 3큰술), 밤 120그램, 설탕물(설탕 1큰술, 물 ½컵), 대추 70그램, 호두 50그램, 두텁고물 5컵. ○ 찹쌀가루는 꿀과 간장을 넣고 잘 비벼서 체에 내려 떡가루를 만든다. 분량대로 팥소 재료를 고루 섞은 뒤 지름 0.5센티미터 정도로 완자를 빚고 잣을 두 개씩 박아 팥소를 만든다. 밤은 껍질을 벗기고 잘게 썬 뒤 설탕물을 넣고 조린다. 대추는 깨끗이 씻고 씨를 발라내서 밤과 같은 크기로 썬다. 호두는 따뜻한 물에 담가 꼬챙이로 속껍질을 벗기고 밤과 같은 크기로 썬다. 찜기에 젖은 면포를 깔고, 두텁고물을 고루 편다. 그 위에 떡가루를 한 숟가락씩 떠서 겹치지 않게 군데군데 놓고 그 안에 팥소, 밤, 대추, 호두를 올린 뒤 보이지 않게 찹쌀가루를 덮는다. 다시 두텁고물을 고루 펴고, 같은 순서로 두세 켜 얹는다. 김이 오른 찜솥에 올려 30분간 찐다. 다 쪄지면 한 김 나간 뒤에 수저로 떠서 하나씩 꺼낸다. ○ 두텁떡은 왕의 생일에 반드시 올렸던 대표적인 궁중 떡으로, 찹쌀가루에 간장과 꿀로 간을 하는 것이 특징이다. 재료의 종류도 다양하고, 수고와 정성뿐 아니라 섬세한 손맛까지 필요한 떡이지만, 맛과 향이 뛰어난 데다 고물을 볶아 쓰기 때문에 저장성도 높다.

두텁떡

오색송편

일명 '봉우리떡'이라고도 하며, 서울에서 많이 해 먹던 향토 떡이다. 500년 이상 조선의 수도였던 서울은 왕족이나 양반들이 많이 살던 곳이라 전해 내려오는 떡도 격과 품위가 있다.

두텁고물 만들기 O 푸른 거피팥 1킬로그램, 백설탕 1컵, 간장 2큰술, 소금 ½작은술, 계핏가루 ½작은술. O 푸른 거피팥은 물에 담가 불려서 껍질을 벗긴 뒤 깨끗하게 씻고 찜솥에서 30분 이상 푹 찐다. 무르게 쪄진 푸른 거피팥은 어레미에 내리고 백설탕, 간장, 소금, 계핏가루를 섞어 두꺼운 팬에서 보슬보슬해질 때까지 볶아서 고운체에 내린다. O 무거리를 분쇄기에 갈아서 다시 체에 내려 섞기도 한다.

송편(오색송편)

O 멥쌀가루 10컵, 다진 쑥 50그램, 치자즙 2큰술, 오미자즙 2큰술, 다진 송기 30그램, 뜨거운 설탕물 1½컵, 송편 소(깨소금 2컵, 꿀 3큰술), 참기름 약간. O 멥쌀가루는 체에 내리고 5등분한 뒤 한 덩어리는 멥쌀가루(흰색) 그대로 두고, 나머지는 색 내기 재료인 다진 쑥(녹색), 치자즙(노란색), 오미자즙(붉은색), 다진 송기(짙은 자주색)와 각각 섞는다. 준비된 각각의 가루에 뜨거운 설탕물을 넣고 익반죽한다. 분량대로 잘 섞어 송편 소를 만든다. 각색의 떡 반죽을 10그램씩 떼어 둥글게 빚은 뒤 가운데에 소를 넣고 잘 오므린 다음, 가장자리를 꼭꼭 눌러 입술처럼 예쁘게 빚는다. 각각의 송편에 꽃잎, 줄기, 잎을 장식한다. 꽃잎은 오미자, 치자 반죽을 콩알처럼 둥글게 만들어 5개씩 송편 위에 올리고 꽃잎 모양으로 살짝 눌러 붙인다. 줄기와 잎은 쑥, 송기 반죽으로는 만들어 붙인다. 찜기에 젖은 면포를 깔고, 송편을 서로 닿지 않게 놓는다. 김이 오른 찜솥에 올려 20분간 찌고 뜸을 들인다. 다 쪄진 송편은 꺼내어 찬물에 재빨리 한 번 헹군 뒤 참기름을 바른다. O 설탕물은 설탕과 물을 1:7 정도 비율로 끓여 만든다. 송편 소는 풋콩, 밤, 녹두고물 등을 다양하게 쓸 수 있다. 쑥은 데쳐서 곱게 다진 뒤 꼭 짜서 쓴다. 오미자는 물과 1:1 비율로 섞어 8-10시간 불린 뒤 알맞게 색이 우러나면 고운체에 밭쳐서 즙을 쓴다. 치자는 반으로 쪼개고 1개당 미지근한 물 2-3큰술씩 부어 우려낸 즙을 쓴다. 송기는 곱게 다져서 쓴다. 송기는 소나무의 속껍질 부분으로 보릿고개 시절 배고픔을 달래던 식재료다. 4, 5월 소나무가 가장 물이 올랐을 때 어린 가지를 잘라다가 껍질을 벗겨 물에 우리고 잿물에 삶아 여러 번 헹군 뒤 물기를 제거하고 곱게 찧어서 그대로 쌀가루에 섞어 떡을 만들기도 하고, 그늘에 말려 가루로 만들기도 한다. 송기송편, 송기절편을 만드는 송기가루는 옛날부터 떡을 색스럽고 차지게 하기 위해 사용했다. 오색송편은 우주만물의 기운과 오행의 의미를

담고 있으며 백일, 돌, 책례 때 각자의 소망을 담아 알록달록하고 정성스럽게 만들어 상에 올린다. 백일 때는 아이가 세상과 조화롭게 어우러지길 바라는 소망을 담고, 책례 때는 깨, 팥, 콩으로 속을 가득 채운 송편처럼 아이의 학문도 가득 차길 바라는 소망을 담는다. 다른 송편으로는 추석 때 햇쌀로 빚는 오려송편, 음력 2월 초하루 중화절에 손바닥만 하게 빚는 노비송편이 있다.

쑥갠떡

○ 삶은 쑥 200그램, 멥쌀가루 5컵, 뜨거운 설탕물 ⅔컵, 참기름 5큰술, 소금 1작은술. ○ 삶은 쑥은 곱게 다져 물기를 꼭 짠다. 멥쌀가루는 체에 내려 다진 쑥을 넣고 고루 비벼 섞은 뒤 뜨거운 설탕물을 넣어 가며 말랑말랑하게 익반죽해서 떡 반죽을 만든다. 이것을 40-50그램 정도씩 떼어서 동글납작하게 모양을 만들고 떡살로 눌러 문양을 찍는다. 찜기에 젖은 면포를 깔고, 문양이 찍힌 떡 반죽을 서로 닿지 않게 놓는다. 김이 오른 찜솥에 올려 20분간 찌고 뜸을 들인다. 참기름에 소금을 섞어 잘 익은 떡에 고루 바르고 그릇에 담아낸다. ○ 설탕물은 설탕과 물을 1:7 정도 비율로 끓여 만든다. 쑥은 예부터 식용해온 약초이자 식재료로 비타민과 무기질이 많아 활력을 주고 특유의 향과 맛으로 식욕을 돋운다. 『동의보감』에는 "쑥은 독이 없고 모든 만성병을 다스리며, 특히 부인병에 좋고 자식을 낳게 한다"는 기록이 있다.

증편

○ 멥쌀가루 10컵, 생막걸리 2컵, 설탕 5큰술, 따뜻한 물 1½컵, 대추 2알, 석이버섯 3장, 잣 1큰술, 밤 2알, 검정깨 2작은술. ○ 멥쌀가루는 고운체에 내려 막걸리, 설탕, 따뜻한 물을 넣고 익반죽해서 떡 반죽을 만든 뒤 랩을 씌워서 35-40도에서 발효시킨다. 3시간 정도 지나 주걱으로 부푼 반죽을 저어 충분히 공기를 빼고, 2시간 정도 더 발효시킨다. 대추와 석이버섯은 채 썬다. 잣은 비늘잣을 만든다. 밤은 얇게 편으로 썬다. 찜기에 젖은 면포를 깔고, 발효시킨 떡 반죽을 편편하게 얹는다. 떡 반죽 위에 고명으로 대추채, 석이채, 비늘잣, 밤편, 검정깨를 알맞게 색 맞춰 얹는다. 김이 오른 찜솥에 올려 30분 정도 찌고 뜸을 들인다. ○ 멥쌀가루는 고울수록 좋으며, 반죽의 정도는 된죽 정도가 좋다. 햇쌀보다 묵은 쌀로 한 떡 반죽이 더 잘 부풀어 오른다. 증편에 식용유를 살짝 바르면 좋다. 증편은 술떡, 기주(起酒)떡 등으로 불리는 전통 떡으로, 떡 중에서 열량이 비교적 낮고 잘 쉬지 않는 특징이 있는 여름철 시식이다. 『음식디미방』에는 '증편기주' 설명과 함께 "상화 찌기같이" 하라는 '증편법'에 대한 기록이 있다.

은행단자

○ 은행 2컵, 찹쌀가루 5컵, 꿀 4큰술, 잣가루 1½컵. ○ 은행은 따뜻한 물에 담갔다가 속껍질을 벗기고 분쇄기에 곱게 간 뒤 체에 내린 찹쌀가루를 넣고 고루 섞어 떡 반죽을 만든다. 찜기에 젖은 면포를 깔고, 떡 반죽을 얹는다. 김이 오른 찜솥에 올려 20분간 찐다. 푹 익은 떡은 꿀을 바른 양푼에 쏟고 뜨거울 때 꽈리가 일도록 친 뒤 다시 꿀을 바른 도마에 쏟아 두께 0.8센티미터 정도로 고루 편다. 그 위에 꿀을 발라 식힌 뒤 너비 2.5센티미터, 길이 3.5센티미터 정도 크기의 직사각형으로 자르고 잣가루를 고루 묻힌다. ○ 은행을 살짝 익힌 뒤 갈아서 사용하면 좋다. 가을철에 나는 햇은행으로 만든 은행단자는 푸르스름하고 고운 빛깔, 부드러우면서도 쫄깃한 질감, 향이 일품이다. 손정규의 『조선요리』에 은행단자에 대한 설명이 있다.

석이단자

○ 석이버섯가루 2큰술, 찹쌀가루 5컵, 따뜻한 물 ½컵, 꿀 4큰술, 잣가루 1½컵. ○ 석이버섯가루는 따뜻한 물에 개어 불린 뒤 체에 내린 찹쌀가루를 넣고 고루 섞어 떡 반죽을 만든다. 찜기에 젖은 면포를 깔고, 떡 반죽을 얹는다. 김이 오른 찜솥에 올려 20분간 찐다. 잘 쪄진 떡은 양푼에 쏟아 꽈리가 일도록 친 뒤 다시 꿀을 바른 도마에 쏟아 두께 0.8센티미터 정도로 고루 편다. 그 위에 꿀을 발라 식힌 뒤 너비 2.5센티미터, 길이 3.5센티미터 정도 크기의 직사각형으로 자르고 잣가루를 고루 묻힌다. ○ 석이버섯가루는 뜨거운 물에 석이버섯을 불리고 손으로 비벼가며 깨끗하게 손질한 뒤 바람이 잘 통하는 곳에서 바싹 말렸다가 분쇄기에 곱게 갈아서 만든다.

유자단자

○ 다진 유자 ½컵, 찹쌀가루 5컵, 물 3큰술, 꿀 4큰술, 잣가루 1½컵. ○ 다진 유자는 체에 내린 찹쌀가루와 물을 넣고 고루 섞어 떡 반죽을 만든다. 찜기에 젖은 면포를 깔고, 떡 반죽을 얹는다. 김이 오른 찜솥에 올려 20분간 찐다. 잘 쪄진 떡은 양푼에 쏟아 꽈리가 일도록 친 뒤 다시 꿀을 바른 도마에 쏟아 두께 0.8센티미터 정도로 고루 편다. 그 위에 꿀을 발라 식힌 뒤 너비 2.5센티미터, 길이 3.5센티미터 정도 크기의 직사각형으로 자르고 잣가루를 고루 묻힌다. ○ 설탕에 절인 유자 껍질을 곱게 다져서 쓴다. 『규합총서』, 『부인필지(夫人必知)』(1900년대 초), 『조선요리제법』에 유자단자에 대한 기록이 있다.

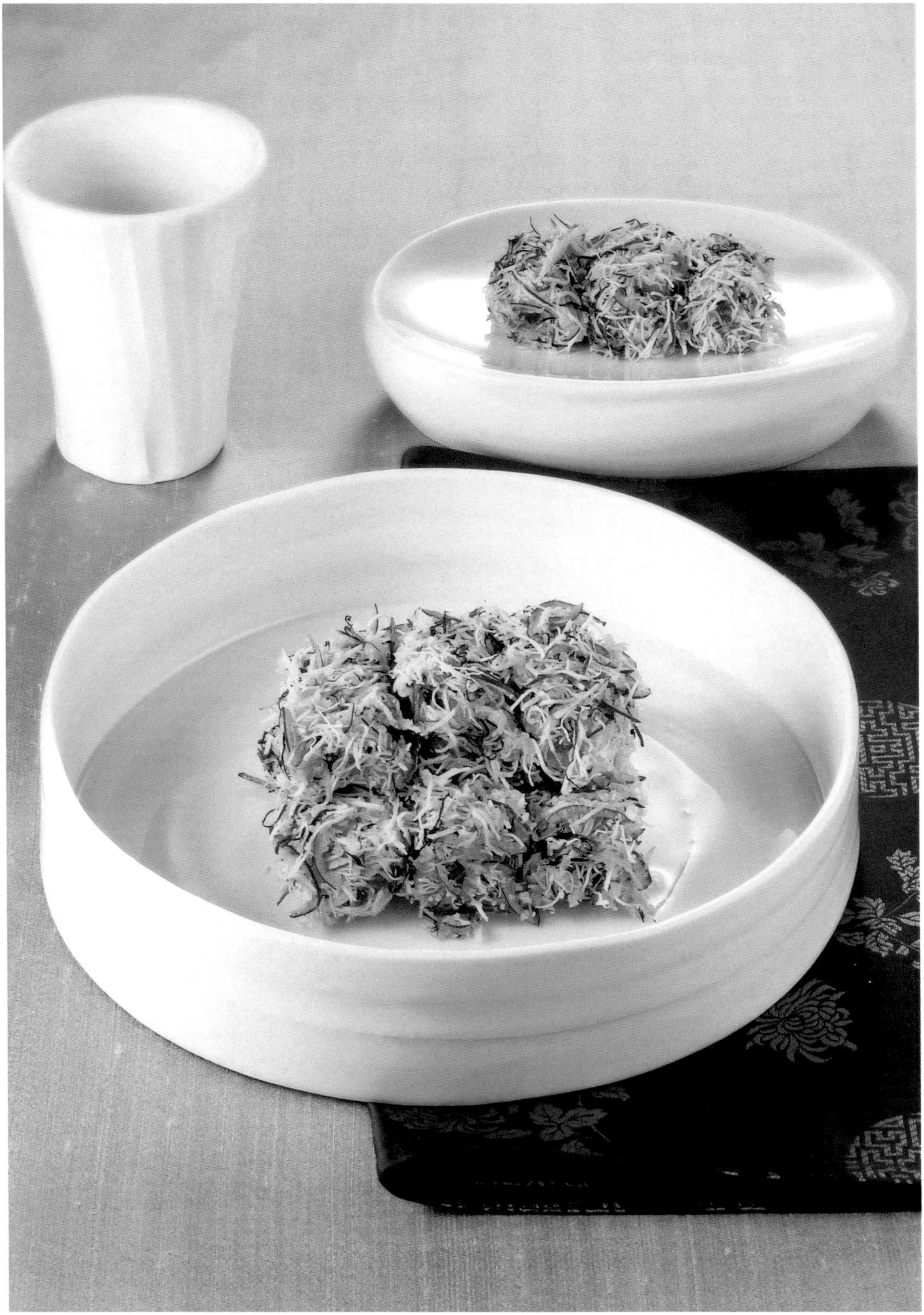

대추단자

◯ 대추 30개, 찹쌀가루 5컵, 물 4큰술, 꿀 4큰술, 잣가루 1½컵. ◯ 대추는 깨끗이 씻고 돌려 깎아서 곱게 다진 뒤 체에 내린 찹쌀가루를 넣고 잘 비빈 다음, 물을 넣고 떡 반죽을 만든다. 찜기에 젖은 면포를 깔고, 떡 반죽을 얹는다. 김이 오른 찜솥에 올려 20분간 찐다. 잘 쪄진 떡은 양푼에 쏟아 꽈리가 일도록 친 뒤 다시 꿀을 바른 도마에 쏟아 두께 0.8센티미터 정도로 고루 편다. 그 위에 꿀을 발라 식힌 뒤 너비 2.5센티미터, 길이 3.5센티미터 정도 크기의 직사각형으로 자르고 잣가루를 고루 묻힌다. ◯ 대추단자는 주로 겨울에 많이 만들어 먹는다.

색단자

◯ 찹쌀가루 5컵, 물 ¼컵, 소(다진 유자 3큰술, 다진 대추 ½컵, 계핏가루 ½작은술, 두텁 거피팥고물 ½컵), 밤 20개, 대추 20개, 석이버섯 3장, 꿀 3큰술, 잣가루 1컵. ◯ 찹쌀가루는 체에 내려 물을 넣고 떡 반죽을 만든다. 소는 분량대로 재료를 고루 섞고 너비 0.8센티미터, 길이 1.5센티미터 정도 크기로 갸름하게 뭉친다. 밤은 껍질을 벗기고 곱게 채 썬다. 대추는 깨끗이 씻고 씨를 빼낸 뒤 방망이로 밀어 곱게 채 썬다. 석이버섯은 뜨거운 물에 담가 깨끗이 손질해서 곱게 채 썬다. 밤채, 대추채, 석이버섯채는 아주 살짝 쪄 내고 넓은 쟁반에 펼쳐 재빨리 식힌다. 찜기에 젖은 면포를 깔고, 떡 반죽을 얹는다. 김이 오른 찜솥에 올려 20분간 찐다. 잘 쪄진 찰떡은 양푼에 쏟아 꽈리가 일도록 친 뒤 다시 꿀을 바른 도마에 쏟아 식힌다. 손에 꿀을 묻혀서 찰떡을 조금씩 떼어 내 소를 넣고 오무려 갸름하게 만든 뒤 꿀을 살짝 바른다. 이것을 쟁반에 펼쳐 식힌 밤채, 대추채, 석이버섯채에 굴려 고물을 빈틈없이 묻히고, 잣가루를 고루 입힌다.

인절미

◯ 찹쌀 20컵, 소금 3큰술, 거피팥고물 2컵, 노란 콩고물 2컵, 푸른 콩고물 2컵. ◯ 찹쌀은 깨끗이 씻어 6-8시간 정도 불린 뒤 소쿠리에 받쳐 물기를 빼고 소금을 고루 섞는다. 찜기에 젖은 면포를 깔고, 불린 찹쌀을 얹는다. 김이 오른 찜솥에 올려 1시간가량 푹 찐다. 찌는 도중에 가끔씩 소금물을 뿌려 가며 위아래로 뒤집어 준다. 잘 쪄진 찹쌀밥은 소금물을 바른 절구에 쏟고 절구공이에 소금물을 묻혀 가며 밥알이 뭉개지도록 찧어 찰떡을 만든다. 잘 찧어진 찰떡은 소금물을 바른 넓은 도마에 쏟아 잘 펴고, 용도에 알맞은 크기로 썰어서 각각 거피팥고물, 노란 콩고물, 푸른 콩고물을 입힌다. ◯ 소금물은 물과 소금을 3:1 정도 비율로 섞어 만든다. 전통 방식의 찰떡은 찹쌀을 푹 쪄서 안반에

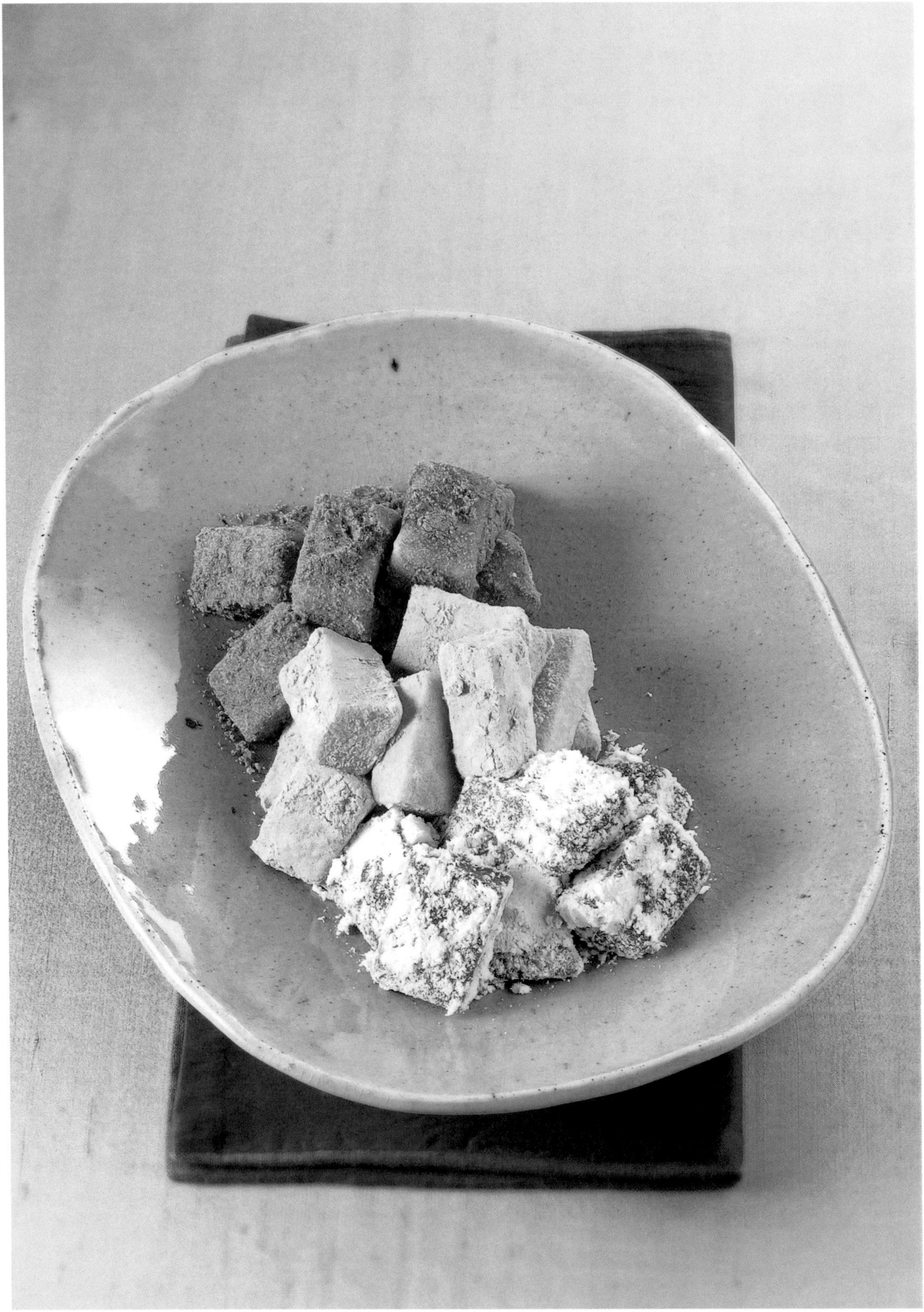

놓고 떡메로 쳐서 만든다. 이렇게 만든 통찹쌀인절미는 고소하고 부드러우면서도 더욱 차지다. 덜 쪄어진 밥알 조각이 씹히는 입맛 또한 일품이다. 메떡도 동일한 방법으로 만든다. 요즘은 찹쌀가루를 찌고 펀칭기로 쳐서 만드는 방법이 일반적이다. 황해도는 전라도와 비슷하게 드넓은 논밭이 펼쳐진 한반도 북쪽의 곡창 지대로, 먹을 것이 풍족하니 인심 또한 후해서 떡이 푸짐하고 큼직한 것이 특징이다. 그 중에서도 혼인인절미가 특히 유명한데, "안반만 하다"는 말이 있을 만큼 큼직하게 만든다. 이 떡은 큰 놋동이에 푸짐하게 담아 혼례 때 대례상에 올리기도 하고, 고리짝에 담아 사돈댁에 이바지 음식으로 보내기도 했다. 『규합총서』에는 "인절미는 연안 것이 나라 안에서 제일"이라는 기록이 있다.

조청말이인절미 만들기 ○ 인절미와 같은 방법으로 만든 찰떡을 한 움큼씩 떼어서 적당한 크기로 편 뒤 엄지손가락만 한 굵기의 엿을 가운데에 놓고 돌돌 말아서 굳힌다. 저장해 두었다가 필요할 때마다 꺼내 구워 먹는다. 열이 가해지면 떡 속에 있던 엿(조청)이 녹아서 따로 꿀을 곁들이지 않아도 고소하고 단맛이 난다. ○ 『음식디미방』에는 "인절미 속에 엿을 한 치만큼 꽂아 넣어 두고, 불을 얹어 약한 불로 엿이 녹게 구워 아침으로 먹는다"는 기록이 있다.

가래떡

○ 멥쌀가루 12컵, 물 2컵, 참기름 약간. ○ 멥쌀가루는 물을 넣어 고루 비비고 체에 내려 떡가루를 만든다. 찜기에 젖은 면포를 깔고, 떡가루를 얹는다. 김이 오른 찜솥에 올려 30-40분 정도 찐다. 잘 쪄진 떡은 절구에 쏟고 절구공이에 소금물을 묻혀 가며 한 덩어리로 뭉쳐지며 차지게 될 때까지 친다. 잘 쳐진 떡은 도마에 놓고 손에 소금물을 묻혀 가며 둥글고 길게 가래떡을 만든다. ○ 예전에는 찐 고두밥을 쳐서 가래떡을 만들었는데, 요즘에는 대부분 멥쌀가루를 쪄서 기계로 뽑는다. 친 떡에 비해 쫄깃한 맛도 덜하고 떡국을 끓여도 쉽게 풀어지는 경향이 있다. 가래떡은 떡볶이용으로도 쓰인다. 설날에 흰 가래떡을 넣고 끓이는 떡국은 '나이를 더하는 떡'이라는 뜻으로 '첨세병(添歲餠)'이라고도 한다. 떡국에 들어가는 가래떡에도 여러 의미가 담겨 있다. 한 해를 맞이하는 첫 음식으로 갖가지 떡 가운데 가장 기본이 되는 흰 떡을 쓰는 것은 천지만물이 새롭게 태어나는 경건함과 신성함을 뜻하고, 떡을 길게 늘여 가래로 뽑는 것은 무병장수를 비는 축복을 뜻하며, 떡을 엽전 모양으로 동그랗게 써는 것은 그해 필요한 재복이 충분히 깃들길 바라는 소망을 뜻한다.

수리취절편

○ 삶은 수리취 200그램, 멥쌀가루 5컵, 뜨거운 설탕물 $\frac{3}{8}$컵, 소금과 참기름 약간. ○ 삶은 수리취는 꼭 짜서 곱게 다진 뒤 체에 내린 멥쌀가루를 넣고 고루 비빈 다음, 뜨거운 설탕물을 넣고 익반죽해서 떡반죽을 만든다. 찜기에 젖은 면포를 깔고, 떡반죽을 얹는다. 김이 오른 찜솥에 올려 20분간 찌고 뜸을 들인다. 잘 쪄진 떡은 절구나 펀칭기에 넣고 소금물을 묻혀 가며 한 덩어리로 뭉쳐지며 차지게 될 때까지 친다. 잘 쳐진 떡은 도마에 놓고 손에 소금물을 묻혀 가며 굵은 가래떡처럼 둥글고 길게 만들고, 절편용 떡살로 눌러 문양을 찍은 뒤 썰어서 소금을 섞은 참기름을 바른다. ○ 설탕물은 물과 설탕을 1:7 정도 비율로 만든다. 다진 수리취와 멥쌀가루를 섞어 말랑말랑하게 익반죽한 것을 40-50그램씩 떼어 잘 비비고 동글넓적하게 꼬리떡을 만든 뒤 떡살로 문양을 찍고 찌기도 한다. 1년 중 양기가 가장 승하다는 음력 5월 5일은 여름의 시작을 알리는 단오(端午)다. 설, 추석과 함께 3대 명절로 꼽으며, 한창 모내기할 즈음이어서 풍농(豊農)을 기원하는 행사가 주를 이룬다. 예전에는 단옷날이면 임금이 신하들에게 부채를 선물하고, 여인들은 창포물에 머리를 감으며 액막이를 하는 풍습도 있었다. 이즈음 나는 수리취를 뜯어다 수레바퀴 모양으로 만들어 먹는 수리취절편은 단옷날의 절식으로 '차륜병(車輪餠)'이라고도 한다. 민간에서는 단오를 '수릿날'이라고 했는데, '수리'는 우리말로 '수레'라는 뜻이다. 멥쌀가루와 섞어 찐 수리취떡에 소를 넣고 빚어 수리취송편을 만들기도 한다.

절편

○ 멥쌀가루 10컵, 물 $1\frac{1}{2}$컵, 소금과 참기름 약간. ○ 멥쌀가루는 물을 넣어 고루 비비고 체에 내려 떡가루를 만든다. 찜기에 젖은 면포를 깔고, 떡가루를 얹는다. 김이 오른 찜솥에 올려 30분간 찌고 뜸을 들인다. 잘 쪄진 떡은 차지게 쳐서 도마에 놓고 알맞게 떼어 내 길고 넓적하게 늘린 뒤 떡살로 문양을 찍고 잘라서 소금을 섞은 참기름을 바른다. ○ 쑥을 넣은 쑥절편, 송기를 넣은 송기절편 등도 있다.

개피떡

○ 멥쌀가루 5컵, 물 $\frac{3}{4}$컵, 소(거피녹두고물 2컵, 설탕 3큰술, 꿀 1큰술), 참기름 약간. ○ 멥쌀가루는 물을 넣어 고루 비비고 체에 내려 떡가루를 만든다. 소는 분량대로 재료를 섞고 손으로 꼭꼭 뭉쳐 밤톨만 하게 만든다. 찜기에 젖은 면포를 깔고, 떡가루를 얹는다. 김이 오른 찜솥에 올려 20분간 찌고

충분히 뜸을 들인다. 잘 쪄진 떡은 양푼에 넣고 한 덩어리로 뭉쳐지며 차지게 될 때까지 친 뒤 도마에 놓고 밀대로 얇게 민다. 그 위에 소를 띄엄띄엄 놓고 반으로 접어서 덮는다. 물컵이나 작은 보시기를 이용해서 봉긋한 반달 모양으로 눌러 찍어 낸다. 참기름을 바른다. ◯ 소는 붉은팥 앙금, 거피팥 앙금, 거피녹두 등 다양하게 넣을 수 있다. 얇은 껍질이 소를 싸고 있다고 해서 궁중에서는 '갑피병(甲皮餠)' 이라 불렀고, 『조선무쌍신식요리제법』에는 '가피떡(加皮餠)' 으로 나온다. 한 입 깨물면 바람이 새어 나간다고 해서 '바람떡' 이라고도 부른다. 쌍개피떡은 완성된 흰 개피떡과 쑥개피떡을 마주 붙여 양끝을 아무린 것이고, 세 붙이 떡은 개피떡 3개를 서로 마주 붙인 것이다. 만드는 방법이 재미나서 집이나 학교에서 아이들과 놀이 삼아 만들기에도 좋다.

쑥개피떡 만들기 ◯ 멥쌀가루 5컵, 물 ¾컵, 쑥 2컵, 소(거피녹두고물 2컵, 설탕 3큰술, 꿀 1큰술), 참기름 약간. ◯ 멥쌀가루에 물을 넣어 고루 비비고 체에 내려 떡가루를 만든다. 쑥은 데쳐서 곱게 다진다. 소는 분량대로 재료를 섞고 손으로 꼭꼭 뭉쳐 밤톨만 하게 만든다. 찜기에 젖은 면포를 깔고, 떡가루를 얹는다. 김이 오른 찜솥에 올려 20분간 찌고 충분히 뜸을 들인다. 잘 쪄진 떡은 다진 쑥을 넣고 차지게 될 때까지 쳐서 쑥떡을 만든다. 쑥떡을 얇게 밀어 소를 넣고 반달 모양으로 찍어 낸다. 참기름을 바른다. ◯ 잘 쪄진 떡에 송기를 넣고 만들면 송기개피떡이 된다. 자연의 아름다운 색을 낸 개피떡은 보기도 좋고 향기와 질감도 좋다.

수수팥경단(수수팥단자)

◯ 찰수숫가루 3컵, 찹쌀가루 1컵, 뜨거운 물 9큰술, 소(거피팥고물 ½ 컵, 꿀 2큰술, 밤 20그램, 호두 20그램, 잣 2큰술), 붉은팥고물 4컵. ◯ 찰수숫가루는 체에 내린 찹쌀가루를 넣고 고루 섞은 뒤 뜨거운 물을 넣고 익반죽해서 말랑말랑하게 떡 반죽을 만든다. 거피팥고물에 꿀을 잘 섞고, 잘게 썬 밤과 호두를 넣어 잘 뭉친 뒤 은행알만큼씩 떼어 완자를 빚고 잣을 하나씩 박아 소를 만든다. 떡 반죽을 15그램 정도씩 떼어 동그랗게 만든 뒤 가운데에 소를 넣고 오므려 터지지 않게 꼭꼭 쥐었다가 다시 둥글게 경단을 빚는다. 경단은 끓는 물에 삶고 찬물에 헹궈 식힌 뒤 물기를 제거하고 붉은팥고물에 굴려 고물을 고루 묻힌다. ◯ 찰수숫가루는 껍질 벗긴 찰수수를 하룻밤 물에 담가 불린 뒤 곱게 빻아 만든다. 이때 붉은 물이 빠질 때까지 수시로 물을 바꾸어 주면서 불린다. 붉은팥고물은 깨끗이 씻은 붉은팥(2컵)을 우르르 한 번 끓인 뒤 물을 따라 내고, 다시 새 물을 부어 푹 삶은 다음, 양푼에 쏟아 소금(1작은술)을 넣고 대충 찧어서 만든다. 동양에서 100이라는 수는 완전함이나 성숙

등을 의미한다. 태어난 지 100일이 되면 그동안 산신의 보호 아래 있던 아이가 온전히 세상에 나온 것이라 여겨 이를 축하해서 백일잔치를 열고 아이를 축복한다. 백일 때 만드는 떡으로는 백설기, 수수팥경단, 오색송편 등이 있는데 이 중 수수팥경단은 붉은색이 액을 막아 준다는 믿음 때문에 아이가 열 살 정도 될 때까지 생일날마다 만들어 먹였다. 열 살이란 아이에게 어느 정도 자립 능력이 생긴 때를 뜻하는데, 나이에 상관없이 생일 때마다 수수팥경단을 만드는 집도 많았다. 사람의 힘으로는 어쩔 수 없는 한계 상황에 대비해 어떤 형태로든 자식을 보호하고 싶은 부모들의 마음이 담긴 음식이다. 백일잔치에는 100줄로 누빈 저고리나 100조각의 헝겊을 이어 만든 옷을 입히는 등 아이의 무병장수를 기원하는 풍습이 많다. 백일 떡은 되도록 많은 이웃들과 나누어 먹었는데, 이때 떡을 받은 집에서는 빈 그릇에 무명실이나 쌀을 담아 보내며 아이의 건강을 기원했다.

개성물경단

○ 찹쌀가루 2컵, 뜨거운 물 4큰술, 집청꿀(설탕 ½컵, 물 ½컵, 조청 ½컵, 꿀 1큰술), 팥앙금 고물(경앗가루) 2컵. ○ 찹쌀가루는 체에 내려 뜨거운 물을 넣고 익반죽한 뒤 10그램씩 떼어 둥글게 경단을 빚는다. 물에 설탕을 넣어 끓이고 식힌 뒤 조청과 꿀을 넣어 집청꿀을 만든다. 경단은 끓는 물에 삶고 찬물에 헹궈 식힌 뒤 집청꿀에 담갔다가 꺼내어 하나하나 팥앙금 고물에 굴린다. 이 과정을 두 번 반복한다. 합에 담을 때는 먼저 팥앙금 고물에 굴린 경단을 일부 담고, 집청꿀과 팥앙금 고물을 뿌린다. 그 위에 다시 남은 경단을 담고, 나머지 집청꿀과 팥앙금 고물을 뿌린다. ○ 팥앙금 고물(경앗가루)은 팥앙금을 찌고 말리기를 여러 번 반복해서 만든 가루로, 미리 만들어 두었다가 필요할 때 참기름을 넣고 비벼서 사용한다. 고려의 수도였던 개성에는 손이 많이 가면서도 섬세한 솜씨가 요구되는 격이 높은 음식이 많은데 개성물경단도 그 중 하나다. 이 떡은 찹쌀가루를 익반죽해서 동그랗게 경단을 빚고 삶은 것으로, 고물을 묻히기 전에 경단을 집청꿀에 넣는 것이 특징이다. 꿀이 묻어 축축하게 젖은 경단에 넉넉하게 고물을 입히니 자연히 맛도 좋아진다. 경단은 집청꿀에 넣었다가 고물을 입히는 과정을 여러 차례 반복할수록 씹는 맛이 부드러워지는데, 이 과정을 일곱 번 정도 반복했을 때 색도 좋고 가장 훌륭한 맛이 난다.

오색경단

○ 찹쌀가루 5컵, 뜨거운 물 ⅔컵, 소(밤 20그램, 호두 20그램, 잣 10그램), 거피팥고물 ⅓컵, 노란 콩고물 ⅓컵, 파란 콩고물 ⅓컵, 팥앙금 고물 ⅓컵, 볶은 검정깻가루 ⅓컵. ○ 찹쌀가루는 체에 내려

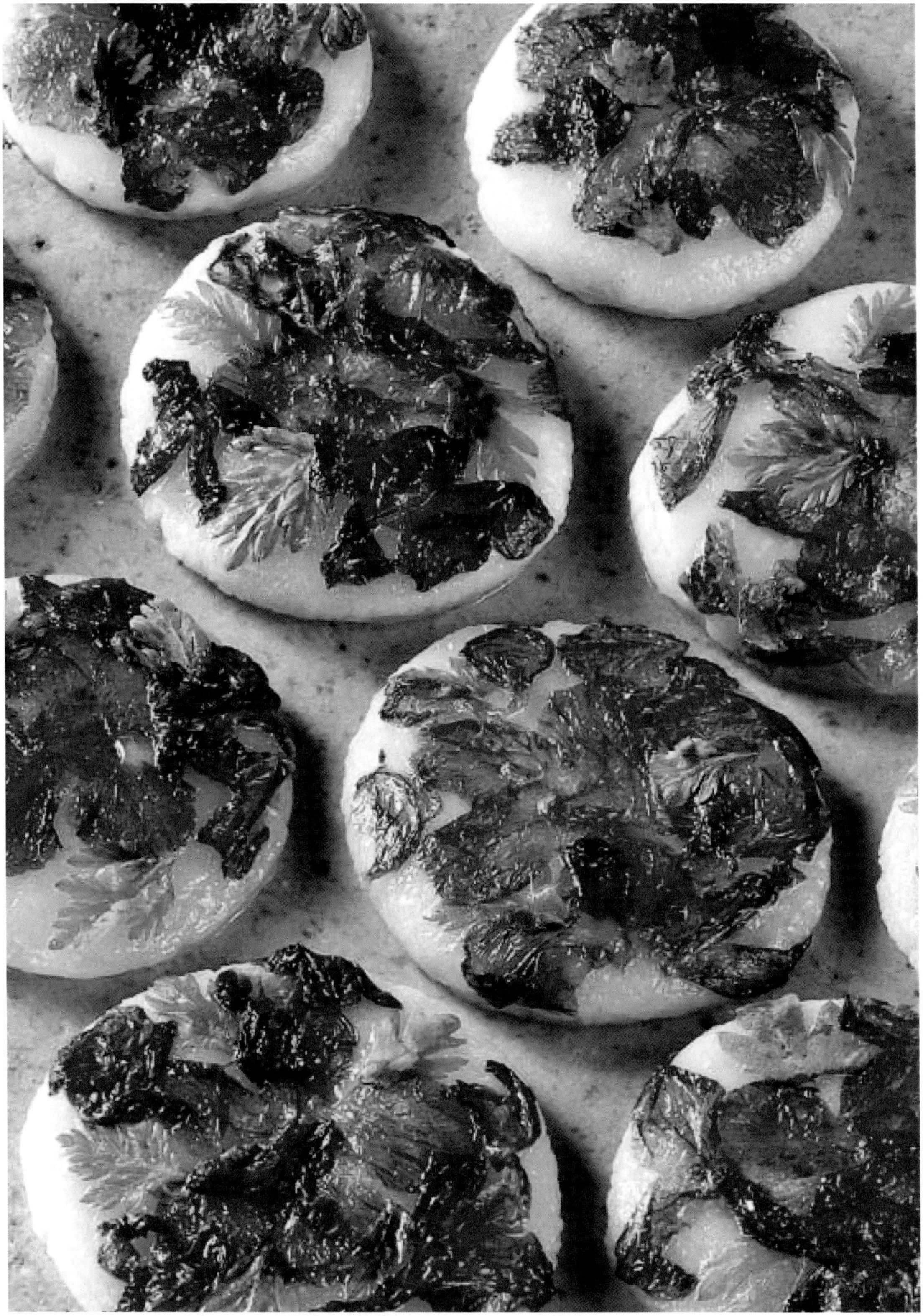

진달래꽃전(두견화전)

뜨거운 물을 넣고 익반죽해서 떡 반죽을 만든다. 밤, 호두, 잣은 곱게 다지고 고루 섞어 소를 만든다. 떡 반죽을 10그램씩 떼어 동그랗게 만든 뒤 가운데에 소를 찻숟가락 하나 정도씩 넣고 단단히 오므려 터지지 않게 꼭꼭 쥐었다가 다시 둥글게 경단을 빚는다. 경단은 끓는 물에 삶고 찬물에 헹궈 물기를 제거하고 식힌다. 이것을 각각 다섯 색깔 고물에 굴리면서 고루 옷을 입힌다. ○ 오색은 오행(五行), 오덕(五德), 오미(五味)와 마찬가지로 '만물의 조화'를 상징한다. 경단에 입히는 고물 종류에 따라 이름이 달라지고 색과 맛도 다양해진다. 평소에 찹쌀가루나 찰수숫가루로 완자를 빚어 냉동 보관해 두었다가 필요할 때마다 조금씩 꺼내서 삶은 뒤 고물을 묻혀 경단을 만들면 간편한 간식이 될 수도 있고, 갑작스러운 손님 접대에도 유용하다.

진달래꽃전(두견화전)

○ 진달래꽃잎 30장, 쑥잎 50그램, 찹쌀가루 5컵, 뜨거운 물 ⅔컵, 식용유 3큰술, 설탕(또는 꿀) 3큰술. ○ 진달래꽃은 꽃술을 제거하고 꽃잎만 따서 물에 살짝 씻은 뒤 편편한 곳에 놓고 일일이 마른행주로 눌러 가며 꽃잎에 상처가 나지 않게 물기를 닦는다. 쑥잎도 씻어 물기를 닦는다. 찹쌀가루는 뜨거운 물로 익반죽해서 떡 반죽을 만들고 말랑말랑하게 잘 치댄 뒤 큰 도마 위에 올려놓고 0.5센티미터 정도 두께로 고르게 편다. 그 위에 손질한 진달래꽃을 하나씩 보기 좋게 펼쳐 올리고 꽃잎이 떨어지지 않게끔 빈틈없이 꼭꼭 눌러 붙인다. 꽃잎 사이사이에 쑥잎도 드문드문 놓고 눌러 붙인다. 지름 4센티미터 정도의 물컵으로 눌러서 진달래꽃잎과 쑥잎이 붙은 떡 반죽을 동그랗게 떠낸다. 달군 팬에 식용유를 두르고 동그랗게 떠낸 떡 반죽을 눋지 않게 지진다. 이때 꽃잎이 없는 쪽을 먼저 팬에 지져서 충분히 익히고 뒤집어서 꽃잎이 있는 쪽은 살짝만 지져 낸다. 진달래꽃전이 뜨거울 때 설탕이나 꿀을 발라 그릇에 보기 좋게 담아낸다. ○ 떡 반죽을 지름 4센티미터 정도로 동그랗게 만든 뒤 일일이 손질한 꽃잎을 붙여서 지지기도 하고, 지지면서 동그란 떡 반죽에 보기 좋게 꽃잎을 얹는 경우도 있다. 진달래꽃전은 삼짇날의 절식이다. 음력 3월 3일은 강남 갔던 제비가 돌아오는 날로, 옛사람들은 이날 경치 좋은 곳을 찾아 푸른 풀을 밟고 완연한 봄 경치를 즐겼는데, 이를 '답청(踏靑)'이라 했다. 이때는 평소 집 안에서만 지내던 아녀자들도 번철을 들고 산과 들로 나가 봄기운에 한껏 취했고, 왕비나 궁녀들도 궁궐 후원 가득 핀 진달래꽃을 따다 전을 부치고 술을 빚으며 '화전놀이'를 즐겼다. 하얀 떡 위에 고운 자줏빛으로 피어나는 진달래꽃은 따스한 봄바람과 더불어 마음을 한층 더 들뜨게 했을 법하다.

감국전(감국저냐)

⭕ 감국잎 12장, 소고기 70그램, 소고기 양념(간장 1작은술, 다진 파 1작은술, 다진 마늘 ½작은술, 설탕 ½작은술, 참기름 ½작은술, 깨소금 ¼작은술, 후춧가루 약간), 두부 30그램, 두부 양념(소금 ¼작은술, 참기름 ¼작은술, 깨소금 ¼작은술), 달걀 1개, 밀가루 2큰술, 식용유 2큰술. ⭕ 감국잎은 중간 크기로 준비해서 깨끗이 씻고 물기를 제거한다. 소고기는 곱게 다져서 분량대로 양념한다. 두부는 으깨서 물기를 꼭 짜고 분량대로 양념한다. 양념한 소고기와 두부를 섞어서 소를 만든다. 달걀은 잘 풀어 둔다. 손질한 감국잎 뒷면에 밀가루를 살짝 바르고, 감국잎 모양대로 소를 고루 붙인 뒤 다시 밀가루를 바른 다음, 달걀물을 입혀서 달군 팬에 식용유를 두르고 지진다. 소가 완전히 익으면 뒤집어서 지진다. 소를 붙이지 않은 감국잎 면은 눋지 않게 살짝만 지진다. 초간장을 곁들여 낸다. ⭕ 소고기 대신 흰살생선을 쓰기도 한다.

국화꽃전

⭕ 국화꽃 6송이, 찹쌀가루 2컵, 뜨거운 물 4큰술, 식용유 2큰술, 꿀 1큰술. ⭕ 국화꽃잎을 하나하나 떼어 물에 씻어 물기를 제거한다. 찹쌀가루를 뜨거운 물로 익반죽한 뒤 도마에 올려놓고 밀어서 두께 0.5센티미터 정도로 펼친다. 찹쌀 반죽 위에 준비한 국화꽃잎을 예쁘게 꽃 모양으로 놓고 잘 눌러 떨어지지 않게 붙인다. 지름 4센티미터 정도의 컵으로 꽃 반죽을 동그랗게 뜬다. 달군 팬에 식용유를 두르고 동그랗게 떠낸 국화꽃 반죽을 놓고 눋지 않게 충분히 지진다. 떡이 투명하게 되면 뒤집어서 꽃잎 면을 지진다. 꽃잎 면은 눋지 않게 주의해서 살짝만 지진다. 양면이 다 익으면 꺼내어 꿀을 고루 발라 그릇에 담아낸다. ⭕ 국화꽃전은 감국전과 함께 중구절의 절식이다. 양수(陽數)가 겹치는 음력 9월 9일을 '중구절(重九節)' 또는 '중양절(重陽節)'이라 하며, 이날 옛선비들은 산에 올라 시를 읊고 묵화(墨畵)를 치며 단풍을 즐기던 '등고(登高)' 풍습을 즐겼다. 온 산에 만발한 감국(甘菊)을 따다가 기름에 지지면 가을 화전이 되고, 노란 꽃잎을 따다가 국화주 술잔에 띄우면 그윽한 흥이 절로 솟았을 터이다.

장미꽃전

⭕ 장미꽃 3송이, 찹쌀가루 2컵, 뜨거운 물 4큰술, 식용유 2큰술, 꿀 1큰술. ⭕ 장미꽃은 꽃잎만 떼어서 깨끗이 씻고 물기를 제거한다. 찹쌀가루는 체에 내려 뜨거운 물을 넣고 익반죽해서 떡 반죽을 만든 뒤 도마 위에 올려놓고 주먹으로 쿵쿵 다지면서 0.5센티미터 정도 두께로 고르게 편다. 그 위에

손질한 장미꽃잎을 보기 좋게 올리고 떨어지지 않게끔 살짝 눌러 붙인다. 지름 4센티미터 정도의 물컵으로 눌러서 꽃잎이 붙은 떡 반죽을 동그랗게 떠낸다. 달군 팬에 식용유를 두르고 동그랗게 떠낸 떡 반죽을 지진다. 이때 꽃잎이 없는 쪽을 먼저 팬에 지져서 충분히 익히고 뒤집어서 꽃잎이 있는 쪽은 살짝만 지져 낸다. 장미꽃전이 뜨거울 때 꿀을 발라 그릇에 보기 좋게 담아낸다. ○ 화전은 자연을 즐기는 멋스러움이자, 장식용 떡인 웃기로도 쓰이는 아름다운 떡이다. 제철 꽃을 따다 하얀 떡 반죽 위를 화사하게 수놓고 여럿이 모여 서로 위로하며 아름다운 날을 노래하던 우리 조상들은 봄철 진달래꽃전에 이어 여름에는 장미꽃전을 즐겼다. 『음식디미방』에는 "찹쌀가루에 메밀가루를 조금 섞고 꽃을 많이 넣어 눅게 말아 기름을 끓여 적적이 떠놓아 지져 꿀을 얹어 쓰라"는 진달래꽃전과 장미꽃전에 대한 기록이 있다.

주악

○ 찹쌀가루 1컵, 뜨거운 물 2큰술, 소(볶은 깨 2큰술, 꿀 1큰술, 계핏가루, 소금 약간), 설탕 1큰술. ○ 찹쌀가루를 뜨거운 물로 익반죽해서 떡 반죽을 만든다. 볶은 깨는 살짝 찧고 꿀, 계핏가루, 소금을 섞어서 작은 타원형 모양으로 소를 만든다. 떡 반죽을 10그램씩 떼어 둥글납작하게 만든 뒤 가운데에 소를 넣고 오므려 반달 모양으로 빚는다. 달군 팬에 식용유를 두르고 가장자리를 눌러 가며 지진다. 뜨거울 때 설탕을 뿌린다. ○ 떡 반죽을 만들 때 치자, 오미자, 승검초 등을 넣어 색을 내기도 한다. 이 경우 흰색을 먼저 지져야 하고, 여러 번 뒤집지 말아야 한다. 소는 곶감, 대추, 밤, 유자청 등을 넣기도 한다. 떡 반죽을 둥글납작하게 빚어 달군 팬에 식용유를 두르고 지지다가 한쪽이 익으면 뒤집어서 다른 쪽을 익힐 때 가운데에 소를 놓고 반으로 접어 가장자리를 꼭꼭 눌러 붙이면서 지지기도 한다.

찹쌀부꾸미

○ 찹쌀가루 5컵, 뜨거운 물 ⅔컵, 소(거피팥고물 2컵, 설탕 2큰술, 계핏가루 약간), 식용유 적당량, 꿀 또는 설탕 약간. ○ 찹쌀가루는 체에 내려 뜨거운 물로 익반죽해서 말랑말랑하게 떡 반죽을 만든다. 분량대로 고루 섞어서 지름 3센티미터 정도의 타원형으로 소를 만든다. 떡 반죽을 25그램 정도씩 떼어 지름 7센티미터 정도 크기로 둥글납작하게 빚은 뒤 달군 팬에 식용유를 두르고 지진다. 한쪽이 익어 말갛게 되면 뒤집어서 다른 쪽을 익히는데, 이때 가운데에 소를 놓고 반으로 접어 가장자리를 꼭꼭 눌러 붙이면서 지진다. 뜨거울 때 꿀이나 설탕을 묻힌다. ○ "가을비는 떡비, 겨울비는

술비"라는 속담이 있다. 가을에 추수도 끝나고 할 일이 없을 때 비가 오면 넉넉한 곡식으로 떡을 해 먹으며 놀고, 추운 겨울에 비가 오면 술을 마시며 논다는 것인데, 예나 지금이나 옆길로 새는 데는 '비가 오니까' 만큼 좋은 핑계도 없다. 경기도에서 '지지미'라 부르는 부꾸미는 그렇게 가을비 내리는 쌀쌀한 날씨에 어울리는 음식이다. 찹쌀부꾸미는 뜨거운 성질을 지닌 찹쌀이 차가운 성질을 지닌 팥소를 감싸고 있으니 음양의 조화마저 갖추었다. 막 지져 낸 부꾸미에 설탕을 솔솔 뿌리면 따끈한 차에도, 시큼털털한 막걸리에도 그만인 별미다.

수수부꾸미

○ 수숫가루 4컵, 찹쌀가루 1컵, 뜨거운 물 ⅔컵, 소(거피팥고물 2컵, 설탕 2큰술, 계핏가루 약간), 식용유 적당량, 꿀 또는 설탕 약간. ○ 수숫가루는 체에 내린 찹쌀가루를 넣고 고루 섞어서 뜨거운 물로 익반죽해서 떡 반죽을 만든다. 분량대로 고루 섞어서 지름 3센티미터 정도의 타원형으로 소를 만든다. 떡 반죽을 25그램 정도씩 떼어 지름 7센티미터 정도 크기로 둥글납작하게 만든 뒤 달군 팬에 식용유를 두르고 지진다. 한쪽이 익으면 뒤집어서 다른 쪽을 익히는데, 이때 가운데에 소를 놓고 반으로 접어 가장자리를 꼭꼭 눌러 붙이면서 지진다. 뜨거울 때 꿀이나 설탕을 묻힌다.
○ 수숫가루는 깨끗이 씻은 수수를 붉은 물이 빠질 때까지 수시로 물을 바꾸어 주면서 하룻밤 동안 불렸다가 씻어 물기를 제거하고 분쇄기에 넣어 곱게 갈아서 만든다. 거피팥고물은 물에 불린 팥을 문질러 씻으면서 껍질을 벗기고 찐 뒤 소금으로 간하고 뜨거울 때 주걱으로 으깨가며 굵은체에 내려서 만든다.

찹쌀노티

○ 찹쌀가루 10컵, 뜨거운 물 1½컵, 엿기름가루 100그램, 식용유 ½컵, 꿀 1컵. ○ 찹쌀가루는 뜨거운 물을 넣고 송편 반죽 정도로 익반죽해서 오래 치댄 뒤 엿기름가루를 조금 남겨 두고 모두 섞어 떡 반죽을 만든다. 떡 반죽은 5등분해서 각각 반대기를 지은 뒤 그릇에 담고 뚜껑을 덮어서 따뜻한 곳에 둔다. 30분 정도 후에 반대기를 하나씩 꺼내 엿기름이 고루 섞이도록 다시 치대고, 먼저 치댄 것이 밑에 놓이도록 해서 포갠다. 남겨 두었던 엿기름가루를 맨 위에 솔솔 뿌리고, 겉이 마르지 않게 꼭꼭 눌러서 따뜻한 곳에서 하룻밤 삭힌다. 충분히 삭으면 반대기를 하나로 합쳐서 다시 반죽하고 찬 곳에 두었다가 지름 5센티미터, 두께 0.2센티미터 정도 크기로 반대기를 짓는다. 달군 팬에 식용유를 두르고 약한 불에서 천천히 오래 지져서 속까지 잘 익게 한다. 편평한 그릇에 담아

모양을 바로잡고 꿀(조청 또는 설탕)을 바른다. ○ 노티(놋티, 놋치)는 평안도의 향토 떡이다. 만주와 마주하고 있는 평안도는 대륙적이고 진취적인 지방색이 음식에도 그대로 반영되어 있어서 다른 곳에 비해 떡이 큼직하고 소담스럽다. 노티는 이 지방에서 많이 나는 찹쌀이나 찰기장, 찰수수로 만드는데, 반죽에 엿기름을 넣고 대여섯 시간 정도 삭힌 뒤 참기름에 지지는 것이 특징이다. 새콤달콤하면서도 쫄깃쫄깃한 맛이 특별한 노티는, 지진 뒤 완전히 식혀서 꿀이나 설탕을 뿌려 가며 사기 항아리에 차곡차곡 담아 보관한다. 떡이 쉽게 상하지 않기 때문에 평안도에서는 추석 같은 명절 때 많이 만들어 놓았다가 이듬해 여름까지 두고두고 즐겼다. 찹쌀 대신 기장쌀로 노티를 만들기도 한다. 반죽을 삭힐 때는 자주 치대어 주어야 딱딱한 멍울이 생기지 않는다.

수수노티

○ 찰기장가루 4컵, 수숫가루 4컵, 찹쌀가루 2컵, 소금 1작은술, 엿기름가루 1컵, 물 1컵, 참기름 $\frac{1}{3}$컵, 꿀 1컵. ○ 찰기장가루, 수숫가루, 찹쌀가루는 소금으로 간해서 체에 내리고 물을 넣고 버무려 떡가루를 만든다. 이때 고운체에 내린 엿기름가루 $\frac{1}{3}$컵 정도를 뿌려가면서 함께 버무린다. 찜기에 젖은 면포를 깔고, 떡가루를 얹어 찐다. 잘 쪄진 떡은 양푼에 쏟아 뜨거울 때 나머지 엿기름가루를 뿌려 가며 뭉치지 않게 고루 반죽한 뒤 뚜껑이 있는 통에 담아 따뜻한 방에서 5-6시간 동안 삭힌다. 삭힌 떡 반죽은 지름 5센티미터, 두께 0.2센티미터 정도 크기로 반대기를 지어 달군 팬에 참기름을 두르고 속이 완전히 익도록 약한 불에서 천천히 지진 뒤 완전히 식으면 사기 항아리에 꿀(또는 설탕)을 뿌리면서 차곡차곡 담는다.

곤떡

○ 찹쌀가루 3컵, 뜨거운 물 6큰술, 지치 20그램, 식용유 3큰술, 설탕 3큰술. ○ 찹쌀가루는 뜨거운 물을 넣고 반죽해서 떡 반죽을 만든다. 지치는 깨끗이 씻어 물기를 닦고 식용유에 지지듯 끓여 자줏빛의 지치기름을 만든다. 떡 반죽을 조금씩 떼어 동글납작하게 빚어서 지치기름에 지져 낸 뒤 서로 붙지 않게 설탕을 뿌린다. ○ 자연에서 얻는 색 중에서 특히 귀한 것이 자주와 보라. 유럽에서는 아라비아해에 사는 조개에서 자주색을 얻었는데, 이 색을 내려면 엄청나게 많은 양의 조개를 잡아야 해서 당시에는 왕족들만 사용할 수 있었다. 우리나라에서는 '지초(芝草)' 혹은 '자초(紫草)'라고도 부르는 식물 지치의 뿌리에서 자주색을 얻었다. 여러 가지 효능이 많아 약재로도 쓰고 염료로도 쓰는 지치는 지금도 귀한 재료이지만 예전에는 더 귀해서 왕이나 귀족들만

자줏빛으로 염색한 옷을 입었다고 한다. 곤떡은 귀한 지치를 넣어 색을 우려낸 기름에 지진 떡으로, 쉽게 볼 수 없는 '고운 색의 떡'이라고 해서 '곤떡'이라 부른다. 웃기떡으로 많이 쓰인다.

산승

○ 찹쌀가루 5컵, 뜨거운 물 $\frac{3}{4}$컵, 식용유 1컵, 꿀 $\frac{1}{4}$컵. ○ 찹쌀가루는 뜨거운 물을 넣고 말랑말랑하게 익반죽해서 동그랗게 빚은 뒤 세 발 또는 네 발로 가르고 끝을 둥글게 한다. 그 중 한 갈래를 다시 나누고 끝을 둥글게 한다. 달군 팬에 식용유를 두르고 모양 낸 떡 반죽이 말갛게 익도록 지져 내서 꿀을 바른다. 너무 오래 지지면 모양이 일그러지므로 살짝 지진다. ○ 산승은 얼핏 불가사리처럼 보이는 특이한 모양의 전병으로, 찰기가 많을 뿐 아니라 맛이 매우 부드럽고 고소하다. 『윤씨 음식법』(1854)에는 "2월에서 5월 사이에 웃기로 쓰라"는 산승에 대한 기록이 있고, 『시의전서』에는 "산승은 주악처럼 여러 가지 색으로 하되, 잔치 산승은 잘게 한다"는 기록이 있다. 『음식방문(飮食方文)』(1880년경)에도 등장한다. 여러 잔치에 웃기로 쓰였음을 알 수 있는데, 큰상 차림에서는 갖은 편을 높이 괴고, 그 위에 주악으로 장식한 뒤 가운데에 산승을 놓았다.

유과(산자)

유과는 찹쌀가루를 술과 콩물로 반죽해서 찌고 꽈리가 일도록 오랫동안 치댄 뒤 모양을 만들어 말렸다가 기름에 튀겨서 꿀이나 조청을 바르고 튀밥, 밥풀, 깨 등의 고물을 묻힌 한국 전통 과자다. 조선시대에는 의례 음식 및 기호 음식으로 널리 이용되었으며, 왕실이나 양반들 사이에 성행해서 세찬이나 제품, 각종 연회상에 빠질 수 없었던 행사 음식으로 사용되었다. 유과 중 강정은 민간에서도 널리 유행했는데, 특히 정월 초하룻날 만들어 먹었다. 유과는 크기나 모양이 다양하며 쓰임새도 많다. 절구에 친 떡 반대기를 어떻게 써느냐에 따라 이름이 달라지는데 큰 것은 산자, 손가락 굵기는 강정, 팥알만하게 썰어 말려 튀긴 후에 엿으로 뭉쳐서 모나게 썬 것은 빙사과라 부른다. 유과 고물의 색은 흰색, 노랑색, 분홍색 등인데, 축의(祝儀) 음식으로 쓸 때는 색에 구분을 두지 않으나 제의(祭儀) 음식으로 쓸 때는 흰색이나 자연색으로만 쓴다.

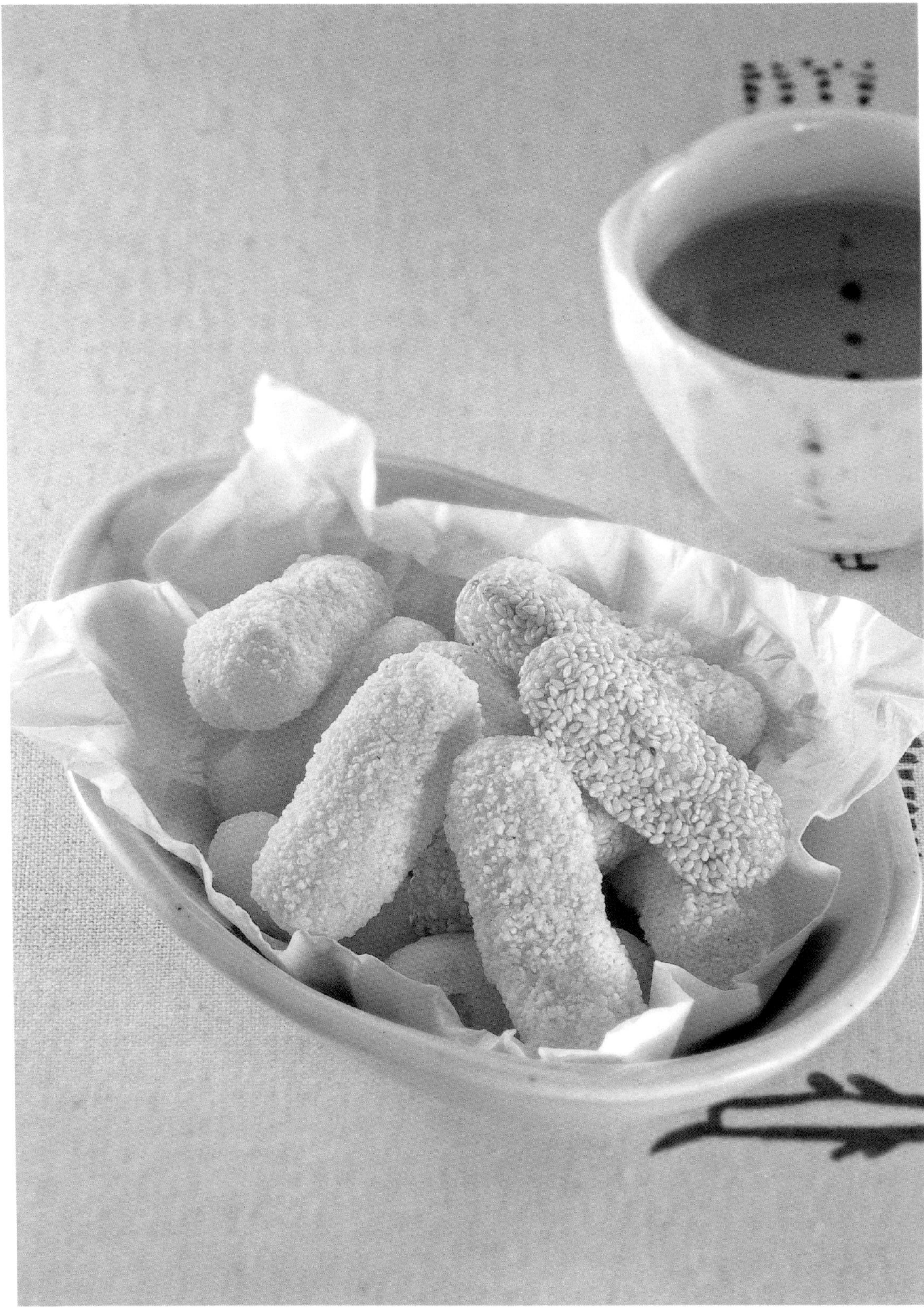

누에고치강정

누에고치강정

○ 찹쌀 5컵, 콩물 1컵, 막걸리 ½컵, 조청 또는 꿀 2컵, 식용유 적당량, 고물(볶은 흰깨, 검정깨, 콩가루, 잣가루, 세반, 송홧가루, 파랫가루 등). ○ 찹쌀은 씻어 15일 정도 물에 담갔다가 다시 깨끗이 씻고 건져서 곱게 빻은 뒤 콩물과 막걸리를 섞어 반죽하고 푹 찐다. 잘 쪄진 떡은 꽈리가 일도록 오랫동안 치댄다. 가끔씩 떡을 높이 들어올리면서 치대는데, 떡이 끊어지지 않으면서 실처럼 딸려 올라올 때까지 치댄다. 도마에 번가루를 뿌리고 잘 치댄 떡을 0.5센티미터 두께로 펴서 약간 굳힌 뒤 너비 1센티미터, 길이 3센티미터 정도 크기로 썰어 강정바탕을 만든다. 따뜻한 실내에 한지를 깔고 강정바탕을 서로 닿지 않게 늘어놓고 뒤집어 가면서 말린다. 잘 말린 강정바탕은 번가루를 털어내고 튀긴다. 100-120도의 식용유에 넣고 서서히 튀겨 약간 부풀어오르기 시작하면 160-180도의 식용유에 옮겨 양손을 사용해 주걱이나 숟가락으로 모양을 잡아가며 부풀려 강정을 만든다. 강정에 조청 또는 꿀을 바르고 각종 고물을 고루 묻힌다. ○ 찹쌀을 물에 담글 때 막걸리를 섞기도 한다. 강정은 대개 겨울에 많이 만들지만, 여름에 만들 경우 찹쌀을 물에 담그는 시간을 1주일 정도로 짧게 한다. 번가루는 마른 찹쌀가루나 녹말을 사용한다. 찹쌀 반죽에 색을 넣어 강정바탕을 만들기도 한다. 말린 강정바탕을 보관할 때는 마른 찹쌀가루에 묻혀 밀봉한다. 어떤 고물을 묻히느냐에 따라 깨강정, 콩가루강정, 잣강정, 세반강정, 송화강정, 파랫가루강정, 매화강정 등이 된다. 같은 방법으로 만드는 산자는 바탕 크기만 다른데, 0.5×6×6센티미터 정도로 크다.

약과

○ 밀가루 2컵, 소금 ¼작은술, 후춧가루 약간, 참기름 3큰술, 꿀 3큰술, 생강즙 1큰술, 청주 2큰술, 식용유 4-5컵, 집청(조청 2컵, 물 1컵, 생강 30그램, 꿀 2큰술, 계핏가루 약간), 잣가루 적당량. ○ 밀가루는 소금과 후춧가루를 섞어 체에 내린 뒤 참기름을 넣고 고루 비벼서 다시 체에 내린다. 여기에 꿀과 생강즙을 넣고 나무주걱으로 고루 섞으면서 덩어리로 뭉치게 해서 약과 반죽을 만든다. 이때 청주를 조금씩 넣어 주면서 섞으며, 치대지 않는다. 약과 반죽은 0.8센티미터 정도 두께로 밀어서 사방 3-4센티미터 정도 크기로 자르고, 나무꼬치로 가운데를 한두 군데 찔러 준다. 냄비에 조청, 물, 편으로 썬 생강을 넣고 약한 불에서 5분 정도 끓이다가 꿀을 넣고 식힌 뒤 계핏가루를 섞어 집청을 만든다. 잘라 놓은 약과 반죽은 140-150도의 식용유에 넣고 갈색이 날 때까지 서서히 튀긴 뒤 체에 밭친다. 뜨거울 때 바로 집청에 담가 속까지 충분히 배어들게 한 뒤 체에 밭쳐 여분의 집청을 걸어 내고 잣가루를 뿌린다. ○ 약과 반죽을 반으로 나누고 겹치기를 두세 차례 반복하면 반죽에

여러 층이 생겨 약과가 한결 연해진다. 약과는 다양한 모양으로 만들 수 있는데, 조선 후기의 학자 이익(李瀷)이 쓴 『성호사설(星湖僿說)』에는 "약과는 여러 가지 과실 모양이나 새의 모양으로 만들었던 것이나, 훗날에 고이는 풍습이 생겨나면서 넓적하게 자르게 되었다"는 기록이 있다. 같은 방법으로 만드는 모약과는 크기만 더 큼직하게 네모로 썬다.

만두과

○ 밀가루 2컵, 소금 ¼작은술, 후춧가루 약간, 참기름 3큰술, 꿀 3큰술, 생강즙 2큰술, 청주 2-3큰술, 소(대추 8개, 다진 유자청 1작은술, 꿀 1작은술, 계핏가루 약간), 집청(물엿 1컵, 물 ½컵, 꿀 ⅓컵, 계핏가루 약간), 식용유 4-5컵, 잣가루 적당량. ○ 밀가루는 소금과 후춧가루를 섞어 체에 내린 뒤 참기름을 넣고 고루 비벼서 다시 체에 내린다. 여기에 꿀과 생강즙을 넣고 나무주걱으로 고루 섞으면서 덩어리로 뭉치게 해서 반죽을 만든다. 이때 청주를 조금씩 넣어 주면서 섞으며, 치대지 않는다. 대추는 씨를 발라내고 곱게 다지고, 다진 유자청, 꿀, 계핏가루를 넣고 잘 섞은 뒤 은행알만 하게 빚어 소를 만든다. 냄비에 물엿, 물, 꿀을 넣고 약한 불에서 5분 정도 끓여서 식힌 뒤 계핏가루를 섞어 집청을 만든다. 반죽을 10그램 정도씩 떼어 동글납작하게 만든 뒤 가운데에 소를 넣고 반달 모양으로 빚어 가장자리를 꼬집어 주면서 벌어지지 않게 잘 여민다. 이것을 140-150도의 식용유에 넣고 연한 갈색이 날 때까지 서서히 튀긴 뒤 체에 밭친다. 뜨거울 때 바로 집청에 담가 속까지 충분히 배어들게 한 뒤 체에 밭쳐 여분의 집청을 걷어 내고 잣가루를 뿌린다. ○ 약과 반죽보다 조금 질고 말랑하게 반죽을 만들어 소를 넣고 만든 만두과는 약과나 모약과(대약과)의 웃기로 쓴다.

타래과 - 매작과(梅雀菓)

○ 밀가루 2컵, 물 6큰술, 소금 ⅓작은술, 생강즙 2큰술, 식용유 3-4컵, 꿀 ½컵, 잣가루 1큰술, 계핏가루 ½작은술. ○ 밀가루는 고운체에 내려서 물, 소금, 생강즙을 넣고 반죽한다. 반죽은 0.1센티미터 정도 두께로 얇게 밀어서 길이 5센티미터, 너비 2센티미터 정도 크기로 자른 뒤 칼집을 길이로 나란하게 세 줄 넣고 한쪽 끝부분을 가운데 칼집 사이로 넣어 뒤집는다. 이것을 150도 정도의 식용유에 넣어 튀기고 체에 밭친다. 꿀을 묻히고, 그 위에 잣가루와 계핏가루를 뿌린다.
○ 타래과에서 빼놓을 수 없는 것이 생강즙인데, 생강은 특유의 향기로 풍미를 돋우는 역할을 한다. 타래과의 다른 이름인 매작과는 과자의 모양이 매화나무에 참새가 앉은 모습과 비슷하다는 데서 유래한 것으로, 매잡과(梅雜菓), 매엽과(梅葉菓) 등으로도 불린다.

라색 다식—송화다식, 오미자다식, 녹말다식, 승검초다식, 흑임자다식

다식

다식은 곡물 가루, 한약재, 꽃가루 등에 꿀과 조청을 넣고 반죽한 뒤 다식판에 박아서 여러 문양이 양각으로 나타나게 한 우리 고유의 과줄이다. 차에 곁들이기도 하고, 고임상에 빠지지 않는 의례 음식이기도 하다. 의례상에 진설할 경우, 혼례와 같은 축례에는 노란색 송화다식, 파란색 승검초다식, 분홍색 녹말다식, 노르스름한 쌀다식, 검은색 흑임자다식 등 다양하게 색을 맞춰 화려하게 쓰지만, 제례에는 흑임자다식, 송화다식, 쌀다식을 쓴다. 홍만선(洪萬選)이 엮은 『산림경제』(조선 후기)에는 "밤, 송화, 검정깨, 도토리, 녹두 녹말, 마 등으로 다식을 만들었다"는 기록이 있으며, 이익의『성호사설』에는 "항간에서는 곡물가루 다식은 전승되지 않고 송홧가루, 밤가루, 깨, 콩가루, 녹둣가루 등을 꿀에 재워 틀에 박아 내어 만든다"는 기록이 있다. 다식은 만드는 재료에 따라 송홧가루로 만드는 송화다식, 흑임자로 만드는 흑임자다식, 콩가루로 만드는 콩다식, 녹두녹말가루로 만드는 녹말다식, 쌀가루로 만드는 쌀다식, 밀가루로 만드는 진말다식, 밤가루로 만드는 황률다식 등 종류가 다양하다. 모든 다식의 반죽 농도를 좌우하는 꿀, 조청 등의 양은 계절에 따라 달라질 수 있다.

송화다식

○ 송홧가루 2컵, 꿀 1큰술, 된 조청 2큰술, 참기름 1큰술. ○ 송홧가루는 꿀과 된 조청을 넣어 고루 섞고 꼭꼭 쥐어 덩어리지게 반죽을 만든다. 종이에 참기름을 묻혀 다식판을 살짝 닦는다. 반죽을 힘주어 눌러 가며 다식판에 빈틈없이 박아 넣은 뒤 꺼내어 그릇에 담아낸다. ○ 꽃가루를 이용한 독특한 전통 과자로, 색이 곱고 향이 좋은 것이 특징이다. 송홧가루는 여러 번 수비해서 티 없이 깨끗한 것을 준비해야 한다. 다식판에 랩을 깔고 반죽을 박아 넣으면 쉽게 꺼낼 수 있다.

승검초다식

○ 승검춧가루 2큰술, 송홧가루 2컵, 꿀 2작은술, 조청 4큰술, 참기름 1큰술. ○ 승검춧가루와 송홧가루는 고루 섞어서 체에 내린 뒤 꿀과 조청을 넣고 고루 버무린다. 손으로 쥐어 보아서 뭉쳐지도록 반죽을 만든다. 종이에 참기름을 묻혀 다식판을 살짝 닦는다. 반죽을 힘주어 눌러 가며 다식판에 빈틈없이 박아 넣은 뒤 꺼내어 그릇에 담아낸다. ○ 승검춧가루에 볶은 콩가루를 섞어 다식판에 박아 내기도 한다.

녹말다식

○ 녹두녹말가루 2컵, 꿀 2-3큰술, 조청 1-2큰술, 참기름 1큰술. ○ 녹두녹말가루는 꿀과 조청을 넣어 고루 섞고 겨우 뭉쳐질 정도로 되게 반죽을 만든다. 종이에 참기름을 묻혀 다식판을 살짝 닦는다. 반죽을 힘주어 눌러 가며 다식판에 빈틈없이 박아 넣은 뒤 꺼내어 그릇에 담아낸다. ○ 녹두녹말 대신 동부녹말을 사용해도 된다.

오미자다식

○ 오미자즙 1-2큰술, 녹두녹말가루 1컵, 꿀 1큰술, 된 물엿 1-2큰술. ○ 오미자즙은 녹두녹말가루에 고루 섞고 잘 비벼서 분홍색을 들인 뒤 체에 내려서 꿀과 된 물엿을 고루 섞고 겨우 뭉쳐질 정도로 되게 반죽을 만든다. 종이에 참기름을 묻혀 다식판을 살짝 닦는다. 반죽을 힘주어 눌러 가며 다식판에 빈틈없이 박아 넣은 뒤 꺼내어 그릇에 담아낸다. ○ 오미자즙은 오미자와 물을 1:1 비율로 섞고 10시간 정도 두어 색이 우러나면 고운 면포에 밭쳐서 만든다.

흑임자다식

○ 흑임자 2컵, 꿀 1큰술, 된 조청 2-3큰술. ○ 흑임자는 깨끗이 씻고 일어서 깨알이 통통해질 때까지 살짝 볶은 뒤 절구에 조금씩 넣으면서 기름이 날 때까지 곱게 찧는다. 기름이 많이 나면 손으로 짜내고, 꿀과 된 조청을 고루 섞어 다시 찧으면서 뭉치도록 반죽을 만든다. 종이에 참기름을 묻혀 다식판을 살짝 닦는다. 반죽을 힘주어 눌러 가며 다식판에 빈틈없이 박아 넣은 뒤 꺼내어 그릇에 담아낸다. ○ 볶은 흑임자를 살짝 쪄서 반죽하면 더욱 부드럽다. 흑임잣가루로 만들면 한결 쉬우나 이때도 쪄서 하는 것이 좋다.

콩다식

○ 푸른 콩가루 1컵, 꿀 2-3큰술, 조청 약간. ○ 푸른 콩가루는 꿀과 조청을 섞고 오랫동안 치대어 덩어리지게 반죽을 만든다. 종이에 참기름을 묻혀 다식판을 살짝 닦는다. 반죽을 힘주어 눌러 가며 다식판에 빈틈없이 박아 넣은 뒤 꺼내어 그릇에 담아낸다. ○ 푸른 콩가루는 푸른 콩을 씻어 김이 오른 찜솥에 올려 8-10분 정도 찌고, 살짝 볶은 뒤 식혀서 분쇄기에 곱게 갈아서 만든다.

정과

정과는 식물의 뿌리나 줄기 또는 열매를 살짝 데쳐 조직을 연하게 한 뒤 설탕물이나 꿀 또는 조청에
조린 것이다. 대개 여러 가지 정과를 한 접시에 담아내며, 달콤하면서도 쫄깃쫄깃한 맛이 특징이
있다. 『조선무쌍신식요리제법』에는 "이름난 나무 열매인 명과(名菓)와 아름다운 풀 열매인
미라(美蓏)를 꿀에 달여서 볶은 것을 '정과'라고 한다. 신맛도 없어지고 오래 보관할 수 있다"는
기록이 있다. 궁중의 잔치에는 연근, 생강, 도라지, 청매, 모과, 산사, 산사육, 동과, 배, 두충, 왜감자,
유자, 천문동으로 만든 정과를 차렸고, 옛 조리서에는 들쭉, 호두, 순(蓴), 무, 생강, 청행, 도행, 죽순,
송이, 복숭아 정과 등도 나온다.

연근정과

〇 연근 100그램, 식초 2작은술, 설탕 ½컵, 소금 ½작은술, 물엿 2큰술, 꿀 1큰술. 〇 연근은 영글고
가는 것으로 준비해서 껍질을 벗기고 씻어 0.5센티미터 정도 두께로 썬 뒤 끓는 물(3컵)에 식초를
넣고 삶아서 거의 익으면 건져 낸다. 냄비에 삶은 연근을 넣고, 연근이 잠길 정도로 물을 부은 뒤
설탕, 소금을 넣고 약한 불에서 조린다. 중간에 물엿과 꿀을 넣고 서서히 조리면서 연근이
투명해지고 윤기가 나며 쫄깃해지면 체에 밭쳐 여분의 단물을 걸어 내고 그릇에 담아낸다.

수삼정과

〇 수삼 300그램, 물엿 2½컵, 꿀 1컵. 〇 수삼은 4년근으로 준비해서 얇은 솔로 문질러 깨끗이 씻고
껍질을 벗긴다. 손질한 수삼은 자작하게 물을 붓고 중간 불에서 무르도록 삶아 건진다. 삶은 수삼에
물엿과 동량의 수삼 삶은 물을 넣고 약한 불에서 서서히 끓였다가 식힌다. 이때 뚜껑은 덮지 않는다.
다시 불을 약하게 해서 끓어오르면 불을 끄고 식힌다. 이 과정을 7-8번 반복한 뒤 꿀을 넣어 조린다.
잘 조려진 수삼은 굵은체에 밭쳐 여분의 꿀을 걸어 낸 뒤 하나씩 닿지 않게 늘어놓고 꾸덕꾸덕하게
말린다.

행인정과

〇 행인 ½컵, 조청 2큰술, 꿀 1큰술. 〇 행인은 따뜻한 물에 담가 속껍질을 벗기고, 2-3회 삶아
쓴맛을 우려낸 뒤 꿀과 조청을 넣고 약한 불에서 윤기가 날 때까지 서서히 조린다. 〇 행인은 살구씨

동아정과

알맹이를 가리키는 말로, 행인정과는 보통 다른 정과의 웃기로 쓴다.

동아정과

○ 동아 2킬로그램, 조개껍데기 태운 잿가루 3-4컵, 꿀 3-5킬로그램. ○ 동아는 서리를 맞아 분이 뽀얗게 난 것으로 준비해서, 손바닥만 하게 썰어 씨를 빼고 껍질을 벗긴다. 손질한 동아는 조개껍데기 태운 잿가루를 충분히 묻힌 뒤 항아리에 담아 뚜껑을 닫고 하루나 이틀 정도 두었다가 꺼내어 잿가루를 털어내고 깨끗이 씻는다. 씻은 동아는 그릇에 담고, 동아가 잠길 정도로 꿀을 자작하게 부어 하루 동안 재어 둔다. 이는 동아에 꿀이 스며들어 잿물이 빠지게 하는 것이다. 잿물을 말끔히 제거하기 위해서 이 과정을 반복할 수 있다. 꿀에 재어 두었던 동아는 깨끗이 씻어 물기를 제거한다. 꿀물은 버린다. 씻은 동아는 두께 1.5센티미터, 길이 6센티미터 정도 크기로 썬 뒤 두꺼운 냄비에 넣고, 동아가 잠길 정도로 꿀을 부어 약한 불에서 끓인다. 끓기 시작하면 불을 더욱 줄이고, 동아에 꿀이 충분히 스며들어 투명해지면서 윤기가 날 때까지 서서히 조린다. ○ 조개껍데기 태운 잿가루는 꼬막이나 굴의 껍데기를 태워 재로 만든 가루다. 동아를 조개껍데기 태운 잿가루에 재었다가 정과를 만들면 아삭아삭한 질감의 동아정과를 만들 수 있다. 잿물을 제거할 때와 동아를 조릴 때 모두 꿀만을 사용하면 더 빛깔이 곱고 맛이 있다. 조개껍데기 태운 잿가루에 재었던 동아를 꿀 대신 조청에 재어 둔 뒤 속뜨물에 여러 번 담가 잿물을 없애기도 한다. 꿀 대신 조청을 넣고 조리기도 하고 식혜를 넣고 오랫동안 조려 만들기도 한다. 동아정과는 정과류 중 가장 으뜸으로 치는데, 『규합총서』에 만들기가 까다롭고 익히면 쉬 무른다고 기록되어 있을 정도로 정성이 많이 들고 아삭아삭한 맛이 일품인 정과다.

도라지정과

○ 통도라지 200그램, 소금물(물 600그램, 소금 5그램), 물 1컵, 설탕 100그램, 소금 2그램, 꿀 또는 물엿 50그램. ○ 통도라지는 가는 뿌리를 떼고 껍질을 벗겨 5센티미터 정도 길이로 잘라 2등분하고, 굵은 것은 3등분한다. 분량대로 섞어 소금물을 끓이다가, 손질한 도라지를 넣고 3분 정도 데쳐서 찬물에 헹군다. 데친 도라지는 물, 설탕, 소금을 넣고, 처음에는 센 불에서 끓이다가 한소끔 끓어오르면 약한 불에서 서서히 조린다. 조리면서 거품을 걷어 낸다. 국물이 거의 졸아들 때쯤 꿀 또는 물엿을 넣고 위아래로 잘 섞어 주며 윤기가 나도록 조린다. 잘 조려진 도라지는 굵은체에 밭쳐 여분의 꿀 또는 물엿을 걷어 낸 뒤 하나씩 닿지 않게 늘어놓고 꾸덕꾸덕하게 말린다.

과편

과편은 살구, 오미자, 앵두, 복분자, 산사 등 제철 과실의 즙에 녹말과 꿀을 섞어 끓이고 식혀서 굳힌 전통 과자다. 아름다운 색과 새콤달콤한 맛이 일품이며 다과상, 잔칫상, 큰상의 고임음식으로도 쓰인다. 모든 과편에는 속껍질을 깐 생밤을 통으로 또는 편으로 썰어 웃기로 얹는다. 만들기가 번거롭고 오래 보관하기도 어렵지만, 서양의 젤리와 비슷한 과일 묵으로 여름에 주로 만든다. 만들 때 뜸이 잘 들어야 끈기가 있고 윤기가 나는 과편이 된다.

살구편

○ 살구즙 2컵, 설탕 ⅓컵, 꿀 2큰술, 녹두녹말 6-7큰술. ○ 살구즙은 설탕, 꿀, 녹두녹말을 잘 섞어 고운체에 내린 뒤 두꺼운 냄비에 붓고 불에 올려 계속 저어 가면서 끓인다. 엉기기 시작하면 불을 약하게 줄이고 가끔 저어 주면서 오랫동안 뜸을 들이다가, 되직하게 되면 뜨거울 때 네모난 틀에 1센티미터 정도 두께로 붓고 차게 식혀 굳힌다. 이때 네모난 틀은 적당한 크기로 준비하고 깨끗이 씻어서 대충 물기를 털어내고 쓴다. 잘 굳으면 틀에서 꺼내어 2×3센티미터 정도 크기로 썬다. ○ 살구즙은 껍질을 벗기고 씨를 제거한 살구에 3배의 물을 부어 끓이고 체에 밭쳐 만든다. 녹두녹말 대신 동부녹말을 사용해도 된다.

오미자편

○ 오미자즙 2컵, 녹두녹말 ½컵, 설탕물 2컵. ○ 오미자즙은 녹두녹말과 설탕물을 섞고 잘 저어서 고운체에 내린 뒤 두꺼운 냄비에 붓고 중간 불에서 나무주걱으로 저어 가며 서서히 묵을 쑤듯이 끓인다. 끓기 시작하면서 엉기게 되면 불을 약하게 줄이고 뜸을 충분히 들이다가, 뜨거울 때 네모난 틀에 1센티미터 정도 두께로 붓고 차게 식혀 굳힌다. 잘 굳으면 틀에서 꺼내어 2×3센티미터 정도 크기로 썬다. ○ 오미자즙은 오미자(½컵)를 물에 살짝 씻고 생수(4컵)에 담가 10시간 이상 우려낸 뒤 면포에 밭쳐 만든다. 설탕물은 물(2컵)에 설탕(1컵)을 넣고 한소끔 끓인 뒤 꿀(½컵)을 넣고 식혀서 만든다.

앵두편

○ 앵두즙 2컵, 설탕 ½컵, 녹두녹말 5-6큰술. ○ 앵두즙은 설탕과 녹두녹말을 잘 섞어 고운체에 내린

조란, 율란, 생란

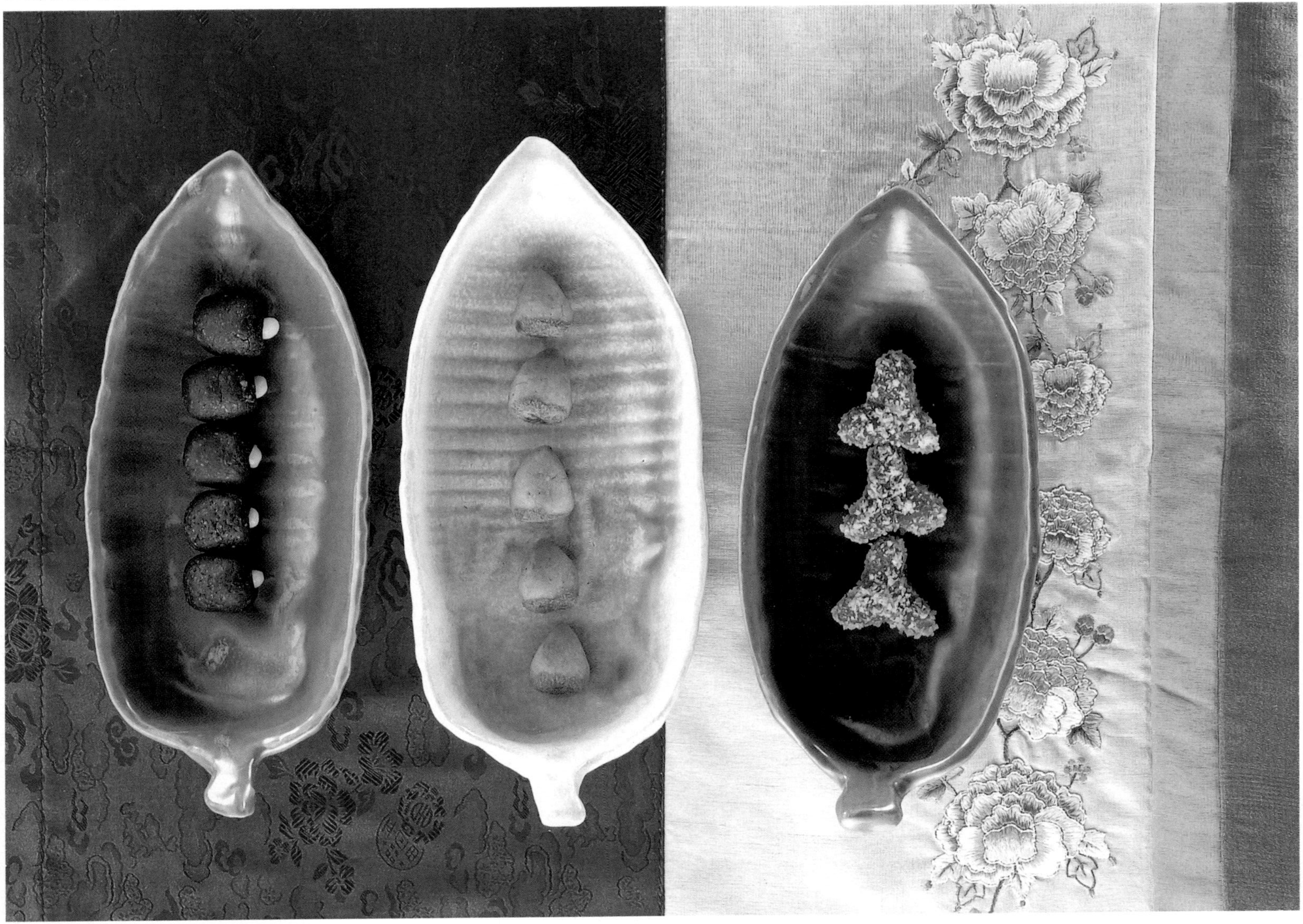

뒤 두꺼운 냄비에 붓고 나무주걱으로 저어 가며 끓인다. 끓기 시작하면서 엉기게 되면 불을 약하게 줄이고 오랫동안 충분히 뜸을 들이다가, 뜨거울 때 네모난 틀에 1센티미터 정도 두께로 붓고 차게 식혀 굳힌다. 잘 굳으면 틀에서 꺼내어 2×3센티미터 정도 크기로 썬다. ○ 앵두즙은 앵두에 2-3배의 물을 부어 끓이고 고운체에 밭쳐 만든다.

숙실과(熟實果)

숙실과는 밤, 대추, 생강 등의 과실을 익혀서 달게 만든 전통 과자다. 밤초, 대추초, 율란, 조란, 생란 등이 있다. '초(炒)'는 꿀을 넣어 조리듯 볶은 것이고, '난(卵)'은 재료를 다져 꿀을 넣고 조린 뒤 다시 원래 재료 모양으로 빚은 것이다. 좋은 과실이 있어야 하고 공이 많이 들며 섬세한 솜씨가 필요한 음식이어서 예부터 지체 있는 대갓집에서는 여러 상에 내놓아 솜씨를 자랑하곤 했다. 보통 두세 가지를 만들어서 한 그릇에 어울리게 담아낸다. 다과상, 손님상, 잔칫상, 큰상의 고임음식으로 쓰인다.

생란(강란)

○ 생강 200그램, 물 1컵, 설탕 100그램, 물엿 150그램, 꿀 50그램, 잣가루 50그램. ○ 생강은 껍질을 벗겨 씻고 강판에 간 뒤 면포에 넣고 짠다. 생강 건더기는 자작하게 물을 붓고 끓여서 매운맛을 가셔내고 다시 꼭 짠다. 매운맛이 남아 있으면 한 번 더 반복할 수 있다. 두꺼운 냄비에 생강 건더기와 물, 설탕, 물엿을 넣고 약한 불에서 조린다. 물이 거의 졸아들었을 때 꿀을 넣고 조리다가 뭉쳐지면 불에서 내린다. 한 김 나간 뒤에 지름 2센티미터 정도 크기의 새알처럼 동그랗게 만들고, 생강 모양으로 세 뿔이 나도록 빚는다. 잣가루를 묻히고 그릇에 담아낸다. ○ 생강 건더기를 조릴 때 생강즙을 가라앉혀 생긴 녹말을 넣기도 한다.

율란

○ 밤 300그램, 양념(꿀 20그램, 설탕 20그램, 소금 1그램, 계핏가루 2그램), 꿀 30그램, 잣가루 50그램, 계핏가루 8그램. ○ 밤은 푹 삶아 찬물에 헹구고 겉껍질과 보늬(속껍질)를 벗긴 뒤 고운체에 내려 밤가루를 만든 뒤 분량대로 양념 재료를 넣고 질지 않게 섞어서 덩어리지게 반죽을 만든다.

반죽은 지름 2센티미터 정도 크기의 새알처럼 만들고, 다시 밤 모양으로 빚는다. 꿀을 조금씩 바르고, 잣가루를 묻힌 뒤 둥근 아랫부분에 계핏가루를 살짝 묻혀 그릇에 담아낸다. ○ 삶은 밤을 분쇄기에 곱게 갈면 쉽게 밤가루를 만들 수 있다.

조란

○ 대추 200그램, 설탕 20그램, 계핏가루 2그램, 잣 20그램, 꿀 20그램, 잣가루 50그램. ○ 대추는 깨끗이 씻어 씨를 제거하고, 설탕을 뿌려 가며 곱게 다진 뒤 면포에 싸서 살짝 찐다. 찐 대추에 계핏가루를 넣어 고루 섞고 덩어리지게 반죽을 만든다. 반죽을 조금씩 떼어 대추 모양으로 빚고 꼭지에 잣을 한 알씩 박는다. 겉에 꿀을 살짝 바르고 잣가루에 굴려서 그릇에 담아낸다. ○ 손질한 대추와 설탕을 분쇄기에 넣고 곱게 갈아서 쪄도 된다.

대추초

○ 대추 100그램, 잣 20그램, 황설탕물(황설탕 50그램, 물 50그램), 잣가루 약간, 계핏가루 약간. ○ 대추는 깨끗이 씻어 씨를 제거하고, 김이 오르는 찜솥에 올려 3분 정도 찐다. 잣은 고깔을 떼고 마른행주로 잘 닦는다. 찐 대추의 씨를 뺀 자리에 손질한 잣을 3-4개씩 채워 넣고 감싸 오므린다. 황설탕과 물을 분량대로 섞고 한소끔 끓여 만든 황설탕물에 속을 채운 대추를 넣고 서서히 조린다. 설탕물이 고루 배어 윤기가 나게 잘 조려진 대추는 체에 밭쳐 여분의 황설탕물을 걸어 낸 뒤 꼭지 부분에 잣을 한 개 박아넣고 그릇에 담는다. 잣가루와 계핏가루를 뿌린다. ○ 황설탕물, 꿀, 참기름 약간, 계핏가루 약간을 섞은 것에 찐 대추를 까불리고 중탕해서 윤기를 내기도 한다.

밤초

○ 밤 150그램, 설탕물(설탕 100그램, 물 100그램), 잣가루 약간, 계핏가루 약간. ○ 밤은 겉껍질과 보늬를 벗기고 씻어 살짝 데친다. 두꺼운 냄비에 분량대로 설탕물을 끓인 뒤 데친 밤을 넣고 중간 불에서 서서히 조린다. 밤이 잘 익고 윤기가 나면 체에 밭쳐 여분의 설탕물을 걸어 내고 그릇에 담는다. 잣가루와 계핏가루를 뿌린다. ○ 색을 좋게 하기 위해 치잣물을 넣어 조리기도 한다.

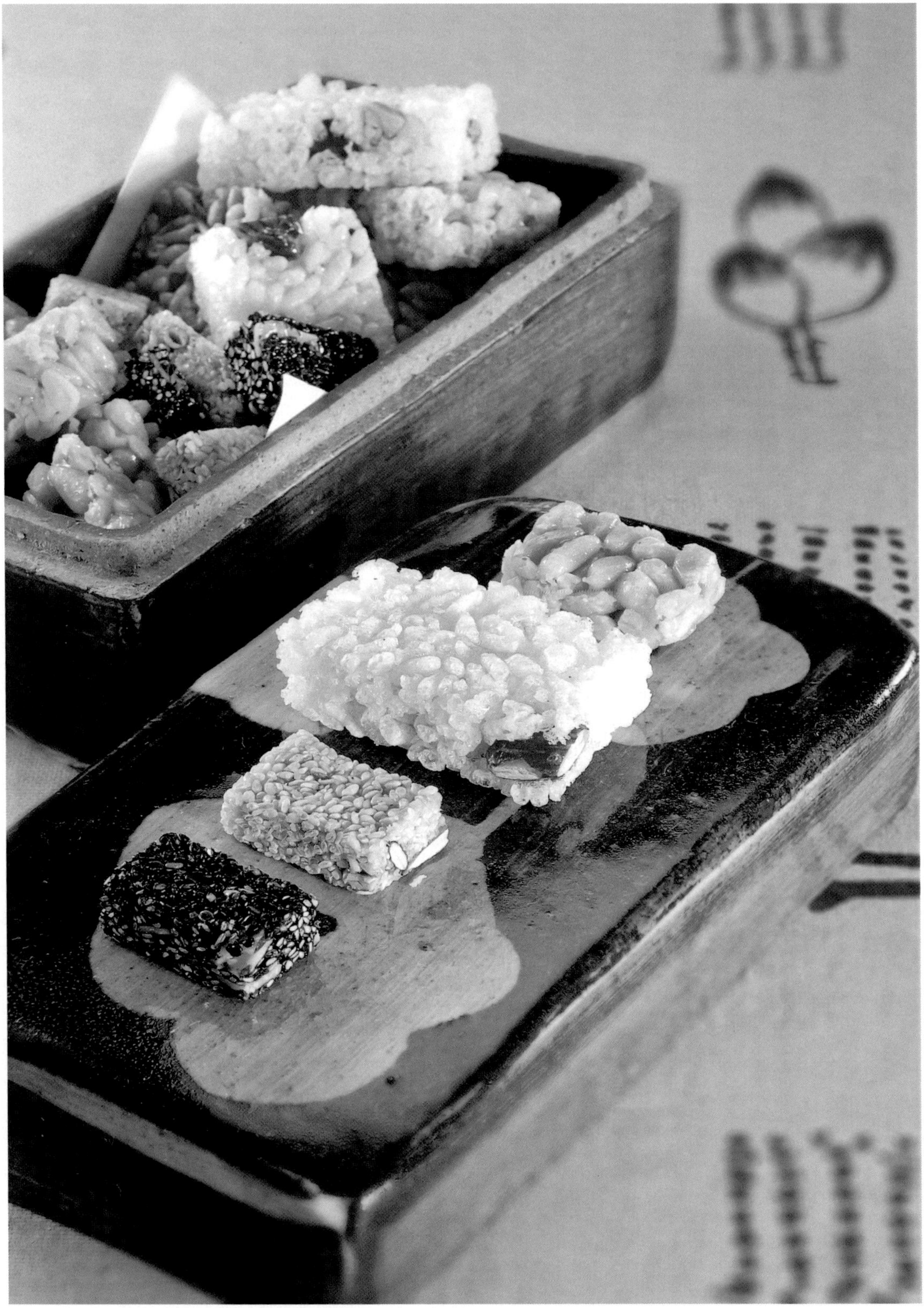

쌀엿강정, 깨엿강정

엿강정

엿강정은 주로 견과류나 곡식을 볶거나 그대로 조청 또는 물엿에 버무리고 반대기를 지어서 약간 굳었을 때 적당한 크기로 썬 과줄이다. 남녀노소 누구나 좋아하는 전통 간식으로, 주로 설날에 만들어 먹는다. 엿강정은 주재료에 따라 쌀엿강정, 땅콩엿강정, 콩엿강정, 잣엿강정(잣박산), 깨엿강정, 흑임자엿강정, 들깨엿강정, 호두엿강정 등이 있다. 온갖 귀한 영양분이 밀집해 있는 식재료에 엿을 더해 씹는 맛도 있고 영양분도 섭취할 수 있게 한 지혜로운 과자다. 명절이나 잔치 때 별식으로 이용된다.

쌀엿강정

○ 강정 밥알 5컵, 엿물 ½컵. ○ 강정 밥알은 미리 멥쌀로 고두밥을 짓고 헹구어 말렸다가 튀겨서 만든 것을 준비한다. 두꺼운 팬에 엿물을 붓고 약한 불에 올려 끓기 시작하면 곧바로 강정 밥알을 넣고 잘 섞어 주면서 엉기게 버무린다. 강정판에 기름을 바르고, 엿물에 버무린 강정 밥알을 쏟아 판판하게 밀대로 민다. 굳기 전에 2.5×4×1센티미터 정도 크기로 썬다. ○ 엿물은 오목하고 둥근 팬에 설탕과 물엿을 5:3 정도 비율로 넣고 끓여서 만든다. 쌀엿강정은 지방에 따라 '밥풀강정'이라고도 불린다.

전통 방식으로 강정 밥알(바탕) 만들기 ○ 멥쌀은 깨끗이 씻고 5시간 이상 불렸다가 30분 정도 찌고, 맑은 물이 나올 때까지 헹군 뒤 소쿠리에 밭쳐 물기를 제거하고 다시 20분 정도 찐다. 다시 맑은 물이 나올 때까지 헹구고, 간간한 소금물에 담가 간이 배도록 5분 정도 두었다가 건져서 채반에 널어 말린다. 바싹 말린 밥알은 밀대로 살살 밀어 낱낱이 떼어 낸다. 굵은 모래는 깨끗이 씻고 2-3번 삶아서 바싹 말린다. 두껍고 넓은 팬을 달군 뒤 말린 모래를 넣고 볶으면서 모래가 뜨겁게 달아올랐을 때 말린 밥알을 한 줌씩 넣어 모래와 함께 재빨리 저어 주면서 튀긴다. 어레미에 쳐서 모래를 제거하고 하얗게 일어난 밥알만 모아 강정 밥알로 쓴다. ○ 모래 대신 천일염을 볶으면서 말린 밥알을 튀겨도 된다. 또 다른 방법으로, 불린 쌀을 8배의 끓는 물에 약 10-12분 정도 삶고 말려서 고두밥을 만든다. 말린 밥알을 200도의 기름에서 튀기고 체에 밭쳐 기름을 완전히 제거하고 강정 밥알로 쓴다. 말린 고두밥 1컵을 튀기면 6컵 정도 강정 밥알이 나온다.

쌀엿강정 색깔 내기 ◯ 흰색은 수삼 다진 것, 분홍색은 백년촛가루와 대추 다진 것, 노란색은 치자 우린 물과 유자청 건더기 곱게 다진 것, 녹색은 파랫가루와 호박씨 다진 것을 튀긴 밥알과 섞고 엿물에 버무려 색을 낸다. 검은색은 흑미 고두밥을 튀긴 밥알로 만든다.

깨엿강정

◯ 참깨 2컵, 생강즙 약간, 계핏가루 약간, 조청 ½컵. ◯ 참깨는 잘 씻고 일어서 볶은 뒤 생강즙, 계핏가루 등의 향신료를 넣고 조청에 버무리고 판판하게 밀대로 민다. 약간 굳혀서 썬다.
◯ 검은깨를 볶아서 엿물에 엉기게 버무리고 판판하게 밀어서 썬 흑임자엿강정도 있다.

잣엿강정(잣박산)

◯ 잣 250그램, 설탕 50그램, 물 50그램, 된 조청 50그램. ◯ 잣은 고깔을 떼고 마른행주로 잘 닦는다. 팬에 설탕과 물을 넣고 한소끔 끓인 뒤 된 조청을 넣고 약한 불에서 다시 끓이다가 숟가락으로 떠 보아서 뚝뚝 떨어지게 될 정도로 되직해지면 불에서 내린다. 여기에 손질한 잣을 넣고 잘 섞은 뒤 식용유를 살짝 바른 강정판에 쏟아서 1센티미터 정도 두께로 판판하게 밀대로 민다. 거의 굳어지면 3×4센티미터 정도 크기로 썬다.

콩엿강정

◯ 검은콩 5컵, 된 조청 1½컵. ◯ 검은콩은 깨끗이 씻어 불리고 일어서 물기를 제거한 뒤 두꺼운 팬에 넣고 잘 볶는다. 된 조청을 중탕해서 묽게 되면 볶은 콩을 넣고 잘 버무린다. 도마 위에 식용유를 살짝 바르고, 조청에 버무린 콩을 수저로 뚝뚝 떠 놓거나 반대기를 지어 놓았다가 약간 굳으면 적당한 크기로 썬다. ◯ 불린 콩을 일어서 얼렸다가 볶고 조청에 버무린 뒤 밤톨만큼씩 떼어 둥글납작하게 빚고 콩가루를 묻혀 얼린 콩엿강정을 만들기도 한다. 콩을 얼릴 때는 속까지 얼려야 콩이 연하다.

땅콩엿강정

◯ 볶은 땅콩 2컵, 된 조청 ½컵. ◯ 볶은 땅콩은 속껍질을 벗겨 두 쪽으로 쪼갠다. 된 조청을 중탕해서 묽게 되면 쪼개 놓은 땅콩을 넣고 잘 버무린다. 도마 위에 식용유를 살짝 바르고, 조청에 버무린 땅콩을 쏟아 판판하게 밀대로 민다. 약간 굳으면 적당한 크기로 썬다.

화채

화채는 꿀이나 설탕을 탄 오미잣물에 계절 과일을 저며서 띄우거나, 꽃잎과 실백을 띄우는 우리 고유의 음료다. 오미자는 껍질과 살의 단맛과 신맛, 씨 속의 쓴맛과 매운맛에 짠맛까지 모두 다섯 가지 맛을 지닌 열매다. 오미자의 붉은색은 건강 물질로 널리 알려진 안토시아닌류로 진해, 거담, 혈압강하, 강심, 자궁 수축 등의 약리 효과가 있다. 가을에 열매를 채취해서 햇볕에 말린 것을 물에 담가 우려내 그 국물로 갖가지 화채를 만든다. 어떤 재료를 띄우느냐에 따라 이름도 달라진다. 꽃잎이나 풀을 띄우는 진달래화채, 가련화채, 장미화채, 순채화재, 창면 등이 있으며, 과즙을 내어 과일 조각을 띄우는 앵두화채, 산딸기화채 등도 있고, 꿀물에 타 먹는 배숙, 떡수단, 원소병 등도 있다. 음료이니만큼 화채를 담는 그릇은 투명한 유리그릇이 좋고, 때에 따라서는 우아한 백자기를 써도 좋다. 상에 낼 때는 큰 유리그릇에 여분을 준비해서 상 가운데에 놓고, 각자의 그릇에 떠 먹으면 좋다. 화채는 후식에서 빼놓을 수 없는 전통 음료다.

오미잣물 만들기 ○ 첫서리를 맞은, 잘 익고 건조 상태가 좋은 오미자를 준비해서 티를 골라낸 뒤 먼지를 없애는 정도로 흐르는 물에 살짝 씻는다. 씻은 오미자의 열 배 정도 되는 생수에 약 10시간 정도 담가 놓는다. 물이 고운 진달래꽃색으로 우러나면 고운 겹체(보자기나 여과지)에 거르고, 꿀이나 설탕물을 넣어 오미잣물을 만든다. ○ 대개 오미자와 물을 1:10 정도 비율로 우려내지만, 오미자의 품질 상태에 따라 물을 조절해야 한다. 영롱한 색과 신맛, 단맛을 낸 오미잣물은 화채에 널리 이용된다.

보리수단

○ 보리 ⅓컵, 녹두녹말가루 4큰술, 꿀물 또는 오미잣물 3컵, 잣 ½큰술. ○ 보리는 박박 문질러 깨끗하게 씻고, 푹 삶아서 찬물에 헹군다. 삶은 보리는 물기를 제거하고 녹두녹말가루를 씌운 뒤 다시 끓는 물에 삶아서 찬물에 헹군다. 이렇게 녹두녹말가루를 씌워 삶아 내고 찬물에 헹구기를 세 번 정도 반복해서 통통하게 투명한 옷을 입은 보리 쌀알을 만든다. 보리 쌀알을 화채 그릇에 담고 꿀물이나 오미잣물을 부은 뒤 잣을 띄워 낸다. ○ 보리수단은 유두(流頭)에 먹는 여름철 시식으로, 꽃잎을 띄워 내면 더욱 운치가 있다. 보리수단, 떡수단, 원소병, 순채화채, 가련화채, 배화채 등은 오미잣물과 꿀물 중 어느 것을 사용해도 좋다.

유자화채

〇 유자 2개, 배 1개, 설탕물(설탕 1컵, 물 4컵), 석류 7-8알, 잣 1작은술. 〇 유자는 흠이 없고 단단한 것으로 준비해서 잘 드는 칼로 겉껍질을 아주 얇게 벗긴 뒤 4등분해서 속을 꺼낸다. 유자 껍질은 노란색 부분과 흰 부분을 분리해서 각각 곱게 채 썰고 설탕을 약간 뿌려 잰다. 유자 속은 씨를 빼내고 3-4등분해서 설탕을 약간 뿌려 잰다. 배는 껍질을 벗기고 얇게 채 썬다. 분량대로 설탕물을 끓여 차게 식힌다. 화채 그릇에 가운데에 미리 재어 둔 유자 속을 담고, 그 둘레로 노란색 유자채, 배채, 흰색 유자채 순으로 색을 맞춰 담는다. 설탕물을 가만히 붓고 석류알과 잣을 띄워 낸다. 〇 유자화채는 가을에 열리는 노랗고 탐스러운 유자로 만들어 상큼한 맛과 향이 별미다. 유자는 채 썰어서 꿀이나 설탕에 재어 유자청을 만들어 두고 여름에는 찬 유자차를, 겨울에는 따뜻한 유자차를 만들기도 하고, 각종 떡의 부재료로 이용하기도 한다.

앵두화채

〇 앵두 1컵, 설탕 2큰술, 설탕물(설탕 $\frac{1}{2}$컵, 물 3컵), 잣 1큰술. 〇 앵두는 싱싱한 것을 준비해서 깨끗하게 씻고 물기를 닦은 뒤 씨를 발라내고 설탕을 뿌려 잰다. 분량대로 설탕물을 끓여 차게 식힌다. 화채 그릇에 미리 재어 둔 앵두를 넣고, 설탕물을 부은 뒤 잣을 띄워 낸다. 〇 설탕물 대신 꿀물을 사용해도 좋다.

배숙

〇 배 1개, 통후추 $\frac{1}{2}$큰술, 생강 50그램, 물 7컵, 설탕 1컵, 잣 약간. 〇 배는 길이로 8등분한 뒤 껍질을 벗기고 반으로 자른다. 토막 낸 배는 가장자리를 둥글게 다듬어 주고, 각각 배의 윗부분에 간격을 두고 통후추 3개를 나란히 박아넣는다. 생강은 껍질을 벗겨 얇게 저민 뒤 물을 붓고 뭉근한 불에서 서서히 끓이다가 맛이 우러나면 체에 거른다. 생강물에 설탕과 준비해 놓은 배를 넣고 약한 불에서 끓이다가 배가 말갛게 익어 무르게 되면 불에서 내리고 차게 식힌 뒤 잣을 띄워 낸다.

식혜

〇 엿기름 2컵, 물 15컵, 생강 20그램, 밥 2컵, 설탕 1컵, 소금 약간, 잣 1큰술. 〇 엿기름은 샤 주머니에 넣고 물에 담가 잠시 불린 뒤 엿기름이 우러나도록 바락바락 주물러 치댄다. 엿기름물은 가라앉혔다가 웃물만 소롯이 따라 둔다. 생강은 편으로 썬다. 밥과 맑은 엿기름물을 전기밥솥에

넣고 보온으로 맞춘 뒤 5시간 정도 두었다가 밥알이 여러 개 둥둥 뜨면 꺼낸다. 밥알을 따로 건져서 찬물에 헹구어 둔다. 남은 엿기름물에 썰어 놓은 생강과 설탕, 소금을 넣고 한소끔 끓여서 차게 식힌다. 먹을 때 밥알과 잣을 띄워 낸다. ○ 기호에 따라 설탕을 더할 수 있다. 불린 찹쌀을 쪄서 만든 고두밥으로 식혜를 하면 좋다.

수정과

○ 통계핏물(계피 50그램, 물 7컵), 생강물(생강 50그램, 물 7컵), 황설탕 1⅓컵, 곶감 3개, 잣 1큰술. ○ 통계피는 깨끗이 씻고 물을 부어 끓이다가 끓기 시작하면 불을 약하게 줄인 뒤 계피 향과 맛이 우러날 때까지 달이듯이 끓여 체에 걸러 통계핏물을 만든다. 생강은 껍질을 벗기고 씻은 뒤 물을 붓고 맛이 우러나도록 충분히 끓여서 체에 걸러 생강물을 만든다. 통계핏물과 생강물을 고루 섞은 뒤 황설탕을 넣어 10분 정도 끓이고 차게 식혀서 수정과를 만든다. 화채 그릇에 씨를 뺀 곶감을 모양 나게 넣고 수정과를 부은 뒤 잣을 띄워 낸다. ○ 말랑말랑한 곶감은 그대로 수정과에 넣어 내고, 많이 마른 곶감은 수정과에 잠시 불렸다가 부드럽게 해서 낸다. 곶감쌈을 넣으면 더욱 좋다.

제호탕(醍醐湯)

○ 오매육 600그램, 초과 50그램, 백단향 20그램, 축사인 20그램, 꿀 3킬로그램. ○ 오매육, 초과, 백단향, 축사인은 모두 곱게 갈아 약탕기에 넣은 뒤 꿀을 넣고 약한 불에서 타거나 눌지 않게 서서히 곤다. 오랫동안 고아서 고(膏) 또는 연고 상태가 되면 항아리에 옮겨 담고, 보관하면서 필요할 때마다 덜어 내 냉수에 타서 마신다. ○ 장시간 고아야 해서 자동 온도조절 기능이 있는 약탕기를 사용하는 것이 편리하다. 옹기그릇에 담아 중탕으로 만들기도 한다. 오랫동안 보관이 가능한 데다 더위와 갈증을 해소해 주고 위와 장을 보호해 주는 여름철 보양음료로, 허준의 『동의보감』에도 나온다.

생맥산(生脈散)

○ 인삼 ¼컵, 오미자 ¼컵, 맥문동 ⅓컵, 황기 5그램, 물 10컵. ○ 인삼은 살짝 씻고 보자기에 싸서 두드려 잘게 부순다. 오미자, 맥문동, 황기는 살짝 씻는다. 두꺼운 냄비나 약탕기에 물과 손질한 재료를 넣고 각각의 약재가 충분히 우러나도록 뭉근하게 오래 달인 뒤 식힌다. 보관하면서 필요할 때마다 덜어 내 냉수에 타서 마신다. ○ 약간의 감초와 황백을 더해서 달이면 더욱 좋다. 생맥산은

여름에 어울리는 음료로, 인삼, 오미자, 맥문동, 황기가 원기를 돋워 준다. 『동의보감』에 "생맥산은 사람의 기를 도우며, 심장의 열을 내리게 하고, 폐를 깨끗하게 하는 약효가 있다"는 기록이 있다.

진달래화채

○ 진달래꽃 20송이, 녹두녹말가루 2큰술, 오미잣물 3컵, 잣 1작은술. ○ 진달래꽃은 꽃술을 떼어 내고 꽃잎만 깨끗이 씻는다. 물기를 어느 정도 걷어 낸 꽃잎은 녹두녹말가루를 살짝 묻혀서 끓는 물에 아주 살짝 데치고 재빨리 건져서 찬물에 헹군 뒤 오미잣물에 띄우고 잣을 곁들인다.

○ 진달래화채는 봄을 가장 먼저 느끼게 해 주는 전통 음료로 향기와 빛깔이 일품이다. 삼짇날(음력 3월 3일) 산과 들에 만발한 진달래꽃을 따다가 화채나 화전을 만들어 먹으면서 자연과 하나가 되려 했던 선조들의 자연관이 잘 스며 있다. 진달래꽃잎은 예로부터 약재로 이용되었고, 그대로 먹을 수도 있는 참꽃이다.

장미화채

○ 황장미 5송이, 녹두녹말가루 2큰술, 오미잣물 3컵, 잣 1작은술. ○ 황장미꽃잎을 모두 떼어 내 씻는다. 물기를 털어낸 꽃잎은 녹두녹말가루를 묻혀 팔팔 끓는 물에 아주 살짝 데치고 재빨리 건져서 찬물에 행군 뒤 오미잣물에 띄우고 잣을 곁들인다. ○ 장미화채는 초여름의 청량음료다. 『시의전서』에 두견화채, 복숭아화채 등과 함께 장미화채 만드는 법에 대한 기록이 있다.

미수

미수(米水)는 여러 곡물을 쪄서 말리거나 볶아서 곱게 가루를 낸 미숫가루를 보관하면서 필요할 때마다 냉수나 꿀물에 타 먹는 전통 음료다. 여름철 음식으로 '미시'라고도 한다. 재료로는 찹쌀, 멥쌀, 보리, 율무, 검정콩, 검은깨, 차수수, 도토리 등이 쓰이며, 각각 미숫가루를 만들어 기호에 맞게 섞어 사용하면 좋다. 찹쌀 미수가 대표적이며 보리 미수, 율무 미수, 잡곡 미수 등이 있다. 미수는 예부터 주식 대용이나 비상식, 저장식, 구황식으로도 널리 쓰였다. 곡물 등을 볶아서 가루로 만든 것을 구(糗) 또는 초(麨)라 하고, 쪄서 말린 것을 비(糒)라고 하는데, 조선시대에는 '구'가 주로 구황식으로 이용되었다. 옛 문헌에 미수에 대한 기록이 많다. 『삼국유사』에 "쌀을 쪄 말린 것으로 양식을 삼았다"는 기록이 있는 것으로 보아, 이때 이미 주식 대용의 쌀 가공 저장법이 발달된 것을 알수 있다. 『구황촬요(救荒撮要)』(16세기), 『치생요람(治生要覽)』(17세기)에는 곡식이나 송엽, 콩 등의 가루를 기근 때 대체식량으로 사용했다는 기록이 있다. 서유구의 『임원십육지(林園十六志)』(19세기)에는 여러 작구법(作糗法) 외에 "찹쌀을 볶아 가루를 내어 꿀물에 탄 나미초(糯米麨, 찹쌀 미숫가루)를 여름철 음료로 복용하면 배고픔과 갈증을 그치게 한다"는 기록이 있다. 빙허각 이씨의 『규합총서』에는 구선왕도고 미수에 대한 설명이 나온다. 아홉 가지 약재를 넣어 떡을 만들고 건조시켜 가루를 낸 뒤 저장하면서 필요할 때마다 꿀물에 타 먹는 이 음료를 먹고 자라면 병을 앓지 않는다고 했으니, 이는 보다 발달되고 지혜로운 가공법이라 할 수 있다. 이만영의 『재물보(才物譜)』(18세기)에는 초면(麨麵)을 미시라고 표기했고, 근대 조리서인 이용기의 『조선무쌍신식요리제법』에는 미시 만드는 법을 미식(糜食)이라고도 표기했으며, '초'가 곧 미시라는 설명이 있다. 방신영의 『조선요리제법』에는 여러 곡물을 이용해서 만든 미숫가루를 꿀물에 탄 것을 '미수'라고 했으며, 여름철 음식이라 했다.

구선왕도고 미수

○ 구선왕도고 미숫가루 6큰술, 물 1½컵, 꿀 2큰술. ○ 구선왕도고 미숫가루에 물을 넣고 꿀을 타서 마신다. ○ 구선왕도고 미숫가루는 구선왕도고를 잘게 쪼개 바싹 말렸다가 곱게 가루로 빻고 이것을 다시 살짝 볶아서 만든다. 밀봉해서 보관하면서 필요할 때마다 덜어 쓴다. 『동의보감』과 『규합총서』에는 구선왕도고 미수의 효능에 대해 정신을 기르고 원기를 부양하며, 비위를 건강하게 하고 식욕을 증진시키며, 폐를 보하고 기육(肌肉)을 낳으며, 습열을 없앤다는 기록이 있다. 예로부터 구선왕도고는 약식동원의 의미가 잘 깃들어 있는 보양 음식으로 이것을 다양하게 이용하면 건강에 매우 좋다고 알려져 있다. 어린아이의 암죽을 만드는 데도 좋다.

찹쌀 미수

○ 찹쌀 미숫가루 6큰술, 물 1½컵, 꿀 2큰술. ○ 찹쌀 미숫가루에 물을 넣고 꿀을 타서 마신다. ○ 찹쌀 미숫가루는 찹쌀을 깨끗이 씻고 물에 담가서 하룻밤 두었다가 건져서 시루에 충분히 찐 뒤 흰 보자기에 알알이 떼어서 널고 바싹 말린 다음, 이것을 노르스름하게 볶아서 키로 까불고, 곱게 갈아서 고운 겹체에 내려 만든다. 밀봉해서 보관하면서 필요할 때마다 덜어 쓴다. 한지에 싸서 밀봉하면 좋다.

보리 미수

○ 보리 미숫가루 6큰술, 물 1½컵, 꿀 2큰술. ○ 보리 미숫가루에 물을 넣고 꿀을 타서 마신다.
○ 보리 미숫가루는 햇보리쌀을 깨끗이 씻고 물에 충분히 불렸다가 푹 찐 뒤 바싹 말려서 타지 않게
볶고, 곱게 갈아서 만든다. 밀봉해서 보관하면서 필요할 때마다 덜어 쓴다.

율무 미수

○ 율무 미숫가루 6큰술, 물 1½컵, 꿀 2큰술. ○ 율무 미숫가루에 물을 넣고 꿀을 타서 마신다.
○ 율무 미숫가루는 율무를 깨끗이 씻고 물에 담가 자주 물을 갈아 주면서 붉은 물을 우려낸 뒤 다시
깨끗이 씻고 건져서 푹 찐 다음, 바싹 말려서 볶고 곱게 갈아서 만든다. 밀봉해서 보관하면서 필요할
때마다 덜어 쓴다.

잡곡 미수

○ 잡곡 미숫가루 6큰술, 물 1½컵, 꿀 2큰술. ○ 잡곡 미숫가루에 물을 넣고 꿀을 타서 마신다.

잡곡 미숫가루 만들기 ○ 찹쌀 3컵, 보리 3컵, 검정콩(서리태) 2컵, 검정깨(흑임자) ⅔컵. ○ 찹쌀과
보리는 깨끗이 씻고 충분히 물에 불려서 푹 찐 뒤 바싹 말려서 볶고 곱게 갈아 가루로 만든다.
검정콩은 볶아서 껍질을 벗기고 맷돌이나 분쇄기에 곱게 갈아 가루로 만든다. 검정깨는 깨끗이 씻고
일어서 껍질을 벗긴 뒤 다시 씻고 볶아서 곱게 갈아 가루로 만든다. 각각의 가루를 전부 섞는다.
밀봉해서 보관하면서 필요할 때마다 덜어 쓴다. ○ 검정깨는 껍질을 벗기지 않고 볶아도 된다.
차수수, 율무, 귀리, 도토리 등 다른 여러 잡곡을 가루로 만들어 함께 섞어도 좋다.

전정원, 최은정 등 9명이 수요반 수업을 시작하다.

1986년

강인희 선생이 경기도 이천에 '한국의 맛 연구소'를
설립하다.

1987년

9월 25일, 강인희 선생이 『한국의 맛』(대한교과서
발행)을 출간하다.

1988년

9-10월, 88 서울 올림픽 문화행사의 하나로 열린
「음식문화 오천년」 기획전을 준비하며 당시 자문단으로
참여한 강인희 선생과 인연을 맺다.

1989년

조후종 명지대학교 식품영양학과 교수를 비롯한 몇몇
음식 연구가들이 강인희 선생에게 가르침을 청하다.

1990년

김귀영, 김명순, 김진원, 박혜원, 신현희, 윤숙자, 이지호,
이춘자, 조후종, 허채옥 등 10명이 강인희 선생 자택인
경기도 이천 양정여자중고등학교 사택에서 주 1회
금요반 수업을 시작하다.
1월, 강인희 선생이 1978년 6월에 초판을 발행한
『한국식생활사』(삼영사 발행) 개정판을 출간하다.

1991년

김경미, 나영숙, 명춘옥, 박난숙, 배영희, 배윤자, 윤재영,

1992년

강명수, 구숙자, 김경옥, 김매순, 김명희, 김성자, 김수진,
김순진, 김연순, 김영경, 김영애, 김영희, 김옥란, 김윤자,
김은희, 김인숙, 김인자, 김종순, 김종애, 김지연, 김진숙,
김향희, 김현정, 김혜영, 노영희, 노진화, 문혜영, 민혜경,
박선민, 박윤정, 박종숙, 박혜경, 박혜진, 박희숙, 박희순,
박희자, 박희지, 배숙희, 서애리, 선명숙, 손영진, 신영애,
신용은, 심은경, 양덕순, 양영숙, 오경옥, 오경화, 윤옥희,
윤은숙, 윤황애, 이경희, 이계순, 이근형, 이금순, 이난순,
이동순, 이미자, 이선애, 이선주, 이영미, 이영순, 이용숙,
이정희, 이형숙, 이희옥, 임경려, 임순애, 임영희, 임종연,
장미라, 장선용, 정민주, 정순자, 정영주, 정옥수, 정외숙,
정은진, 정재홍, 조미자, 조부연, 조애경, 조은정, 조준형,
채인숙, 채혜정, 최경혜, 최기정, 최민경, 최신애, 최은형,
한명주, 한복선, 한옥임, 현영희, 홍문자, 홍순조 등이
2000년까지 순차적으로 등록하여 사사받다.
9월 1일, 강인희 선생이 『한국인의 보양식』(대한교과서
발행)을 출간하다.

1995년

1월, 강인희 선생이 글을 쓰고 정대영 작가가 그림을
그린, 어린이를 위한 전통문화 그림책 『떡잔치』(보림
발행)를 출간하다.
7월 30일, '한국의 맛 연구회'에서 그동안 연구했던
성과를 토대로 저술한 이춘자, 김귀영, 박혜원, 조후종,
강인희 공저 「잣가루가 석탄병(惜呑餠)의 기호도와 Tex-
ture에 미치는 영향 및 석탄병 제조법의 표준화에 관한
연구」 논문을 『한국식생활문화학회지』(Vol.10, No.3)에
발표하다.

1996년

6월, 강인희 선생과 연구회 회원들의 첫 번째 공동 저서
『전통건강음료』(대원사 발행)를 출간하다. 이 책을
계기로 '한국의 맛 연구회' 회원들이 당시 차인태
아나운서가 진행하던 MBC 라디오 프로그램에도 출연해
우리 전통음료의 우수성을 널리 알리다.

1997년

7월, 강인희 선생의 저서 『한국의 떡과 과줄』(대한교과서
발행)을 출간하다.
11월, 이춘자, 김귀영, 박혜원 회원의 공동 저서
『통과의례음식』(대원사 발행)을 출간하다.

1998년

고려대학교 민족문화연구소 프로젝트의 일환으로
교육방송(EBS)에서 방송된 「전통과자」 제작에 참여하다.

1999년

5월, 『한국음식대관』(한국문화재보호재단 엮음,
한림출판사 발행) 제2권의 「찬물」 집필에 연구회
회원들이 참여하다.
8월, 강인희 선생과 연구회 회원들의 공동 저서 『한국의
상차림』(효일문화사 발행)을 출간하다.

2000년

1월, 『한국음식대관』(한국문화재보호재단 엮음,
한림출판사 발행) 제3권의 「떡」을 강인희 선생과 조후종,
이춘자 회원이 공동 집필하다.

2001년

1월 20일, 오후 6시 강인희 선생이 향년 82세로 별세하다.
1월 23일, '고 강인희 장로 영결예배'가 양정교회 황동수
목사의 사회로 경기도 이천 양정여자중고등학교
정암관에서 치러지다.
2월 3일, '한국의 맛 연구소'에서 가르침을 받아 온
회원들 중 조후종, 구숙자, 박혜경, 이동순, 윤옥희,
전정원 등 여섯 명이 서울프라자호텔 커피숍에 모여
새로이 '한국의 맛 연구회'를 설립하기로 하고, 1차
발기인회를 갖다.
2월 23일, 서울클럽에서 '한국의 맛 연구회' 2차
발기인회를 갖다.
2월, 강인희 선생과 연구회 회원들의 공동 저서 『한국의
죽』(한림출판사 발행)을 출간하다.
3월, 『한국음식대관』(한국문화재보호재단 엮음,
한림출판사 발행) 제4권의 「발효·저장·가공식품」
집필에 연구회 회원들이 참여하다.
3월 6일, 놀부 유황오리집에서 3차 발기인회를 갖다.
3월 22일, 서울클럽에서 4차 발기인회를 갖다.
3월 24일, 이천 '한국의 맛 연구소'에서 강인희 선생 생신
추도예배와 '한국의 맛 연구회'를 새로이 설립하는
창립총회를 개최하다. 창립총회에서 정관을 통과시키고
초대 임원을 선출하다.
3월, '한국의 맛 연구회'라는 비영리연구단체를 새로이
창립하다.
5월, 한국의 맛 연구회 수업 일반인반을 개강하다. 주
3회씩 반가음식 및 전통음식을 실습하다.
5월 22일, 그동안 모인 기부금으로 서울시 서초구
방배2동(2762-16번지 182호)에 아담하고 마당이 넓은
단독주택을 마련해 연구소를 이전하고 '한국의 맛
연구회' 남태령 시대를 열다.
5월 26일, 『한국의 맛 연구회 소식 1호』라는 소식지를
회원들에게 배포하다.
6월 16일, 새로 이전한 남태령 연구소에서 '한국의 맛
연구회' 이전 기념 축하연을 갖다.

7월, 연구회에서 3년 이상 수업받은 회원을 대상으로 고급연구반 수업을 시작하다. 월 2회는 반가음식 및 전통음식 실습을 전문가 초빙 특강으로 실시하고, 나머지 월 2회는 식생활문화사와 고문헌 연구 및 잊혀진 음식 재현, 최신 음식 관련 연구 및 외식 트렌드 분석 등의 이론 수업을 격주로 진행하다.

8월, 장선용 회장의 '일상음식반(딸·며느리반)'을 개강하다.

2002년

1월, 한국문화재보호재단 창립 15주년을 기념해 1997년 3월부터 '한국의 맛 연구회'의 많은 회원들이 기획과 자문에 참여하고, 제2권의 「찬물」, 제3권의 「떡」, 제4권의 「발효·저장·가공식품」등을 집필한 『한국음식대관』(한국문화재보호재단 엮음, 한림출판사 발행) 전5권이 완간되다.

1월 19, 오전 11시에 '강인희 장로 추모위원회' 주최한 강인희 선생 1주기 행사로 경기도 이천 양정교회에서 「교육학박사 강인희 장로 1주기 추도예배」를 갖다. 같은 날 남태령 연구소에서 내빈 및 회원 60여 명이 참석한 가운데 추모 모임 및 제사 '궁가(宮家)의 전통 제례상 재현식'을 진행하다.

3월 16일, 김태준 동국대 교수의 특강 「바람직한 음식문화와 한국의 맛」을 진행하다.

5월 15일, 김경숙 회원의 특강 「콩과 두부」를 진행하다.

8월 29-31일, 일본 교토 국제교류볼런티어회(회장 무라세 유코) '세계의 요리교실' 회원들이 방한해, 윤옥희 요리학원과 장선용 회장의 경기도 용인 자택에서 '한일요리교류회'를 진행하다.

2003년

3월 3일, 이춘자 회원의 『증보산림경제』고문헌 수업을 시작하다.

3월, 제3회 정기총회를 개최하고 '한국의 맛 연구회' 2대 임원을 선출하다.

5월, '한국의 맛 연구회' 회원 20여 명은 한과 명인 배숙희 회원이 운영하는 '합천전통한과'를 찾아가, 전통한과의 생산 과정과 그 특별한 맛을 견학 체험하다.

11월, '한국의 맛 연구회' 회원들의 공저 『장(醬)』(대원사 발행)을 출간하다.

2004년

3월, 연구회 회원들의 공저 『한국의 나물-세계 최고의 건강식』(북폴리오 발행)을 출간하다.

4월, 중국 칭따오 맛기행 및 식문화 교류 탐방을 하다.

5월, '한국의 맛 연구회'가 엮은 『건강 밑반찬 126가지-화학조미료 없이 만드는 엄마 손맛』(동아일보사 발행)을 출간하다.

5월 30일, 무역센터 현대백화점 11층 하늘정원에서 '한국의 맛 연구회'가 기획한 첫 전시 「사계절의 맛과 자연의 향기-한국의 나물 전시회」를 개최하다.

10월 13일, 이미자 회원의 특강 「북경오리구이」를 진행하다.

10월 27일, 김매순 회원의 특강 「빙떡, 톳무침, 몸자반」을 진행하다.

12월 8일, 전정원 회원의 특강 「테이블 코디네이트(Table Coordinate) 개론」을 진행하다.

12월 22일, 윤옥희 회원의 특강 「복어 요리」를 진행하다.

2005년

1월 12일, 이경희 회원의 특강 「도치회, 도치두루치기, 명태순대」를 진행하다.

3월, 제5회 정기총회를 개최하고 '한국의 맛 연구회' 3대 임원을 선출하다.

4월, 일본 교토·오사카 음식문화를 연수하다.

5월 25일, 노진화 회원의 특강 「아롱사태수삼냉채」를 진행하다.

6월, 이춘자 회원의 『산가요록』(2005. 6-2007. 2) 고문헌 수업을 시작하다.

7월 26일, 정외숙 회원의 특강 「채소쌈만두, 별미납작군만두, 식용꽃공예」를 진행하다.

10월 25일, 심은경 회원의 특강 「콘차우더, 채소피클」을 진행하다.

11월 8일, 김명순 회원의 특강 「닭봉날개튀김, 가지김치」를 진행하다.

2006년

1월 10일, 한복려 궁중음식연구원 원장의 특강 「우리나라 음식문화의 역사적 발달과정」을 진행하다.

3월 22일, 윤서석 중앙대 교수의 특강 「우리 음식의 어제와 오늘」을 진행하다.

4월, 「2006 FOOD ASIA 박람회」를 참관하고, 싱가포르 바탕 음식문화 연수기행을 하다.

4월 11일, 선명숙 회원의 특강 「팔보찹쌀찜, 닭깅징」을 진행하다.

5월, '한국의 맛 연구회' 활동을 대중에 널리 홍보하고, '한국의 맛' 수업의 발전을 도모하기 위해 공식 홈페이지(www.ktti.or.kr)를 개설하다.

6월 13일, 임원회의를 갖다. '한국의 맛 연구회'를 정통성 있는 교육기관(조리교육학회)으로 만들자는 법인화 문제가 대두되다.

6월, 일본 도쿄, 이즈, 마치다 음식문화를 연수하다.

6월 27일, 임시총회를 개최하다. 김인주 박사의 「재단법인 설립취지 및 목적」이라는 글을 공유하고 재단법인 추진에 관한 찬반투표를 진행한 결과 찬성 10표, 반대 1표로, 재단법인을 추진하는 것으로 결정했으나, 회원들 간에 갈등이 생기면서 결정된 대로 진행되지 못한 채 계속해서 논쟁거리로 남다.

7월 13일, 홍순조 회원의 특강 「백편 외」를 진행하다.

8월, '한국의 맛 연구회' 회원들의 공저 『가장 배우고 싶은 김치 담그기 40』(북폴리오 발행)을 출간하다.

8월 8일, 임원회의에서 연구회의 재단법인화 추진을 취소하다. 김인자 회원의 특강 「연잎밥」을 진행하다.

8월 22일, 조준형 Food & Bio 대표의 특강 「허브(딜)모닝빵, 유자머핀, 흑미머핀」을 진행하다.

8월 23일, 오경옥 회원의 특강 「화이타비프롤, 크레올치킨브리토」를 진행하다.

8월 30일-9월 27일, 재단법인 아름지기에서 개최한 「생활 속의 아름다움 - 우리 그릇과 상차림」전에서 첫돌 상차림을 재현하다.

9월 1일, 양영숙 회원의 특강 「약과, 송편」을 진행하다.

9월 12일, 정외숙 회원의 특강 「철분(칼슘) 강화병」을 진행하다.

10월 24일, 노진화 회원의 특강 「삼선누룽지탕, 꽃게양념무침, 단호박찜」을 진행하다.

11월 14일, 김윤자 회원의 특강 「우뭇가사리해초묵, 해초샐러드」를 진행하다.

11월 28일, 김매순 회원의 특강 「파래저냐, 빙떡, 톳저냐, 영양밥」을 진행하다.

12월 12일, 임영희 회원의 특강 「꽃게장, 해물편」을 진행하다. 이춘자 회원의 연구 강의 「식생활 문화의 의의와 특성」을 진행하다.

2007년

1월 9일, 윤재영 회원의 특강 「미생물의 특징」을 진행하다.

1월 23일, 이미자 회원의 특강 「버섯크림수프, 미소 소스의 연어스테이크」를 진행하다.

2월 13일, 윤옥희 회원의 특강 「인삼숯불닭구이, 고구마조림, 생선조림」을 진행하다.

3월, 제7회 정기총회를 개최하고 '한국의 맛 연구회' 4대 임원을 선출하다.

4월 27일, 전정원 회원의 특강 「양송이밤수프, 인삼샐러드, 파프리카산적」을 진행하다.

6월 8일, 박록담 회원의 특강 「술」을 진행하다.

7월, '한국의 맛 연구회' 회원들의 공저 『제사와 차례』(동아일보사 발행)를 출간하다.

10월, 연구회 회원들의 공저 『떡과 전통과자』(교문사 발행)를 출간하다.

10월, 이춘자 회원의 『식료찬요』(2007. 10-2009. 12) 고문헌 수업을 시작하다.

11월 22일, 김윤자 회원의 특강 「비빔밥」을 진행하다.

2008년

3월, 연구회 회원들의 공저 『우리 음식의 맛 – 기초한국음식과 응용요리』(교문사 발행)를 출간하다.

3월 22일, 오후 3시에 제8회 정기총회를 개최하고, '한국의 맛 연구회' 5대 임원을 선출하다. 김숙희 박사의 특강 「한국의 음식」을 진행하다.

5월, 『혼례음식』(대원사 발행)을 출간하다.

7월, 김종덕 사당한의원 원장의 외부 특강 「약선 사상체질」(2008. 7. 15-2009. 12)을 시작하다.

10월, 서울시 주최로 남산 '한국의 집'에서 열린 '김치사랑 페스티벌' 중 「김치」전을 주관 진행하다.

2009년

2월, 한국식품연구원 주관으로 진행된 '고추 활용의 극대화 연구' 프로젝트에 서울대학교 황인경 교수와 '한국의 맛 연구회'가 공동으로 참여하다.

3월, 『발효식품 – 이론과 실제』(교문사 발행)를 출간하다.

5월, 『행복한 식탁 – 쉽고 간편한 싱글들의 즐거운 만찬』(대원사 발행)을 출간하다.

8월, 『쉽고 간편한 죽』(대원사 발행)을 출간하다.

10월, 『밑반찬』(대원사 발행)을 출간하다.

2010년

1월 11-15일, 베트남에서 연수하다.

3월, 제10회 정기총회를 개최하고 '한국의 맛 연구회' 6대 임원을 선출하다. 재정 적자 탈출을 위해 좀 더 다양한 강좌를 추가 개설하고자 부단히 노력하다. 다시금 '한국의 맛 연구회'를 사단법인화하는 것에 대한 논의가 불거지면서, 이에 대한 준비 작업으로서 사무장직(이근형 회원)을 신설하다.

3월, 2010년 문화체육관광부의 '우수학술도서'로 선정된 『전통향토음식』(교문사 발행)을 출간하다.

3월, 김매순 회원의 「폐백반」(12회)을 개강하다.

3월, 이춘자 회원의 『증보산림경제』 고문헌 수업을 개강하다.

4월, 홍순조 회원의 「떡·한과반」(12회)을 개강하다.

11월 9-10일, 강남문화재단 주최로 현대백화점 압구정점 6층 하늘정원에서 「한국의 다양한 전(煎), 새롭게 전(傳)하다」전을 개최하다. '한국의 맛 연구회'가 '프로젝트 한차림'과 함께 주관 진행하고, 신동주 회원이 식공간을 연출하다.

11월, 회원들의 공저 『한국의 다양한 전(煎), 새롭게 전(傳)하다』(강남문화재단 발행)를 출간하다.

12월 15-19일, 문화체육관광부, 농림수산식품부, 국토해양부가 주최하고, 한국공예·디자인문화진흥원이 주관해 서울 코엑스에서 열린 '한국스타일박람회(Korea, The Style 2010)'에서 기획전 중 하나로 「떡」 전시를 진행하다.

12월, '한국스타일박람회(Korea, The Style 2010)' 자료집 『KOREA, THE STYLE 2010 한국스타일박람회』(한국공예·디자인문화진흥원 발행)에 이춘자 회원의 「떡, 그 이상의 떡」이 수록되다.

2011년

4월 19-20일, 현대백화점 압구정본점 6층 하늘정원에서 「입안 가득 향기로운 나물 이야기」전을 개최하다.

식공간은 '한차림'이 연출하다. 연구회 회원들의 공저
『입안 가득 향기로운―나물 이야기 展』(강남문화재단
발행) 한국어판과 영어판을 동시에 출간하다.

10월, 『떡, 흰 쌀로 소망을 빚다』(다홍치마 발행)를
출간하다.

11월 1-2일, 현대백화점 압구정본점 6층 하늘정원에서
「한 알의 볍씨가 싹을 틔운 정성―飯 · 밥 · Bap」전을
개최하다. '한국의 맛 연구회'와 '한양여대
산학협력단'이 함께 전시를 진행하다. 연구회 회원들의
공저 『한 알의 볍씨가 싹을 틔운 정성―飯 · 밥 · Bap
展』(강남문화재단 발행) 한국어판과 영어판을 동시에
출간하다.

2012년

3월, '한국의 맛 연구회' 회원들의 공저 『한식
조리기능사』(교문사 발행)를 출간하다.

3월 3일, 한국의 맛 연구소에서 제12회 정기총회를
개최하고 '한국의 맛 연구회' 7대 임원을 선출하다. 3-6월
동안 회장 공석을 대신할 임시회장도 선출하다.

3월 24-25일, '한국의 맛 연구회' 주관으로 현대백화점
압구정본점 6층 하늘정원에서 「소망을 담아 정성으로
빚고 마음으로 베풀다―한국의 떡(餅)」전을 개최하다.
한양여자대학교가 공간 연출을 맡다.

8월, 강원도 평창 용평리조트에서 연수하다.

11월 26일, 이춘자 회원의 연구반 수업 「음식의 궁합」을
진행하다.

11월 28일, 이춘자 회원의 연구반 수업 「육선치법」을
진행하다.

11월, 경북 영주 부석사를 방문하고 전통식품회사
'무량수(無量壽)'를 견학하다. 순흥 기주떡을 탐방하다.

2013년

1-10월, 이춘자 회원의 「식료찬요 해제 및 식품 관련 최신
정보」(매월 둘째 주 수요일)와 김매순 회원의
「전통음식」(매월 셋째 주 수요일) 수업을 진행하다.

1월 23일, 이춘자 회원의 연구반 수업 「건강채소
토마토」를 진행하다.

5월 3일, 옻칠공예와 옻 음식의 고장 원주를 탐방하다.

5월 22일, 전정원 회원의 강의 「김치」를 진행하다.

6월 26일, 이근형 회원의 강의 「노티」를 진행하다. 김숙년
선생이 게스트로 참석하다.

7월 24일, 정외숙 회원의 강의 「웰빙 죽 외」를 진행하다.

8월 30일-9월 15일, '2013 천안국제웰빙식품엑스포'
주제전시관에서 '자연의 맛, 건강한 미래'를 주제로
「평생의례음식」전을 주관 진행하다.

10월 25-26일, 현대백화점 압구정본점 6층 하늘정원에서
「자연과 손맛의 조화―한국인의 김치와 젓갈」전을
개최하다. '한국의 맛 연구회'가 한양여자대학교와 함께
주관 진행하다.

10월, 청주시문화재단이 주관하는 '세종대왕 100리길'
대표 음식 개발 프로젝트에 충북대학교 산학협력단,
청원군농업기술센터 등과 함께 참여해 2014년 3월까지
진행하다.

2014년

매월 둘째 주 화요일 오후 6시에 이춘자 회원의 「식생활
문화 및 고조리서 연구」 강의를, 매월 셋째 주 수요일
오후 6시에는 이말순 회원의 「전통 반가음식」 강의를,
매월 넷째 주 화요일 오후 6시에는 각 분야 전문가인
고급연구반 회원의 실기 강의를 진행하다.

매월 둘째 주 화요일 오후 6시에 연구회 월례회의를
갖다.

2월 13일, '한국의 맛 연구회' 사무실을 서울시 서초구
방배동 전원마을 2877-18번지로 이전하다.

2월 28일, '한국의 맛 연구회' 회원들의 공저 『한
푸드스타일링』(교문사 발행)을 출간하다.

3월 13-16일, 국제문화도시교류협회 주최로 독일

라이프치히에서 열린 '2014 라이프치히 국제도서전'
한국관 행사에 참여해 '일상의 한국음식 상차림 전시 및
전통다과 시식회'를 진행하다.

3월 24일, 김매순 회원의 연구반 강의 「빙떡 톳전」을
진행하다.

3월 29일, 오후 3시에 제14회 정기총회를 개최하고
'한국의 맛 연구회' 8대 임원을 선출하다.

4월 9일, 김인자 회원의 연구반 강의 「장 담그기와 고추장
담그기」를 진행하다.

4월 14일, 김경미 회원의 연구반 강의 「차완무시,
꽃초밥」을 진행하다.

4월 22일, 이미자 회원의 연구반 강의 「밤수프, 가지수프,
풋마늘수프」를 진행하다.

5월 27일, 유영희 회원의 연구반 강의 「복 요리」를
진행하다.

6월 10일, 김은주 회원의 연구반 강의 「떡볶이」를
진행하다.

6월 14일, 강릉에서 열린 '선교장 포럼'에 참석하고
선교장 고택을 답사하다.

6월 30일, 경북 봉화 농암종택 체험 행사에 참여하다.

9월 23일, 김인자 회원의 연구반 강의 「곤드레밥,
도토리묵 무침」을 진행하다.

10월 14일, 김영애 회원의 연구반 강의 「일본호박조림,
우엉전, 돼지고기샐러드, 토마토샐러드」를 진행하다.

11월 25일, 전정원 회원의 연구반 강의 「양파 수프
스탠더드 레시피(Onin soup Standard Recipe)」를
진행하다.

2015년

2월 7일, 오후 3시에 제15회 정기총회를 개최하고,
조후종 명예회장이 작성한 「한국의 맛 연구회, 제2의
시작을 위하여」라는 글을 회원들과 함께 공유하다.

6월 11-12일, 2009년 국내 최초로 미슐랭 스타 셰프를
초청하는 행사로 서울 시내 5성급 호텔과 주요 백화점,

청담동, 이태원 일대 50여 개 레스토랑에서 열린 '2016
서울 고메(Seoul Gourmet 2016)' 중 콘래드호텔에서
열리는 '그랑갈라'와 '오픈고메'에 '한국의 맛 연구회'가
참여해 한국음식을 선보이다.

9월 11일, 국회 영빈관 사랑재에서 심재철 국회부의장이
서울 시내 복지시설 청소년을 초청한 '한가위 큰 잔치'
행사에 참여해 초청된 80여 명의 청소년들과 함께 추석
오려송편 빚기, 오미자배화채 만들기 체험을 진행하다.
이말순 회원이 '한국의 맛 연구회'를 떠나 후학 양성에
매진하며 우리 음식의 올바른 계승과 보급을 위해
'한국전래음식연구회'를 설립하다.

2016년

매월 둘째 · 넷째 주 화요일 오후 6시에, 회원들이 각각의
주제별로 이론과 실기를 병행하며 교육 프로그램을
진행하다.

1월, 방배동 연구소를 비우고 새로운 연구소를 알아보기
시작하다.

1월, 오스트리아에 거주하는 심은경 회원이
유엔산업개발기구(UNIDO) 50주년 기념 푸드
페스티벌에서 한국 전통음식 전시 및 시식 행사를
진행하다.

2월 27일, 서울시 강남구 세곡동 597번지 다인빌딩 1층
로즈키친에서 제16회 정기총회를 개최하고 '한국의 맛
연구회' 9대 임원을 선출하다.

2월, 오스트리아에 거주하는 심은경 회원이 케이-푸드
바이어스 데이(K-Food Byers Day) 행사에서 한식에 대한
강의 및 시연, 시식 행사를 실시하다.

4월, 로즈키친의 로즈 한 대표와 상의하에 '한국음식
상차림의 이론과 실기'를 시작하다. 실기 교육은
연구회원 3인이 한 팀이 되어 강의하다.

5월, 김경미 회원(반가음식연구소 소장)이 한 · 이란
정상회담 기간 중 '중동지역 김치 현지화 촉진' 행사에서
김치 시식과 체험 행사를 진행하고, 김치 홍보 부스

운영에 관여해 김치와 김장, 한국 식문화에 대한 정보를
제공하다.

10월, 오스트리아에 거주하는 심은경 회원이 '2016 UN
푸드 페스티벌'에 참가하다.

2017년

2월, 17일에 「우리나라 전통음식을 계승 보존하는
'한국의 맛 연구회'」(글 이동순, 감수 조후종)가, 25일에
「'한국의 맛 연구회'를 이끈 반가음식의 대가
강인희(姜仁姬) 교수」(글 이동순, 감수 조후종)가
『아시아경제』에 게재된 이래로, '한국의 맛 연구회가
연재하는 한국의 반가음식'이라는 제목으로 글을
게재하기 시작하다. 연구회 이동순, 이미자 회원을
중심으로 그 밖의 회원들이 돌아가며 격주로 연재를 이어
가다.

3월 2일, 『발효식품─이론과 실제』 2판을 출간하다.
2009년 3월에 출간했던 1판에 발효식품의 전망에 대한
내용을 추가하다.

11월, 한국-터키 수교 60주년을 맞아 열린 '이스탄불
국제도서전'에서 한국관에 사단법인
국제문화도시교류협회가 주관한 '한국전통문화 도서
특별전'을 위해 제작된 『한국의 전통문화 도서 28』에
'한국의 맛 연구회'의 저서 『떡, 흰쌀로 소망을 빚다』가
선정, 수록되고, 실물 책도 전시되다.

2018년

3월, 제18회 정기총회를 개최하고 '한국의 맛 연구회'
10대 임원을 선출하다.

8월, 조후종 명예회장이 국립민속박물관 '민속, 석학에게
듣다' 프로그램에서 '통과의례와 우리 음식'이라는
주제로 강의하다.

10월, 조후종 명예회장이 종로구 이화동길 소재
'책책(冊冊)'에서 한국음식 관계 도서전시 「음식사랑

조후종의 전(展)─우리 음식을 그리다」를 개최하고, 전시
오프닝 행사에서 '통과의례와 우리 음식'이라는 주제로
특강을 하다. 이 전시와 함께 조후종 명예회장의 딸인
이윤주 회원(달드베르 갤러리 관장)의 「채소를 그리다,
김치를 담다」전도 개최하다.

10월, 이경희 회원(부산문화요리학원 원장)이
부산광역시에서 주최한 '조선통신사 특별관의 전별연
해신제 음식 원형복원'을 주관해 통신사절단의
무사안녕과 위로를 위한 연회식을 재현하다.

2019년

3월, '한국의 맛 연구회' 회원들이 김수진 회원이
원장으로 있는 한류한국음식문화원(Food & Culture
Academy)을 방문해 전시를 관람하고, 외국인을 위한
전통음식 강좌 시행에 관한 의견을 교환하고 월례회를
갖다.

3월, 윤숙자 회원이 대표로 있는 한국전통음식연구소를
방문해 떡박물관, 통과의례 특별관, 갤러리 등을
관람하다.

4월, '한국의 맛 연구회' 회원들이 김명순 회원이 30여
년간 수집해 온 떡 관련 유물 1600여 점의 전시 및 연구,
교류를 위해 추진하고 있는 '떡도구박물관'(가칭, 경기도
양평군 소재) 현장을 방문해 응원하고 친목을 도모하다.

4월, 윤숙자 회원(한국전통음식연구소 소장)이
프레스센터에서 100여 명의 외신 기자들이 참석한
가운데 유기농 농산물을 이용한 추석 차례 상차림과 송편
빚기 등 한국의 명절음식 문화를 널리 알리는 행사를
주관, 진행하다.

6월, '한국의 맛 연구회' 1-3대 공동회장을 역임했고
미국에 거주하는 장선용 명예회장이 서울을 방문해,
연구회 회원들과 함께 서울클럽에서 월례회를 갖다. 이
자리에서 장선용 회원이 『미주 중앙일보』에 7년 8개월간
연재했던 요리 316가지의 조리법을 모아 2016년 11월에
출간한 『장선용의 평생요리책』과 근래 출간한 『A Korean

Mother' s Cooking Note』를 회원들과 함께 나누고,
연구회 30년을 회고하며 강인희 선생과의 추억담을
나누다.

8월, 김경미 회원이 소장으로 있는 반가음식연구소에서
월례회를 갖다. 낭만농부 김영일 선생과 함께 올바른
먹을거리 이해와 현황에 대한 강좌와 토론을 진행하다.

10월, 윤숙자 회원(한국전통음식연구소 소장)이 프랑스
파리 1구청이 주관한 '르 코르동 블루 파리(Le Cordon
Bleu Paris)'의 김치응용 요리 대회 및 파리 시민과
함께한 김치 축제에서 한식의 우수성을 소개하다.

한국의 맛 연구회 임원 명단

한국의 맛 연구회 총회 자료를 토대로 정리한 것으로
임원명은 가나다 순으로 수록했다.

1대(2001. 3. 24-2003. 2)
공동회장 : 장선용, 조후종
수석부회장 : 이말순
부회장 : 김윤자, 박란숙, 이동순, 허채옥
총무이사 : 구숙자, 윤옥희
재무이사 : 박혜경, 이말순
연구이사 : 김귀영, 박혜원, 배숙희, 이춘자, 전정원,
　홍순조
감사 : 김경미, 임경려
고문 : 김동욱

2대(2003. 3-2005. 2)
공동회장 : 장선용, 조후종
수석부회장 : 이말순
부회장 : 김윤자, 윤옥희, 이동순, 박란숙
총무이사 : 전정원
재무이사 : 박혜경
서기이사 : 이미자
연구이사 : 구숙자, 배숙희, 이경희, 이근형, 이용숙,
　이춘자, 정외숙, 홍순조
홍보이사 : 한명희
감사 : 임경려, 임영희

3대(2005. 3-2007. 2)
회장 : 장선용, 조후종
수석부회장 : 이말순
부회장 : 김윤자, 윤옥희, 이동순, 전정원, 허채옥, 홍순조

총무이사 : 이미자
재무이사 : 박혜경, 이말순
서기이사 : 박은경
연구이사 : 김경미, 김귀영, 김매순, 박종숙, 배숙희,
　오경옥, 윤재영, 이경희, 이근형, 이용숙, 이춘자,
　정외숙
감사 : 임경려, 임영희

4대(2007. 3-2008. 2)
명예회장 : 장선용, 조후종
공동회장 : 윤옥희, 전정원
수석부회장 : 김귀영
부회장 : 김매순, 김윤자, 임경려, 임영희, 홍순조
총무이사 : 김영애, 안명화
재무이사 : 오경옥, 이미자
서기이사 : 박은경, 윤재영
연구이사 : 박혜경, 양영숙, 윤재영, 이경희, 이말순,
　정외숙
홍보이사 : 박종숙
감사 : 김인자, 이근형, 이선애, 임영희
고문 : 이말순, 이춘자

5대(2008. 3-2010. 2)
명예회장 : 장선용, 조후종
회장 : 전정원
부회장 : 김귀영, 김매순, 김윤자, 이미자, 임경려, 정외숙,
　허채옥, 홍순조
총무이사 : 김영애, 안명화
재무이사 : 이근형, 이진희
서기이사 : 박은경
연구이사 : 윤재영
감사 : 김인자, 임영희
고문 : 이말순, 이춘자

6대(2010. 3-2012. 2)
명예회장 : 장선용, 조후종
회장 : 전정원
부회장 : 김귀영, 김매순, 김윤자, 이미자, 임경려, 정외숙,
　　　허채옥, 홍순조
총무이사 : 김영애, 안명화
재무이사 : 이근형, 이진희
서기이사 : 박은경
연구이사 : 윤재영
감사 : 김인자
고문 : 이말순, 이춘자

7대(2012. 3-2014. 2)
명예회장 : 장선용, 조후종
회장 : 전정원
수석부회장 : 이미자
부회장 : 김귀영, 김매순, 김윤자, 임경려, 이미자, 허채옥,
　　　홍순조
총무이사 : 김영애, 안명화
재무이사 : 이근형, 이진희
서기이사 : 박은경
연구이사 : 박혜경, 신현희, 심은경, 양영숙, 오경옥,
　　　유영희, 윤재영, 이경희, 이선애, 정외숙, 정현자,
　　　한지영
홍보이사 : 김경미, 문혜영, 박종숙
감사 : 김인자
고문 : 이말순, 이춘자

8대(2014. 3-2016. 2)
명예회장 : 장선용, 조후종
회장 : 이미자
수석부회장 : 김경미
부회장 : 박종숙, 윤재영, 이경희, 정외숙, 허채옥

총무이사 : 김영애, 박은경
재무이사 : 이근형
서기이사 : 박은경
연구이사 : 김귀영, 김윤자, 신동주, 신수정, 신현희,
　　　심은경, 안명화, 오경옥, 유영희, 윤옥희, 이선경,
　　　이선애, 이은경, 이진희, 이춘자, 이희숙, 최기정,
　　　최영희, 한지영, 홍순조
홍보이사 : 박혜경, 김영경
감사 : 김인자
고문 : 김매순, 신현희, 이말순, 이춘자, 임경려, 전정원,
　　　홍순조

9대(2016. 3-2018. 2)
명예회장 : 장선용, 조후종
회장 : 김경미
수석부회장 : 이동순, 이근형
부회장 : 김영애, 박종숙, 이경희, 정외숙, 홍순조
총무이사 : 홍인이
재무이사 : 최영희
서기이사 : 박은경
연구이사 : 심은경, 신현희
감사 : 윤재영
고문 : 김매순, 김인자, 이미자, 이춘자, 전정원

10대(2018. 3-2022. 2)
명예회장 : 장선용, 조후종
회장 : 이근형
수석부회장 : 정외숙
부회장 : 김영애, 박종숙, 이경희, 이동순
총무이사 : 홍인이
재무이사 : 최영희
서기이사 : 박은경
연구이사 : 구숙자, 민혜경, 박혜경, 선명숙

홍보이사 : 심은경, 정은진
감사 : 이동순, 홍순조
고문 : 김경미, 김매순, 김인자, 전정원, 이미자, 이춘자

11대(2022. 3-)
명예회장 : 장선용, 조후종
회장 : 이경희
부회장 : 김영애, 윤재영, 정외숙
총무이사 : 정은진
재무이사 : 최영희
서기이사 : 박은경
홍보이사 : 박종숙, 심은경
감사 : 이동순, 홍순조
고문 : 김경미, 김매순, 김인자, 이근형, 이미자, 이춘자,
   전정원

한국의 맛 연구회 회원 명단

2005년 회원 주소록을 토대로 변동 사항을 보완한
것으로, 일부 연락이 닿지 않는 회원의 경우 직함이나
활동사항이 사실과 다를 수 있다. 가나다순으로
수록했으며, 작고한 회원은 이름 뒤에 '*'로 표시했다.

강명수 수성대학교 보육교사 교육원 강사,
　　대구미래대학교 호텔조리학과 교수 역임
강명화 호서대학교 생명보건대학 식품영양학과 교수
강승현 슈크레 케이크 스튜디오 근무
강진명
구도연
구선숙 『행복이 가득한 집』 편집장
구숙자 식문화원 원장, '지리산 삼계탕 연희' 대표
고영희
고옥순
권인숙 안성농업기술센터 강사, 현대백화점 삼성점
　　'행복한 식탁—김치 밸리' 대표 역임
김경림
김경미 한국호텔관광전문학교 호텔조리과 특임교수,
　　반가음식연구소 소장, 해외 한식당 조리종사자 교육
　　전문가(한식 세계화), 제25회 광주세계김치축제
　　김치명인 대통령상 수상(2018)
김경옥 동아요리학원 원장
김귀영 경북대학교 식품영양학과 명예교수
김대현
김매순 '김매순 솜씨와 멋'(폐백 · 이바지) 대표, 지미재
　　회장 역임, 제1회 한식문화예술장인상(궁중음식연구원,
　　2018), (사)대한양돈협회 주최 전국요리경연대회 금상
　　수상(1987)
김매순 '떡의 미학'(떡 · 한과) 대표, 떡과 도구 박물관
　　설립, 〈먹거리 X파일〉 착한가게(jtbc, 2012),
　　〈수요미식회〉(tvN), 〈생생정보통〉(KBS) 등 다수 출연

김명희 경기대학교 외식조리학과 교수
김명희 폐백 · 이바지 전문가
김미경
김미수
김미영
김복남 한림성심대학교 관광외식조리과 교수 역임
김선복 인천시 여성복지관 강사
김선희 한국식품기술사협회 이사, 천일식품 연구소장
　　역임
김성연
김성자 안산요리직업전문학교 교장 역임
김소정
김소현
김수경 신세계 아카데미 쿠킹 강사,
　　일산중앙요리전문교육원 원장 역임, 서영대학교
　　호텔외식조리과 외래교수 역임
김수연
김수의
김수정
김수진 한류한국음식문화연구원(Food&Culture Acad-
　　emy) 원장, 푸드코디네이터, 드라마 〈식객〉, 영화
　　〈왕의 남자〉 등 다수 자문 및 음식감독
김순진 (사)21세기여성CEO연합회 회장,
　　(재)평통여성장학재단 이사장, (주)놀부 BNG 회장
　　역임
김연미
김연순
김연희
김영경 (주)MAMHMR 대표, 한국전래음식연구소 회장
　　역임
감영남
김영빈
김영애 청강문화산업대학교 외래강사, 호원대학교
　　겸임교수 역임
김영희 아우 회장, 엄마의 행복 운영

343

김예성

김오라 안산요리학원 부원장 역임

김옥란 한국관광대학교 호텔조리과 교수

김옥련

김옥선 신안산대학교 강사 역임

김윤영

김용분

김용숙

김윤자 안양요리학원 원장

김은희 서라벌대학교 호텔조리과 교수

김인숙 '대장금'(한정식) 대표, '토방'(한정식) 대표
　　　역임

김인순

김인자 전통음식연구가, 수강재 회장 역임, 레스토랑
　　　'르샤' 대표 역임

김인화

김재욱

김정단 폐백·이바지 전문가

김정민

김정주

김정현 배재대학교 가정교육과 교수

김종순 현대직업전문학교 교장

김종애* 김종애한과연구원 원장 역임

김준희

김지연* 김지연조리제과학원 원장 역임

김지연

김지영

김지원

김진원 캐나다 거주 한국전통음식연구가,
　　　푸드코디네이터, KBS 다큐멘터리 '우리 음식
　　　지킴이'(1999년 KBS 서울 프라이즈 수상) 출연

김진숙

김진희

김창임 혜천대학교 식품과학계열 교수

김태진 전통음식연구가

김향희 수성대학교 호텔조리과 교수 역임

김한석 전 '더 프라자 세븐 스퀘어' 근무

김현숙 전통음식연구가

김현정 서울여자대학교 식품조리과 교수

김혜영

김혜원 디저트 카페 '버블베어' 근무

김혜진

김희수 (주)농심 켈로그 마케팅부 근무

김희숙 서영대학교 강사

김희정

나명순

나영숙 전통음식연구가

나옥렬

나혜영 약선요리연구가

남상민 하남유나이티드병원 근무, 전 서울보훈병원
　　　약재부 근무

노영희 스튜디오 푸디(Studio Foodie) 대표, '폼
　　　서울'(한정식) 대표이사, 푸드코디네이터, 요리연구가,
　　　외식사업 컨설턴트

노진화* 노진화요리학원 원장 역임

노희정

다마가와 아키 일본 오사카 '스튜디오 월록(月麓)' 운영,
　　　한국음식 강사, 전통자수 및 한국보자기 작가

류민정

명춘옥 오산대학교 호텔조리계열 교수

무네마사 아카네

문은정 음식나라조리학원 원장

문혜영 대전과학기술대학교 식품조리계열 교수,
　　　푸드코디네이터, 백석대학교 외식산학부 교수 역임

민혜경 뚜레쥬르 평창점 점장 역임

박경옥 동양요리학원 근무

박란숙 숭의여자대학교 식품영양과 교수 역임

박명숙

박명숙

박서란 '푸드오페라'(폐백·이바지) 대표,

'그레잇마켓'(요리전문가들의 착한 공동 푸드마켓)
대표
박선민
박성원
박숙주
박신애 라비딸 화장품 수입 판매 대표
박영미 한양여자대학교 외식산업과 교수,
　중요무형문화재 제38호 조선왕조궁중음식 이수자,
　궁중병과연구원 교육팀장 역임
박윤정
박은경 '반가'(폐백·이바지) 대표, 전통병과 전문가
박은주 『행복이 가득한 집』 요리문화팀 기자
박정신 백웅정보통신 대표
박준희 풀무원 근무, 중요무형문화재 제38호
　조선왕조궁중음식 이수자
박종숙 경기음식연구원 원장, 신세계백화점 한식 고문,
　신세계 한식연구소 소장, 한식진흥원 이사,
　(사)한국문화유산진흥센터 이사, MBC 라디오 〈건강한
　아침〉 '박종숙의 맛있는 이야기' 칼럼 진행, 농림부
　장관상 수상(한식진흥 유공자, 2016), 국회 문광위
　한류문화대상 한식 부문 수상(2017)
박지영
박현주 조선호텔 조리담당 P.E(Product Engineering)
　메뉴 개발 선임과장
박혜경 자하 손만두(『미쉐린 가이드』 빕구르망 연속
　선정, 2017-2019) 대표, 자주빛노을(주) 대표
박희선
박희숙*
박혜 진상품 대표, 신한대학교 호텔조리과 교수 역임
박혜진 가천대학교 식품영양학과 강사
박효숙
박희순
박희자 고메홈 대표 역임
박희지 하선정요리학원 원장, 요리연구가
배숙희 합천전통한과 대표, 전통음식연구가,

전통식품사관학교 설립 예정
배영희 오산대학교 호텔조리계열 교수
배윤자 배윤자요리학원 원장 역임
배은자 파주시 평생학습센터 강사, 경민대학 교수 역임
백민경
백미라
백은영
서미숙 수원여자대학교 식품조리학과 강사
서성일
서애리
서정자
서지민
서혜원
선명숙 '기품'(수제떡 전문점) 대표, 우송대학교
　외식조리학과 강사 역임, 2007년 대한명인 선정
손보경
손선영 혜전대학교 외식산업과 강사, 푸드코디네이터
손선영
손영진 한국음식개발원 원장, 서경대학교 호텔관광
　외식계열 교수 역임
송보영
송승임
송경희 명지대학교 식품영양학과 교수
송점희
신동주 한(韓)차림 대표, 푸드코디네이터, 중국
　심천(深川) 라멘 전문점 '카지켄' 대표, 소주(蘇州)
　한식당 '사랑방' 대표, 제너시스 BBQ 전략마케팅팀
　고문 등 역임, 외식컨설팅 다수
신미경 국제한식조리학교 교수
신미선
신수정 서울호텔관광전문학교 호텔조리과 전임교수
　역임, 숭실호스피탈리티 직업전문학교 강사 역임
신선희
신영애 춘천시 여성회관 강사
신용은 광명요리학원 원장, 조리기능장

신현희 신비 대표, 상명대학교 가정학과 강사 역임,
　전통음식연구가

심원경

심은경 오스트리아 거주 한국전통음식연구가,
　푸드코디네이터, 혜천대학교 강사 역임, UNIDO
　50주년 Food Festival(UN, Vienna International Center,
　2016) 및 K -Food Byers Day 한국음식 강연, 시연 및
　시식행사(오스트리아 한국전통문화센터, 2016)

안명화 우송대학교 글로벌한식학과 교수,
　전통음식연구가, 외식사업체 컨설팅 다수

안해단 화성시 근로자종합복지관 요리강사

안혜란

야마우치 마키코 식문화원 연구원

양덕순 한국요리교육원 원장

양시내 키친반 운영

양영숙 남도의례음식장(南道儀禮飮食匠),
　광주무형문화재 제17호 기능보유자, 양영숙 떡방 대표
　역임

양정수

양정숙 서울 삼호요리교실 강사

양정은

오경옥 서정대학교 조리학과 강사,
　롯데백화점 · 현대백화점 문화센터 강사

오경화* 한정혜요리학원 원장 역임

오금자 두메산골 대표

오영아 이화여대 통·번역대학원 겸임교수, 한국문학
　번역가

오은주 김지연요리학원 강사 역임

오지희

요코 히구치

우나리야 호서대학교 식품영양학과 교수

우은열 중앙급식관리 지원센터 팀장,
　국제조리제과전문학교 교수 역임, 오산시어린이
　급식관리지원센터 팀장 역임

유금열

유덕순

유영희 의정부 · 부천시 농업기술센터 강사

유미애

유선희

유순자

윤수경

윤숙자 (사)한국전통음식연구소 대표, 떡박물관 관장,
　개성음식연구소 소장, 한식재단 이사장 역임, 2007년
　남북정상회담 남한 측 답례만찬 책임자 역임, 2005년
　부산에서 열린 아시아태평양경제협력체(APEC)
　정상회의 기념 궁중음식 특별전 개최, 2006년 파리
　식품박람회(SIAL)에서 김치문화홍보관 운영, 제4회
　UN본부 한국음식축제 2007 '고궁으로의 초대' 리셉션
　전시 및 강연(뉴욕 MAD gallery),
　해외한식전문인력양성교육(L.A., 2013), 밀라노엑스포
　한식테마행사(2015), 스페인 마드리드 한식홍보관
　운영(2017) 등 기획 전시 다수

윤연자 '윤 이바지' 대표 역임

윤옥희 한국요리와문화연구소 소장, 조리기능장,
　한식패밀리레스토랑 '산내들내' 대표 역임, 청와대
　사랑채 한식홍보관에서 외국관광객 한식체험
　운영(2014-2016), 교육인적자원부 장관상
　수상(사회교육 유공자, 2001)

윤은숙 윤은숙요리학원 원장, 을지대학교 교수 역임

윤은정

윤재영 안산대학교 호텔조리과 교수, 부총리 겸 교육부
　장관상 수상(2019), 한국조리학회 이사,
　한국식생활문화학회 이사, 서울 YWCA 소비자 환경팀
　위원 역임

윤황애

이경란

이경은

이경하

이경현 JTBC PLUS 디지털 콘텐츠 에디터, 『메종』,
　『리빙센스』, 『행복이 가득한 집』, 『리빙&푸드』 에디터

역임

이경희 부산문화요리학원 원장, 조리기능장, 조선통신사
　　요리연구회 초대 회장, 조선통신사 전별연과 해신제
　　요리 최고 권위자, 대통령상 수상(소상공인 지도자,
　　2016), 2019 부산 최고 장인상 수상

이계순 대구문화요리학원 원장

이근형 전통음식연구가

이금순

이금희

이금주

이금희

이기중 전남대학교 문화인류고고학과 교수,
　　한국시각인류학회 초대 회장 역임

이남숙

이동순 미식공간 요리연구소 소장,
　　(사)한국요리연구가협회 회장, 조리기능장

이동준* 요리연구가

이말순 한국전래음식연구소 소장

이명화

이문숙 (주)엘엠에스 컨설팅 대표

이문현

이미자 전통음식연구가, 백석문화대학교 외래교수,
　　경원대학교 외래교수 역임, 외식사업 컨설팅, 동양매직
　　오븐요리 최고대상 수상

이범주

이보배

이봉춘

이선경 고내미 전통장 대표

이선애 푸드아티스트(Food Artist), 파티플래너(Party
　　Planner), 라 꾸진느 한국요리강사 역임

이선정

이선주 수성대학교 호텔조리과 겸임교수 역임

이성은

이세원

이승미

이승진

이순주 중부여성발전센터 강사

이세미

이승희

이영미 한국요리학원 원장

이영순 경희대학교 식품영양학과 교수 역임

이옥희

이용숙 궁중요리연구가

이용숙

이유진 충북대학교 식품영양학과 강사

이유진

이윤주 달드베르 갤러리 관장, 배화여자대학교
　　전통복식과 교수 역임

이윤주

이은

이은경 F.I.M Kooking studio 대표, (주)녹선 연구개발실
　　수석연구원, 한양여자대학교 식품영양과 겸임교수

이은영

이은주 폐백·이바지 및 출장요리 전문가

이인열

이정은

이정희 백석예술대학교 외식산업학부 교수

이종미 이화여자대학교 식품영양학과 교수 역임, 농심
　　음식문화원 원장 역임, 한국식생활문화학회 회장 역임

이주연

이지민 영남대학교 강사

이지현

이진하

이지호 지호한방삼계탕 회장, 신한대학교 외식조리과
　　교수 역임

이지희

이진숙 가원떡 대표

이진희 백석예술대학교 외식산업학부 강사

이춘자 경희대학교 호텔관광대학원 강사 역임,
　　한양여자대학교 식품영양학과 강사 역임.

이충미

이현숙

이형숙 '이형숙 허브, 빵, 떡 연구소' 소장,
  평생교육관(대전, 청주, 춘천) 사찰음식 강의,
  한국관광대학교 제과제빵과 겸임교수

이혜란 배화여자대학교 식품영양학과 교수

이희숙 싸이쿡 요리연구소 대표, 한국 산업인력관리공단
  실기시험 감독

이희옥 전통음식연구가

임경려 안산대학교 식품영양과 교수 역임

임보현

임경숙

임순애 '석파랑'(한정식) 대표

임영희 폐백·이바지 전문가, 전통음식연구가

임효정 전통음식연구가

장미라 국립강릉원주대학교 식품영양학과 교수

장미연

장선경 숙명여자대학교 한국음식연구원 기획팀장

장선용 미국 거주 한국전통음식연구가,
  음식칼럼니스트(미주『동아일보』,『한국일보』등),
  미주 지역 한식 전도사

장영수 소담 대표

장영주 공주대학교 사범대학 기술가정교육과 강사

장하정

전금수

전용선 자하손만두 점장

전정원 혜전대학교 호텔조리외식계열(호텔조리과) 교수
  역임, 조리기능장, 푸드코디네이터, Japan Tokyo Table
  wear Fastival 입선(2004, 2005), 대통령상 수상(2002
  월드컵조직위원회 단체급식 위원), 문화체육관광부
  장관상 수상(2010), 한식 세계화 해외 한식당
  조리종사자 교육전문가, 외식사업 컨설팅 다수

전희정 수원수도요리학원 근무

정남정 감자옹심이 대표

정민주 호원당 한국전통병과연구가

정서진 이화여자대학교 식품영양학과 교수

정소연 청강문화산업대학교 푸드스타일리스트과
  초빙교수, 상상테이블 대표

정소영

정순금

정순원 전통음식연구가

정순자 정순자요리학원 원장 역임

정영경

정영주 호원당 미주 지사장

정옥수* 경북요리학원 원장 역임

정외숙 수성대학교 호텔조리과 교수, 과립형 한방
  건강식품과 그 제조방법 특허(2013), 영맥수 상표등록
  특허, 외식사업 컨설팅 다수

정용현

정유진 국제요리칵텔학원 부원장, 에드윌, EBS 한식조리
  필기강의, 조리기능장

정유진

정은정

정은진 홈플러스문화센터 요리전임강사,
  동양매직요리교실 원장, '해정'(한정식) 대표 역임

정은진 신안산대학교 호텔조리과 외래교수, 광명시
  여성비전센터 조리과 강사

정은아

정은혜 『쿠켄』에디터 역임

정진우 동양매직요리교실 원장

정재홍 신안산공과대학교 호텔조리과 교수, 한라대학교
  호텔조리과 교수 역임

정현자 화성시 농업기술센터 강사, 현대백화점 문화센터
  강사, 케이터링 및 레스토랑 운영

정혜경 호서대학교 교수, 농식품부 장관상(2012),
  과학기술우수논문상(2014), 문화체육부 장관상(2016)
  수상

조명희

조미자 동남보건대학교 식품영양과 교수 역임

조민경 전통음식연구가

조부연 '혼인잔치' 대표, 떡 전문가

조애경

조우균 가천의과학대학교 식품영양학과 교수

조은정 조은정 식공간연구소 소장

조은희 전통문화연구소 온지움 맛공방 방장, 무형문화재
　　제38호 조선왕조궁중음식 이수자

조준형 태극당 개발이사

조진숙 CJ 신선식품센터 식품연구소 수석연구원

조후종 명지대학교 식품영양학과 교수, 한국조리과학회
　　상임이사, 한국유화학회 상임이사, 한국식문화학회
　　상임이사 등 역임, 문교부 제1종 도서
　　연구원(중고등학교 교과서 집필) 역임

조희숙 요리아카데미 한식공방 대표,
　　'한식공간'(한정식, 『미쉐린 가이드』 서울 2019 선정)
　　대표, 한국전래음식연구소 회장, 세종호텔, 노보텔
　　앰배서더, 그랜드 인터컨티넨탈, 신라호텔 한식당 쉐프
　　역임, 주미 한국 대사관저 총주방장 역임, 사단법인
　　아름지기 식문화연구 전문위원 역임, 『미쉐린 가이드』
　　서울 2019 한국음식 쉐프 선정

지명제

채수경 한성디지털대학교 강사

채인숙 제주대학교 식품영양학과 교수

채혜정 원주 선화당 전통·병과전문점 쿠킹클래스 운영,
　　시민문화센터 강사

채희정

천서영

최경혜 라맘마 꾸시나(엄마는 요리중) 강사

최기정 다정 대표, 지미재 회장 역임

최남순 배화여자대학교 식품영양과 교수

최민경 최민경요리직업전문학교 교장

최서연

최성희

최소례 인천재능대학교 한식명품조리과 교수, 전
　　조선호텔 한식당 셔블 근무

최신애* 요리연구가, 최신애 쿠킹스튜디오 대표 역임

최은정 신한대학교 호텔조리과 강사

최지은 f.l.m.studio2 대표, 푸드코디네이터

최영은

최영희 백석대학교 외식산업학부 교수

최예정

최원석 가천대학교 식품영양학과 전임강사

최은형

최정윤 샘표 연구원

최혜림 청강문화산업대학교 푸드스타일리스트과 교수
　　역임

표윤지

허미혜

한명주 경희대학교 식품영양학과 교수

한명희 F&C ACADEMY 한국요리강사, MBC문화센터 및
　　롯데백화점문화센터 강사 역임

한복선 한복선 식문화연구원 원장, 대복 회장,
　　(재)궁중음식연구원 이사, 무형문화재 제38호
　　조선왕조궁중음식 이수자, 시인, 민화작가

한지현(옥임) 신라직업전문학교 교장

한지영 한경대학교 강사 역임

한지혜

한인경

한지수

허채옥 한양여자대학교 명예교수, 동아시아식생활학회
　　부회장, 근정포장(2008), 황조근정훈장(2018)

현영희* 수원여자대학교 식품조리과 교수

홍순조 홍순조요리방 대표, 중요무형문화재 제38호
　　조선왕조궁중음식 이수자

홍아람

홍은영

홍인이 전통음식연구가, 혜전대학교 호텔조리과 강사
　　역임

황경미

황영숙

황인경 서울대학교 식품영양학과 명예교수

황정현 예술의전당 어린이 미술강사
황정희 전통음식연구가
황진미
홍문자
히구치 요코

한국의 맛 연구회 서울 이전 및 창립 기금 발기인 명단

구숙자, 김귀영, 김매순, 김명순, 김성자, 김순진, 김연순,
김영경, 김윤자, 김인숙, 김지연, 김진원, 김종순, 김향희,
김현정, 노진화, 문혜영, 민혜경, 박선민, 박윤정, 박종숙,
박혜경, 박혜원, 박혜진, 박희자, 배윤자, 백은영, 선명숙,
손영진, 신용은, 신현희, 양영숙, 오경옥, 윤숙자, 윤옥희,
이경희, 이근형, 이동순, 이말순, 이미자, 이선애, 이선주,
이춘자, 임순애, 장선용, 전정원, 정민주, 정순자, 정영주,
정외숙, 조애경, 조준형, 조후종, 채인숙, 채혜정, 최경혜,
최신애, 허채옥, 현영희, 홍문자, 홍순조

전통 건강 음료 — 빛깔있는 책들 181

대원사, 1996. 6. 5, 128쪽, 150×205mm, ISBN 978-89-369-0181-3

우리 음료 문화가 언제부터인가 서양식으로 변화되어 사이다, 콜라 등의 탄산 음료가 생활 속에서 정착돼 있는 상황에서, 이 책은 올바른 음료 문화를 정착시키기 위해, 또는 이미 전통 음료에 관심을 갖고 있는 사람들을 위해 우리 선조들이 즐겨 마셔 왔던 전통 음료를 소개했다. 전통 건강 음료의 역사를 살펴보고, 지금은 맥이 끊어진 장, 갈수, 숙수, 탕 등의 전통 음료를 소개하며, 청량음료를 그 이용 재료에 따라 곡물가루, 오미자 국물, 밀수, 약재, 엿기름, 과일과 과일즙으로 나누어 상세한 레시피를 수록했다. 부록으로 서양의 꽃과 과일을 이용한 차를 덧붙였다.

통과 의례 음식 — 빛깔있는 책들 207

대원사, 1997. 11. 15, 128쪽, 150×205mm, ISBN 978-89-369-0207-0

백일, 돌, 성년식, 혼인, 회혼, 상장례 등 사람이 태어나서 죽기까지 겪게 되는 여러 통과 의례에는 각각의 의식과 더불어 특별한 음식이 차려지는데 이 음식을 '통과 의례 음식'이라 하며, 이 음식들에는 그 색(色)과 수(數)를 통해 기복사상(祈福思想)이 담기게 된다. 이 책은 통과 의례의 역사적 배경과 의미를 먼저 살펴본 뒤, 출생, 백일, 돌, 생일, 책례, 성년례, 혼인례, 수연례와 회혼례, 상장례, 제의례 등 우리나라에서 일반적으로 행해졌던 통과 의례를 중심으로 각 의례 때 쓰인 각 음식들의 특성과 만드는 법을 소개했다.

김치 — 빛깔있는 책들 215

대원사, 1998. 7. 20, 144쪽, 150×205mm, ISBN 978-89-369-0215-5

김치는 한국인에게 단순한 음식 이상의 의미를 갖는다. 김치는 반양식(半糧食)이라 할 정도로 쌀과 함께 우리 식생활에 없어서는 안 될 중요한 역할을 하고 있으며, 김치의 숙성 과정과 붉은빛이 내는 시각적 조화에는 우리의 민족성이 담겨 있다. 김치에 관한 인문학적 지식과 50여 종의 김치 레시피 등 김치에 관한 모든 것을 소개했다. 또한 한국인과 김치, 김치의 어원과 역사, 김장과 김치의 보관, 양념 기구, 김치와 음식 예절, 특이성 김치와 향토 김치, 김치의 과학성과 영양성, 그리고 다양한 종류의 김치 담그는 법과 김치를 이용한 음식까지 소개했다.

한국의 상차림

효일문화사, 1999. 8. 28, 308쪽, 188×257mm, ISBN 978-89-857-6876-4

현대 생활양식의 급격한 변화에 따라 전통 상차림은 그 형식의 번거로움으로 인해 점점 잊혀져 가고 있다. 이러한 전통문화를 보존하기 위해 한국음식의 맛과 멋, 상차림 등에 대한 그동안의 연구 성과를 한 권의 책에 담았다. 제1장은 한국의 자연환경과 식생활문화를 비롯해 한국음식의 특징과 재료, 상차림을, 제2장은 통과의례 음식과 상차림을, 제3장은 세시음식과 향토음식을, 제4장은 한국음식의 종류와 해당 레시피를 각각 다루고 있다. 부록으로 제철식품표, 식품중량표를 덧붙여 활용도를 높였다.

조상의 지혜가 담긴 ─ 한국의 죽

한림출판사, 2001. 2. 28, 150쪽, 188×230mm, ISBN 978-89-7094-323-7

오늘날 죽은 이유식, 어린이 간식, 노인식, 환자식, 별미음식 등 영양식으로 많이 이용되고, 식사 전 에피타이저나 수프 대용으로도 활용되며, 특히 건강식으로서 죽에 대한 관심이 날로 커져 가고 있다. 이 책은 곡물류죽, 견과류죽, 채소류죽, 육류죽, 어패류죽, 한방류죽, 즙류죽, 미음류죽, 옹이류죽 등 다양한 전통 죽 레시피를 소개한 조리서다. 책 말미에는 한방약죽을 끓일 때 도움이 되는 「죽에 쓰이는 생약성분」을 비롯해 「재미난 죽 이야기」, 「죽 맛있게 먹는 법」, 「소문난 죽집을 찾아」도 소개했다.

장 ─ 빛깔있는 책들 253

대원사, 2003. 11. 5, 168쪽, 150×205mm, ISBN 978-89-369-0254-4

장은 우리 식생활에서 음식의 맛을 내기 위해 반드시 필요한 조미료로, 이 책에는 장에 관한 다양한 이야기, 그리고 담그는 방법을 자세하게 수록했다. 먼저 장의 어원과 역사, 장의 효능, 장의 재료와 특성 등을 살펴보고, 장의 종류를 알아본 후 장 담그기로 넘어가, 장 담그는 날, 장독 고르기, 메주 쑤기로 시작해 간장, 된장, 청국장, 막장, 청육장 담그는 방법 등을 상세하게 소개하고, 고추장의 역사와 종류, 담그는 법을 소개했다. 마지막으로 장을 이용한 전통 음식 레시피를 소개함으로써 장을 다양하게 활용할 수 있도록 했다. 부록으로 콩과 장에 관련된 속담, 세계의 장 문화 등을 덧붙였다.

한국의 나물 ─ 세계 최고의 건강식

북폴리오, 2004. 3. 20, 304쪽, 176×228mm, ISBN 978-89-378-3023-5

이 책은 '한국의 맛 연구회'를 이끌었던 강인희 교수가 계획했으나 생전에 뜻을 이루지 못한 것으로, '한국의 맛 연구회' 회원들이 우리 전통 채소 음식의 우수성을 절감하고, 모든 사람들의 건강의 길잡이가 되고자 하는 바람으로 펴낸 정성의 결과물이다. 1부 '나물이론' 편에서는 나물의 개요, 의미, 어원, 문화론, 다양한 종류, 효능과 영양, 갈무리와 보존 등을 다루고, 2부 '나물요리' 편에서는 생채, 숙채, 잡채 등으로 나누어 다양한 나물 음식 조리법을 소개했다. 특히 재료 고르는 법, 각 나물 요리의 특성과 효능도 알려주어 이해도를 높였다.

건강 밑반찬 126가지 ─ 화학조미료 없이 만드는 엄마 손맛

동아일보사, 2004. 5. 28, 188쪽, 188×257mm, ISBN 978-89-709-0355-2

순 우리식 밑반찬 126가지의 조리법을 담은 책이다. 재료별 기본 반찬, 장아찌나 부각 같은 저장식 밑반찬, 아이들을 위한 영양반찬, 손님상에 어울리는 별미반찬 등 조리법을 사진과 함께 소개했다. 이외에 천연 양념 만드는 법, 국산과 수입 농수산물 구별법, 유기농산물 구별법과 구입처, 식품 속에 든 농약과 유해물질 없애는 법, 지역 특산물 및 유기농 식품 온라인 쇼핑몰 등 유용한 정보도 소개했다.

가장 배우고 싶은 김치 담그기 40

북폴리오, 2006. 8. 20, 124쪽, 210×250mm, ISBN 978-89-378-3150-8

국내 네티즌 1,000명에게 '가장 배우고 싶은 김치, 가장 만들어 보고 싶은 김치'가 무엇인지 물어, 1위부터 40위까지의 김치 조리법을 사진과 함께 소개한 요리서다. 누구나 쉽게 만들 수 있도록, 일목요연하게 정리한 레시피를 과정별 사진과 함께 수록했으며, 실제로 담글 때 당황하게 되는 미세한 부분을 '앗 실수'나 '알면 좋아' 코너를 통해 보완했다. 또한 꼭 갖춰야 할 조리도구, 초보자를 위한 김치 재료 선택 및 손질법, 배추 절이기, 뒷부분에는 풀 쑤기, 무채 썰기, 고춧가루 사용법, 젓갈의 종류와 특성, 김치 보관법, 지역별 계절별 김치, 김치의 영양성까지 다양한 팁을 소개했다.

제사와 차례-알고 싶어요! 꼭 집어 알려주세요!

동아일보사, 2007. 7. 30, 162쪽, 190×245mm, ISBN 978-89-709-0584-6

후손들이 조상을 추모하는 의식인 제사와 차례는, 오늘날 까다로운 형식과 절차 때문에 그 의미는 사라져 가고 의식 자체의 무거움만 더해 가고 있는 실정이다. 이 책은 제사와 차례에 관한 모든 것을 담은 것으로, 제사나 차례의 의미와 유래에서부터 준비와 절차, 음식과 상차림까지 모두 세 파트로 구성했다. 특히 유교, 불교, 원불교, 가톨릭, 개신교 등 종교에 따른 제사(또는 추도식) 음식 또는 상차림을 다루고 있는 것이 특징이다. 또한 전통의 양식을 따르되 바쁜 현대인들을 위해 보다 간편하고 맛있게 만들 수 있는 방법을 소개해 평소 건강식으로도 활용할 수 있게 했다.

떡과 전통과자

교문사, 2007. 10. 30, 198쪽, 188×257mm, ISBN 978-89-363-0880-3

약이성(藥餌性) 식재료들이 균형 있게 배합된 과학적이고 합리적인 식품인 한국의 떡, 전통과자, 전통음료에 관한 책이다. 제1부에서는 떡의 역사와 식품학적 의의 등을 개괄하고, 만드는 방법에 따라 구분지어 여러 가지 떡을 소개했다. 제2부에서는 전통과자의 유래와 역사를 비롯해 다양한 쓰임새와 우수성을 설명하고, 강정, 약과, 다식을 비롯한 다양한 전통과자 만드는 방법을 소개했다. 제3부에서는 전통음료를 탕, 장, 숙수, 청량음료 등으로 구분해 설명하고, 식혜, 수정과와 같은 친숙한 음료부터 송화밀수나 보리수단과 같이 자주 접할 수 없는 음료까지 소개했다.

우리 음식의 맛-기초한국음식과 응용요리

교문사, 2008. 3. 20, 232쪽, 188×257mm, ISBN 978-89-363-0905-3

한국산업인력공단의 검정기준에 따른 한식조리기능사 자격증을 취득하고자 하는 이들을 위해 전통의 맛을 내는 기초 요리 51가지와 29가지의 응용요리를 제시한 책이다. 우리 음식에 첫걸음을 내딛는 후학들이 자칫 실수할 수 있는 부분들을 조리과정과 함께 사진으로 구성해 좀 더 쉽게 접근할 수 있도록 만들었으며, 부록에서는 기능사조리시험을 치르기 전후의 주의해야 할 사항과 여러 팁들을 설명했다.

혼례 음식

대원사, 2008. 5. 16, 192쪽, 185×225mm, ISBN 978-89-369-0793-8

혼례에 대한 기본적인 이해와 더불어 음식을 만들어 보는 과정을 통해 전통적으로 지켜 온 예절과 음식에 담긴 정성과 상징성을 깨닫게 해 주는 책이다. 혼례의 역사적 배경과 어원, 혼례에 쏟는 정성, 혼례의 정신과 절차, 혼례 음식의 중요성 등 우리가 알아야 할 교양 및 그 의미를 되새기고, 이어서 다양한 혼례 음식 레시피를 수록했는데, 요리라 할 수 있는 냉채류에서부터 전류, 찜류, 조림류, 구이류 등과 일반식으로도 즐겨 먹는 빈대떡, 국수, 그리고 무엇보다도 잔치음식의 중심이라 할 수 있는 다양한 떡의 조리법을 소개했다.

발효식품－이론과 실제

교문사, 2009. 3. 5, 232쪽, 188×257mm, ISBN 978-89-363-1636-5

발효식품의 전반적인 이해를 돕고 대표적인 발효식품을 소개한 책이다. 1편에서는 발효식품의 사회적·문화적·역사적 의미와 전망, 우리나라와 다른 나라 발효식품의 종류, 발효의 의미와 발효 과정, 미생물의 역할, 식품의 효소 등을 다루고, 2편에서는 콩, 채소, 생선 및 조개류, 곡물, 유(乳), 과일, 식초 등으로 나누어 실제 발효식품을 소개했다. 특히 각 발효식품의 제조공정, 관련 미생물, 저장 보관 방법, 발효 중의 변화, 식품학적 의의, 맛의 특성, 만드는 방법 등을 소개해 발효식품에 대한 다양한 이해를 도왔다.

행복한 식탁－쉽고 간편한 싱글들의 즐거운 만찬

대원사, 2009. 5. 20, 200쪽, 210×150mm, ISBN 978-89-369-0798-3

바쁘다는 핑계로, 귀찮다는 이유로 끼니를 거르거나 집 앞 식당에서 해결하는 모든 싱글들을 위한 요리책이다. 조미료가 많이 가미된 인스턴트 음식에 입맛을 잃어버린 싱글들을 위해, 여러 상황에 맞는 다양한 요리를 선별해 최대한 간편하게 해 먹을 수 있도록 간소화한 조리법을 소개했다. 없어서는 안 될 밑반찬부터, 손쉽게 쌀 수 있는 도시락, 한 끼 정도는 혼자서 우아하게 즐길 수 있는 요리, 하루 정도는 친구들을 불러 멋지게 한 상 차릴 수 있는 손님 접대(술안주)까지, 인스턴트 식품으로 대충 차리는 요리가 아니라, 제대로 된 한 끼 식사로 풍성한 식탁을 꾸밀 수 있는 현대인들의 필수 조리법을 제공했다.

쉽고 간편한 죽

대원사, 2009. 8. 14, 160쪽, 148×205mm, ISBN 978-89-369-0799-0

한국 전통죽의 역사와 종류에서부터 조리법까지 죽에 관한 모든 것을 담고자 한 책이다. 1장에서는 죽의 기원, 문화, 종류 등을 인문학적으로 설명하고, 2장에서는 직장인을 위한 간편죽, 건강을 위한 보양죽, 아이들을 위한 영양죽, 어르신을 위한 원기회복죽, 날씬한 몸매를 위한 다이어트죽, 산모를 위한 죽, 숙취를 위한 해장죽, 별미죽 등으로 나누어, 전통의 맛을 살리면서 집에서도 손쉽게 해 먹을 수 있는 조리법을 소개하는 등 다양한 죽의 세계를 쉽게 설명했다.

밑반찬-빛깔있는 책들 273
대원사, 2009. 10. 21, 반양장본, 168쪽, 150×205mm, ISBN 978-89-369-0275-9

일상 상차림에 필수 요소인 다양한 밑반찬을 소개한 책이다. 밑반찬은 평소에 만들어 두어 필요할 때마다 상에 올릴 수 있도록 한 상비 식품이자 단기 저장 식품이다. 크게 고기를 소금에 절이거나 양념해서 말리는 포, 소금에 절여 말려 두었다가 조리하는 생선 자반, 채소나 해조류에 찹쌀풀을 발라 말려서 튀긴 부각이나 튀각, 그 밖의 조림, 볶음, 무침, 절임장아찌 등으로 구분할 수 있다. 밑반찬의 기원, 저장 방법, 종류 등 다양한 배경지식과 더불어, 집에서 직접 만들어 먹을 수 있도록 상세한 조리법을 수록했다. 특히 부모님, 사위, 며느리, 손자, 손녀, 청소년, 손님 상차림, 야외 도시락 등 각 주제별로 묶어 레시피를 소개함으로써 상황에 맞는 식탁을 꾸밀 수 있도록 했다.

전통향토음식
교문사, 2010. 3. 5, 192쪽, 188×257mm, ISBN 978-89-363-1047-9

자연식품, 발효식품을 많이 사용하는 우리 전통향토음식에 대한 이해를 돕기 위한 책으로, '이해' 편과 '실제' 편으로 나누어 소개했다. 먼저 전통향토음식에 대한 이해를 돕기 위해 전통 식생활문화의 발자취를 더듬어 보고 전통향토음식의 특징을 소개했으며, 이어서 각 지역별 향토음식과 계절에 따른 세시음식, 태어나서 죽기까지 겪는 의례에 따른 통과의례음식에 대해 살펴보고, 채소류, 곡류, 육류 등의 특징적인 재료에 따라 전통향토음식을 설명했다. 특히 '실제' 편에서는 각 지역별로 전해 내려오는 전통향토음식의 구체적인 종류와 재료, 만드는 방법 등을 표준화해 사진과 함께 자세하게 소개했다.

한국의 다양한 전(煎), 새롭게 전(傳)하다
강남문화재단, 2010. 11. 8, 136쪽, 128×187mm

G20 정상회의 개최에 맞춰 서울을 찾는 내외국인에게 한식의 우수성을 알리고, 우리 전통음식을 통해 한국인의 생활문화와 철학을 세계에 알리고자 기획된 「한국의 다양한 전(煎), 새롭게 전(傳)하다」전(2010. 11. 9-10, 현대백화점 압구정점 6층 하늘정원, 강남문화재단 주최)에 맞추어 출간된 책이다. 「한국인과 전의 식문화」, 「전의 개요」, 「맛있는 전 만들기」 등의 서론에 이어서, 본문에서는 채소전, 육류전, 생선전, 패류전, 해초전, 두류전, 곡류전, 전병류, 꽃전 등으로 나누어 사진과 조리법을 소개했다.

(영문판) Sharing Diverse Traditional Korean 'JEON' with the World
Gangnam Foundation for Arts and Culture, November 1, 2010, 136p, 128×187mm

입안 가득 향기로운-나물 이야기 展
강남문화재단, 2011. 4. 15, 160쪽, 128×187mm, ISBN 978-89-94160-21-4

한국의 대표 채식문화인 나물 음식을 소개하고 건강과 장수식으로 부족함이 없는 우리 식문화의 우수성을 알리고자 기획된 「입안 가득 향기로운 나물이야기」전(2011. 4. 19-20, 현대백화점 압구정본점 6층 하늘정원, 강남문화재단 주최)에 맞추어 발행된 책이다. 나물이 풍부한 한국의 자연환경, 나물의 다양한 쓰임, 나물 밥상의 미덕, 사찰음식의 나물 등을 담은 서론에 이어, 본문에서는 '사계절 나물요리', '산채로 차리는 소박한 나물밥상', '특별식 나물', '나물의 건강한 쓰임새' 등으로 나누어 사진과 다양한 나물 요리 조리법을 소개했다.

(영문판) 나물 이야기 展—Savor the Taste of Korean
Seasoned Vegetables

Gangnam Foundation for Arts and Culture, April 15,
2011, 160p, 128×187mm, ISBN 978-89-94160-22-1

떡, 흰쌀로 소망을 빚다—白米百味

다홍치마, 2011. 10. 1, 228쪽, 180×245mm, ISBN 978-
89-965604-1-8

우리나라의 대표적인 전통음식 중 하나인 떡에 관한 모든
것을 담은 책이다. 세시 떡, 통과의례 떡, 향토 떡, 별미 떡
등 모두 네 파트로 나누어, 한 해의 첫 음식인 가래떡부터
약식, 진달래화전, 쑥버무리, 수수팥경단, 오색송편,
찹쌀부꾸미, 잣설기, 오색경단 등 다양한 떡에 관한 특징,
유래, 얽힌 이야기 등과 만드는 방법을 소개했다. 특히
서문「한국인의 문화 상징, DNA 속의 떡」에는 떡의
사전적 정의부터 역사 기록에 등장하는 떡 이야기, 떡에
담긴 열한 가지 문화 상징, 떡의 효능, 문학 속에 나타난
떡 등 전통 떡에 관한 다양한 이야기가 담겨 있으며,
부록에는 '떡 만들 때 꼭 알아야 할 것들'을 덧붙였다.

한알의 볍씨가 싹을 틔운 정성—飯·밥·Bab 展

강남문화재단, 2011. 10. 31, 160쪽, 128×187mm, ISBN
978-89-94160-23-8

내외국인들에게 한국인의 주식인 '우리의 밥'을 선보여
한식의 우수성을 알리고 한국인의 생활문화와 미학을
세계에 알림으로써 한국음식의 세계화에 기여하고자
기획된「한알의 볍씨가 싹을 틔운
정성—飯·밥·Bap」전(2011. 11. 1-2, 현대백화점
압구정본점 6층 하늘정원, 강남문화재단 주최)에 맞추어
발행된 책이다.「한국문화적 견지에서 본 밥」이라는
총론에 이어서, 본문에서는 '쌀만으로 지은 밥',

'잡곡으로 지은 밥', '감자, 고구마로 지은 밥', '콩을
넣어 지은 밥', '견과를 넣어 지은 밥', '채소를 넣어 지은
밥(나물밥)', '고기, 해산물을 넣어 지은 밥', '밥을 따로
지어 갖은 재료를 섞는 밥', '국에 말아먹는 밥(탕반)',
'별미밥', '기능성 밥' 등 11개 파트로 나누어 사진과
함께 조리법을 수록하는 등 다양한 종류의 밥을
소개했다.

(영문판) 飯·밥·Bab 展—The Whole Energy Gone into
Sprouting One Grain of Rice

Gangnam Foundation for Arts and Culture, October 31,
2011, 160p, 128×187mm, ISBN 978-89-94160-23-8

한식 조리기능사

교문사, 2012. 3. 5, 144쪽, 190×245mm, ISBN 978-89-
363-1237-4

한식조리기능사 시험을 앞둔 수험생을 위한 책이다.
자연식품, 발효식품을 많이 이용하는 한국음식은 갈수록
세계의 주목을 받고 있으며, 그에 따라 한식조리기능사
자격 시험에 대한 인기 또한 높아지고 있다. 1부
'한국음식의 이해'에서는 옛 고서에 설명된 우리네 전통
상차림, 식사예절, 향토음식, 우리 음식의 주재료별 특징
등을 설명하고, 2부 '한식조리기능사의 실제'에서는
한식조리기능사 실기시험에서 요구하는 기초요리에 대한
상세한 출제기준 및 조리법을 소개했다. 특히 자칫
실수하기 쉬운 부분들을 팁(TIP)으로 제시해 좀 더
확실하게 시험에 대비할 수 있도록 했다.

한 푸드스타일링

교문사, 2014. 2. 28, 200쪽, 190×245mm, ISBN 978-89-363-1396-8

우리 몸에 좋은 한식은 푸드스타일링을 통해 더욱
돋보이고 맛있어 보이게 된다. 오랜 경험과 연구를
바탕으로 한식 스타일링의 기초 자료가 될 이론적 내용,
그리고 서양과 구별되는 한식 상차림만의 특성을 한 권의
책에 담았다. 1장은 푸드 코디네이션의 개념, 푸드
코디네이터의 영역과 자질을 다루고, 2장은 한식의 특징,
전통 상차림, 평생의례 음식과 상차림, 세시음식과
향토음식의 상차림에 대해 다루었다. 3장은 상차림의
기본적인 이해를 위한 장으로, 테이블웨어, 테이블 리넨,
센터피스와 플라워 디자인, 색채와 식공간에 대해
알아보고, 4장은 현대 한식 상차림의 분류 그리고 현대
한식 상차림의 이해를 위한 식문화 콘텐츠를 다루었다.

참고문헌

강인희, 『한국식생활사』(제2판), 삼영사, 1990.

강인희, 『한국의 떡과 과줄』, 대한교과서. 1997.

강인희, 『한국의 맛』, 대한교과서, 1998.

강인희, 『한국인의 보양식』, 대한교과서, 1992.

강인희 · 이경복, 『한국식생활풍속』, 삼영사, 1984.

김득중 외, 『우리의 전통예절』, 한국문화재보호협회, 1991.

김상순, 『한국전통식품』, 숙명여대 출판부, 1985.

감숙희 외, 『식생활의 문화적 이해』, 신광출판사, 2004.

방신영, 『조선요리제법』, 한성도서, 1942.

빙허각 이씨 원저, 정양완 역, 『규합총서』, 보진재, 1975.

서유구, 『임원십육지』(영인본)

손경희, 『한국음식의 조리과학』, 교문사, 2001.

손정규, 『조선요리』, 일한서방, 1940

손정규, 『우리음식』, 삼중당, 1948

안동장씨 원저, 황혜성 역주, 『규곤시의방(음식디미방)』, 궁중음식연구원, 1980.

안명수, 『한국음식의 조리과학성』, 신광출판사, 2000.

윤서석, 『역사와 함께한 한국식생활문화』, 신광출판사, 2009.

윤서석, 『증보 한국식품사연구』, 신광출판사, 1985.

윤서석, 『한국음식 — 역사와 조리』, 수학사, 1988.

윤서석, 『한국의 음식용어』, 민음사. 1991

윤숙경, 『우리말조리어사전』, 신광출판사, 1996.

이강자 외, 『국역 증보산림경제』, 신광출판사, 2003.

이서래, 『한국의 발효식품』, 이화여자대학교 출판부, 1992.

이석만, 『간편조선요리법』, 삼문사, 1934.

이성우, 『고대 한국식생활사연구』, 향문사, 1992.

이성우, 『한국식품사』, 교문사, 1988.

이용기, 『조선무쌍신식요리제법』, 영창서관, 1943.

이철호 외, 『한국의 수산발효식품사』, 유림문화사, 1989.

이춘자 · 김귀영 · 박혜원, 『통과의례음식』, 대원사, 1997.

이혜수 · 조영, 『조리원리』(개정판), 교문사, 2001.

이효지, 『한국의 음식문화』, 신광출판사, 1998.

장지현, 『한국전래발효식품사』, 수학사, 1989.

저자 미상, 『시의전서』(영인본)

정길자 외, 『한국의 전통병과』, 교문사, 2010.

정순자, 『한국의 요리』, 신광출판사, 1990.

조자호, 『조선요리법』, 광한서림, 1939.

조자호 지음, 정양완 풀어씀, 『조선요리법』, 책미래, 2014.

조후종, 『세시풍속과 우리 음식』, 한림출판사, 2002.

조후종, 『조후종의 우리 음식 이야기』, 한림출판사, 2001.

조후종 외, 『한국음식대관』 1권, 한국문화재보호재단, 1997.

최준식 · 이춘자 · 허채옥 외, 『한국문화는 중국문화의 아류인가?』, 소나무, 2010.

최필승, 『자랑스런 민족음식: 북한요리』, 한마당, 1992.

한국음식문화오천년전 준비위원회 편, 『한국음식오천년』, 유림출판사, 1988.

한국의 맛 연구회, 『가장 배우고 싶은 김치 담그기 40』, 북폴리오, 2006.

한국의 맛 연구회, 『건강 밑반찬 126가지』, 동아일보사, 2004.

한국의 맛 연구회, 『김치』, 대원사, 1998.

한국의 맛 연구회, 『나물 이야기 展』, 강남문화재단, 2011.

한국의 맛 연구회, 『떡과 전통과자』, 교문사, 2007.

한국의 맛 연구회, 『떡, 흰 쌀로 소망을 빚다』, 다홍치마, 2011.

한국의 맛 연구회, 『밑반찬』, 대원사, 2009.

한국의 맛 연구회, 『발효식품』, 교문사, 2009.

한국의 맛 연구회, 『쉽고 간편한 죽』, 대원사, 2009.

한국의 맛 연구회, 『飯 · 밥 · Bab 展』, 강남문화재단, 2011.

한국의 맛 연구회, 『우리 음식의 맛』, 교문사, 2008.

한국의 맛 연구회, 『장(醬)』, 대원사, 2003.

한국의 맛 연구회, 『전통 건강 음료』, 대원사, 1996.

한국의 맛 연구회, 『전통향토음식』, 교문사, 2010.

한국의 맛 연구회, 『제사와 차례』, 동아일보사, 2007.

한국의 맛 연구회, 『한국의 나물』, 북폴리오, 2004.

한국의 맛 연구회, 『한국의 다양한 전煎, 새롭게
    전傳하다』, 강남문화재단, 2010.

한국의 맛 연구회, 『한국의 상차림』, 효일문화사, 1999.

한국의 맛 연구회, 『한국의 죽』, 한림출판사, 2001.

한국의 맛 연구회, 『한식 조리기능사』, 교문사, 2012.

한국의 맛 연구회, 『한 푸드스타일링』, 교문사, 2014.

한국의 맛 연구회, 『행복한 식탁』, 대원사, 2009.

한국의 맛 연구회, 『혼례 음식』, 대원사, 2008.

한복려, 『떡』, 궁중음식연구원, 1999.

한복려, 『우리 김치 백 가지』, 현암사, 1999.

한복려 · 정길자, 『조선왕조 궁중음식』, 궁중음식연구원,
    2003.

한복려 · 한복진 · 황혜성, 『한국의 전통음식』, 교문사,
    1991.

홍석모, 『동국세시기』(영인본)

홍진숙, 『우리 고유의 맛 한국전통 음식 1』, 예문사, 1997.

홍진숙 외 4인, 『기초한국음식』, 교문사, 2007.

황혜성, 『한국요리백과사전』, 삼중당, 1976.

황혜성 외, 『한국음식대관』 6권, 한국문화재보호재단,
    1997.

한국의 맛 조리법 찾아보기

한국의 맛 연구회 삼십 년 이야기 『걸어온 길, 되찾은 맛 1989-2019』 편집위원회

이 책은 조후종 명예회장의 제안으로 시작되었다. 그동안 '한국의 맛 연구회'는 연구, 출판, 기획전시 등 다양한 활동을 해 왔고, 회원들 또한 각계각층에서 활발하게 활동하면서 우리 전통음식의 우수성을 계승, 전수하고자 노력해 왔다. 2014년경, 여러 사정으로 인해 '한국의 맛 연구회'는 설립 목적의 첫째인 선인들의 지혜와 멋이 담긴 전통음식 강좌의 맥을 더 이상 이어 가기 어려워졌다. 이때 조후종 명예회장이 수십 년간 쌓아 온 '한국의 맛 연구회'의 성과를 기록으로 남기자고 제안하였고 회원들은 성원했다. 이미자 당시 회장은 '한국의 맛 연구회'를 향한 남다른 사랑과 열정으로 노력을 아끼지 않았다. 회원들 간의 화합을 도모하며 적극적으로 '한국의 맛 연구회'가 지속되도록 애썼다. 덕분에 새로운 보금자리에서 명맥을 이어 가게 되었다. 일반인을 위한 한국전통음식 강좌는 훗날을 기약하였으나, 100회 이상 강좌를 수강한 연구반 회원을 중심으로 식생활문화, 새로운 식품산업 동향, 반가음식 실습 등 월 2회 강좌를 지속하게 되었다. 이를 계기로 '한국의 맛 연구회'는 재도약을 위한 변화를 모색하게 되었고, 전현직 임원들이 회원들 간의 화합을 도모하며 적극적으로 노력해 오늘에 이르고 있다. 조후종 명예회장이 제안한 기록물 발간은 '한국의 맛 연구회'가 재도약하는 데 구심점이 되었다. 온화한 성품으로 회원들 간의 친목을 위해 애쓰며 '한국의 맛 연구회' 전성기의 여러 업적을 세우고, 가장 오랫동안 회장으로 활동한 전정원 전 회장과 재도약의 기틀을 마련한 이미자 전 회장이 공동편집위원장으로 추대되어 편집위원을 구성하였고, 30년 역사 자료 수집과 한국의 맛 레시피 제작을 총괄 진행했다. 2015년부터 여러 출판사와 기록물 발간을 위한 협의를 거치면서 본격적으로 자료 수집이 시작되었다. '한국의 맛 연구회' 30년 역사를 정리하며, 한국의 맛을 지켜 가는 모든 이들에게 유용한 책을 발행하고자, '한국의 맛 연구회' 초기부터 전성기 자료, 전통음식 레시피를 정리해 출간에 매진했다. 2018년에 연장통과 출간 계약하였고, 공동편집위원장을 중심으로 6인의 편집위원이 협심해 주도적으로 '한국의 맛 연구회' 30년 이야기 원고를 쓰고, 자료를 정리해 2020년 출간에 이르게 되었다. 현 회장인 이근형 편집위원이 책의 출간을 위해 여러 굳은 일을 도맡았다. 매주 화요일마다 편집위원회를 열어 출간을 위한 여러 사안들을 협의했다.

공동편집위원장 : 이미자, 전정원
편집위원 : 김경미, 김영애, 박은경, 이근형, 이동순, 이춘자

걸어온 길, 되찾은 맛 1989-2019

한국의 맛 연구회 삼십 년 이야기

2024년 2월 7일 개정판 발행, 2020년 10월 9일 초판 발행
한국의 맛 연구회 엮음

발행 연장통 | 출판등록 406 4060000251002008000091 | (10871) 경기도 파주시 청암로 28, 815-803 |
전화 070 7699 4950 | 팩스 031 8070 4950 | www.yonjangtong.com

편집 조윤형, 이승은 | 디자인 최서윤, 최훈 | 사진 보정 황정욱 | 제작 김한뉘, 김화수, 박인호

이 책에 실린 사진은 한국의 맛 연구회가 참여한 여러 책에 수록된 것이다.
244쪽 위 사진은 『The Book of KIMCHI』(해외문화홍보원, 1998)에 수록된 것으로 배병석 사진가가 찍었다.